世界技能大赛水处理技术项目全国推荐教材

污水处理工艺技术

Sewage Treatment Technology

主　编：王　湛　柯瑞华　王怀宇　李玲琪
主　审：陈世洪　刘　毅　郭　强　陈太飞

北京工业大学出版社

内容提要

《污水处理工艺技术》以培养运维整个污水处理厂的技术技能为出发点，着眼于污水收集、处理和排放系统，从污水来源性质到达标排放去向、从污水的处理工艺技术基础理论到污水处理厂的调试及运行管理操作流程细节，由简入繁地进行了介绍，力图能够系统阐述经典前沿的污水厂工艺和运营管理技术。本书注重工艺理论和运营管理实际技能经验的结合，带领读者系统了解水处理工作内容和技术技能知识，清晰了解水处理系统各工艺设施设备的操作细节要点，并及时识别和解决水处理工艺的故障。

本书可以作为世界技能大赛水处理技术项目技能和水处理工技能培训教材，高职和技工院校环境保护类、环境工程类、环境化工类和水处理技术类学生课程教学教材，也可以作为污水处理厂、废水处理站的技术人员、管理人员及关注水环境保护事业的读者普及水处理技术技能知识的参考书。

图书在版编目（CIP）数据

污水处理工艺技术 / 王湛等主编 . —北京：北京工业大学出版社，2022.8（2023.7 重印）
世界技能大赛水处理技术项目全国推荐教材
ISBN 978-7-5639-8410-7

Ⅰ. ①污…　Ⅱ. ①王…　Ⅲ. ①污水处理－教材　Ⅳ. ① X703

中国版本图书馆 CIP 数据核字 (2022) 第 138988 号

污水处理工艺技术
WUSHUI CHULI GONGYI JISHU

主　　编：王　湛　柯瑞华　王怀宇　李玲琪
责任编辑：陈　娜
封面设计：国建传媒
出版发行：北京工业大学出版社
（北京市朝阳区平乐园 100 号　邮编：100124）
010-67391722（传真）bgdcbs@sina.com
经销单位：全国各地新华书店
承印单位：北京虎彩文化传播有限公司
开　　本：787 毫米 ×1092 毫米　1/16
印　　张：22.5
字　　数：397 千字
版　　次：2022 年 8 月第 1 版
印　　次：2023 年 7 月第 2 次印刷
标准书号：ISBN 978-7-5639-8410-7
定　　价：68.00 元

编委会

主　编：

王　湛　　北京工业大学

柯瑞华　　江西环境工程学院

王怀宇　　河北邢台职业技术学院

李玲琪　　北京市工业技师学院

副主编：

狄玥莉　　山东化工技师学院

顾仁政　　上海城建职业学院

蒋克勤　　上海市环境学校

曾璐锋　　江西环境工程职业学院

郑　丹　　武汉工商学院

蒋艳忠　　广西工业职业技术学院

黄晓霞　　福建水利电力职业技术学院

崔　迎　　天津渤海职业技术学院

张永合　　兰州资源环境职业技术大学

张　雷　　徐州工业职业技术学院

刘丹丹　　安徽水利水电职业技术学院

高祯富　　北京市工业技师学院

主　审：

陈世洪　　江西环境工程职业学院

刘　毅　　广东公用事业技师学院

郭　强　　新疆水利水电高级技工学校

陈太飞　　景德镇溪川德信教育科技有限公司

前 言

水资源是人类社会赖以生存和发展的重要战略资源。我国是世界上排名第十三的贫水国家，水资源极其匮乏，预计2030年缺水将达800多亿吨。目前，我国地表水使用率和地下水开采量趋于饱和状态，水资源污染情况非常严重，因此，城市污水资源化和工业废水回用是解决我国水资源短缺的根本措施。水处理技术有助于改善我国的水生态环境，是治理水污染的重要技术，为解决我国的缺水问题打下了坚实基础，将在青山绿水美丽中国建设中持续发挥重要作用。

世界技能大赛被誉为“世界技能奥林匹克”，是最高层级的国际职业技能赛事，引领和代表着职业技能发展的世界先进水平。2018年，世界技能组织首次将水处理技术项目列入俄罗斯喀山第45届世界技能大赛比赛项目。中华人民共和国人力资源和社会保障部汤涛副部长视察重庆“一带一路”国际邀请赛水处理比赛场地时做出重要指示：“水处理技术关系国计民生，你们一定要在国际舞台展现我国选手的风采。”在人社部张立新司长、刘新昌调研员、袁芳副主任、翟涛处长、王静处长、牟军处长、张雷副处长、李克副处长等人的直接领导下，在北京市人社局徐仁忠副局长、王小兵处长、何燕调研员，北京市工业技师学院包英华院长、蔡夕忠副院长、李玲琪处长、刘影主任的支持和江苏省、河南省、江西省人社部门的大力协助下，水处理技术专家团队依靠国家水处理企业和相关专业院校多的优势，充分发挥北京市工业技师学院、南京技师学院和河南化工技师学院三个国家基地的作用和广大水处理技术项目教练的聪明才智，为我国参赛的选手制定了科学周密的培训方案，开展了多层次的综合训练和“走出去”“请进来”相结合的走训活动，为赢得世界大赛奠定了坚实基础。2019年8月22—27日在俄罗斯喀山举行的第45届世界技能大赛上，我国选手曾璐锋不负众望，首次参加世界技能大赛，出道即巅峰，荣获首设水处理技术项目的金牌，表明我国水处理技术水平和人才培养能力已达世界先进水平，彰显了我国从世界制造大国迈向技术强国的创新能力。

世界水处理技术项目比赛，是考查参赛选手综合能力与技术水平的竞赛项目，要求参赛选手能够一个人管理整个污水 / 工业废水的工厂，完成规定的管理目标和工作任务，但在我国院校的专业中，未开设水处理技术这个专业。因此大家对水处理技术项目竞赛需要学习哪些课程、掌握哪些知识和技能、如何准备比赛等问题，还不是很清楚。尽管我国的水处理技术已经跃进世界先进行列，但与技术水平发达的欧洲国家相比，在技能人才培养理念、培养模式等方面，还有一定差距和不足，有待优化和完善。同时，我国技能人才总量、技能水平还无法满足建设智能制造强国的需求，在对接世界标准、提升技能人才培养质量、适应技术发展需要等方面，还要继续努力赶超，而培养众多技能人才、构建综合素质高的专业技术队伍是当务之急。

习近平总书记说："人才是第一资源，国家科技创新力的根本源泉在于人"，"要把教育摆在更加重要位置，全面提高教育质量，注重培养学生创新意识和创新能力"。为加强水处理技术专业人才队伍建设，提高其综合能力和水平，由世界技能大赛水处理技术项目中国专家组长王湛教授组织牵头，凝聚全国各地职业院校、技师学院、水处理行业企业的专业团队和有关专家的技术力量，整合全国的优质宝贵资源，根据第 45 届、46 届世界技能大赛的技术标准和规范要求，本着"立足世赛前沿，致力打造精品"的原则，共同编写了"世界技能大赛水处理技术项目全国推荐教材"，其宗旨是传播世赛理念、对接世赛标准、普及水处理技术，将国际上最先进的科技理念、方法和方式高效快速融入专业学科建设和学生的日常教学活动中，以提高学生的综合素质，为保护中国的水环境、提升生态环境的治理效能、实现良性可持续性发展贡献智慧和力量。

该推荐教材系首次编写，涵盖世界技能大赛选手必须掌握的基本功内容。通过归纳总结，将世界技能大赛对选手要求的基础知识和基本操作要领转化为日常的教学内容，融知识性、技能性和应用性于一体，可以加速提高学生的培训质量、强化学生的综合技术能力。该系列教材分为《化学生物分析技术》、《泵管阀》、《污水处理工艺技术》和《自动化控制技术》四个分册。

《污水处理工艺技术》是"世界技能大赛水处理技术项目全国推荐教材"之三。内容包括第 1 章污水的来源与性质，第 2 章污水的处理方法及处理工艺，第 3 章污水处理厂污泥处理与处置，第 4 章污水处理厂的调试，第 5 章污水厂污水处理系统的运行管理，第 6 章污水厂主要运转设施的运行管理，第 7 章污水处理厂污泥处理构筑物的运行管理和第 8 章安全教育与安全职责。其中第 1 章由江西环境工程学院柯瑞华编写，第 2、3 章由山东化工技师学院狄玥莉编写，第 4、5 章由河北邢台职业技术学院王怀宇编写，第6、7、8章由上海城建学院顾仁政编写。北京市工业技师学院李玲琪、范志云、高祯富，上海市环境学校蒋克勤、江西环境工程职业学院曾璐锋、天津渤海职业技术学院崔迎，武汉工商学院郑丹、广西工业职业技术学院蒋艳忠、福建水利电力职业技术学院黄晓霞、兰州资源环境职业技术大学张永合、徐州工业职业技术学院张雷和安徽水利水电职业技术学院刘丹丹分别承担全书各章节的辅助编写和校对工作。

全书由第45届、46届世界技能大赛水处理技术项目中国专家组组长、北京工业大学王湛统编，江西环境工程职业学院陈世洪、广东公用事业技师学院刘毅、新疆水利水电高级技工学校郭强和景德镇溪川德信教育科技有限公司陈太飞负责主审。在编写过程中，笔者借鉴参考同行的众多研究成果和科学文献，在此一并向各位同行表示衷心的感谢。限于种种原因，书中的不足和遗漏在所难免，敬请各位同行多提宝贵意见。

编者

2022年7月13日于平乐园

目 录

第 1 章　污水的来源与性质

1.1　污水的来源

1.1.1　污水的来源

（一）污水（Sewage）的定义

人们在日常生活及生产中需要使用大量的水，这些水在使用的过程中，受到了不同程度的污染，改变了原有的化学成分和物理性质，故将其称为污水。

（二）污水的分类

污水按其来源可分为生活污水（Domestic sewage）、工业废水（Industrial wastewater）、降水（Meteoric water）三类。

1. 生活污水

生活污水（Domestic sewage）是指居民在日常生活中排出的废水。

（1）主要来源：居住建筑和公共建筑，如住宅、机关、学校、医院、商店、公共场所及工业企业的卫生间等。

（2）水质特征：生活污水中含有大量的有机物（Organic substance）（如蛋白质、碳水化合物、脂肪、尿素等）、无机物（Inorganic substance）（如氮、磷等）和大量的病原微生物（Pathogenic microorganism）（如寄生虫卵、肠道传染病毒等）。生活污水一般不含有毒物质，但它有适合于微生物繁殖的条件，含有大量的病原体（Pathogen），水中的有机物极不稳定，容易腐化而产生恶臭，病原微生物的大量繁殖可导致疾病蔓延。

生活污水的污染物按性质可分为有机污染物（Organic pollutant）、无机污染物（Inorganic pollutant）、细菌污染物（Bacterial pollutant）

有机物污染物：主要包含蛋白质（Protein）、脂肪（Adipose）、糖类（Carbohydrate）。有机污染物约占生活污水的 60% 左右。

无机污染物：主要包含泥沙（Sediment）、煤渣（Cinder）、杂物（Inclusion）等。

无机污染物约占生活污水 40% 左右。

细菌污染物：以肠道细菌（Intestinal bacteria）为主，还包括霉菌（Mold）、酵母菌（Microzyme）等。除此以外，还有大量寄生虫卵（Parasite eggs）。

生活污水的污染物按物理状态可分为不溶解物质（Insoluble substances）、胶态物质（Colloidal substances）、溶解物质（Soluble substances）。

不溶解物质（Insoluble substances）：颗粒粒径大于 0.1μm，在污水中呈悬游状、乳浊状、漂浮状。这些物质由于比重大小不同，有些可以通过沉淀法从污水中去除，有些则保持悬游状态。

胶状物质（Colloidal substances）：颗粒粒径在 0.1~0.001μm，在污水中呈胶状，带有互相排斥的电荷，一旦加入符号相反的电荷或本身电荷消失后形成凝状絮体。

溶解物质（Soluble substances）：在水中呈溶解状态。对于水中胶状物质和溶解物质，可以用人工的生化方法处理。

2. 工业废水

工业废水（Industrial wastewater）指在工业生产过程中所排出的废水，其主要成分取决于生产过程中采用的原料以及所应用的工艺。常见的污染较严重的工业废水有：造纸废水（Papermaking wastewater）、酿造废水（Brewing wastewater）、生物制药废水（Biological pharmaceutical wastewater）、煤气洗水（Scrubbing water of coal gas）、印染废水（Dyeing wastewater）、农药废水（Pesticide wastewater）、制革废水（Tannery wastewater）、毛纺废水（Wool spinning wastewater）、电镀废水（Electroplating wastewater）、油漆废水（Painting wastewater）、化工废水（Chemical wastewater）、炼油废水（Refinery wastewater）等。工业废水是污水中有毒有害污染物的主要来源。

工业废水包括生产污水（包括生活污水）和生产废水。

生产污水（Production sewage）指在生产过程中所形成的，被有机或无机性生产废料所污染的废水（包括温度过高而造成热污染的工业废水）。

生产废水（Production wastewater）指在生产过程中形成的，但未直接参与生产工艺，只起辅助作用，未被污染物污染或污染很轻的水（如冷却水）。

工业废水的分类如下：

按行业的产品加工对象分：冶金（Metallurgy）废水、造纸（Papermaking）废水、纺织（Spinning）废水、印染（Printing and dyeing）废水等。

按工业废水中主要污染物分：无机废水（Inorganic wastewater）（电镀、矿物加工等）、有机废水（Organic wastewater）（食品加工等）。这种分类方法比较简单，对考虑处理方法有利。

按废水中污染物的主要成分分：酸性（Acidic）、碱性（Alkaline）、含酚（Phenol）、含镉（Cadmium）、含铬（Chromium）、含锌（Zinc）、含汞（Mercury）、含氟（Fluorinated）、含有机磷（Organic phosphorus）、含放射性废水（Radioactive wastewater）等。这种分类方法的优点是突出了废水的主要污染成分，可有针对性地考虑处理方法或进行回收利用。

另外还可以根据处理难易程度和危害性分类。

易处理、危害性小的废水：如生产过程中产生的热排水或冷却水，对其稍加处理，即可排放或回用。

易生物降解、无明显毒性的废水：可采用生物处理法。

难生物降解又有毒性的废水：如含重金属废水、含多氯联苯和有机氯农药废水等。

3. **降水**

降水（Meteoric water）是指地面径流的雨水（Rain water）和融化的冰雪水（Snow-ice-melting water）。

雨水比较清洁，一般不需处理即可直接排入水体，但降雨初期的雨水却挟带着空气中、地面上和屋顶上的各种污染物质，尤其是流经炼油厂、制革厂、化工厂等地区的雨水，可能含有这些工厂的污染物质，其污染程度不亚于生活污水。因此，流经这些地区的雨水，应经适当处理后才能排放到水体中。

1.1.2 污水的排水系统、处理后排放和利用

（一）排水体制

排水体制系统（Drainage system）是指污水（生活污水、工业废水、雨水等）的收集（Collect）、输送（Conveyance）和处置（Disposal）的系统方式。排水体制分为合流制和分流制两种（表 1-1）。

表 1-1 合流制和分流制排水系统的比较

	分流制	合流制
室外管网	需要 2 条管线，造价高； 当街道路面窄时，铺设两条管线有困难； 污水管必须比地下室排水系统铺设得更低（地下室排水系统与室外雨水管连接交叉处）	只需一条管线； 占地少

续表

	分流制	合流制
与室内连接	需要2条连接管，费用高； 有接错的危险； 不会壅水倒流	只需一条连接管； 不会接错； 可能会壅水倒流，淹没地下室
旱季流量	污水管内的充满度高，因此冲洗效果好； 一般只需要污水泵，因此泵站小、运行费用也低	旱季流时充满度小，因此流速小、冲洗效果差，但雨季冲洗效果好； 除了污水泵还需要大型雨水泵。这些雨水泵的利用率很低（每一年的暴雨期），而投资大、运行费用高
污水厂	只有污水流入污水厂，因此进水流量比较均匀； 机械处理部分的设计值较小，运行费用也较低； 工业冷却水对污水厂不产生负担	旱季流和雨季流的进水负荷变化很大； 机械处理部分的设计值大，运行费用高； 在污水厂前需要设置雨水池和溢流排泄设施
适用性	靠近水体； 地面坡度小； 地下水位高，需要处理的雨水比例小； 小型污水厂或污水湿地处理厂； 排水管网可分期建设	远离水体； 坡度合适； 建筑密度大； 需要处理的雨水比例大； 可在小城镇与污水氧化塘一起使用

（1）合流制（Combined system）（图1–1）为污（废）水和雨水合一的系统。合流制又分为直排式（Direct discharge system）和截流式（Intercepting system），直排式直接收集污水排放水体，截流式即临河建造截流干管，同时在合流干管与截流干管相交前或相交处设置溢流井，并在截流干管下游设置污水处理厂，当混合污水的流量超过截流干管的输水能力后，部分污水经溢流井溢出，直接排入水体。

（2）分流制（Separate system）（图1–1）为污（废）水和雨水在两个或两个以上管渠排放的系统，分为完全分流（Complete separate system）和不完全分流（Incomplete separate system）。完全分流制具有污水排水系统和雨水排水系统，不完全分流制未建雨水排水系统。在分流系统中还可以有污水和洁净废水的独立系统，以便于处理或回用。合流制系统造价低、施工容易，但不利于污水处理和系统管理。分流制系统造价较高，但易于维护，有利于污水处理。有的分流制排水系统会将生活污水、工业废水和雨水分别在两个或两个以上各自独立的管渠内排放。

不同的排水系统（雨污）具有不同的结构，虽然在一些地方现代排水系统已经用独立的管道分离了雨水、生活污水和工业废水，但一些旧排水系统仍然是合流制，排水管同时收集雨水及污水。在晴天的条件下，排水管里的污水全部被输送至污水处理厂；在强降雨的条件下，污水与雨水在排水管里混合，流量有时会翻倍甚至达到三倍，此时旧的合流制排水系统就会过载，管内的溢流污水，也称为合流制溢流污水或

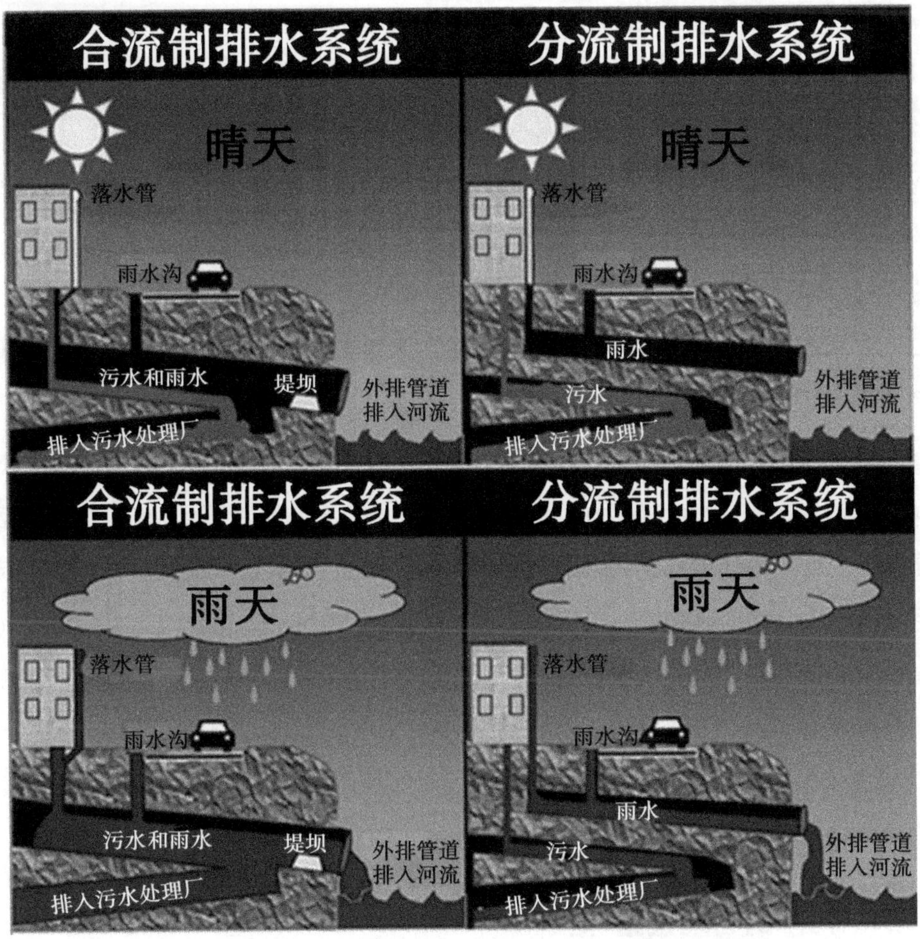

图 1–1　合流制排水系统和分流制排水系统雨天和晴天对比图

“CSOs”（Combined sewage overflows），需通过溢流口（检查井）排放到就近水体中。这虽然有效地阻止了污水倒流至房屋和街道上，但是排放到水体中的污水严重地影响了河流水质。

波士顿是美国最老的城市之一。波士顿采用的是雨污合流的排水系统，在强降雨的条件下，会产生溢流（CSOs），若直接排入水体会严重威胁公共安全。马萨诸塞州水资源管理局成立以来，就一直致力于解决 CSOs 问题。其于 1994 年制定了一项合流制溢流污水控制计划，通过雨污分流，新建 CSOs 处理设施，改善水动力等工程措施，每年减少超过 28 亿加仑（约 106 亿升）的 CSOs。近 30 年来，全部工程已经竣工，93% 的 CSOs 经污水处理厂处理后才排放至自然水体，极大改善了水环境。

（二）处理后污水排放去向

处理后污水排放去向（Sewage treatment discharge destination）有三：排放入自然

水体（Natural water body）、灌溉农田（Irrigated farmland）或回用（Reuse）。

（1）排放入自然水体（Natural water body）：废水处理达标后，可以排入河流或海域中。

河流或是海域都有一定的自净能力（Self-cleaning ability），污水经处理后排入河流或是海域中，在其环境容量内，能得到净化，对水质的影响很小。

内陆城市的污水经处理后，都作为城市中水来用，作为市政用水、工作冷却水。

（2）灌溉农田（Irrigated farmland）可使污水得到充分利用，但必须符合灌溉的有关规定，使土壤与农作物免遭污染。

（3）回用（Reuse）是最合理的出路，既可以有效地节约和利用有限的淡水资源，又可以减少污水的排放量，减轻水环境的污染。污水经过二级处理和深度处理后回用的范围很广，可以用作电厂的循环冷却水（Circulating cooling water），也可以回用于生活杂用（Domestic miscellaneous water），如园林绿化（Landscaping）、道路冲洗（Road washing）、厕所用水（Toilet water）等。

1.2 污水的水质指标

1.2.1 污水的物理性指标

（一）感官性状指标（Sensory index）

1. 温度（Temperature）

（1）工业废水厂易引起水体热污染，导致水体温度升高，带来以下变化：

① 水中的化学反应；

② 生化反应；

③ 水生生物的生命活动；

④ 可溶性盐类的溶解度；

⑤ 溶解氧在水体中的溶解度
- 温度越高，饱和溶解氧浓度越低，亏氧量越低，大气复氧速率越低，溶解氧含量减少
- 温度越高，化学反应速度越快，耗氧量越高，溶解氧含量减少

；

⑥ 可溶性有机物的溶解度；

⑦ 水体自净及其速率；

⑧ 细菌与微生物的增殖速度。

各地生活污水平均水温为 10 ~ 20℃。

（2）色度（Chrominance）：主要来源于金属化合物或有机化合物。所含杂质不同，色度不同。

危害：色度升高，透光性下降，水生植物的光合作用受到影响，水体自净作用减弱。

（3）嗅与味（Odor and taste）：主要来源于还原性硫和氮的化合物、挥发性有机物和氯气等。

2. 固体含量（Solid content）

危害：产生色度，堵塞鱼鳃，消耗溶解氧，恶化水质，吸附其他物质随水流迁移。

水中固体物质包括有机物、无机物、微生物等。

水中各种固体物的形态：

总固体含量 TS（Total solids content）：定量水样在 105 ~ 110℃烘箱中烘干至恒重（Constant weight）所得重量。水样 ⟶ 蒸发 ⟶ 总固体（TS）。水中固体物质是指在一定温度下将水样蒸发至干时所残余的固体物质总量，也称蒸发残余物（Evaporation residue）。按水中固体的溶解性可分为溶解性固体（Dissolved solid，DS）和悬浮性固体（Suspended solid，SS）。溶解固体也称总可滤残渣，是指溶于水的各种无机物质和有机物质的总和。在水质分析中，对水样进行过滤操作，滤液在 103~105℃温度下蒸干后所得到的固体物质即为溶解性固体。悬浮固体也称作总不可滤残渣，在水质分析中，将水样经 0.45μm 滤膜过滤，凡不能通过过滤器的固体颗粒物即为悬浮固体。

水中的固体组分包括：可过滤固体（Filterable solids，FS）、挥发性可过滤固体（Volatile filterable solids，VFS）、非挥发性可过滤固体（Fixed filterable solids，FFS）、挥发性悬浮固体（Volatile suspended solids，VSS）、非挥发性悬浮固体（Fixed suspended solids，FSS）。如图 1-2 所示。

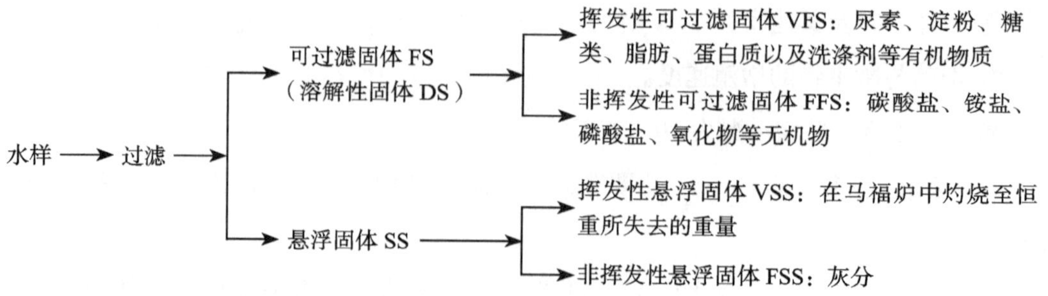

图 1-2　固体组分图

浑浊度（Turbidity）：水中含有泥沙、纤维、有机物、浮游生物等会呈现浑浊现象，水体浑浊的程度可用浑浊度的大小来表示。所谓浑浊度是指水中的不溶物质对光线透过时所产生的阻碍程度。在水质分析中规定，1L 水中含有 1g　SiO_2 所构成的浊度为一个标准浊度单位，简称 1 度。浑浊度采用 NTU 单位。

3. **电阻率**（Resistivity）

在测定水的导电性能时，与水的电阻值大小有关，电阻值大，导电性能差，电阻值小，导电性能就良好。根据欧姆定律，在水温一定的情况下，水的电阻值 R 大小与电极的垂直截面积 F 成反比，与电极之间的距离 L 成正比，如下式

$$R=\rho L/F \tag{1-1}$$

式中：ρ——电阻率，或称比电阻，Ω · cm；

L——两电极间的距离，cm；

F——电极的垂直截面积，cm^2。

电阻的单位为欧姆（欧，代号 Ω），或用微欧（μΩ）。1Ω 等于 10^6μΩ；电阻率的国际制（SI）单位为欧米（Ω · m）。如果电极的截面积 F 做成 $1cm^2$，两电极间的距离 L 为 1cm，电阻率的单位为 Ω · cm 时，那么电阻值就等于电阻率值。水的电阻率的大小，与水中含盐量的多少、水中离子含量、离子的电荷数以及离子的运动速度有关。因此，纯净的水电阻率很大，超纯水电阻率就更大。水越纯，电阻率越大。

1.2.2　污水的化学性指标

1. 无机污染物指标（Inorganic pollutant index）

（1）pH 值（pH value）：一般要求污水的 pH 值在 6 ~ 9。当天然水体遭受酸碱污染时，pH 值发生变化，会消灭或抑制水体中生物的生长，妨碍水体自净，还会腐蚀船舶。

（2）酸度（Acidity）：水的酸度是指水中所含能提供 H^+ 与强碱（如 NaOH、KOH 等）发生中和反应的物质总量。这些物质能够放出 H^+，或者经过水解能产生 H^+。水中形成酸度的物质有三部分：水中存在的强酸能全部离解出 H^+，如硫酸（H_2SO_4）、盐酸（HCl）和硝酸（HNO_3）等；水中存在的弱酸物质，如游离的二氧化碳（CO_2）、碳酸（H_2CO_3）、硫化氢（H_2S）、醋酸（CH_3COOH）和各种有机酸等；存在的强酸弱碱组成的盐类，如铝、铁、铵等离子与强酸所组成的盐类等。

天然水中，酸度的组成主要是弱酸，也就是碳酸。天然水中在一般的情况下不含强酸酸度。水中酸度的测定是用强碱的标准溶液（如 0.1mol/LNaOH）来滴定。如用甲基橙指示剂所测得的酸度是指强酸酸度和强酸弱碱形成盐类的酸度；而用酚酞指示剂所测得的酸度包括上述三部分酸度，即称为总酸度。

（3）碱度（Alkalinity）：指水中能与强酸发生中和作用的全部物质，按离子状态可分为三类：氮氧化合物碱度、碳酸盐碱度、重碳酸盐碱度。

（4）硬度（Hardness）：水的总硬度指水中钙镁离子的总浓度，其中包括碳酸盐硬度（通过加热能以碳酸盐形式沉淀下来的钙、镁离子，故又叫暂时硬度）和非碳酸盐硬度（加热后不能沉淀下来的那部分钙、镁离子，又称永久硬度）。

国内与国际上对硬度表示方法不一样，我国使用较多的表示方法有两种：一种是将所测得的钙、镁折算成氧化钙的质量，即用每升水中含有氧化钙的毫克数表示，单位为 mg·L；另一种以度计，1 硬度单位表示 10 万份水中含 1 份氧化钙（每升水中含 10mg 氧化钙），1°=10ppm 氧化钙 。这种硬度的表示方法称作德国度。1L 水中含有相当于 10mg 的氧化钙，其硬度即为 1 个德国度（1° dH）。另外一个单位为 mmol/L，指 1L 水中含有相当于 100mg 的碳酸钙，其换算关系为：1mmol/L=5.6 德国度（° dH）。

如何根据硬度和碱度的关系了解水质？

天然水的硬度主要是指 Ca^{2+}、Mg^{2+} 等金属离子的浓度，水的碱度主要是指碳酸氢盐碱度 HCO_3^- 的。而水中主要存在的离子有 Ca^{2+}、Mg^{2+}、Na^+、K^+ 和 HCO_3^-、SO_4^{2-}、Cl^- 等。水的硬度与碱度之间的关系分为三种情况：

① 碱度 > 硬度（以 mol/L 计），即 HCO_3^->（Ca^{2+}、Mg^{2+}），水中的硬度（Ca^{2+}、Mg^{2+}）都变成碳酸氢盐，并同时还有钠、钾的碳酸氢盐，但没有非碳酸盐硬度在。此时，碱度减去硬度所得的差值等于钠、钾的碳酸氢盐。这部分多出的钠、钾的碳酸氢盐碱度即所谓过剩碱度，亦称为负硬度。

②碱度 = 硬度（以 mol/L 计），即 HCO_3^-=（Ca^{2+}、Mg^{2+}），此时只有 Ca^{2+}、Mg^{2+} 的

硬度及其碳酸氢盐碱度，既无非碳酸盐硬度，亦无钠、钾的碳酸氢盐。

③碱度＜硬度（以 mol/L 计），即 HCO_3^-<（Ca^{2+}、Mg^{2+}）。此时又有两种情况：一是 Ca^{2+}>HCO^{3-} 的钙硬水，此时水中有非碳酸盐硬度 $CaSO_4$、$MgSO_4$ 的存在，但没有镁的碳酸盐硬度 Mg（HCO_3）$_2$；另一种情况是 Ca^{2+}>HCO_3^- 的镁硬水，水中有镁的碳酸盐硬度 Mg（HCO_3）$_2$ 的存在，但没有钙的非碳酸盐硬度存在，而有镁的非碳酸盐硬度 $MgSO_4$ 的存在。但上述两种情况，无论是哪种，水中都有非碳酸盐的硬度存在，而没有钠、钾的碳酸氢盐存在。

（5）无机盐（Inorganic salt）种类：水中主要的阴离子有 Cl^-、SO_4^{2-}、HCO_3^-、CO_3^{2-}、OH^- 等，其中 HCO_3^-、CO_3^{2-}、OH^- 在水中常与阳离子 K^+、Na^+、Mg^{2+}、Ca^{2+} 等组成硬度和碱度，它们之间的量的变化影响水的 pH 值变化，从这一变化可以知道水的属性是腐蚀型的还是结垢型的。因此，它们是影响水的性质的主要离子。

Cl^- 是水中最为常见的阴离子，是引起水质腐蚀性的催化剂，能强烈地推动和促进金属表面电子的交换反应，特别是对水系统的不锈钢材料，应力集中处（如热应力、震荡应力等）会引起 Cl^- 的富集，加速电化学腐蚀过程。SO_4^{2-} 也是水中较为普遍存在的腐蚀性阴离子，它会使水的电导率上升，同时又因能与阳离子 Ca^{2+} 等生成 $CaSO_4$ 沉淀而结垢，它还是水中硫酸盐还原菌的营养源。

水中主要的阳离子有 K^+、Na^+、Ca^{2+}、Mg^{2+}、Fe^{3+} 和 Mn^{2+} 等，其中 Na^+ 是水中最为常见的阳离子，Na^+、K^+ 的存在使水的电导率上升，增加了水的不稳定倾向；其中 Ca^{2+}、Mg^{2+} 是组成水中硬度的主要离子，在一定的条件下，常在受热设备的表面结垢，影响传热效果。Fe^{3+}、Mn^{2+} 很易生成 Fe（OH）$_3$、Mn（OH）$_2$ 的沉淀形成水垢，从而产生垢下腐蚀，同时又是铁细菌生长的促进剂。

（6）植物性营养元素（Plant nutrition）：过多的氮、磷进入天然水体易导致富营养化，导致水体植物尤其是藻类的大量繁殖，造成水中溶解氧的急剧变化，影响鱼类生存，并可能使某些湖泊由贫营养湖发展为沼泽和干地。

含氮化合物（Nitrogen compounds）：氮是有机物中除碳以外的一种主要元素，也是微生物生长的重要元素。它消耗水体中的溶解氧，促进藻类等浮游生物的繁殖，形成水华、赤潮，引起鱼类死亡，水质迅速恶化。

关于氮的几个指标如下：

有机氮（Organic nitrogen）：指水中蛋白质、氨基酸、尿素等含氮有机物总量的一个水质指标。若有机氮在有氧条件下进行生物氧化，可逐步分解为 NH_3、NH_4^+、

NO_2^-、NO_3^- 等形态，NH_3 和 NH_4^+ 称为氨氮，NO_2^- 称为亚硝酸盐氮，NO_3^- 称为硝酸盐氮。有机氮与氨氮、亚硝酸盐氮、硝酸盐氮的总和则称为总氮（TN）。

总氮（TN，Total nitrogen）：一切含氮化合物以氮计的总称，以每升水含氮毫克数计算。常被用来表示水体受营养物质污染的程度。

总凯氏氮（Total kjeldahl nitrogen，TKN）：指以基耶达（Kjeldahl）法测得的含氮量，它包括氨氮和在此条件下能转化为铵盐而被测定的有机氮化合物。此类有机氮化合物主要有蛋白质、氨基酸、肽、胨、核酸、尿素以及合成的氮为负三价形态的有机氮化合物，但不包括叠氮化合物，硝基化合物等。

在水处理领域，一般认为总氮 = 总凯氏氮 + 硝氮 + 亚硝氮，总凯氏氮 = 有机氮 + 氨氮，总凯氏氮中的有机氮和氨氮不包括亚硝酸盐氮、硝酸盐氮。

氨氮（Ammonia nitrogen）：指以氨或铵离子形式存在的化合氮，以游离氨（NH_3）和铵离子（NH_4^+）形式存在的氮，主要来源于有机化合物的分解或直接来自含氮工业废水。

NO_X–N：以亚硝酸盐氮（Nitrite nitrogen）和硝酸盐氮（Nitrate nitrogen）形式存在的氮的总和。

含磷化合物：磷也是有机物中的一种主要元素，是仅次于氮的微生物生长的重要元素，主要来自人体排泄物以及合成洗涤剂、牲畜饲养及含磷工业废水。它易导致藻类等浮游生物大量繁殖，破坏水体耗氧和复氧平衡，使水质迅速恶化，危害水产资源。

总磷（Total phosphorus）：正磷酸盐（Orthophosphate）、缩合磷酸盐（Condensed phosphate）、焦磷酸盐（Diphosphate）、偏磷酸盐（Metaphosphate）和有机团结合的磷酸盐等形式的总称。其主要来源于生活污水、化肥、有机磷及近代洗涤剂所用的磷酸盐增洁剂等。水体中的磷是藻类生长需要的一种关键元素。磷过量是造成水体污秽异臭、使湖泊发生富营养化和海湾出现赤潮的主要原因。

磷酸盐（Phosphate）是正磷酸 H_3PO_4（Orthophosphate）、焦磷酸 $H_4P_2O_7$（Diphosphate）、亚磷酸 H_3PO_3（Phosphorous acid）、次磷酸 H_3PO_2（Hypophosphorous acid）的盐类的总称。磷酸盐很多，有正盐和酸式盐两类。正盐如磷酸钠 Na_3PO_4、磷酸钙 $Ca_3(PO_4)_2$ 等。酸式盐如磷酸二氢钠 NaH_2PO_4、磷酸二氢铵 $NH_4H_2PO_4$、磷酸一氢钠 Na_2HPO_4 等。酸式盐加热处理后变成焦磷酸盐或偏磷酸盐。

（7）重金属（Heavy metal）：比重大于 5 的金属（密度大于 4.5 g/cm^3 的金属），包括金、银、铜、铁、铅等。重金属污染与其他有机化合物的污染不同，不少有机化合物可以通过自然界本身物理地、化学地或生物地净化，使有害性降低或解除。而重金属具有富集性，很难在环境中降解。

其危害为生物毒性，抑制微生物生长，使蛋白质凝固；逐级富集至人体，影响人体健康。

铅 Pb（Lead）

铅是可在人体和动物组织中积蓄的有毒金属。主要来自各种油漆、涂料、蓄电池、化妆品、染发剂、釉彩碗碟、餐具、燃煤、膨化食品等。它可通过皮肤、消化道、呼吸道进入体内与多种器官亲和，主要毒性效应是贫血症、神经机能失调和肾损伤，易受害的人群有儿童、老人和免疫低下人群。

铅对水生生物的安全浓度为 0.16mg/L，用含铅 0.1 ~ 4.4mg/L 的水灌溉水稻和小麦时，作物中铅含量明显增加。

人体内正常的铅含量应该低于 0.1mg/L，如果含量超标，容易引起贫血，损害神经系统。而幼儿大脑受铅的损害要比成人敏感得多，一旦血铅含量超标，应该采取积极的排铅毒措施。儿童可服用排铅口服液或借助其他产品进行排铅。

镉 Cd（Cadmium）

镉不是人体的必要元素。镉的毒性很大，可在人体内积蓄，主要积蓄在肾脏，引起泌尿系统的功能变化。镉主要来源有电镀、采矿、冶炼、燃料、电池和化学工业等排放的废水。废旧电池中镉含量较高，也存在于水果和蔬菜中，尤其是蘑菇，在奶制品和谷物中也有少量存在。

镉能够取代骨中的钙，使骨骼严重软化，骨头脆断；会引起胃脏功能失调，干扰人体和生物体内锌的酶系统，导致高血压症。易受害的是矿业工作者、免疫力低下人群。水中含镉 0.1mg/L 时，可轻度抑制地面水的自净作用。镉对白鲢鱼的安全浓度为 0.014mg/L。用含镉 0.04mg/L 的水进行灌溉时，土壤和稻米受到明显污染。

汞 Hg（Hydrargyrum）

汞及其化合物属于剧毒物质，可在人体内积蓄。主要来自仪表厂、食盐电解、贵金属冶炼、化妆品、照明用灯、齿科材料、燃煤、水生生物等。血液中的金属汞进入脑组织后，逐渐在脑组织中积累，达到一定的量时就会对脑组织造成损害，另外一部分汞离子会转移到肾脏。

进入水体的无机汞离子可转变为毒性更大的有机汞，由食物链进入人体，引起全身中毒作用；易受害的人群有女性，尤其是准妈妈、嗜好海鲜人士；天然水中含汞极少，一般不超过 0.1μg/L。正常人血液中的汞小于 5~10μg/L，尿液中的汞浓度小于 20μg/L。如果急性汞中毒，会诱发肝炎和血尿。

铬 Cr（Chromium）

铬主要来源于劣质化妆品原料、皮革制剂、金属部件镀铬部分、工业颜料以及鞣革、橡胶和陶瓷原料等。如误食饮用，可致腹部不适及腹泻等，引起过敏性皮炎或湿疹，如呼吸进入，会对呼吸道有刺激和腐蚀作用，引起咽炎、支气管炎等。经常接触或过量摄入者，易得鼻炎、结核病、腹泻、支气管炎、皮炎等。

镍 Ni（Nickel）

冶炼镍矿石及冶炼钢铁时，部分矿粉会随气流进入大气。在焙烧过程中也有镍及其化合物排出，主要为不溶于水的硫化镍（NiS）、氧化镍（NiO）、金属镍粉尘等。燃烧生成的镍粉尘遇到热的一氧化碳，会生成易挥发的、剧毒的致癌物羰基镍 $Ni(CO)_4$。精炼镍的作业工人鼻腔癌和肺癌的发病率较高。镀镍工业、机器制造业、金属加工业的废水中常含有镍，常用碱法处理工业废水，使其生成氢氧化镍 $Ni(OH)_2$ 沉淀而清除掉。镍可在土壤中富集，含镍的大气颗粒物沉降、含镍废水灌溉、动植物残体腐烂、岩石风化等都是土壤中镍的来源。植物生长会吸收土壤中的镍。镍含量最高的植物是绿色蔬菜和烟草，可达 1.5~3ppm。镍对水稻产生毒性的临界浓度是 20ppm。中国规定车间空气中羰基镍的最高容许浓度为 $0.001mg/m^3$，地面水中镍的最高容许浓度为 0.5mg/L。

铜 Cu（Copper）

主要污染来源是铜锌矿的开采和冶炼、金属加工、机械制造、钢铁生产等。冶炼排放的烟尘是大气铜污染的主要来源。铜中毒容易引起腹泻和中风。

锌 Zn（Zinc）

主要污染源有锌矿开采、冶炼加工、机械制造以及镀锌、仪器仪表、有机物合成和造纸等工业排放，汽车轮胎磨损以及煤燃烧产生的粉尘、烟尘，工业废水中常以锌的羟基络合物存在。

2. **有机污染物指标**（Organic pollutant index）

按被生物降解的难易程度，有机物可分为 2 类 4 种：

可生物降解有机物（Biodegradable organics），包括可生物降解有机物对微生物无毒害及抑制作用、可生物降解有机物对微生物有毒害和抑制作用。

难生物降解有机物（Refractory organic matter），包括难生物降解有机物对微生物无毒害或抑制作用、难生物降解有机物对微生物有毒害和抑制作用。

水体有机物污染多达几百万种，难以区分和定量，在工程实际中常采用生化需氧量、化学需氧量、总需氧量、理论需氧量、总有机碳来表述。

（1）生化需氧量 BOD（Biochemical oxygen demand）：在水温为 20℃的条件下，由于微生物（主要是细菌）的生命活动，将有机物氧化成无机物所消耗的氧量。

反映了在有氧的条件下水中可生物降解的有机物的量（以 mg/L 为单位）。

有机污染物被好氧微生物氧化分解的过程，一般可分为两个阶段：第一个阶段有机物被转化成二氧化碳、水和氨；第二阶段主要是氨被转化为亚硝酸盐和硝酸盐。污水的生化需氧量通常只指第一阶段有机物生物氧化所需的氧量，全部生物氧化需要 20~100 d 完成。

实际上，常以 5d 作为测定生化需氧量的标准时间，称五日生化需氧量（BOD_5）。

（2）化学需氧量 COD（Chemical oxygen demand）：用强氧化剂在酸性条件下，将有机物氧化成二氧化碳和水所消耗的氧量。它是表示水中还原性物质多少的一个指标。水中的还原性物质有各种有机物、亚硝酸盐、硫化物、亚铁盐等，但主要的是有机物。因此，化学需氧量（COD）又往往作为衡量水中有机物质含量多少的指标。

化学需氧量越大，说明水体受有机物的污染越严重。化学需氧量（COD）的测定，随着水样中还原性物质以及测定方法的不同，其测定值也有不同。目前应用最普遍的是酸性高锰酸钾氧化法与重铬酸钾氧化法。高锰酸钾（$KMnO_4$）法，氧化率较低，但比较简便，在测定水样中有机物含量的相对比较值时，可以采用。重铬酸钾（$K_2Cr_2O_7$）法，氧化率高，再现性好，适用于测定水样中有机物的总量。有机物对工业水系统的危害很大。含有大量的有机物的水在通过除盐系统时会污染离子交换树脂，特别容易污染阴离子交换树脂，使树脂交换能力降低。有机物在经过预处理时（混凝、澄清和过滤）约可减少 50%，但在除盐系统中无法除去，故常通过补给水带入锅炉，使炉水 pH 值降低。有时有机物还可能被带入蒸汽系统和凝结水中，使 pH 值降低，造成系统腐蚀。在循环水系统中有机物含量高会促进微生物繁殖。因此，不管对除盐、炉水或循环水系统，COD 都是越低越好，但并没有统一的限制指标。在循环冷却水系统中 COD（$KMnO_4$ 法）>5mg/L 时，水质已开始变差。

※BOD/ COD：可生化性指标，比值越大越容易被生物处理。

（3）TOD（Total oxygen demand）：总需氧量的测定，是在特殊的燃烧器中，以铂为催化剂，于 900℃下将有机物燃烧氧化所消耗氧的量，该测定结果比 COD 更接近理论需氧量。TOD 用仪器测定只需约 3min 可得结果，所以，有分析速度快、方法简便，干扰小、精度高等优点，受到了人们的重视。如果 TOD 与 BOD_5 间能确定它们的相关系数，则以 TOD 指标指导生产有更好的实用意义。

（4）ThOD（Theoretical oxygen demand）：水中某种有机物的理论需氧量。通常是指将有机物中的碳元素和氢元素完全氧化为二氧化碳和水所需氧量的理论值（按完全氧化反应式计算出的需氧量，单位为 g/g）。在严格意义上也包括有机物中氮、磷、硫等元素完全氧化所需氧量的理论值（当计入这些元素完全氧化的需氧量时应在数据后注明）。理论需氧量通常用于需氧量的估算；用于与化学需氧量对比，以研究与检验化学需氧量测定方法的适用性和测定数据的可靠性；也用于与生化需氧量对比，研究水中污染物的生物降解特性及废水生化处理方法的适用性。

（5）TOC（Total organic carbon）：水中的有机物质的含量，以有机物中的主要元素——碳的量来表示，称为总有机碳。TOC 的测定类似于 TOD 的测定。在 950℃的高温下，使水样中的有机物气化燃烧，生成 CO_2，通过红外线分析仪，测定其生成的 CO_2 量，即可知总有机碳量。在测定过程中水中无机的碳化合物如碳酸盐、重碳酸盐等也会生成 CO_2，应另行测定予以扣除。将水样经 0.2μm 微孔滤膜过滤后，测得的碳量即为溶解性有机碳（Dissolved organic carbon，DOC）。TOC、DOC 是经常使用的水质指标。

对于同一种污水来说，ThOD>TOD>COD_{Cr}>BOD_5。如图 1–3 所示。

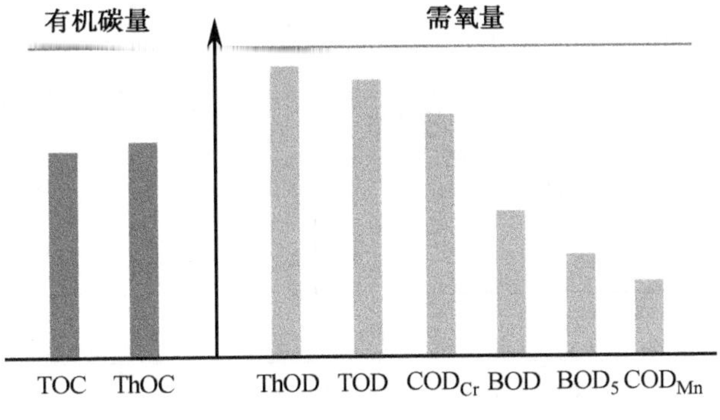

图 1–3 污水有机污染物指标之间的关系图

3. 污水的生物性质指标（Biological property index）

（1）来源及危害。

生活污水中的有害微生物：肠道传染病微生物（Intestinal infections disease microorganisms）、肝炎病毒（Hepatitis virus）、SARS（Severe acute respiratory syndromes）、

寄生虫卵（Parasite eggs）等。

制革、屠宰等工业废水的有害微生物：炭疽杆菌（Bacillus anthracis）、钩端螺旋体（Leptospira）等。

医院污水的有害微生物：各种病原体（Pathogen）。

危害：传播疾病、影响卫生、导致水体缺氧。

（2）细菌总数：水中细菌总数反映了水体受有机物污染的程度和受细菌污染的程度。常以细菌个数 /mL 计，如饮用水小于 100 个 /mL、医院排水小于 500 个 /mL。

（3）大肠菌群：可表明水样被粪便污染的程度，间接表明有肠道病菌存在的可能性。常以大肠菌群数 /L 计，如饮用水小于 3 个 /L、城市排水小于 10000 个 /L、游泳池小于 1000 个 /L。

※ 从几个水质标准看水处理工程的任务，如表 1-2 所示。

表 1-2　水质标准中主要指标浓度值　　mg/L

主要指标		COD_{Cr}	BOD_5	SS	NH_3-N	TP
一般污水		250 ~ 300	100 ~ 150	150 ~ 200	30（TKN=40）	4 ~ 5
《城镇污水处理厂污染物排放标准》（GB18918—2002）	一级 A	50	10	10	5（8）	1
	一级 B	60	20	20	8（15）	1.5
	二级	100	30	30	25（30）	3
	三级	120	60	50	—	5
中水回用（冲厕）		—	10	5	10	—
地表水	Ⅰ类	小于 15	小于 3	无漂浮沉积物	0.5	0.02
	Ⅱ类	小于 15	3		0.5	0.1（0.25）
	Ⅲ类	15	4		1	0.1（0.05）
	Ⅳ类	20	6		2	0.2
	Ⅴ类	25	10		2	0.2
一般景观用水		—	8	透明度大于 0.5m	0.5	0.05
生活饮用水		感官性状与一般化学指标；毒理学指标；细菌学指标；反射性指标				

1.3 国内外污水排放标准对比

1.3.1 美国水污染物排放标准

美国国会 1948 年制定了《联邦水污染控制法》(*Federal Water Pollution Control Act*)；1972 年，又制定了《净水法案》(*Clean Water Act*) 修正案，大幅修订了《联邦水污染控制法》，要求水处理设施必须在 1977 年 7 月 1 日以前全部达到二级处理标准。

根据技术（Technique）和水环境（Water environment）2 个依据，可确定污染物排放标准限值。美国水处理设施二级处理标准详见表 1–3。从表中可知，其污染物指标采用多日平均值来衡量，比如，常规污染指标 BOD_5、TSS 的 7d 平均排放限值或 30d 平均排放限值，30d 平均排放限值远小于 7d 平均排放限值，另外还会考虑污染物去除率情况。美国的 30d 平均排放限值相当于我国的日均值二级排放标准。这是联邦层面对公共污水处理设施污染物排放限值的要求，较为宽泛。按照国家污染物减排（NPDES）许可证制度，联邦环保局（EPA）授权各州的地方环保局根据当地水环境、水资源、企业布局、经济情况等制定不同的地区性排放标准。地区性排放标准也并非一刀切，不同的污水处理厂可以根据需要执行不同的排放标准。

表 1–3 美国和我国污水处理厂二级处理标准 mg/L

项目	美国		我国
	30d 平均值	7d 平均值	日均值
BOD_5	30	45	30
TSS	30	45	30
pH 值	6 ~ 9	6 ~ 9	6 ~ 9
去除率	30d 最大平均去除率不低于 85%		当进水 COD 大于 350mg/L 时，去除率应大于 60%；BOD 大于 160mg/L 时，去除率应大于 50%

1.3.2 欧盟水污染物排放标准

欧盟于 2000 年颁布了《欧盟水框架指令》(*Water Framework Directive*)，对零散的水资源管理法规进行了整合。其中，污水排放限定指令有《城市废水处理指令》

（91/271/EEC）。该指令要求污水处理厂执行的排放标准见表 1–4，其中标准均为年均排放值，总氮与我国污水处理厂一级 A 排放标准要求值相当，其余指标类似于我国的二级排放标准。该指令对欧盟成员国具有法律约束力，但并不等同于欧盟各国国内法律，欧盟各成员国可以根据各国水域特点、经济技术条件等制定更为严格的国内排放标准。

表 1–4　欧盟城镇污水处理指令

指标	BOD_5	SS	COD	总磷	总氮
年均排放值 /（mg/L）	25	35	125	2	15
去除率	70%~90%	60%	10%	80%	70%~80%

1.3.3　日本水污染物排放标准

1970 年，日本颁布了《水质污浊防止法》，将水质标准分健康项目和生活环境项目两大类，采用浓度排放限值，允许地方根据当地水域特点制定更严苛的地方排水限值标准。近年来为改善封闭性海域的水质，日本对工业较集中、污染严重地区实施主要污染物总量排放限值制度，对各指定水域确定污染负荷量的总体削减目标量，再由都道府县知事据此确定所辖范围内的各污染源的削减目标量及削减方法事项，即采取浓度控制和总量控制相互结合的治理模式。日本各级地方政府对于执行标准控制污染的主动性很强，大都根据地方环境需要，制定和实施严于国家标准的地方标准。表 1–5 是日本生活环境项目排放标准。

表 1–5　日本生活环境项目排放标准

指标	允许浓度
pH 值	向海域的排水 5.0~9.0；向海域外的公共水域排水 5.8~8.6
SS/（mg/L）	200（日平均 150）
BOD/（mg/L）	160（日平均 120）
COD/（mg/L）	160（日平均 120）
氮 /（mg/L）	120（日平均 60）
磷 /（mg/L）	16（日平均 8）
粪大肠杆菌群	日平均 3000 个 /cm^3

1.3.4　中国香港水污染物排放标准

《技术备忘录：排放入排水及排污系统、内陆及海岸水域的污染物的标准》（以下简称《备忘录》）是香港环境保护署为污水处理厂颁发牌照的依据。《备忘录》根据污水处理厂出水排入的不同水域来划定排放标准，内陆水域划分为A（可作饮用水水源）、B（灌溉）、C（池塘养鱼）和D（一般设施及次级接触健康娱乐活动）四个组别，海岸水域根据水质及用途划分为六个组别，分别对应不同的排放标准。不同的排放规模亦有不同的标准，较高规模的标准通常比较低规模的标准严格。因此不同水域的污水处理厂排放标准不同。以沙田污水厂为例，其水质管制区为吐露港/维多利亚港（第二期），污水排放许可规定了95%百分比标准和上限值（表1-6），BOD、总氮、SS和细菌指标的95%百分比标准，比GB18918—2002一级A排放标准更加宽松，氨氮相当于一级A排放标准。

表1-6 沙田污水处理厂牌照标准

指标	BOD/（mg/L）	SS/（mg/L）	氨氮/（mg/L）	总氮/（mg/L）	大肠杆菌（个/100mL）
95%百分比标准	20	30	5	20	15000
上限	40	60	10	35	1000（每月几何平均数）

1.3.5 国家标准与地方标准

无论是美国、欧盟、日本，还是中国香港，污染物排放标准均分为两个层级，总体控制排放要求和当地具体排放要求，总体控制排放要求较当地具体排放要求宽松，侧重于污染物排放指标的设计、治污规划路线确定的依据，各地方根据具体情况制定严于国标且符合当地实际环境的排放标准。我国新的《环境保护法》第十六条也规定，国务院环境保护主管部门根据国家环境质量标准和国家经济、技术条件，制定国家污染物排放标准。省、自治区、直辖市人民政府对国家污染物排放标准中未作规定的项目，可以制定地方污染物排放标准；对国家污染物排放标准中已做规定的项目，可以制定严于国家污染物排放标准的地方污染物排放标准。全国各地自然条件、经济状况差异较大，环境容量各不相同，因地制宜的污染物排放标准更有利于当地经济与环境的协调发展。

另外，高标准与低标准方面，在国土开发密度已经较高、环境承载能力逐渐减弱，或环境容量较小、生态环境脆弱，容易发生严重环境污染问题而需要采取特别保护措施的地区执行水污染物特别排放限值。尽管这些地区的环境形势很严峻，但一味提高污水处理厂排放标准并不能很好地解决问题。将污水厂排放限值的CODcr由50mg/L

降至30mg/L、悬浮物标准由10mg/L降至5mg/L、氨氮标准由5mg/L降至1.5 mg/L对水环境的改善作用大小，与为达到严格排放标准所增加的能耗、药耗、设备等消耗给环境带来的负面影响大小比较，如何权衡，都需要系统评估。同时，与其他经济发达国家相比，我国的污水厂水污染物排放标准已属于严格水平，造成水环境污染的问题不在于排放标准的高低，需从流域管理、防治工业污染、控制面源污染、雨污水管网建设、严格环境监管等多方面入手解决。

在对污水处理厂的环境监管方面，我国香港地区及国外一般采取出水多日平均值、最大排放限值或95%概率的排放限值。我国对污水处理厂的水污染物排放标准的指标设计为24h混合样，即日均浓度值，但在环境监管过程中，这一日均浓度指标往往又被允许作为环境监管部门瞬时采样的评判标准。污水处理厂的出水水质数据通常服从正态分布，进水变化、设施故障和自然条件等各方面因素都会导致出水指标的波动。一次采样即判断超标与否的监管方式无法体现污水处理实际情况。相比较而言，国外所采取的多日平均的指标设计更能客观地反映污水处理的特性，更能全面、有效地对排污单位的治理过程和行为做出判断。但我国因监测方式和分散的问题普遍采用瞬时监测值作为判断依据。

习　题

1-1　污水厂的污水来源有哪些？

1-2　污水的排水系统可以分为几类？请分别阐述各类排水系统的优缺点。

1-3　请简要阐述水中溶解氧随温度变化情况。

1-4　请简要阐述污水的有机碳量和需氧量的区别和联系。

1-5　请简要阐述国内外污水排放标准的异同之处。

参考文献

［1］牛建敏，钟昊亮，熊晔．美国、欧盟、日本等地污水处理厂水污染物排放标准对比与启示［J］．资源节约与环保，2016（06）：301-302.

［2］污水综合排放标准：GB 8978—1996［S］．北京：中国标准出版社，1996.

［3］US EPA，OW，US EPA，OW，OWM，Water Permits Division. NPDES permit writers' manual［M］. 1996.

［4］May. Water framework directive implementation in England and Wales：New and updated standards to protect the water environment[J]. 2014.

［5］None. United States：The Federal Water Pollution Control Act［J］.International Legal Materials，1973，12（3）：658-679.

［6］Knopman，Debra S，Smith，et al. 20 years of the Clean Water Act［J］. Environment，1993，35（1）：17-20.

［7］田仁生，王业耀，李宇军．我国水污染物排放标准体系调整的比较探讨［J］．上海环境科学，2002，21（8）：481-484.

［8］周羽化，原霞，宫玥，等．美国水污染物排放标准制定方法研究与启示［J］．环境科学与技术，2013，36（11）：65-73.

［9］杜群，李丹．《欧盟水框架指令》十年回顾及其实施成效评述［J］. 江西社会科学，2011（8）：19-27.

［10］Council of the European Union. Council Directive of 21 May 1991 concerning urban waste water treatment（91/271/EEC）［J］. Official Journal of the European Communities，1991，30（5）：40-52.

［11］高娟，李贵宝，华珞，等．日本水环境标准及其对我国的启示［J］．饮水安全，2005（11）：41-43.

［12］城镇污水处理厂污染物排放标准：GB 18918—2002［S］. 北京：中国标准出版社，2002.

第 2 章　污水的处理方法及处理工艺

自然界的水体自身具有混合作用、稀释作用、扩散作用以及化学和生物作用，对排入其中的污染物质有一定程度的自净能力。但这种自净能力有限，因而需对污水进行处理后排放。

污水处理的主要任务就是将城市污水或工业废水在排入受纳水体前，通过必要的处理方法，将其中的污染物直接分离出来，或将其转化为无害和稳定的物质或可分离物质，从而使污染物浓度降低至允许排入水体的程度，即国家规定的水质控制标准后循环使用或排放。

污水处理方法根据作用原理不同分为物理处理法（Physical treatment method）、化学处理法（Chemical treatment method）、生物处理法（Biological treatment method）；根据处理程度分为一级处理（Primary processing）、二级处理（Secondary processing）及三级处理（Tertiary processing）。

2.1　物理处理方法

物理处理法是利用物理作用分离和去除污水中污染物质的方法，即通过物理作用以分离（Separation）、回收（Recycle）污水中不溶解的、呈悬浮状的污染物质[包括油膜（Oil film）和油珠（Oil drops）]，物理法在处理过程中不改变污染物质的化学性质，操作简单、经济。物理处理法主要有重力分离（Gravity separation）、筛滤截留（Sieve interception）、过滤法（Filtering method）、离心分离（Centrifugal separation）、膜分离（Membrane separation）等。

2.1.1　重力分离法

重力分离法，也叫作沉淀法，指利用污水中呈悬浮状的污染物和水密度不同的原理，借重力沉降（或上浮）作用，使悬浮物从水中分离出来。重力分离方法简单易行，分离效果好，在污水处理工艺中必不可少。

重力分离处理设备有沉砂池（Detritor/Grit chamber）、沉淀池（Sedimentation tank）等。在污水处理工艺中，重力分离法通常用作其他处理方法的预处理，进水时设初次沉淀池（Primary sedimentation tank），对进水中密度较大的颗粒进行初次分离，可去除大部分悬浮物质，减少后续处理构筑物的处理负荷；也用在生物处理系统末端，设二次沉淀池（Secondary sedimentation tank），对生物系统中的污泥和污水进行分离，保证出水水质。

根据污水中悬浮物质的浓度、性质及絮凝性能不同，沉淀现象分为自由沉淀（Free sedimentation）、絮凝沉淀（Coagulation sedimentation）、拥挤沉淀（Hindered precipitation）和压缩沉淀（Compression settling）。

污水中的悬浮物质（Suspended substance）浓度不高，固体颗粒没有凝聚性时，在沉淀过程中颗粒互不黏合，颗粒的形状、尺寸及密度不会发生改变，在整个沉淀过程中沉降过程独立完成，沉速也不发生变化，这种沉淀现象为自由沉淀。

污水中的悬浮物质浓度不高，但颗粒有凝聚性时，在沉淀过程中颗粒能发生凝聚作用而相互黏合，颗粒质量增加，沉淀速度加快，且沉速随深度增加而增加，这种沉淀现象为絮凝沉淀。

污水中悬浮物质的浓度较高时，在沉降过程中悬浮物质互相干扰，在清水和浑水之间形成明显的交界面，且交界面会逐渐向下移动，这种沉淀现象为拥挤沉淀，也称为成层沉淀。

污水中悬浮物质的浓度很高时，在沉降过程中，悬浮物质相互接触并部分受到压缩物支撑，下层颗粒间隙中的水被挤出界面，固体颗粒群被压缩，这种沉淀现象为压缩沉淀。

2.1.2 筛滤截留、过滤法

筛滤截留和过滤法类似，都是通过过滤介质截留污水中的悬浮物的方法。过滤介质有钢条（Steel bar）、筛网（Screen）、金刚砂布（Emery cloth）、塑料（Plastic）、微孔管（Microporous tube）等。

不同过滤介质的过滤机理不同，在污水处理工艺中的作用也不同。例如，格栅可通过截留作用将大于栅条间距的漂浮物除去，通常用在污水的预处理中，进水先设置格栅，保护后续处理设备；滤网、滤布或滤料等过滤介质可通过阻力截留、重力沉降和接触絮凝作用，分离污水中小的悬浮物质和油类，通常用在对水质浊度要求较高的污水深度处理中，也用于活性炭吸附、离子交换等工艺的预处理单元中。

阻力截留是指污水经过过滤介质时，粒径较大的悬浮物质首先被截留在过滤介质表面的空隙中，从而使过滤介质的空隙越来越小，截污能力越来越高，最终形成一层主要由被截留固体物质构成的滤膜（Membrane），并由它起主要的过滤作用。

重力沉降指污水通过过滤介质时，过滤介质的表面积可提供巨大的沉降面积，形成众多小“沉淀池”，悬浮物质在此极易沉降下来。据估计，1m^3 粒径为 0.5mm 的滤料拥有高达 400m^2 不受水力冲刷而可供悬浮物质沉降的有效面积。

接触絮凝指过滤介质由于其带电性而与悬浮物质之间存在明显的物理吸附作用。过滤介质的巨大表面积可吸附大量带相反电荷的胶体，并使其在过滤介质表面发生接触絮凝，此外过滤介质表面对未絮凝的胶体提供接触碰撞的媒介，可促进其絮凝过程。

在实际的过滤作用中，粒径较大的悬浮物质的去除方式以阻力截留为主，这一过程发生在过滤介质表面，通常称为表面过滤（Surface filtration）。而对于细微悬浮物的去除方式以重力沉降和接触絮凝为主，主要发生在过滤介质深层，称为深层过滤（Depth filtration）。

2.1.3 气浮分离法（浮选）

气浮分离法是指将空气通入污水中，空气高度分散后以微小气泡的形式从水中析出成为载体，污水中相对密度接近于水的微小颗粒状的污染物质如乳化油（Emulsified oil）就会黏附在气泡上，使其浮力大于重力和阻力，气泡上升至水面，从而使污水中的污染物质得以分离的方法。气浮分离法广泛应用于固液分离和液液分离，如污水中的细小悬浮物及污水中的悬浮油和乳化油等的分离。

气浮分离过程包括气泡的产生、悬浮固体物质或液滴的附着、气泡的上浮分离等步骤，因此要实现气浮分离，必须向水中提供足够数量的适合尺寸（15 ~ 30 μm）的微细气泡，且分离物需呈悬浮状态或具有疏水性而易附着于气泡上浮。

根据气泡产生方式不同，气浮分离法有电解气浮法（Electrolytic air floatation）、溶解空气气浮法（Dissolved air floatation）、叶轮气浮法（Impeller air floatation）和射流气浮法（Jet air floatation）等。电解气浮法是利用电极材料对污水电解过程中产生的微小的氢气泡和氧气泡进行气浮的方法。此种方法产生的气泡直径小（10μm 左右），分离效率高，且此种气泡产量稳定，直接分散至水体，避免水体扰动和分布不均，适用于脆弱絮凝体分离。但此种方式存在电耗高、电极板易结垢的缺点，主要在中小规模的工业废水处理中使用。溶解空气气浮法是使空气在一定压力下溶于水中并饱和，然后骤然降低污水的压力，使溶解的空气以微小气泡从水中析出从而进行气浮的方法。此种方法产生的气泡直径为 20 ~ 100μm，气泡停留时间可控，净化效果较好。根据气泡从水中析出时的压力不同，常压或加压时空气溶解、负压析出时称溶气真空气浮法（Dissolved air vacuum air floatation），加压时空气溶于水、常压下析出时称加压溶气气浮法（Pressurized dissolved air floatation）。叶轮气浮法是指利用高速旋转的叶轮的高速剪切作用将空气吸入并分散为小气泡进行气浮的方法。该种方法产生的气泡直径在 1mm 左右。射流气浮法是指用水泵或射流器吸入和分散空气进行气浮的方法，该种方法设备简单、操作简便，但存在气泡粒径大、吸气量少、效果不佳的缺点。

悬浮物与气泡以三种基本形式附着：气泡在颗粒表面析出、气泡与颗粒吸附、聚集体中夹裹气泡。气泡与悬浮物能否发生附着主要取决于悬浮物的表面性质，若悬浮物为疏水性物质，则悬浮物不易被水润湿，易于气泡黏附，适用于气浮法去除，若悬浮物为亲水性物质，悬浮物易被水润湿，不能与气泡黏附，不适用气浮法去除。此时可投加适宜的药剂以改变悬浮物的表面性质，这种药剂称为浮选剂（Floatation agent），浮选剂是由极性-非极性分子组成，极性端亲水，与亲水性物质结合，非极性端疏水，使结合的亲水物质表面变为疏水表面，有助于其与气泡附着后浮起。浮选剂种类繁多，如石油及煤油产品、脂肪酸及其盐类、表面活性剂等。

此外，为了提高气浮效果，有时需向污水中投加混凝剂，使污水中的悬浮物质或乳化油等黏结形成矾花，随气泡去除。

2.1.4 离心分离法

离心分离法是利用高速旋转的物体能够产生离心力，利用离心力分离水中杂质的方法。含有悬浮污染物质的污水在高速旋转时，由于悬浮颗粒和污水质量不同而受到的离心力大小不同，质量大的悬浮颗粒向外运动被甩到外围，质量小的水则留在内圈，通过不同的出口分别引出而被分离。

2.1.5 吸附法

吸附法是利用多孔性固体物质的吸附能力，将污水中的一种或多种溶解性杂质吸附在固体表面而去除的方法。其中具有吸附能力的多孔性固体物质称为吸附剂，污水中被吸附的一种或几种物质称为吸附质。

吸附法主要的去除对象是污水中用生物化学法难以降解的有机物或一般氧化法难以氧化的溶解性有机物，比如木质素、洗涤剂、合成染料、DDT 等。目前多用于污水的深度处理，使污水达到可重复利用的程度。

根据吸附剂表面吸附力的不同，吸附分为物理吸附（Physical adsorption）、化学吸附（Chemisorption）和离子交换吸附（Ion exchange adsorption）。物理吸附是由分子间作用力引起的可逆吸附，可在低温下进行，对吸附质无选择性，可形成单分子吸附层或多分子吸附层；化学吸附是由化学键力引起的一种不可逆的化学反应，高温下进行，对吸附质具有选择性，形成单分子吸附层；离子交换吸附是指吸附质的离子由于静电引力作用聚集在吸附剂表面的带电点上，并置换出原先固定在这些带电点上的其他离子的吸附过程。另外吸附操作可分为静态（Static）和动态（Dynamic）两种，静态吸附（Static adsorption）是指在污水不流动的条件下进行的吸附操作；动态吸附（Dynamic adsorption）是在污水流动条件下进行的吸附操作。污水处理中多采用动态吸附操作，常用的吸附设备有固定床（Fixed bed）、移动床（Moving bed）和流动床（Mobile bed）。

目前污水处理中常用的吸附剂有活性炭（Activated carbon）、活化煤、白土、硅藻土、吸附树脂等。其中活性炭是一种非极性吸附剂，暗黑色粒状或粉状，多用粒状活性炭，可用于吸附污水中的酚（Phenol）、汞（Mercury）、铬（Chromium）、氰（Cyanide）等有毒物质，以物理吸附作用为主，具有良好的吸附性能，能耐强酸、强碱，化学性质稳定，耐高温高压不破碎，且有除色（Decoloration）、脱臭（Deodorization）等作用。吸附树脂也叫作树脂吸附剂，是具有立体网状结构的多孔海绵状有机吸附剂，吸附适应范围广、选择性和稳定性高，适宜处理某些极性有机物，如脱酚、除油、脱色等。

吸附剂的吸附能力是有限的，当吸附达到饱和时，需进行再生，采取一定的方法使得吸附质从吸附剂的空隙中脱除，即脱附操作，恢复吸附剂的结构和吸附能力，使其得以重复利用。吸附剂的再生不仅可以降低吸附的处理成本，还能回收有价值的吸附质另作他用。目前吸附剂的再生方法有加热再生、药剂再生、生物再生、氧化再生等，应根据吸附质的理化性质和回收价值以及不同的吸附机理选择适宜的再生方法。

2.1.6 萃取（液-液）法

萃取是利用物质在不同溶剂中溶解性不同的原理，用适当的溶剂实现物质从一相转移到另一相的传质过程。在污水处理中，将不溶于水的溶剂投入污水之中并使其与污水充分接触，使污水中的杂质溶于投加的溶剂中，然后分离溶剂与水，进而分离污染物质。萃取后的溶剂称为萃取相，污水称为萃余相。常采用的萃取设备有脉冲筛板塔（Pulse sieve tray）、离心萃取机（Centrifugal extraction machine）等。

萃取剂需要对提取物有较高的溶解度，而对其他物质的溶解度低，并且其本身在水中的溶解度低。萃取剂需可再生，即分离萃取相中的萃取物，使得萃取剂可继续重复利用，可通过蒸馏、结晶方法实现。蒸馏是利用溶剂（Solvent）与溶质（Solute）的沸点差，将溶质蒸馏回收；结晶是投加化学药剂使溶质形成不溶于溶剂的盐类而析出的方法。

2.1.7 吹脱法与气提法

吹脱法与气提法都用于脱除水中溶解气体和某些挥发性物质，即气-液分离技术。其原理是把空气或水蒸气通入污水中并与污水充分接触，改变与污水相平衡的气相组成，使废水中溶解的气体或易挥发污染物向气相转移，随空气一起逸出，得以分离，其中用空气作载气时称为吹脱，用蒸汽为载气时称为气提。

吹脱法会用于经过生化处理的生活污水除氮（Nitrogen removal）或软化（Softening）、电渗析、反渗透处理后污水中 CO_2 的去除，防止 CO_2 浓度过高引起的低 pH 值对后续生物处理的影响。而气提常用于处理含 H_2S、HCN、NH_3、CS_2 等气体和甲醛、挥发酚等挥发性物质的污水，避免这些物质对生物处理中的微生物的毒害。

2.1.8 离子交换法

离子交换法是用离子交换剂去除污水中的某些物质，即利用离子交换剂上的离子来置换污水中的离子，以达到去除污水中某些离子的目的。这是一种可逆的等当量交换反应，在一定条件下被交换的离子可以解吸（逆交换），使离子交换剂恢复到原来的状态，即离子交换剂通过交换和再生可反复使用。同时，离子交换反应是定量进行的，所以单位质量的离子交换剂所能交换的离子的当量数或摩尔数是有限的，称为交换容量。交换容量表征了离子交换剂的交换能力，通常用单位质量干树脂或湿树脂中离子交换基团的数量来表示，是离子交换剂的性能评价指标之一。

离子交换过程包括以下五个阶段：交换离子从溶液中扩散到离子交换剂表面；交换离子在离子交换剂内部扩散；交换离子与结合在离子交换剂上的可交换离子发生交

换反应；交换下来的离子从离子交换剂内部扩散到表面；被交换下来的离子从离子交换剂表面通过液膜扩散到液体中。在以上五个阶段中，离子交换反应速率很快，决定离子交换过程快慢的主要是离子的扩散速度。另外，污水水质对离子交换剂的交换能力有直接的影响，污水中的悬浮物会堵塞离子交换剂内部空隙，油脂会包裹离子交换剂颗粒，降低其交换容量；污水中的某些高分子有机物与离子交换剂活性基团的结合力很大，结合后难以再生，降低离子交换剂的再生率和交换能力；污水中的溶解盐类含量超过一定限度时，会缩短离子交换剂的工作周期，不宜采用离子交换法处理；污水中的高价金属离子如 Fe^{3+}、Al^{3+} 等，极易与离子交换剂结合而难以洗脱，会引起离子交换剂的“中毒”；此外，每种离子交换剂都有其适宜的工作条件，因此污水的 pH 值、温度等也是影响离子交换剂交换能力的因素。

在污水处理中，按母体材质不同，使用的离子交换剂有无机离子交换剂（Inorganic ion exchanger）和有机离子交换剂（Organic ion exchanger）两大类。无机离子交换剂有天然沸石、人工合成沸石，属于硅质阳离子交换剂。有机离子交换剂有磺化煤和各种离子交换树脂。这些离子交换剂中，沸石成本低，但不宜在酸性条件下使用；磺化煤机械强度、交换容量低，化学稳定性差。综合比较，离子交换树脂性能最佳，交换容量是前两者的 8 倍以上、交换速度快、机械强度高、化学稳定性好，在水处理中广泛使用。

离子交换树脂是一种疏松多孔状固体球形颗粒，粒径一般为 0.3 ~ 1.2mm，不溶于水和电解质溶液。离子交换树脂由不溶性树脂母体和活性基团两部分组成，树脂母体是有机化合物和能够使树脂母体形成立体网状结构的交联剂组成的高分子共聚物。阳离子交换树脂内的活性基团是酸性的，能够进行阳离子交换，相反阴离子交换树脂的活性基团是碱性的，能够进行阴离子交换。不同的离子交换树脂（Ion exchange resin）对各种离子的交换能力是不同的。其交换能力的大小主要取决于各种离子对该种树脂亲和力（Affinity）（选择性）的大小，在使用时应根据不同的离子类型选择不同种类的离子交换树脂。在常温和低浓度溶液中，各种树脂对不同离子的选择性大致如下。

强酸性阳离子交换树脂：

$$Fe^{3+}>Co^{3+}>Al^{3+}>Ca^{2+}>Mg^{2+}>Ag^{+}>K^{+}>Na^{+}>H^{+}>Li^{+}$$

弱酸性阳离子交换树脂：

$$H^{+}>Fe^{3+}>Al^{3+}>Ca^{2+}>Mg^{2+}>K^{+}>Na^{+}>Li^{+}$$

强碱性阴离子交换树脂：

$$Cr_2O_7^{2-} > SO_4^{2-} > CrO_4^{2-} > NO_3^- > Cl^- > OH^- > F^- > HCO_3^- > HSiO_3^-$$

弱碱性阴离子交换树脂：

$$OH^- > Cr_2O_7^{2-} > SO_4^{2-} > NO_3^- > Cl^- > HCO_3^-$$

在水处理中，离子交换可分为静态交换和动态交换，静态交换是污水和离子交换剂在相对静止的状态下充分接触进行交换反应的操作，而动态交换是指污水和离子交换剂发生相对移动进行交换反应的操作，工程实际中多用动态交换。目前离子交换法广泛用于去除（回收）污水中的铜（Copper）、镍（Nickel）、镉（Cadmium）、锌（Zinc）、汞（Mercury）、金（Gold）、银（Silver）、铂（Platinum）、磷酸（Phosphoric acid）、有机物（Organic）和放射性物质（Radioactive substances）等。

2.1.9　膜分离

膜分离是指利用具有选择透过性的薄膜作为分离介质，在薄膜两侧施加一定的推动力，使待分离液中的某些组分选择性透过薄膜，实现物质分离或溶液浓缩纯化的目的。其中，分离液中溶质透过膜的过程叫作渗析，溶剂透过膜的过程叫作渗透。膜分离相对于传统分离技术来说，无相变，能量转化效率高，分离过程中无须投加其他物质，节省原料和药品，被分离物质的性质不变，且分离和浓缩同时进行，利于回收。该法适应性强，操作简便，易于实现自动化运行，因此大规模用于海水淡化、纯化水生产等，也用于生活饮用水净化、污水处理等领域。

膜分离根据分离过程采用的膜的种类和施加的推动力不同分为微滤、超滤、纳滤、反渗透和电渗析，其中前四种都是以压力差为推动力，在压差作用下，分离液中的溶剂或小于膜孔径的组分透过膜，而大分子物质被截留下来，达到分离的目的。而电渗析是在电场力的作用下，分离液中的反离子定向迁移通过膜，得以分离的过程。

（一）微滤（Microfiltration，MF）

微滤是以微滤膜的筛分作用为基础，在微滤膜两侧压力差作用下，原料液（膜上游高压侧溶液）通过微滤膜的过程中，尺寸小于膜孔的物质透过膜流到下游侧，形成透过液，而大于膜孔的物质被截留在膜上游，实现溶液中物质分离的效果。微滤分离的物质粒径一般大于 0.1μm，也被称为精密过滤。与另外几种膜分离方法相比，微滤分离的物质粒子较大，基本属于固液分离，且微孔滤膜孔径大，因而阻力小，可在较小的压力差（0.01 ~ 0.2MPa）下运行，渗透量较其他膜分离技术也大。如图 2–1 所示。

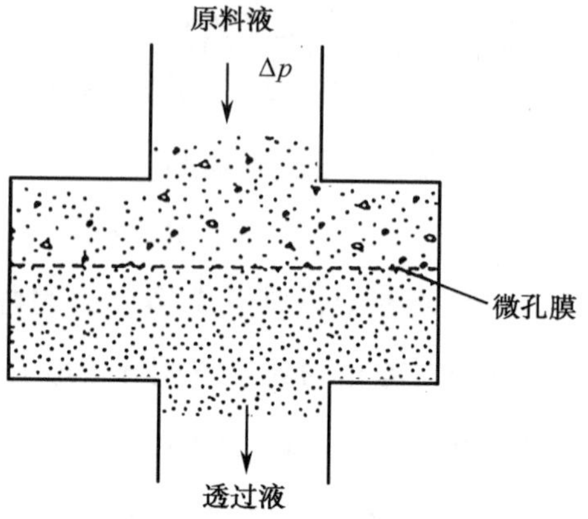

◁代表悬浮粒子及胶体；∘代表微生物细胞；·代表水及小分子物质
图 2–1　微滤原理示意图

目前的研究认为微滤膜的截留作用机理包括以下几种：机械截留作用，大于孔径的固体微粒被截留而尺寸小于孔径的组分透过膜；吸附截留作用，微孔表面通过物理或化学吸附作用将尺寸小于孔径的固体微粒截留；架桥作用，固体微粒在孔隙处因架桥作用被截留；孔内部截留作用，膜孔形状弯曲可将微粒截留在膜的内部；静电截留，带电的微滤膜可分离带相反电荷的微粒。

微滤是几种膜分离技术中最早开发、最广应用的最成熟技术，可用于分离液体中尺寸在 0.1 ~ 10μm 的微生物和微粒，在环境保护、石油化工、生化制药等多领域有广泛的应用，在水处理中可用于反渗透和超滤系统的预处理，也可用于各种工业用水点终端除菌过滤处理等。

（二）超滤法（Ultrafiltration，UF）

超滤分离原理和微滤类似，也是在压力差的推动下，使溶液中大分子物质与小分子物质和水分离。与微滤相较，超滤膜的膜孔较小，能有效去除水中的胶体、蛋白质、大分子有机物和微生物等。超滤膜的截留作用机理主要是机械截留、架桥和吸附共同作用的结果。它主要用于饮用水的净化，生活污水和工业废水的深度处理和再生回用，电渗析、离子交换剂反渗透系统的预处理，超纯水系统的终端处理等。如图 2–2 所示。

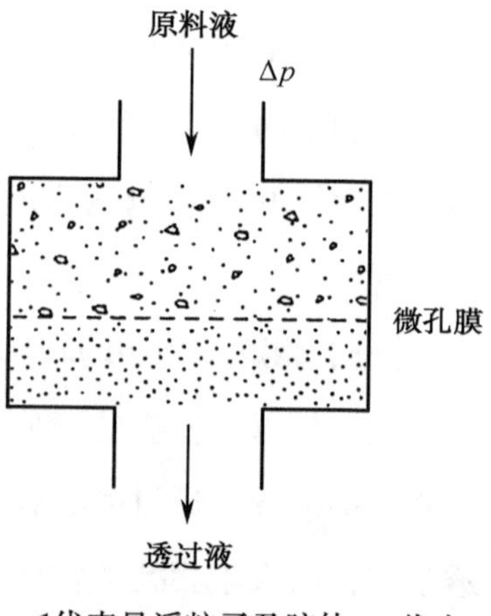

◁代表悬浮粒子及胶体；∘代表大分子；·代表水及小分子物质
图 2–2　超滤原理示意图

（三）纳滤（Nanofiltration，NF）

纳滤是指在原料液侧施加压力，在膜上下游形成压力差，溶液中分子量低于 200 的小分子物质、单价离子和水可以通过纳滤膜上的纳米孔，流到膜下游形成透过液，而分子量为 200~2000 的有机物和多价离子不能透过膜而被截留在膜上游，实现了物质的分离。因纳滤膜孔径在 1nm 左右，可以分离直径 1nm 的组分，因此被称为纳滤。如图 2–3 所示。

纳滤膜的孔径范围特殊，并且膜表面或内部存在带电基团，使得纳滤分离具有筛分效应和电荷效应。分子量大的被截留，分子量小的透过膜称为膜的筛分效应，也叫作位阻效应；纳滤膜带电荷，可与离子产生静电相互作用，阻碍多价离子的透过，称为膜的电荷效应。纳滤分离中，不带电荷的物质分离主要靠筛分效应，带电物质的分离主要靠电荷效应。

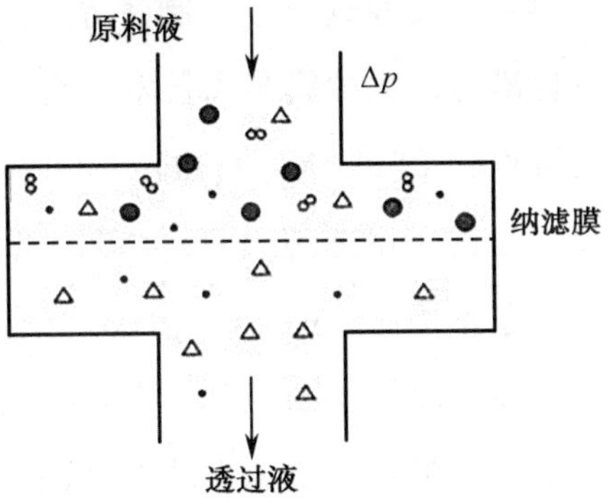

•代表分子量 200 以上的有机分子；∞代表多价离子；△ 代表单价离子；· 代表水及分子量 200 以下的小分子

图 2–3　纳滤原理示意图

纳滤是一种膜分离中的新型技术，在常温下进行，且无相变，无化学反应，分离效率高，广泛应用于超纯水制备、水的软化和水中有机物的脱除等。

（四）反渗透（Reverse osmosis，RO）

渗透现象是指当纯水和盐水用一张只能通过水不能透过其他物质的半透膜隔开时，纯水会自发地透过膜进入盐水侧。当进入盐水侧的纯水达到一定量时，液面升高产生的压强差会抑制纯水的继续渗透，出现平衡现象，这时的压强差称为渗透压。反之，若盐水一侧存在大于渗透压的压力时，则水分会从盐水侧透过半透膜进入纯水侧，盐水侧盐浓度不断上升，这就叫作反渗透。反渗透就是利用这一原理进行溶质和溶剂分离的方法。反渗透可将溶液中的小分子物质和溶剂分离，对水中的无机离子和 0.1 ~ 2nm 的有机小分子物质有较好的去除效果。如图 2–4 所示。

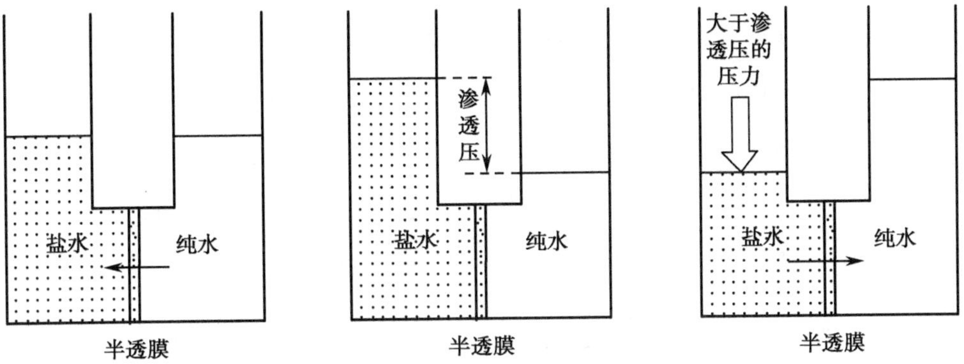

图 2–4　反渗透原理示意图

反渗透分离效率高，广泛应用于海水淡化（Desalination），其海水淡化平均脱盐率高达 99.7%；杂质去除范围广，广泛用于各种污水的深度处理（Polishing processing）与再生回用及纯化水的制备等。此外，该方法还具有能耗低、生产成本低等优点，是一种潜力巨大的膜分离技术。制作半透膜的材料有醋酸纤维素（Cellulose acetate）、磺化聚苯醚（Sulfonated polyphenylene ether）等有机高分子物质。

（五）电渗析法（Electrodialysis，ED）

电渗析法（Electrodialysis）是在离子交换技术基础上发展起来的一项新技术，也属于膜分离技术的一种。它是指在外加直流电场产生的电场力的作用下，利用阴、阳离子交换膜对水中离子的选择透过性——阳膜只允许阳离子通过，阴膜只允许阴离子通过，使溶液中的离子通过膜迁移到另一部分溶液中去，以达到分离的目的。

以食盐水为例，图 2–5 展示了电渗析的基本原理。在阴极和阳极之间，交替排列着阳膜和阴膜，并用特制隔板将其隔开，隔板内是水流通道。若隔板内离子减少，则为淡室，出水为淡水，反之为浓室，出水为浓水。进入淡室的含盐水，在电场力作用下，阳离子不断通过阳膜向阴极方向移动，阴离子不断通过阴膜向阳极方向移动，结果该室内的含盐水不断变成淡化水。而进入浓室的含盐水中，阳离子向阴极方向运动但不能透过阴膜，阴离子向阳极方向运行但不能透过阳膜，同时不断接受临近淡室的离子，形成浓盐水。这就形成淡水和浓水的分离系统。同时在阴极和阳极界面上发生氧化还原反应，分别生成 H_2 和 O_2 或 Cl_2。

电渗析不适用于海水、苦咸水等高浓度水的除盐，因盐浓度与电渗析所需能量成正比，电渗析主要用于离子交换的预处理、工业废水的酸碱和金属回收等。它与普通离

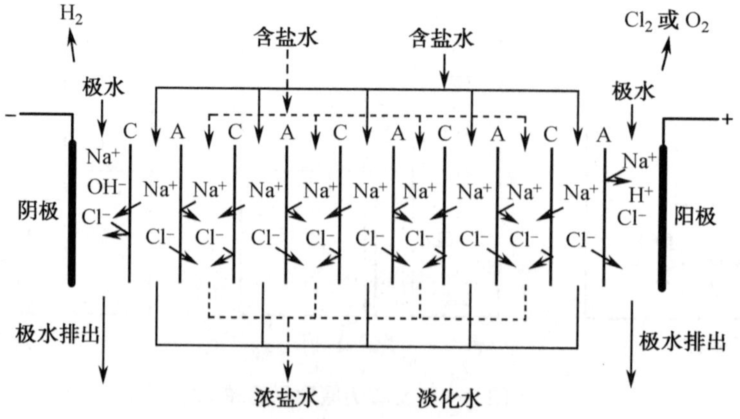

C– 阳膜；A– 阴膜

图 2–5　电渗析基本原理

子交换法不同，省去了用再生剂再生树脂的过程，因此具有设备简单、操作方便等优点。

2.2 化学处理方法

化学处理方法是指向污水中投加某种化学物质，利用化学反应，分离、去除或回收水中杂质和污染物，使其转化为无害的物质的方法。常用的化学处理方法有化学沉淀法（Chemical precipitation）、混凝法（Coagulation）、中和法（Acid-base titration）、氧化还原法（Redox）、消毒（Disinfection）等。

2.2.1 化学沉淀法

化学沉淀法就是向污水中投加化学药剂（沉淀剂）的方法，它与污水中的溶解性物质发生化学反应，生成难溶于水的沉淀物，从水中分离出来，以降低污水中物质浓度的方法。这种处理方法常用于含重金属离子（Heavy metal ion）如锌、铅、汞、镉等，碱土金属离子如镁、钙等，非金属离子如氟、硼等工业生产污水的处理。

按使用沉淀剂的不同，化学沉淀法可分为石灰法（Lime method）（氢氧化物沉淀法）、硫化物法（Sulfide method）、碳酸盐沉淀法（Carbonate precipitation）等。

（一）氢氧化物沉淀法

大多数金属离子可以与碱反应生成难溶于水的氢氧化物，如铜、铬、镉、铅等，因此氢氧化物沉淀法可用来去除污水中的重金属离子。该法使用时需注意控制适宜的 pH 值范围，其直接影响金属离子的去除效果。部分金属氢氧化物的溶度积见表 2–1。

表 2–1 部分金属氢氧化物的溶度积

化学式	Ksp	化学式	Ksp	化学式	Ksp
AgOH	2.0×10^{-8}	Co（OH）$_2$	1.6×10^{-15}	Fe（OH）$_3$	3.2×10^{-38}
Mg（OH）$_2$	1.8×10^{-11}	Ni（OH）$_2$	2.0×10^{-15}	Cr（OH）$_3$	6.3×10^{-31}
Mn（OH）$_2$	1.9×10^{-13}	Cd（OH）$_2$	2.2×10^{-14}	Ti（OH）$_3$	1.0×10^{-40}
Fe（OH）$_2$	8.0×10^{-16}	Cu（OH）$_2$	5.0×10^{-20}	Al（OH）$_3$	1.3×10^{-33}
Ca（OH）$_2$	5.5×10^{-6}	Zn（OH）$_2$	7.1×10^{-18}	Th（OH）$_4$	4.0×10^{-45}
Ba（OH）$_2$	5.0×10^{-3}	Cr（OH）$_2$	2.0×10^{-16}		

该法常用的沉淀剂包括石灰、氢氧化钠、碳酸氢钠等，石灰是最为经济实用的一种，常用于无回收价值的低浓度重金属污水处理。

（二）硫化物沉淀法

许多金属可以形成硫化物沉淀，且多数金属的硫化物溶度积比氢氧化物还要小很多，因此硫化物沉淀法对金属离子的去除可以更彻底。但此法处理费用高，且沉淀物分离困难，因此应用不广泛，仅作为补充。常用的沉淀剂为硫化氢、硫化钠和硫化钾等。表 2–2 是部分金属硫化物的溶度积。

表 2–2　部分金属硫化物的溶度积

化学式	Ksp	化学式	Ksp	化学式	Ksp
Ag_2S	6.3×10^{-50}	CuS	6.3×10^{-36}	NiS	1.07×10^{-21}
CdS	8.0×10^{-27}	FeS	6.3×10^{-18}	PbS	8.0×10^{-28}
CoS（α–型）	4.0×10^{-21}	HgS（黑色）	1.6×10^{-52}	SnS	1.0×10^{-25}
CoS（β–型）	2.0×10^{-25}	HgS（红色）	4.0×10^{-53}	SnS_2	2.0×10^{-27}
Cu_2S	2.5×10^{-18}	MnS	2.5×10^{-13}	ZnS	2.93×10^{-25}

（三）碳酸盐沉淀法

许多重金属的碳酸盐难溶于水，可以用来沉淀污水中的重金属离子。该方法多用于水的软化。部分碳酸盐的溶度积如表 2–3 所示。

表 2–3　部分碳酸盐的溶度积

化学式	Ksp	化学式	Ksp	化学式	Ksp
Ag_2CO_3	8.45×10^{-12}	$CuCO_3$	1.4×10^{-10}	$MnCO_3$	2.24×10^{-11}
$BaCO_3$	5.1×10^{-9}	$FeCO_3$	3.13×10^{-11}	$NiCO_3$	1.42×10^{-7}
$CaCO_3$	3.36×10^{-9}	Hg_2CO_3	3.6×10^{-17}	$PbCO_3$	7.4×10^{-11}
$CdCO_3$	1.0×10^{-12}	$MgCO_3$	6.82×10^{-6}	$ZnCO_3$	1.46×10^{-10}

碳酸盐沉淀法针对不同的处理对象，有三种不同的投加方式：对于水中的重金属离子和非碳酸盐硬度可投加可溶性碳酸盐，使水中金属离子生成难溶物而析出；投加难溶碳酸盐发生沉淀转化，生成溶解度更小的重金属离子沉淀物而析出；对于水中的碳酸盐硬度投加石灰，生成碳酸钙和氢氧化镁沉淀而析出。

2.2.2　中和法

中和法用于中和废水中过量的酸或碱，处理酸性废水（Acidic wastewater）或碱性废水（Alkali wastewater）至中性或近中性排放或进行下一步处理，减少过酸或过碱对设备及后续废水处理系统的冲击。

酸性废水的中和方法有：①碱性废水或碱渣中和法，当有碱性废水或电石渣、碳酸钙渣等碱渣时，优先考虑此法，可大大节省处理费用、节约药剂；②投药中和法，投加碱性物质中和剂如石灰（Lime）、氢氧化钠（Sodium hydroxide）、石灰石（Limestone）等，此法容易控制，适用于各种酸性废水，对水量波动耐受性好；③过滤中和法，指废水在流过具有中和能力的滤料的过程中被中和的方法，中和滤料有石灰石（$CaCO_3$）、白云石（$MgCO_3 \cdot CaCO_3$）、大理石（$CaCO_3$）等，此法适宜处理悬浮物较少的盐酸、硝酸和低浓度的硫酸废水，过滤后的出水二氧化碳会过饱和，使废水 pH 值在 4 左右，需进行吹脱处理。

碱性废水的处理方法有：①酸性废水中和法，此法经济性好，优先考虑；②药剂中和法，常采用 98% 的工业硫酸中和，此法成本较高；③烟道气中和法，利用烟道气中含有的 CO_2、SO_2、H_2S 等酸性气体进行中和。

2.2.3　混凝法

混凝法是向水中投加某些化学药剂（混凝剂），使污水中难以自然沉淀的胶体颗粒（Colloidal particles）和微小悬浮物相互聚集成大颗粒而自然下沉的方法。混凝法是水处理中常规的处理方法，通过混凝可去除污水中细分散固体颗粒（Solid particles）、乳状油（Creamy oil）及胶体物质（Colloidal substance）等，降低污水的浊度（Turbidity）和色度（Chroma）。混凝法也可用在污泥处理中，改善污泥的脱水性能。

（一）胶体的结构与稳定性

胶体的中心是胶核，由数百至数千个分散相固体分子组成，胶核表面因吸附某种离子而带电，产生静电引力，溶液中的异号离子（反离子）被吸附到胶核周围，且反离子的浓度在胶粒表面处最大，并沿着胶粒表面向外的距离呈递减分布，最终与溶液中离子浓度相等。被吸附的反离子会受到两种力的作用：一种是胶粒表面离子的静电引力，使靠近胶粒的反离子紧贴在胶粒表面，随颗粒一起运动，成为吸附层；另一种是反离子本身热运动的扩散作用以及反离子受到的溶剂化作用，使距离胶核较远、受到静电引力相对较弱的反离子具有分散到液相中去的趋势，当胶体颗粒运动时，它们与固体表面脱开随液体一起运动，这层包围着吸附层的反离子称为扩散层。如图 2–6 所示。

因胶粒表面吸附的离子总比吸附层的反离子多，所以胶粒带电，溶液中的胶粒带同种电荷，存在静电斥力，不能相互靠近聚集沉淀，这是胶体颗粒具有稳定性的原因之一。此外，胶体微粒直径小（$10^{-8} \sim 10^{-3}$mm）、质量轻，做布朗运动而具有稳定性；水分子在胶体颗粒周围形成水化膜，防止胶体颗粒与反电荷离子中和接触沉淀。

若要使胶体颗粒沉降，则要破坏其稳定性，这叫作胶体的脱稳作用。

（二）混凝的原理

混凝使水中胶体颗粒和微小悬浮物聚集的过程又包括凝聚（Coagulation）和絮凝（Flocculation）过程。凝聚指水中胶体双电层稳定结构被破坏失去稳定性的过程，是瞬时发生的，絮凝是指脱稳的胶体交互聚集成大颗粒的过程，需要一定时间才能完成。具有凝聚和絮凝作用的药剂成为混凝剂（Coagulant）。

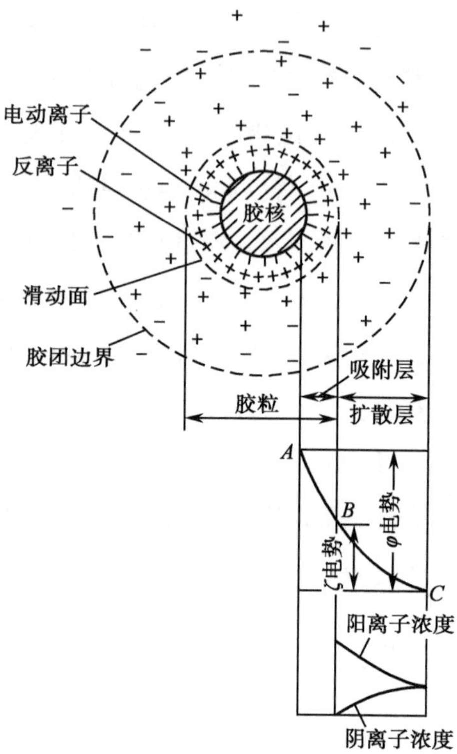

图 2-6　胶体结构示意图

不同的混凝剂能使胶体以不同的方式凝聚和絮凝。有的可使胶体颗粒的双电层结构破坏失去稳定性，有的则可以在胶体结构未被破坏的情况下，以混凝剂为媒介相互聚集。按机理不同，混凝可分为压缩双电层（Compression of electric double layer）、吸附电中和（Absorption neutralization）、吸附架桥（Absorption bridging）、沉淀物网捕（Sediment trapping）四种机制。

1. 压缩双电层机理

当向胶体溶液中加入的混凝剂能增加溶液中与反离子带同种电荷的离子浓度时，新增的反离子与扩散层内原有反离子之间产生静电斥力，把原有反离子不同程度地挤压到吸附层中，胶体滑动面电势降低，从而使扩散层变薄，颗粒相撞时的距离减少，相互间的吸引力变大。颗粒间排斥力与吸引力的合力以由斥力为主变为以引力为主，颗粒就能相互凝聚。

压缩双电层机理是解释胶体凝聚的重要理论之一，适用于无机盐混凝剂提供简单离子进行凝聚的过程，但不能解释像三价铝盐和铁盐在投加量过多时，胶体会在混凝后重新获得稳定等一些比较复杂的胶体脱稳现象。

2. 吸附电中和机理

胶粒表面带电，会对异号离子、异号胶粒或者带异号电荷的链状分子因静电引力、范德华力或氢键等作用力产生强烈的吸附作用，导致胶粒电荷中和，静电斥力减小，容易与其他颗粒接近而发生凝聚。但是当混凝剂投药量过多时，胶核表面吸附的相反电荷的聚合离子过多时，会导致胶核表面电荷变号、静电斥力增大，这可以用来解释压缩双电层理论不能解释的现象，即三价铝盐或铁盐混凝剂投量过多时，混凝效果反而下降的现象。

3. **吸附架桥机理**

吸附架桥作用主要是指高分子物质与胶粒发生吸附、桥联的过程。高分子絮凝剂具有水溶性链状结构，具有能与胶粒发生吸附的活性化学基团，能通过静电引力、范德华力、配位键和氢键等作用与胶粒表面产生特殊反应而互相吸附，从而使相距较远的两胶粒或多个胶粒通过高分子物质吸附架桥，使颗粒逐渐变大，从而形成较大的絮凝体（矾花）。链状的高分子物质在其中起了桥梁和纽带的作用。

在吸附桥联形成絮凝体的过程中，胶粒并不一定要脱稳，也无须直接接触，但高分子物质的加入量及搅拌强度和搅拌时间必须严格控制。如果高分子物质投加量过少，则不足以形成吸附架桥，而高分子物质的加入量过多，胶粒数量相对较少，链状高分子多个活性基团吸附一个胶体颗粒，造成胶粒被高分子链包围覆盖而形成保护膜，高分子之间的相互排斥作用会阻碍胶粒之间接触凝聚。因此只有在高分子物质的投加量适中时，才能起到最佳絮凝效果。搅拌强度对吸附架桥的影响主要在于过于剧烈或过长时间的搅拌会使桥联断裂，胶粒从高分子链上脱开，恢复再稳定状态。

4. **沉淀物网捕机理**

沉淀物网捕，也叫作卷扫，指的是若采用硫酸铝、石灰或氯化铁等高价金属类混凝剂，并且投加量足够大，能够迅速形成大量的金属氢氧化物沉淀[如 $Al(OH)_3$，$Fe(OH)_3$]或金属碳酸盐（如 $CaCO_3$）时，水中的胶粒可作为金属氢氧化物沉淀形成的核心，在沉淀物形成时可作为晶核或吸附质被网捕。

在污水处理中这四种机理往往不是单独存在的，而是同时或交叉发挥作用的，只是在一定情况下以某种作用机理为主而已。

（三）混凝效果的影响因素

1. **水温**

低温不利于混凝，水温低时絮凝体形成速度慢，絮体颗粒细小而松散。这主要是因为以下三个方面：

（1）低温不利于无机盐类水解。水解反应是吸热反应，低温时水解速率缓慢。以硫酸铝为例，水温降低 10℃，水解速率常数会降低 2 ~ 4 倍，水温低于 5℃时，水解速率极其缓慢。

（2）水的黏度随温度降低而逐渐增大，不利于水中颗粒的布朗运动和有效碰撞，影响胶粒凝聚，同时水流剪切力增大，影响絮凝体长大。所以冬天混凝剂的用量较夏天大。

（3）低温水的胶体颗粒水化作用增强，不利于胶体凝聚，同时水化膜因水的黏度和重度增大，颗粒之间的黏附强度也受影响。

低温对混凝效果影响显著，有时增加混凝剂投量也无法取得良好的效果。通常可以投加高分子助凝剂，提高水中胶体的桥连作用。

2. pH 值

不同絮凝剂都存在使混凝反应速率最快、絮凝体溶解度最小的最佳 pH 值，可通过试验测定。高分子混凝剂的混凝效果受 pH 值影响小。

3. 碱度

混凝剂水解过程会产生 H^+，天然水中含有一定的碱度（HCO_3^-），可吸收一定量的 H^+，当混凝剂投加量较高而原水碱度不足时，水的 pH 值下降，会超出混凝剂发挥混凝效果的最佳 pH 值范围，并且影响混凝剂的继续水解。

对此，应向水中投加石灰和苛性钠等碱剂来中和水解产生的 H^+。

4. 悬浮物浓度

悬浮物浓度过高时，所需铝盐、铁盐混凝剂量增加；悬浮物浓度过低时，胶体颗粒碰撞速率降低。这两种情况都可投加高分子助凝剂，如聚丙烯酰胺等，通过吸附架桥作用，增大絮凝体尺寸和密度；对于后者，还可以投加黏土类矿物颗粒，增加混凝剂水解产物的凝结中心，提高碰撞速率和絮体密度。

5. 搅拌

搅拌可以帮助混合，加快反凝聚和絮凝过程，但过于激烈的搅拌会破坏已经凝聚和絮凝的沉淀物的稳定，不利于混凝。因此，搅拌强度和搅拌时间是影响混凝的重要因素。在混合阶段，搅拌强度大而时间短，速度梯度在 $500 \sim 1000s^{-1}$，搅拌时间 20 ~ 30s，不超过 2min，可以达到药剂迅速扩散混合的目的。在反应阶段，搅拌强度小而时间长，速度梯度在 $20 \sim 70s^{-1}$，搅拌时间 3 ~ 15min，使得絮凝体可以正常成长并不被打碎破坏。

6. **混凝剂**

(1)混凝剂种类

混凝剂的选择主要取决于胶体物质的性质及其在水中的质量分数。如果水中胶粒浓度高、电势高，则应投加无机混凝剂（如聚铁、聚铝）使其脱稳凝聚；如果絮体细小，还需投加高分子混凝剂（如聚丙烯酰胺）或配合使用活性硅酸等助凝剂。多数情况下，无机混凝剂与高分子混凝剂配合使用效果好、应用广。

(2)混凝剂投加量

混凝剂投加量与水中微粒种类、性质、浓度、混凝剂品种、投加方式和介质条件有关。混凝剂投加量不足，则水中杂质未能充分脱稳去除，加入太多则会再稳定，在实际生产中，混凝剂品种的选择和最佳投加量、最佳操作条件主要通过混凝试验来确定。一般的投量范围是：普通的铁盐、铝盐是 10 ~ 100mg/L；聚合盐为普通盐的 1/2 ~ 1/3；有机高分子絮凝剂 1 ~ 5mg/L。

(3)混凝剂投加顺序

当多种混凝剂配合使用时，最佳投加顺序可通过试验来确定。通常情况下，先投加无机混凝剂，再投加有机混凝剂。但当处理的胶粒在 50μm 以上时，常先投加有机混凝剂吸附架桥，再加无机混凝剂压缩扩散层而使胶体脱稳。

(四)混凝剂与助凝剂

能够使胶体脱稳凝聚的药剂称为混凝剂，其中以压缩双电层和吸附电中和为主要作用的低分子电解质称为凝聚剂（Coagulant），而以吸附架桥作用为主的高分子药剂称为絮凝剂。在混凝中有些辅助药剂可以增加混凝效果，称为助凝剂（Coagulant ald）。

混凝剂种类繁多，按其成分不同可分为无机和有机两大类。无机絮凝剂主要是铁盐、铝盐及其聚合物，有机混凝剂主要是各种高分子物质。

1. **无机混凝剂**

常用的无机混凝剂及复合混凝剂见表 2-4。

表 2-4 常用的无机及复合混凝剂

名称		化学式
铝系	硫酸铝	$Al_2(SO_4)_3 \cdot 18H_2O$
	明矾	$Al_2(SO_4)_3 K_2SO_4 \cdot 24H_2O$
	聚合氯化铝（PAC）	$[Al_2(OH)_nCl_{6-n}]_m$
	聚合硫酸铝（PAS）	$[Al_2(OH)_n(SO_4)_{3-n/2}]_m$

续表

名称		化学式
铁系	三氯化铁	$FeCl_3 \cdot 6H_2O$
	硫酸亚铁	$FeSO_4 \cdot 7H_2O$
	硫酸铁	$Fe_2(SO_4)_3$
	聚合氯化铁（PFC）	$[Fe_2(OH)_nCl_{6-n}]_m$
	聚合硫酸铁（PFS）	$[Fe_2(OH)_n(SO_4)_{3-n/2}]_m$
无机复合	聚合硫酸铝铁（PAFS）	$Al_aFe_b(OH)_m(SO_4)_n \cdot xH_2O$
	聚合氯化铝铁（PAFC）	$[Al_2(OH)_n \cdot Cl_{6-n}]_m \cdot [Fe_2(OH)_x \cdot Cl_{6-x}]_y$
	聚合硫酸氯化铁（PFSC）	$[FeCl_n(SO_4)_{3-n/2}]_m$
	聚合硫酸氯化铝（PASC）	$[Al_2Cl_n(SO_4)_{3-n/2}]_m$
	聚合硅酸硫酸铝（PSiAS）	$Al_a(OH)_b(SO_4)_c(SiO_x)_d \cdot (H_2O)_e$
	聚合硅酸铝（PASiC）	$Al_a(OH)_b(SiO_x)_c \cdot (H_2O)_d$
	聚合硅酸铁（PFSiC）	$Fe_a(OH)_b(SiO_x)_c \cdot (H_2O)_d$
无机－有机复合	聚合铝/铁－聚丙烯酰胺（PACM/PFCM）	—
	聚合铝/铁－甲壳素（PAPCh/PFPCh）	—
	聚合铝/铁－天然有机高分子（PCAT/PCFT）	—
	聚合铝/铁－其他合成有机高分子	—

（1）铝盐。

①硫酸铝

硫酸铝产品有固体和液体两种形态，固体为白色、淡绿色或淡黄色片状或块状，液体产品为无色透明至淡绿色或淡黄色，固体常用。固体硫酸铝产品 Al_2O_3 含量不低于 15.6%，不溶物含量不大于 0.15%，铁含量不大于 0.5%。

硫酸铝产品分饮用水用、工业用水用和废水处理用三类。硫酸铝使用方便，混凝效果好，但低温条件下水解慢、混凝效果差。硫酸铝适宜的 pH 值范围在 5.5 ~ 7.8，适宜的温度在 20 ~ 40℃，可干式或湿式投加，湿式投加浓度为 10% ~ 20%。

②聚合氯化铝

聚合氯化铝是目前生产和应用最多的无机高分子混凝剂。产品分为固体和液体，按用途分为生活饮用水用、工业用水用和废水处理用。生活饮用水用的液体产品中有

效成分 $AlCl_3$ 的含量不低于10%，固体产品含量不低于29%，工业用水用、废水处理用的液体产品含量不低于6%，固体产品不低于28%。

聚合氯化铝混凝用量少，为传统低分子混凝剂用量的1/2左右，对高度污染的污水混凝效果好，其有可耐低温，最佳pH值为5～9、最佳投加量范围宽等较强的适应性，碱化度高、处理后的水质pH值变化小且对设备腐蚀性小，且聚合氯化铝形成的矾花速率快、颗粒大、易沉降，效果优良。

（2）铁盐

①三氯化铁

三氯化铁是铁盐混凝剂中较为常用的一种。有固、液两种产品形态，饮用水处理用产品和工业用水、废水处理用固体产品中 $FeCl_3$ 含量分别高于96%和93%，液体产品中 $FeCl_3$ 含量分别高于41%和38%。

三氯化铁混凝剂适宜处理低温水和低浊度污水，效果优于铝盐。形成的矾花絮体大、沉淀性好。但在使用中需注意其腐蚀性和固体产品保存时要防止受潮。

②硫酸亚铁

硫酸亚铁是半透明绿色晶体，混凝形成絮凝体速率快，絮体较重易沉淀，适用于处理碱度高、高色度的污水。适宜的pH值范围为5～11。

③聚合铁

聚合铁产品包括聚合硫酸铁和聚合氯化铁，其中聚合氯化铁的混凝效果优于聚合硫酸铁，但聚合氯化铁产品不稳定，聚合后短时间内会发生沉淀、降低混凝效果而未大量使用。

聚合硫酸铁有淡黄色固体、红褐色液体两种产品形态，其混凝形成絮凝体速度快、絮体密实沉降好，适宜处理低温、高浊度污水，且对pH适应范围广，腐蚀性比三氯化铁低。

（3）其他无机聚合物/复合物

无机聚合物及复合物是混凝剂的研究趋势，它们具有混凝效果好、投加量低、处理后水的pH值和碱度变化小、腐蚀性小、适宜pH值范围广、混凝效果稳定等优点，具有巨大的潜力。

2. 有机混凝剂

有机类混凝剂指线型有机高分子聚合物，属于絮凝剂。按来源可分为天然高分子絮凝剂和人工合成高分子絮凝剂，天然高分子絮凝剂有淀粉、甲壳素、动物胶等，在水处理中，以人工合成的高分子絮凝剂为主。按高分子聚合物的官能团电荷和离解后的带电情况分为阳离子型（离解后带正电）、阴离子型（离解后带负电）、两性型（既含正电又含负电）、非离子型（不含解离基团），其中以阳离子型、阴离子型和非离子型常用。如果胶粒表面带正电，则应采用阴离子型，若带负电，则应使用阳离子型或非离子型。

人工合成高分子絮凝剂中使用最广泛的是聚丙烯酰胺，相对分子质量从数百万到数千万，絮凝效果随分子质量增加逐渐增加，无色无味、无腐蚀性，使用温度 2～55℃，高温和低温时会发生降解而降低絮凝效果，其一般作为助凝剂与铝盐或铁盐配合使用，效果良好，但应注意合成聚丙烯酰胺的单体丙烯酰胺有毒，产品中会有少量的未聚合单体，在使用时应慎重。

3. 助凝剂

助凝剂本身可以起到混凝作用，也可以不起混凝作用，但与混凝剂共同使用时能改善混凝作用效果。助凝剂多数是高分子物质，能够改善絮凝体的结构，使细小而疏松的絮体变得密实，增加沉降性能和混凝效率。按助凝剂的功能不同，可具体分为 pH 值调整剂、絮体结构改良剂和氧化剂。

（1）pH 值调整剂

当待处理污水的 pH 值与混凝剂混凝的最佳 pH 值不一致时，或混凝剂投加后污水的 pH 值变化较大时，可以投加 pH 值调整剂，使其满足工艺要求。常用的有石灰、硫酸和氢氧化钠等。

（2）絮体结构改良剂

在条件不适宜时或某些种类混凝剂混凝后形成的絮体细小松散，不易沉降，可投加絮体结构改良剂，通过吸附架桥作用，增大絮体粒径、密度和强度，改善其沉降性能。常用的有活化硅酸、黏土等。

（3）氧化剂

水中的有机物容易起泡，絮凝体沉降会受到干扰，影响混凝的效果，可以向污水中投加氯气、臭氧、次氯酸钠等氧化物降解有机物，提高混凝效果。

2.2.4 氧化还原法

氧化还原法是利用液氯（Liquid chlorine）、臭氧（Ozone）、高锰酸钾（Potassium permanganate）等强氧化剂或利用电解时的阳极反应（Anodic reaction），将废水中的有害物质氧化分解为无害物质；利用还原剂或电解时的阴极反应（Cathodic reaction），将废水中的有害物质还原为无害物质，以上方法统称为氧化还原法。污水中的难降解有机物具有一定的毒性或危害性，对生物活性有抑制作用，不能用生物法去除时，氧化还原法可将污水中的有毒有害物质进行无害化处理，伴随着水中 BOD 和 COD 的降低，实现处理目的。

化学氧化主要用于在水中难以生物降解的、对微生物活性有毒害作用的或有气味的有机物或一些无机物处理中。其关键是选择合适的氧化剂，要求氧化剂对待处理污染物有特定的分解作用、不能生成有害物质，且同时具备来源广、价格低廉等优点。根据使用的氧化剂不同，氧化法分为空气氧化法（Air oxidation）、氯化法（Alkaline chlorination）、臭氧氧化法（Ozone oxidation）、高锰酸钾氧化法（Potassium permanganate oxidation）、过氧化氢氧化法（Hydrogen peroxide），以及一些特殊的氧化技术如湿式氧化（Wet air oxidation）、超临界水氧化（Supercritical water oxidation）、电化学氧化（Electrochemical oxidation）等。

化学还原法是利用还原剂，如硫酸亚铁、亚硫酸盐、硼氢化钠等还原剂，还原水中的铬、汞等重金属离子的过程。

（一）空气氧化法

空气氧化法是指以空气为氧化剂，利用空气中的氧气氧化水中污染物质的方法。这是一种十分经济的氧化处理方法，但是空气的氧化能力较弱，因此该方法仅适用于处理污水中还原性强的物质。

目前应用较多的是石油化工厂、皮革厂等工业废水的脱硫，通过向废水中通入蒸汽和空气，可将废水中的无机硫化物转化为无毒的硫代硫酸盐或硫酸盐：

$$2HS^- + 2O_2 \longrightarrow S_2O_3^{2-} + H_2O$$

$$2S^{2-} + 2O_2 + H_2O \longrightarrow S_2O_3^{2-} + 2OH^-$$

$$S_2O_3^{2-} + 2O_2 + 2OH^- \longrightarrow 2SO_4^{2-} + H_2O$$

有机硫化物与氧生成二氧化硫，可从水中去除。

（二）臭氧氧化法

臭氧是一种强氧化剂，可以用于水的消毒杀菌和废水处理。臭氧不稳定，在常温下会自行分解成氧气，在实际应用中需要边制备边使用，制备多采用无声放电法。臭氧由于其强氧化性，对水中的有机物如酚、氰化物、芳香化合物等及无机物 Fe^{2+}、Pb^{2+}、Hg^{2+} 等都有较好的处理作用，且臭氧氧化无残留物质，在水处理中应用极其广泛。但在使用中需注意臭氧的毒性和腐蚀性，臭氧会对人的呼吸道产生刺激，浓度高时可能会致死，使用要求臭氧浓度不高于 0.1mg/L。

（三）氯化法

氯具有强氧化性，能够作为氧化剂用于废水处理中，对污水中的氰（Cyanide）、酚（Phenol）、硫化物（Sulfide）以及污水的脱色除臭等都具有良好的效果。常用的含氯氧化剂有液氯（Liquid chlorine）、漂白粉（Calcium bleach）、次氯酸钠（Sodium hypochlorite）等，其氧化作用的主要物质是氯气溶于水或其他物质在溶液中形成的 HOCl 或 OCl^-，其中 HOCl 氧化性强于 OCl^-，此外 HOCl 为中性，对带电或不带电物质都易接触而氧化，所以在酸性条件下，氯氧化法氧化性更好。另外，使用中需注意氯气有毒，避免逸入大气中造成污染。

（四）高锰酸钾氧化法

高锰酸钾是常见的氧化剂，在酸性、碱性和中性条件下都具有氧化性，在酸性环境中氧化性最强，因此 MnO_4^- 是一种对 pH 值适应范围很广的氧化剂。以 SO_3^{2-} 为例，MnO_4^- 在不同 pH 值下的反应如下。

酸性：

$$2MnO_4^- + 5SO_3^{2-} + 6H^+ \longrightarrow 2Mn^{2+} + 5SO_4^{2-} + 3H_2O$$

近中性、弱碱性：

$$2MnO_4^- + 3SO_3^{2-} + H_2O \longrightarrow 2MnO_2 + 3SO_4^{2-} + 2OH^-$$

强碱性：

$$2MnO_4^- + SO_3^{2-} + 2OH^- \longrightarrow 2MnO_4^{2-} + SO_4^{2-} + H_2O$$

高锰酸钾氧化剂产品有固体和高浓度溶液两种形式，应用于纺织、造纸、炼油等废水的处理及酚类和某些芳香族化合物的毒性降低。

（五）过氧化氢氧化法

过氧化氢（Hydrogen peroxide）俗称双氧水，是具有强氧化性的淡蓝色黏稠液体。水处理中的 Fenton 试剂法就是以亚铁离子和过氧化氢分别作为催化剂和氧化剂处理废水的。Fe^{2+} 作为催化剂可催化 H_2O_2 产生羟基自由基（·OH），·OH 具有极强的氧化能力，可处理各领域高浓度、难降解的废水。Fe^{2+} 作为催化剂的同时，会被氧化过程产生的 O_2 氧化为 Fe^{3+}，并在碱性条件下形成 $Fe(OH)_3$ 胶体，起到混凝沉淀的作用，有利于污水的处理。

Fenton 法在水处理中的应用是多方面的，比如可直接作为一个处理单元氧化高浓度难降解有机废水，可与混凝沉淀法、活性炭法或生物法等连用，可作为生物处理的预处理单元，提高污水的可生化性。

（六）湿式氧化

湿式氧化是在高温（150～350℃）和高压（0.5～20MPa）下，利用空气中的氧气氧化废水中的有机物，使其成为二氧化碳和水，或氧化废水中还原性无机物，从而去除污染物的方法。在高温及高压条件下，水和氧气的物理性质发生变化，由表 2–5 可知，室温到 100℃的温度范围内，氧气的溶解度随温度上升而降低，当温度大于 150℃时，氧气的溶解度随温度上升逐渐增大，且大于室温下的溶解度，同时氧气在水中的传质系数和溶解度变化趋势相同，随温度上升逐渐增大，因此高的溶解氧浓度和高的传质系数，对废水中的有机物和还原性无机物的氧化是极为有利的。

表 2–5 不同温度下水中氧的物理性质

温度 /℃	25	100	150	200	250	300	320	350
蒸气压 /atm	0.033	1.033	4.854	15.855	40.560	87.621	115.112	140.045
黏度 /（Pa·s，10^{-3}）	0.922	0.281	0.181	0.137	0.116	0.106	0.104	0.103
密度 /（g/mL）	0.944	0.991	0.955	0.934	0.908	0.870	0.848	0.828
扩散系数 /（cm^2/s，10^5）	2.24	9.18	16.2	23.9	31.1	37.3	39.3	10.7
亨利常数 /（atm/mol，10^4）	4.38	7.04	5.82	3.94	2.38	1.36	1.08	0.9
溶解度 /（mg/L）	190	145	195	320	565	1040	1325	1585

湿式氧化法适用范围广，处理效率高，不产生二次污染，主要用于各类高浓度废水和污泥的处理。但此方法是在高温高压下进行，氧化过程中还产生有机酸，故对设备有较高的要求，需耐高温高压、耐腐蚀，且该方法处理低浓度、大流量废水的经济成本高而不适用。

湿式氧化法需高温高压、反应时间较长，为缩短反应时间以及使湿式氧化法能在更温和的条件下完成，以降低处理成本和设备负荷，可加入适宜的催化剂，如过渡金属氧化物 Cu、Ni、Co、Mn 等，以降低反应所需的温度及压力，提高反应速率，缩短时间，这种方法叫作湿式催化氧化法。

（七）超临界水氧化

图 2–7 展示了水的存在状态随温度和压力改变的变化。随着温度和压力变化，水存在固态、液态和气态三种形态，三态之间相互转化的温度和压力成为水的三相点。当处

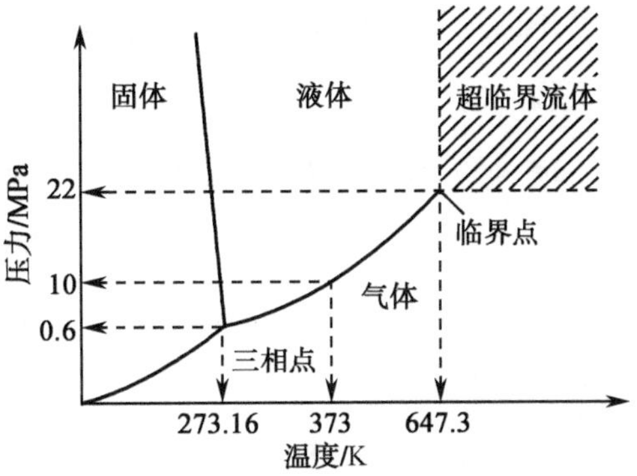

图 2–7 水的存在状态图

于气液平衡的水升温升压时，高温热膨胀会导致水的密度降低，高压会压缩水蒸气的密度使其降低，当升温升压到一定值时，热膨胀的水密度与被压碎的水蒸气密度相等，两相界面消失，此时成为临界点（T_c=374.3℃，P_c=22.05MPa）。高于临界温度和临界压力的水就属于超临界水。这是一种介于气体和液体之间的第三流体。

超临界水具有两个特殊的性质：一是具有极强的氧化能力；二是具有广泛的融合能力，与非极性物质和其他有机物完全互溶而对无机物的溶解度很低，可以与空气、氮气、二氧化碳以任意比例互溶。这种性质可以作为有机物氧化的良好介质，使氧气和有机物在同一相中进行反应，提高反应速率，同时超临界水的高温也会加快反应速率，几秒钟即可完成有机物的破坏，并且反应彻底。因此超临界水氧化法具有有机物去除率高、适用范围广，设备体积小、反应时间短、无二次污染等优点，在处理高浓度有机废水中有着重要的作用。

（八）电化学氧化

电化学氧化是指废水在电流作用下发生电化学反应的过程。电解槽阳极和阴极分别能接受和失去电子，相当于氧化剂和还原剂，可直接氧化和还原水中的污染物，或者通过阳极的电解产物如 Cl_2、O_2 等和阴极产生的 H_2 间接破坏水中的污染物。此外电解槽若用铁或铝作阳极，电化学腐蚀产生的铝离子或铁离子在溶解中水解生成的羟基络合物可起到混凝剂的作用；电解时产生的气体以微小气泡逸出的过程中还可以起到气浮作用。

2.2.5 消毒

消毒是杀灭水中对人体健康有害的病原微生物的过程，但并不是杀灭水中所有的微生物，只是把微生物的浓度降低到可接受风险范围内。在污水排入受纳水体前或再生利用前进行消毒处理，是水处理工艺中不可或缺的一环，保障了人体的健康，阻碍了疾病的传播。

消毒方法按原理不同可分为物理法和化学法两种。物理法主要包括机械过滤（Mechanical filtration）、加热（Heating）、紫外线（UV disinfection）、微波消毒（Microwave disinfection）等方法，化学方法是指利用化学药剂进行消毒，如氯及其化合物、臭氧等。

（一）紫外线消毒

紫外线消毒指利用波长 254nm 的紫外光照射，对微生物的遗传物质产生破坏作用而使其失去生物活性的过程。紫外线消毒不用添加任何其他物质，无副作用，在污水回用时，不会因残留消毒剂对灌溉农田和作物产生影响，也没有副产物，且杀菌作用又快又好，是一种广泛应用于各污水处理厂的方法。

（二）氯消毒

1. 氯消毒原理

氯在水中的消毒作用根据水中氨氮的含量分为两种：

水中不含氨氮时，氯在水中极易溶解，发生反应：

$$Cl_2 + H_2O \longrightarrow HClO + HCl$$

$$HClO \longrightarrow H^+ + ClO^-$$

HClO（次氯酸）和 ClO^-（次氯酸根）都具有氧化能力，但由于HClO呈电中性而 ClO^- 带负电，HClO更容易扩散并渗入带负电的细菌体内，ClO^- 因静电排斥作用难以靠近细菌，所以HClO比 ClO^- 的氧化能力强，两者都称为有效氯，也叫自由氯。

HClO和 ClO^- 的相对含量与体系温度和pH值有关。如图2-8所示，温度相同时，pH值越低，HClO含量越高，当 $pH<6$ 时，HClO含量接近100%，当 $pH>9$ 时，ClO^- 含量接近100%，$pH=7.54$ 时，两者含量大致相等。理论和实践表明，pH值越低消毒效果越好。

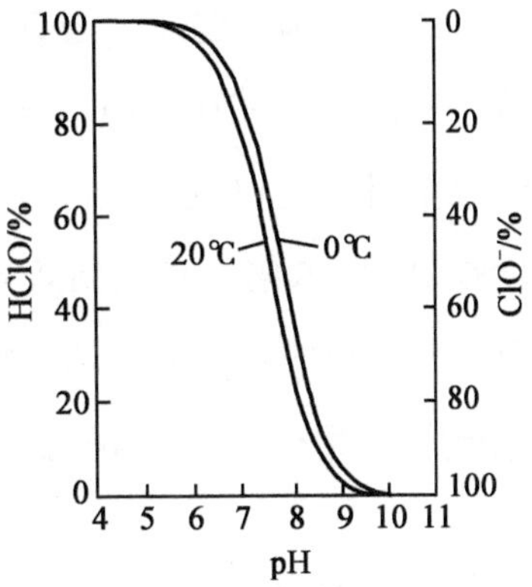

图2-8　不同pH值和温度下水中HClO和 ClO^- 的比例

水中含有氨氮时，氯在水中会和氨发生反应：

$$NH_3 + HClO \longrightarrow NH_2Cl + H_2O$$

$$NH_2Cl + HClO \longrightarrow NHCl_2 + H_2O$$

$$NHCl_2 + HClO \longrightarrow NCl_3 + H_2O$$

反应生成 NH_2Cl（一氯胺）、$NHCl_2$（二氯胺）和 NCl_3（三氯胺），它们称为结合氯或化合性氯。它们的含量比例与氯、氨的相对浓度、pH值和温度有关。一般情况下，$pH>9$ 时以 NH_2Cl 为主，$pH=7$ 时 NH_2Cl 和 $NHCl_2$ 含量相近，$pH<6.5$ 时以 $NHCl_2$ 为主，$pH<4.5$ 时以 NCl_3 为主，自来水中不常有 NCl_3。

对于含氨水，氯消毒时起消毒作用的主要是HClO，可由氯胺和水按上述反应生成，但速率较慢。相同条件下氯消毒5min可完成99%，而氯胺消毒5min仅完成60%，若要达到一样的消毒效果需长达十几小时。

2. 加氯量和余氯量

氯消毒法所需的加氯量一方面要能够杀死细菌、氧化有机物和还原性物质，使反应后达到指定的消毒指标；另一方面要保证出水中含有一定的余氯（Residual chlorine），防止未杀死的致病菌复活而再度繁殖，这两种要求所需的投加量分别称为需氯量和余氯量，实际处理中需投加量为两者之和。

一般情况下，地表水经混凝沉淀和过滤后或清洁地下水的加氯量在 1.0 ~ 1.5mg/L，对于污水，一级处理排放时加氯量为 20 ~ 30mg/L，不完全二级处理排放时为 10 ~ 15mg/L，二级处理排放时为 5 ~ 10mg/L。

（三）二氧化氯消毒

二氧化氯（ClO_2）与氯具有相似的刺激性气味，溶解度为氯的 5 倍，多用其水溶液进行消毒。其在水中不与水发生化学反应，而是以纯粹的溶解状态进行消毒，故其消毒作用不受 pH 值影响，这是优于氯消毒法的地方之一。此外，二氧化氯的有效氯浓度是氯的 2.6 倍，其杀菌效果优于氯，杀菌过程中不产生氯代有机物等副产物。但二氧化氯受热或见光易分解为氧和氯，发生爆炸。需要现用现制，成本较高，设备复杂，在推广使用上有一定的限制性。

2.3 生物处理方法

污水的生物处理法，就是利用微生物的代谢作用（Metabolic effect）去除污水中有机物质的方法，主要对象是污水中溶解状和胶体状的有机物和氮、磷营养物质。生物法根据参与作用的微生物种类和供氧情况分为两大类，即好氧生物处理（Aerobic biological treatment）及厌氧生物处理（Anaerobic biological treatment）。

好氧生物处理法（Aerobic biological treatment）是在有氧的条件下，借助好氧微生物 [主要是好氧菌（Aerobic bacteria）]，将污水中的一部分污染物吸收氧化分解成简单无机物，同时释放出能量完成自身的生命活动，这一过程称为微生物的分解代谢；另外一部分污染物被微生物吸收，作为自身的营养物质，用于生长和繁殖，这一过程叫作合成代谢。这两个过程同时存在，相互依赖。如图 2-9 所示。

依据好氧微生物在处理系统中所呈的状态不同，又可分为活性污泥法（Activated sludge process）和生物膜法（Biofilm method）两大类。

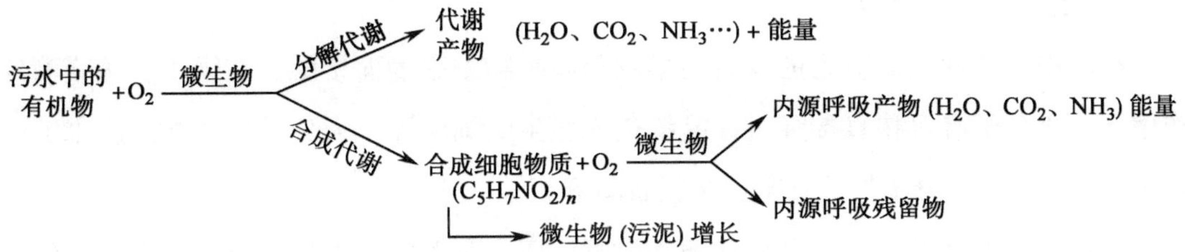

图 2-9　微生物分解代谢和合成代谢模式

2.3.1　活性污泥法

活性污泥法是利用悬浮生长的含微生物的活性污泥去除污水中有机物的方法。

（一）活性污泥及组成

活性污泥（Activated sludge）是一种呈黄褐色、灰白色、黑色的生物絮凝体。当向生活污水曝气并始终保持水中足够的溶解氧一段时间后，水中会生成这种絮凝体。在显微镜下观察，能够看到里面有各种活的微生物，包括各种细菌、真菌、原生动物和后生动物，它们有很强的吸附凝集和氧化分解能力。

污水处理中使用的活性污泥是人工培养的，结构疏松，比表面积大。粒径一般介于 0.02 ~ 0.2mm，表面积为 20 ~ 100cm^2/mL，含水率 99%，比重为 1.002 ~ 1.006，活性污泥中固体物质仅占 1%，包括有机物和无机物，有机物成分占比因原水不同而不同，活性污泥极易在水中沉淀分离而实现水的净化。

活性污泥的成分应包括以下四个部分：具有代谢功能的微生物群体（Ma）；微生物内源代谢及自身氧化残留物（Me）；微生物难以降解的惰性有机物（Mi）；活性污泥表面吸附的无机物（Mii）。

（二）活性污泥净化过程

活性污泥去除水中有机物主要包括以下几个净化阶段。

1. 初期吸附作用

污水与活性污泥进入生物反应器——曝气池后，两者充分混合接触后极短时间（5 ~ 10min）内，污水中呈悬浮和胶体状态的有机物可被活性污泥快速吸附而去除。

活性污泥的吸附作用主要包括物理吸附和生物吸附。活性污泥具有巨大的比表面积，表面上聚集着大量的微生物，微生物表面有一层多糖类黏质层，可吸附和凝聚污水中的悬浮有机物。吸附过程在 30min 内完成，BOD 去除率达到 70%。被活性污泥吸附的有机物实际上并未被去除，真正被去除需要数小时，才能被微生物吸收。

2. 微生物的代谢作用

污水中被活性污泥吸附的有机污染物与微生物细胞表面接触。在微生物透膜酶的作用下，小分子有机物直接穿过细胞壁进入微生物细胞体，大分子物质在细胞水解酶作用下可降解为小分子物质被微生物吸收降解。

微生物降解有机物包括合成代谢和分解代谢，两者皆可去除有机物，但分解代谢产物是 CO_2 和 H_2O 等无机小分子，直接随处理后的污水排放，合成代谢产物是新生的微生物细胞，最终通过剩余污泥的方式排出系统并处置。

（三）微生物生长规律

活性污泥中的微生物的增殖速率高，条件适宜时世代时间一般为 20 ~ 30min。增殖规律如图 2-10 所示。微生物的增殖曲线的四个阶段分别为适应期、对数增殖期、减数增殖期和内源呼吸期。在温度、溶解氧等生长环境适宜的条件下，微生物的增殖速率主要由有机物量（*F*）和微生物量（*M*）的比值（*F/M*）决定。

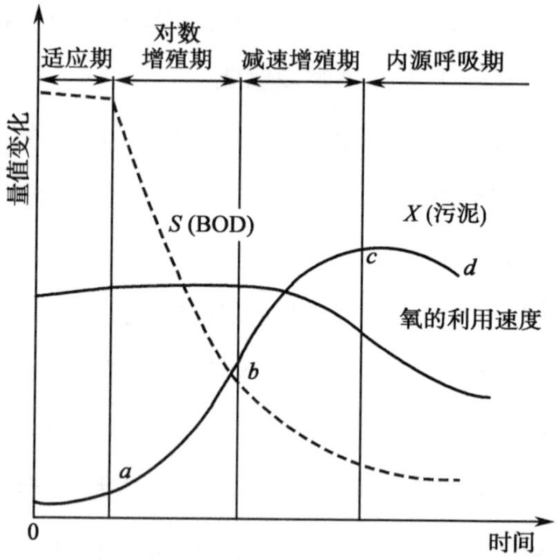

图 2-10　活性污泥微生物增殖、有机物降解、溶解氧消耗曲线

1. 适应期

适应期是微生物进入新鲜的培养液中对新环境的适应过程，也是培养的初始阶段，也称延迟期、调整期。在此阶段，微生物不增殖，表现为数量不增加，增长速度近乎为零。这一过程在污水处理中出现在活性污泥的培养和驯化阶段，微生物中能够适应水质的便生存下来，不能适应的则被淘汰。

2. 对数增殖期

经过适应期的微生物适应了新环境，此时污水中的有机物含量多，*F/M* 值很高，$F/M \geqslant 2.2$ 时，微生物的生长、繁殖不受营养物质的限制，生长速率达到最大，此时微生物活性强，因此有机物的降解速率极快，溶解氧需求量大，微生物数量按几何级数增加。但此阶段活性污泥的能量水平高，凝聚性能差，无法通过重力分离，所以此阶段处理效果并不好。

3. 减数增殖期

减数增殖期，也称平稳期、稳定期。由于微生物的大量繁殖，污水中的有机物被降解而大量消耗，*F*/*M* 降低，同时积累了大量的代谢产物，使得微生物的增殖速率减慢。此阶段微生物的增殖速率与死亡速率相等，微生物数量趋于稳定，且达到整个生长阶段的最大值。此时微生物由于缺乏能量而无法分离，相互凝聚在一起形成絮凝体，污泥的沉降性能增加。

4. 内源呼吸期

内源呼吸期也称衰亡期。污水中有机物持续下降至近乎耗尽的程度，*F*/*M* 降至很低，微生物开始利用自身的贮藏物或衰亡的菌体作为营养源代谢维持生命活动。此阶段微生物的增殖速率为负值，微生物数量下降，同时需求的溶解氧也降低。

（四）活性污泥的评价指标

活性污泥的性能是污水处理效果的决定因素。活性污泥的性能指标包括混合液悬浮固体浓度（Mixed liquor suspended solids，MLSS）、混合液挥发性悬浮固体浓度（Mixed liquor volatile suspended solids，MLVSS）、污泥沉降比（Settling velocity，SV）、污泥容积指数（Sludge volume index，SVI）、污泥龄（sludge age）。

1. 混合液悬浮固体浓度（MLSS）

混合液悬浮固体浓度（MLSS）表示生物反应器单位容积混合液内含有的活性污泥固体物总质量，单位为 mg/L。

$$\mathrm{MLSS} = \mathrm{Ma} + \mathrm{Me} + \mathrm{Mi} + \mathrm{Mii}$$

2. 混合液挥发性悬浮固体浓度（MLVSS）

混合液挥发性悬浮固体浓度（MLVSS）是指生物反应器单位容积混合液活性污泥中有机固体物质的浓度，单位为 mg/L。

$$\mathrm{MLVSS} = \mathrm{Ma} + \mathrm{Me} + \mathrm{Mi}$$

MLVSS 相对 MLSS 更为精确地表示了活性污泥的微生物数量，但其中包含的 Me、Mi 等微生物自身氧化残留物和惰性有机物使得 MLVSS 也并不精确，仅是活性污泥的相对值。一般情况下 MLVSS 与 MLSS 的关系由下式表示：

$$F = \frac{\mathrm{MLVSS}}{\mathrm{MLSS}}$$

一般情况 F 值相对固定在 0.65 ~ 0.85，生活污水的 F=0.75，一般对于生活污水和生活污水为主的城市污水取此值。

3. **污泥沉降比（SV）**

污泥沉降比，也叫作30min沉降率，是指将混合液在量筒内静置30min，形成的沉淀污泥的容积占混合液容积的百分比，以%表示。

污泥沉降比可表示污泥的沉降性能，通过监测可以及时发现污泥的膨胀现象，防止污泥流失。

4. **污泥容积指数（SVI）**

污泥容积指数，又称污泥指数，是指将生物反应器——曝气池出口的混合液，30min静置沉淀后，每克干污泥形成的沉淀污泥的容积，单位为mL/g。污泥容积指数也可以表示污泥的沉降性能，和污泥沉降比之间存在如下关系：

$$SVI=\frac{\text{混合液（1L）30min 静置沉淀形成的活性污泥容积（mL）}}{\text{混合液（1L）中悬浮固体干重（g）}}$$

$$=\frac{\text{SV（mL/L）}}{\text{MLSS（g/L）}}$$

对于生活污水和城市污水，适宜的SVI值在70～100。SVI值过低，表明污泥颗粒细小，无机物含量高，活性差；SVI<100，沉降性能良好；SVI=100～200，污泥沉降性能一般；SVI>200，污泥沉淀性能差，污泥膨胀。

此外，污泥容积指数在工程上也有重要意义。图2–11是SVI和BOD污泥负荷之间的关系，BOD污泥负荷是指曝气池内单位质量（kg）的活性污泥，单位时间内（1d）能够降解到预定程度的有机污染物的量（BOD）。由图2–11可知，BOD污泥负

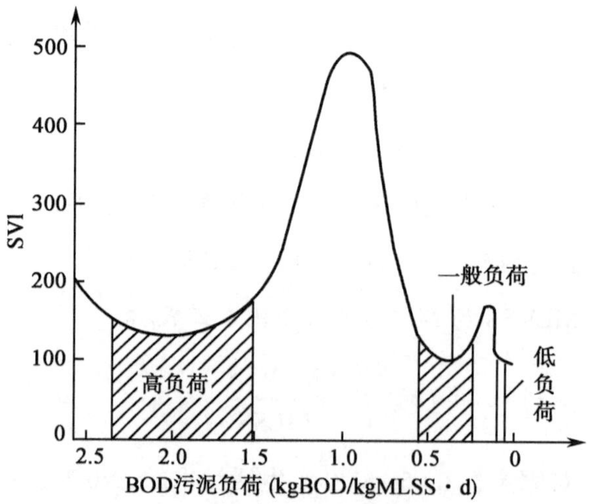

图2–11　SVI值与BOD污泥负荷之间的关系

荷在 0.5 ~ 1.5kg/（kgMLSS·d）时，SVI 值最大，污泥沉降效果不佳，应避免污泥的 BOD 污泥负荷在这一范围。

5. **污泥龄（θ_c）**

污泥龄，也称生物固体平均停留时间，指的是曝气池内微生物从生成到排出系统的平均停留时间，也是曝气池内微生物全部更新一次所需要的时间。

曝气池内微生物不断增殖，新的微生物细胞生成的同时有部分微生物老化，为保持曝气池内活性污泥的高活性，每日应从系统内排出与增长量相当的活性污泥量，每日从系统排出的活性污泥量包括以剩余污泥形式排出和随水流出的：

$$\Delta X = Q_w X_r + (Q - Q_w) X_c$$

式中：ΔX—— 曝气池内每日增长的活性污泥量，即排出系统的活性污泥量，kg/d；

Q_w—— 作为剩余污泥排放的污泥量，m^3/d；

X_r—— 剩余污泥浓度，kg/m^3；

Q—— 污水流量，m^3/d；

X_c—— 排放的处理水中的悬浮固体浓度，kg/m^3。

污泥龄（用 θ_c 表示，单位 d）等于曝气池内活性污泥总量（用 VX 表示，单位 kg）与 每日排放污泥量之比：

$$\theta_c = \frac{VX}{\Delta X} = \frac{VX}{Q_w X_r + (Q - Q_w) X_c}$$

一般情况下，X_c 值极小可忽略不计，因此：

$$\theta_c = \frac{VX}{Q_w X_r}$$

（五）活性污泥法的影响因素

活性污泥的主体是微生物，其对生长环境比较敏感，只有在适宜的条件下，才能实现最优的有机物的降解功能。这些影响因素包括营养物质的平衡、水温、溶解氧、pH 值及有毒物质等。

1. **营养物质的平衡**

微生物的生长和代谢需要不断从污水中摄取必需的营养物质，包括碳源、氮源、无机盐类和某些生长素。碳是构成微生物细胞的重要物质，氮是微生物细胞内蛋白质和核酸的重要元素，磷是合成蛋白、卵磷脂的重要元素。微生物生长过程中，一般应保证 BOD_5 : N : P=100 : 5 : 1，生活污水和城市污水的碳源比较充足，若工业废水中的含碳量比较低，可通过向其中投加生活污水的方式增加碳源；生活污水中的氮元素也十分丰富，如 N_2、NH_3、NO_3^- 等无机含氮化合物和蛋白质，氨基酸等有机氮化合物，若工业废水中氮含量不足，可投加尿素、硫酸铵等；磷来自无机磷化合物，若磷含量不足，可加入无机磷酸盐。此外，微生物对钾、镁、钙、铁等无机盐类及微量元素如铜、锌、钴、锰等需求量极少，不用另行投加。

2. **水温**

好氧生物处理的污水温度在 15 ~ 25℃为宜，在此温度范围内，微生物的生理活动旺盛，有机物的降解能力强。若温度过高或过低，会抑制或破坏微生物的生理活动，甚至导致微生物的死亡。

3. **溶解氧**

活性污泥法的菌群主要是好氧菌，因此必须通过曝气装置保证曝气池内有充足的溶解氧，一般要求曝气池出口溶解氧浓度不低于 2mg/L，而曝气池首端有机物含量高，导致耗氧速率快，但也要保证其溶解氧浓度不低于 1mg/L。溶解氧浓度过高，会使有机物降解速率过快，微生物会营养不良而导致活性污泥老化、结构松散，溶解氧浓度过低则会导致丝状菌繁殖，诱发污泥膨胀。

4. **pH 值**

活性污泥法要求 pH 值在 6.5 ~ 8.5 为宜，pH 值过高或过低都会影响微生物的生理活性，严重时会导致微生物的死亡。所以可在曝气池前设调节池，在污水进入曝气池之前，将污水的 pH 值调节到适宜的范围。

5. **有毒物质**

污水中的某些重金属离子（如铁、铜、锌、铅、铬、镉等）以及酚、醛、氰等有机物会对微生物的生理活动产生抑制作用，这些物质被称为有毒物质。有毒物质会以不同的方式破坏微生物的结构，重金属离子可以和微生物细胞的蛋白质成分相结合而使蛋白质发生变性或沉淀，酚类物质会损害微生物的细胞膜，促进微生物蛋白质凝固，甲醛能与微生物细胞蛋白质的氨基结合，使蛋白质变性。所以应控制被处理污水中有毒物质的含量在一定的浓度范围内，另外，微生物应在驯化过程中使其逐渐适应有毒物质。

2.3.2 生物膜法

与活性污泥法不同，生物膜法的微生物生长是附着状态，即附着在滤料或填料表面形成生物膜。污水连续流经固体填料（Solid filler）[碎石（Gravel）、煤渣（Cinder）

或塑料填料（Plastic packing）] 时，在填料上大量繁殖生长的微生物形成污泥状的生物膜。生物膜上的微生物能够起到与活性污泥同样的净化作用（Purifying effect），吸附（Adsorption）和降解（Decomposition）水中的有机污染物，衰老生物膜从填料（Filler）上脱落下来随处理后的污水流入沉淀池，经沉淀泥水分离，污水得以净化而排放。

（一）生物膜构造及净化机理

生物膜构造及生物膜法净化机理可通过图 2-12 来说明。

污水通过反应池中的滤料，供氧充足一段时间后，接种于污水中的微生物会在滤料表面增殖，形成生物膜，这个过程叫作挂膜。这是生物膜法处理污水的初始阶段，一般需要 15 ~ 30d。

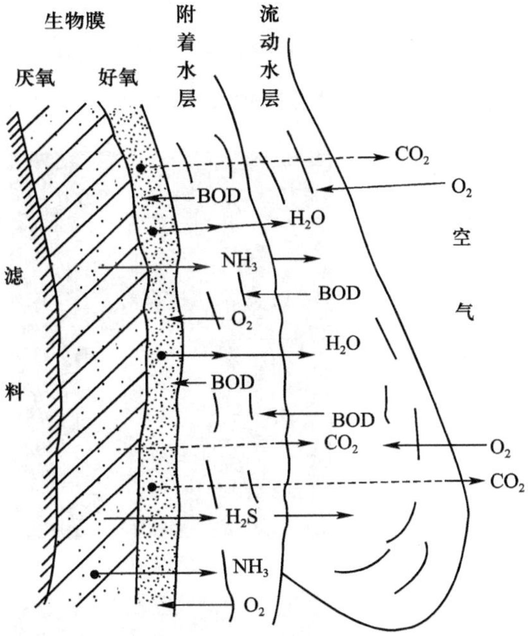

图 2-12　生物膜基本结构

生物膜有吸附作用，其表面有一层极薄的水层，称为附着水层。附着水层的有机物首先被生物膜中的微生物代谢降解，浓度降低，因此流动水层与附着水层产生浓度差，有机物通过扩散作用进入附着水层，进一步被生物膜中微生物降解。同样氧气也不断溶于水中通过流动水层，进入附着水层为好氧微生物降解有机物创造条件。好氧代谢产生的二氧化碳和其他代谢物通过附着水层扩散出去，如此完成水中有机物的去除净化。

随着微生物的不断生长，生物膜不断变厚，传递进来的氧仅能满足表层微生物的需求，内层的微生物得不到充足的氧，因此好氧微生物生长受到限制难以存活，而兼性微生物转化为厌氧代谢方式，厌氧微生物活性增加，形成厌氧微生物和兼性微生物组成的厌氧层。

好氧层厚度一般约 2mm，有机物的降解主要在好氧层。随着生物膜的厚度增加，厌氧层的厚度逐渐增加，厌氧代谢产物如 H_2S、NH_3、有机酸等较多，这些气态产物通过好氧层向外传递，降低了生物膜与滤料之间的固着力，此时的生物膜出现老化现象，容易在水流的冲击下从滤料表面脱落，随水流向后续的分离设施，完成生物膜的一个生长周期。如此生物膜不断增长、更新、脱落，完成污水的处理。

（二）填料

填料是生物膜法的关键之一，是微生物的载体，影响着微生物的生长、繁殖和脱落。目前生物膜法的填料根据使用方式不同分为悬挂式填料、悬浮填料和蜂窝填料三种类型。

1. 悬挂式填料

悬挂式填料是指使用时，填料两端分别拴在各种类型支架上的填料，如中心绳和软性纤维组成的软性填料、填料单片和塑料套管以及中心绳组成的半软性填料、集合软性填料和具有半软性填料结构特点的组合填料等。悬挂式填料结构简单、造价低、比表面积大且不易堵塞，能够耐受一定的冲击负荷，但是存在易倒塌、腐蚀和维修困难等缺点。如图 2-13 所示。

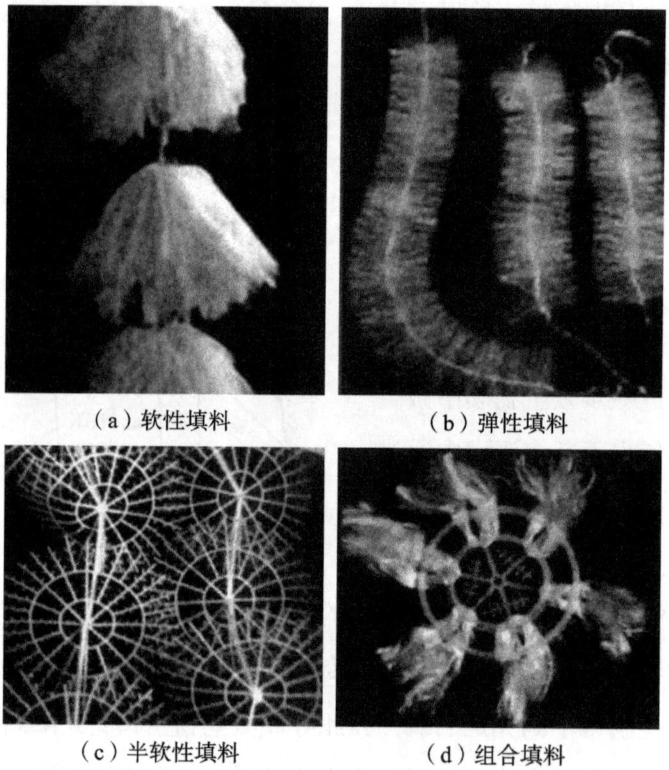

（a）软性填料　（b）弹性填料

（c）半软性填料　（d）组合填料

图 2-13　悬挂式填料

2. 悬浮填料

悬浮填料是指使用时在污水中处于悬浮、流化状态的填料，大都是球形和短柱形，它们结构简单且比表面积大，不易堵塞，不粘连、不结团。但悬浮填料在使用时容易被吹浮成堆，形成处理死角。

图 2-14 是几种常用的悬浮填料。

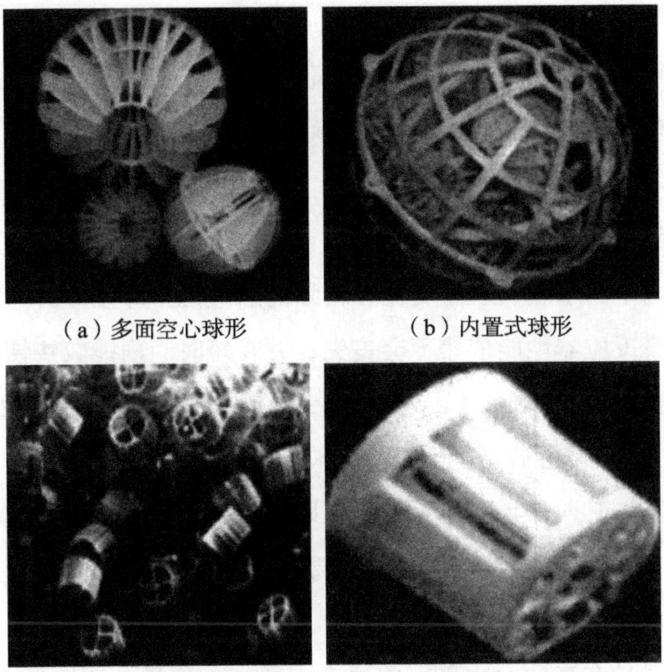

（a）多面空心球形　（b）内置式球形

（c）Kaldnes 短柱形填料　（d）Natrix 短柱形填料

图 2–14　悬浮填料

3. 蜂窝填料

蜂窝填料是指加工成足够大的棱柱体，在使用时整体放入或去除的填料。常用的有蜂窝斜管填料、蜂窝直管填料、立体网状填料等，它们比表面积大，不易堵塞，寿命长，安装检修简单，但是其表面光滑导致生物膜易脱落，使用较少。

（三）生物膜法的特征

1. 生物相方面

（1）微生物种类多样化

相对于活性污泥法来说，生物膜固定在滤料上，曝气搅拌对生物膜法的冲击小，其生长环境相对稳定，除大量细菌外，还有大量真菌、原生动物、后生动物、微型动物和藻类，且生物膜上微生物生长世代时间长，硝化菌等增殖速率小的微生物也能够存活。生物膜形成了一个相对稳定的生态环境。

（2）食物链长

形成细菌–真菌–原生动物–后生动物–微型动物的长食物链，因此污泥量低于活性污泥法。

（3）分段运行

生物膜法多采用分段运行，工艺中每段都繁衍出与对应进水水质相适应的微生物，形成优势种群，有利于微生物代谢和有机物降解。

2. 工艺方面

（1）耐冲击负荷

生物膜法对进水的水质、水量变化有较强的适应性，即使短时间中断进水或部分工艺瘫痪，生物膜反应器性能依然不会丧失，并在短时间内能较快恢复。此外，生物膜法对低浓度废水（BOD<60mg/L）处理效果良好，这是活性污泥法做不到的。

（2）产泥量少，沉降性好

生物膜中食物链长，产生的剩余污泥量少。生物膜脱落的污泥中动物成分比重大，污泥颗粒个体大，因此污泥沉降性能良好，易于从污水中分离出来。

（3）处理能力和效能好

生物膜反应器具有高的生物量，单位反应器内生物量为活性污泥法的 5 ~ 20 倍，因此处理能力大。此外，生物膜上的微生物世代时间长，能够生长硝化菌等增殖速率慢的菌种，因此具有硝化功能，提高了对水的净化功能。

（4）易于运行管理

与活性污泥不同，生物膜中生物量高，无须进行污泥回流，易于运行维护管理。此外，活性污泥法中易出现的丝状菌繁殖而污泥膨胀的问题，在生物膜法中由于微生物固着生长不会发生污泥膨胀，反而可利用丝状菌的分解能力提高处理效果。

2.3.3 厌氧生物处理法

当污水中的有机物含量很高时，活性污泥法和生物膜法等好氧生物处理法的处理成本会很高，对于高浓度有机废水一般采取厌氧生物处理法，是在无氧的条件下利用厌氧微生物（Anaerobic microorganisms）（包括兼性厌氧微生物）的降解作用分解污水中的有机物，最终产生二氧化碳和甲烷气体，达到净化水的目的。厌氧生物处理法主要用于处理高浓度、难降解的有机工业废水（Organic industrial wastewater）及有机污泥（Organic sludge），在水处理领域中具有广泛的应用。

（一）厌氧生物处理原理

厌氧生物处理也叫厌氧消化、厌氧发酵，指在厌氧或兼性微生物的作用下，有机物被分解成 CH_4 和 CO_2 的过程。

布莱恩特在1979年根据研究提出了三阶段理论来解释厌氧微生物的消化原理，这也是目前较为公认的理论模式。三阶段消化过程示意图如图2-15所示。

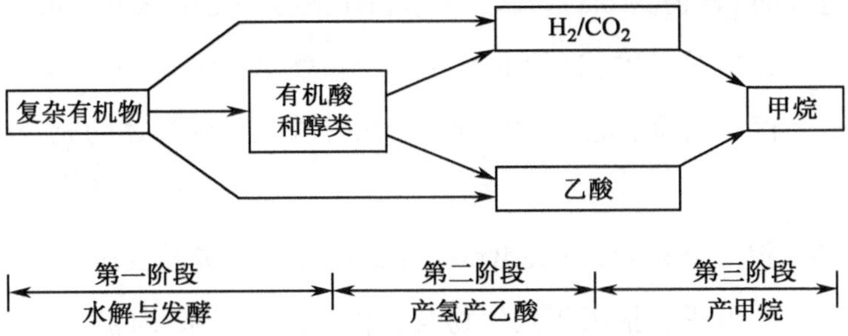

图2-15 三阶段厌氧消化过程示意图

三阶段理论包括：

第一阶段为水解与发酵阶段。该阶段针对的是复杂的有机物，可在厌氧菌（水解菌）胞外酶的作用下分解成简单的有机物，如纤维素经水解转化成较简单的糖类；蛋白质转化成较简单的氨基酸；脂类转化成脂肪酸和甘油等。这些简单的有机物在发酵细菌（产酸菌）的作用下经过厌氧发酵和氧化转化成乙酸、丙酸、丁酸等脂肪酸和醇类等。产酸菌以碳水化合物作为主要能源，将可溶性有机物转化为低分子物质，参与这个阶段的水解发酵菌主要是专性厌氧菌和兼性厌氧菌。

第二阶段为产氢产乙酸阶段。在该阶段，产氢产乙酸菌把除乙酸、甲烷、甲醇以外的第一阶段产生的中间产物，如丙酸、丁酸等脂肪酸和醇类等转化成乙酸和氢，并有 CO_2 产生。这在厌氧消化中起着重要的作用，只有把有机物降解到二碳以下，才能被第三阶段的产甲烷菌利用。

第三阶段为产甲烷阶段。在该阶段，产甲烷菌把第一阶段和第二阶段产生的乙酸、H_2 和 CO_2 等转化为甲烷。产甲烷菌是严格的厌氧菌，对环境因素如温度、pH值、重金属离子等变化极为敏感，因此产甲烷细菌的增殖和产甲烷速率都较慢，此阶段是厌氧消化的控制阶段，决定整体反应速度和条件。

（二）厌氧生物处理的影响因素

产甲烷菌决定厌氧消化的条件。

1. 温度

消化分为中温消化和高温消化，分别在35～38℃和52～55℃下进行。若要达到总产气量的90%的要求，中温消化约需要20d，而高温消化约需10d，且高温消化对寄生虫卵和大肠杆菌的杀灭率高达99%，而中温消化的温度与人体温度接近，不利于杀灭寄生虫卵和大肠杆菌。但高温消化的所需热量比中温消化高得多。

2. pH 值

产甲烷菌适宜的 pH 值为 6.8 ~ 7.2。污水和泥液有一定的碱度，可以在一定程度上缓冲消化池内产生有机酸导致 pH 值的变化，若碱度足够维持 pH 值在 6.8 以上，则产酸菌和产甲烷菌共存，从而消除分阶段现象。另外消化池内液体的充分混合对保证 pH 值也是必要的。

3. 厌氧活性污泥（Anaerobic activated sludge）的组成及性质

厌氧活性污泥的组成包括厌氧微生物及其代谢产物、吸附的有机物和无机物。厌氧活性污泥对厌氧消化速率的影响因素主要是其浓度的高低和性能的优良。

厌氧活性污泥可以去除污水中的有机物，在一定范围内，活性污泥浓度越高，去除效果越好。但超过一定浓度后，便不再有明显的厌氧消化促进作用。这主要是由于厌氧污泥的生长速率慢，过长时间的积累会增加污泥中无机成分的比例，导致活性降低，另外，污泥浓度过高可能会引起堵塞，影响厌氧消化的正常运行。

厌氧活性污泥的性能主要是其作用效能和沉淀性能。厌氧活性污泥的作用效能由污泥中活微生物的比例和对底物适应性决定，沉淀性能指污泥混合液在静止状态下的沉降速度，决定了固液分离的效果。与好氧法一样，厌氧活性污泥的沉淀性能也用 SVI 衡量，以上流式厌氧污泥反应器为例，活性污泥的 SVI 在 15 ~ 20 时，污泥的沉淀性能良好。

4. 基质微生物比（COD/VSS）

基质微生物比常用有机负荷表示（COD/VSS），单位为 kg/（kg·d），同好氧生物法类似，有机负荷对处理过程有很大影响。

厌氧消化中，有机负荷、处理程度和产气量之间存在一定的平衡关系。一般情况下，高有机负荷伴随着高产气量，但处理程度会降低。所以有机负荷不宜过高，这是由于厌氧消化中产甲烷阶段速率较低，若有机负荷太高导致生成的酸积累，则会破坏系统 pH 值，影响产甲烷菌的生存。

5. 搅拌与混合

厌氧消化需要以细菌体的内酶和外酶充分接触混合为前提进行反应，这就需要增加搅拌，常采用水射器搅拌法、消化气循环搅拌法、混合搅拌法等。

6. 基质营养比例

为保证微生物的正常生命活动，需保证充足的营养物质及营养物质之间的一定比例。一般来说，厌氧处理所需的氮和磷的比值同好氧处理需求一样，即 N : P=5 : 1，但碳源需求则差异较大，大量实验表明，厌氧处理的 C : N : P=（200 ~ 300）: 5 : 1 时效果较好。处理含天然有机物的污水时一般不用调节，但处理化工废水时则要注意营养物质的比例调节问题。

7. 有毒物质

铜、铬、锌、镉、镍等重金属离子会对产甲烷菌产生影响。溶解状态的重金属离子对细菌有毒害作用，而重金属离子溶解后与硫化物结合形成不溶性盐类则无毒害作用。

不同浓度的氨氮对厌氧微生物会产生不同的影响。氨氮浓度为 50 ~ 200mg/L 时，对厌氧微生物的生长有刺激作用，而氨氮浓度为 1500 ~ 3000mg/L 时，则会对其产生抑制作用。应注意控制反应器内的 pH 值以控制氨和铵离子之间的比例。

2.3.4　自然生物处理法

自然生物处理法是利用自然条件下生长繁殖的微生物形成的水体 - 微生物 - 植物组成的生态系统来处理污水，对污染物进行一系列的物理、化学和生物作用，可对污水中的营养物质充分利用，实现污水的资源化（Resource utilization）、无害化（Harmlessness）和稳定化（Stabilization）。该法工艺简单，建设与运行费用都较低，是一种符合生态原理的污水处理方式，兼具环境效益和经济效益，但容易受自然条件影响，且处理效率低于活性污泥法和生物膜法。自然生物处理法包括稳定塘（Stable pond）和土地处理系统（Land treatment system）（污水灌溉）。

（一）稳定塘（Stabilization pond）

稳定塘又叫氧化塘、生物塘。它是经过人工对土地做适当修整，设置围堤和防渗层的污水池塘，以塘为主体，利用自然生物群体的净化功能处理污水的方法。稳定塘内污水停留时间较长，微生物通过代谢作用降解有机物，对生活污水和各种有机性工业废水有较好的处理效果。

1. 稳定塘的净化作用

（1）稀释作用。污水进入稳定塘后在水流及风力作用、污染物扩散作用下与塘水混和而被稀释，污染物浓度被降低。

（2）沉淀和絮凝作用。污水进入沉淀池后流速降低，悬浮物质可通过沉淀作用沉于塘底。另外，塘中微生物的分泌物具有絮凝作用，可絮凝沉淀污水中的细小悬浮物及胶体，降低污水中的污染物浓度。沉积到塘底的有机物被厌氧微生物分解。

（3）好氧微生物的代谢作用。好氧条件下好氧菌和兼性菌对有机物的代谢是稳定塘内污水净化的主要途径。它对 BOD 的去除率可达 90%，对 COD 的去除率也可达 80%。

（4）厌氧微生物的代谢作用。兼性塘塘底和厌氧塘内的厌氧细菌可对有机物进行厌氧发酵，降解有机物产生 CH_4、CO_2 及硫醇等。产生的气体物质经厌氧层扩散到好氧层或兼性层从水面逸出，而有机酸等物质扩散至好氧层或兼性层，由好氧微生物或兼性微生物进一步分解。同时好氧层或兼性层内难以降解的有机物可沉于塘底被厌氧微生物代谢。

（5）浮游生物的作用。塘内存在许多浮游生物，如藻类可以供氧、去除氮和磷等物质；原生动物、后生动物及枝角类浮游动物可以细菌和悬浮物为食，并分泌产生絮凝作用的黏液；底栖动物可以摄取污泥层中的藻类或细菌，减少污泥量；鱼类等水生动物可捕食微型水生动物和水中的某些可食用污染物。

（6）水生植物的作用。水生植物可吸收水中的氮、磷等营养元素，对其去除率高；根部可富集重金属，增加重金属的去除率；水生植物可向塘内供氧，为好氧微生物的生存提供条件；其根茎能吸附微生物或有机物，提高对 BOD、COD 的去除率。

2. **稳定塘的分类**

根据塘内微生物种类、供氧方式及溶解氧水平不同，稳定塘分为好氧塘、兼性塘、厌氧塘和曝气塘。

（1）好氧塘（Aerobic pond）

好氧塘深度较浅，一般在 0.5m 左右，使得阳光可以投入塘底，藻类通过光合作用供氧，是好氧塘氧的主要来源，同时由于风力作用的搅拌也可带来自然复氧，整体上使好氧塘处于好氧状态。水中的好氧异养微生物通过自身的代谢活动对流入污水中的有机物进行氧化分解，产生 CO_2 作为藻类光合作用的碳源。藻类利用 CO_2 及水中的氮、磷等营养物质进行光合作用释放 O_2。如此反复地进行有机物的高效去除。如图 2–16 所示。

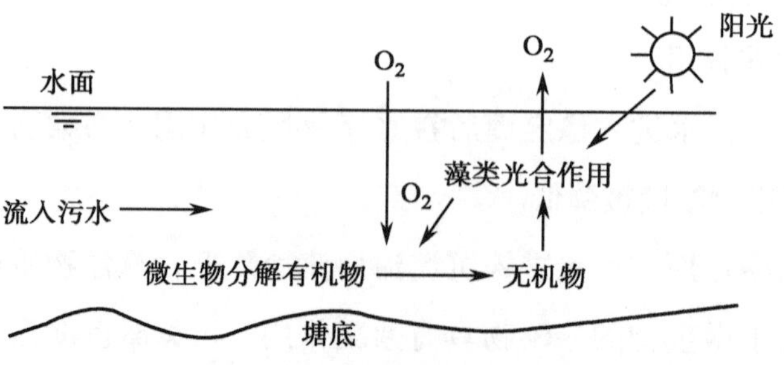

图 2–16　好氧塘的净化机理

好氧塘内溶解氧充足，但随时间会有所变化，白天藻类光合作用强烈，生成的氧大于微生物消耗的氧，水中的溶解氧饱和；但在夜间，藻类光合作用停止加之呼吸作用耗氧，水中的溶解氧含量下降，至凌晨降至最低。此外，好氧塘的 pH 值随 CO_2 含量的变化而变化，pH 值在白天上升，夜间下降。

好氧塘内有机物降解速率高，净化能力强，污水在塘内停留时间短，但好氧塘占地面积大，对细菌的处理效果差，另外，由于处理水中含有藻类，需进行除藻处理。

（2）兼性塘（Facultative pond）

兼性塘深度一般在 1.2 ~ 2.5m，阳光能够透入塘的上层，称为好氧层，好氧层的净化作用同好氧塘相似，通过好氧异养微生物降解有机物；下层为沉淀的污泥和衰死的藻类形成的厌氧层，其中由厌氧微生物通过厌氧发酵降解有机物。好氧层与厌氧层之间称为兼性层，白天呈有氧状态，夜间又呈厌氧状态，兼性微生物在此既能够利用水中游离分子氧，也能够在厌氧条件下，利用 NO_3^- 和 CO_3^- 中的氧。如图 2–17 所示。

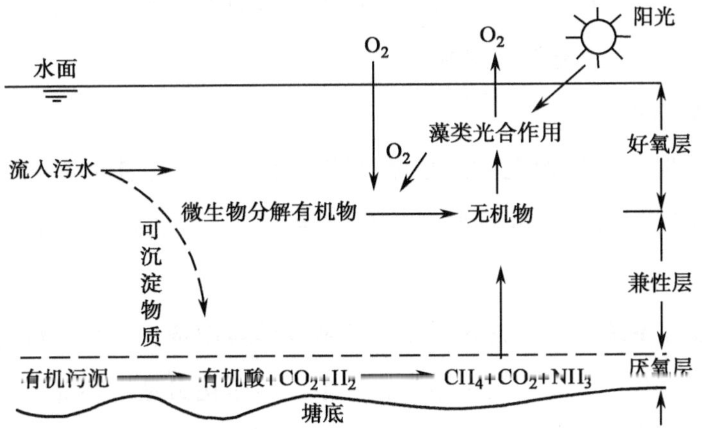

图 2–17　兼性塘净化机理

兼性塘的净化机理复杂，因此它对污染物的去除范围较好氧塘广，不仅可以去除一般的有机物，对某些难降解有机物也有较好的处理效果。

（3）厌氧塘（Anaerobic pond）

厌氧塘深度一般在 2 ~ 4m，有机负荷高，整个水体基本呈厌氧状态。厌氧塘依靠塘内及塘底厌氧菌完成有机物的代谢，包括水解酸化、产酸、产甲烷等过程，净化速度低，污水停留时间长。

厌氧塘一般作为高浓度有机废水的首级处理工艺，后接兼性塘、好氧塘等，可在首级处理中降解约 30% 有机物，尤其是可提高难降解有机物的可降解能力，利于后续处理，且厌氧塘污泥量少，对污泥处理工作造成的负担小。

（4）曝气塘（Aeration pond）

曝气塘深度在 2m 以上，是通过在塘水表面安装曝气器为氧化塘人为提供溶解氧，使全塘呈好氧状态，人工强化后的曝气塘净化效果优于一般的稳定塘，污水停留时间短，有利于有机物的降解，且所需容积和面积小。

曝气塘可分为好氧曝气塘和兼性曝气塘，好氧曝气塘的曝气强度足以使塘内全部固体悬浮，向水中提供足够溶解氧；兼性曝气塘的曝气强度不足以使全部固体悬浮，仍有部分固体物质沉积在塘底处于厌氧状态。

3. 稳定塘特点

稳定塘可充分利用地形施工，基建和运行费用低，操作简单；污水处理成本低，无须污泥处理，对机械设备动力消耗少；处理后的污水可回收利用，如用于农田灌溉；对水量波动有一定的适应性。

但稳定塘存在占地面积大、净化效果受季节等自然因素影响大、对地下水的渗流污染风险及厌氧发酵产生臭气等问题。

（二）土地处理系统

污水土地处理系统是指在人工控制下将污水投配，通过土壤-微生物-植物组成的净化系统，实现污水中营养物质和水分的循环利用，达到植物生长、污水净化的效果。

污水土地处理系统包括预处理系统、调节及储运设备、污水的输送配布和控制系统、土地净化田、净化水收集利用系统，其中土地净化田是核心部分，处理主要在这个环节完成。

1. 净化机制

土壤净化作用是一个复杂的综合过程，其中不仅包括过滤、吸附、离子交换等物理过程，还包括化学沉淀、微生物代谢等化学、生物过程。

过滤是土壤颗粒存在的孔隙带来的作用，可以截留、过滤水中的悬浮颗粒。过滤效果受土壤颗粒大小，孔隙形状、大小、分布及污水中悬浮颗粒的性质影响。若悬浮颗粒过大、过多，微生物代谢产物过多则会导致土壤空隙堵塞。

吸附是土壤中黏土矿物颗粒本身的物理化学作用，如重金属离子可与土壤胶体发生置换而被吸附。

重金属离子还可以和土壤中的某些有机物发生化学反应而沉淀于土壤中。

另外土壤中种类繁多、数量巨大的微生物对有机固体、溶解性有机物有强大的降解能力，这也是土壤具有自净能力的主要原因。

2. 工艺类型

根据土壤渗透能力的大小，污水土地处理可分为慢速渗滤（Slow infiltration）、快速渗滤（Rapid infiltration）、地表漫流（Surface overflow）三种基本工艺以及湿地漫流系统（Wetland overflow system）、地下渗滤处理系统（Underground infiltration system）。

（1）慢速渗滤系统。是指污水投配到有作物的土壤表面后，缓慢流动并向土壤内部渗滤，一部分被作物吸收，另一部分渗入土壤内部，从而使污水得到净化的处理工艺。此工艺采用低投配负荷，减缓污水在土壤层的渗滤速度，保证污水在表层土壤的停留时间，保证水质净化，处理水不回收。

（2）快速渗滤系统。是指间歇向渗透性良好的粗粒沙壤或砂土投配污水，污水流动过程中会部分渗入地下，在渗滤过程中得到净化的处理工艺。间歇操作方式可使土壤在休灌期充分脱水干化，有利于保持较高的渗滤速率，保证下一灌水期的下渗。快速渗滤的污水需经过预处理，保证污水中的悬浮物不会对土壤产生堵塞作用。处理水通过地下排水管或井群回收，可用于补给地下水。

（3）地表漫流系统。是指将污水投配到有多年生牧草、坡度和缓、渗透性低的土壤表面，污水沿坡面以薄层方式缓慢流动，并在此过程中得以净化的处理工艺。处理水仅有少部分蒸发和下渗，大部分通过地表径流收集排放或利用，避免对地下水产生污染。

（4）湿地处理系统。是指污水投配到呈水饱和状态，且长有芦苇、香蒲等耐水植物的沼泽地上，使污水流动过程中，在植物和土壤的作用下得到净化处理的工艺。在此系统中，水生植物为微生物提供了良好的生存场所，维管束植物根部可输送自身光合作用产生的氧，保证水中的溶解氧浓度，其自身对有机物的吸收和分解作用也提升了对污水处理的效率。

（5）地下渗滤处理系统。是指污水投配到具一定构造、深 0.5m、扩散性良好的土层中，污水扩散运动中通过过滤吸附、微生物降解作用得到净化的处理工艺。污水进入系统前需经化粪池预处理，适宜处理无法并入城市排水管网的小量污水，如度假村、疗养院等。

2.4 典型处理工艺流程

对于城市污水来说，污水性质不完全相同，但大都以有机物为主。典型的处理工艺流程如图 2-18 所示。根据处理程度不同可分为一级处理（Primary treatment）、二级处理（Secondary treatment）和三级处理（Tertiary treatment）。

一级处理是对水中的悬浮无机颗粒和有机颗粒的去除，主要通过沉淀、筛滤等物理作用实现。一级处理一般由格栅、沉砂池和初次沉淀池（简称初沉池）构成，通常的处理流程为：污水先经过两道粗格栅（Coarse grille/Coarse screen）和细格栅（Fine grille/Fine screen）去除颗粒悬浮物和漂浮物，继续流到沉砂池（Detritor/Grit chamber），通过重力作用在沉砂池内去除大于 0.2mm 的砂粒等固体沉淀物，再到沉淀池，粒径较大的悬浮物在沉淀池（Sedimentation tank）中沉淀去除。一级处理对污水中 BOD 的去除率约为 30%，但达不到排放标准，一般作二级处理的预处理，因此一级处理是污水处理中必不可少的工序。

二级处理主要去除污水中呈胶体状或溶解状态的有机物。一般采用生物处理方法如活性污泥法系统或生物膜法，利用微生物的代谢作用降解有机物，对 BOD 的去除率

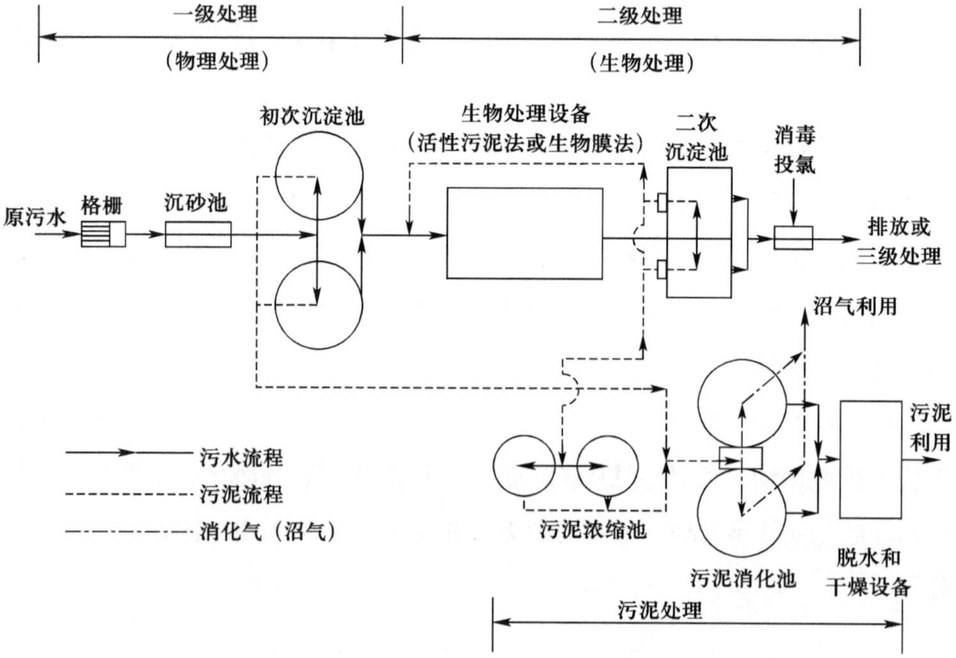

图 2-18 城市污水处理典型工艺流程

可达 90% 以上，生物处理法处理后的污水经过二次沉淀池（简称二沉池）沉淀污泥，处理后的水经过杀菌，基本能达到排放要求。

三级处理是在一、二级处理后，进一步去除难以被微生物降解的有机物，以及氮磷等无机物等。主要包括生物脱氮除磷、砂滤法、吸附法、离子交换法、混凝法等。与要求污水回收再利用目的的深度处理有相同之处，又不完全一致。

初沉池、二沉池及其他系统产生的污泥含有大量的有机物，富有肥分，可做农肥或进行其他用途，但其中含大量细菌、寄生虫卵，以及工业废水中夹带的重金属离子等，需进行处理实现稳定化、无害化。污泥的处理包括污泥浓缩脱水进行减量处理、污泥厌氧消化或好氧消化进行稳定化处理、污泥消化气及污泥的综合利用、干污泥的焚烧填埋等最终处置。

对于工业废水来说，不同种类废水其水质千差万别，水量亦不恒定，排放要求也不相同，因此应根据不同废水中的污染物种类和含量制定具体的工艺流程。在水处理中，用到的典型的工艺流程包括传统活性污泥工艺（SBR 工艺、CAST 工艺、AB 工艺、生物脱氮除磷工艺）、生物膜法工艺（生物滤池工艺、生物转盘工艺）、厌氧生物法工艺（厌氧接触法工艺、升流式厌氧污泥床工艺、两相厌氧消化工艺）等。

2.4.1 传统活性污泥工艺

传统活性污泥法，又称普通活性污泥法，由曝气池（Aeration tank）、二次沉淀池、曝气系统、污泥回流系统、剩余污泥排放系统组成，其中，曝气池与二沉池是处理的主体。其工艺流程如图 2-19 所示。

污水经一级处理后从初沉池进入曝气池，曝气池内含有污水和以好氧微生物为主的活性污泥构成的混合液（Mixed liquid），曝气池内设有空气管（Air tube）和曝气头（Aeration head）等曝气装置，由鼓风机房（Blower room）送来的空气经曝气装置对混

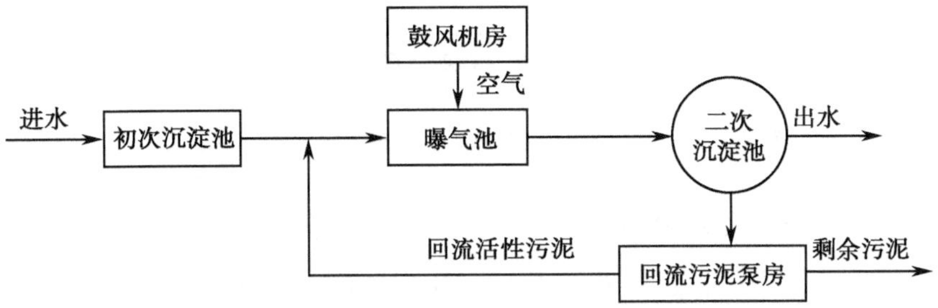

图 2-19 活性污泥法工艺流程

合液进行曝气，使得混合液有充足的溶解氧和充分的搅拌。活性污泥和污水充分接触，污水中的有机物被降解，使污水得到净化。净化后的混合液流入二沉池，经过沉淀，混合液中的活性污泥与净化污水分离，净化水从二沉池排放，活性污泥在沉淀池的污泥区受重力浓缩，以较高的浓度由回流泵部分送回曝气池，始终维持曝气池内混合液的活性污泥浓度，保证污水的稳定处理，剩余污泥部分从沉淀池排放进入污泥处理系统。

传统活性污泥法不断发展改进，有多种运行方式，其中已证实有显著效果的氧化沟、SBR 工艺、CAST 工艺及 AB 法污水处理工艺等，以及改进后可作为三级处理技术的脱氮除磷工艺，下面简要阐述。

（一）氧化沟（Oxidation ditch）

氧化沟，又称循环混合式曝气池、连续循环反应器。图 2-20 是以氧化沟为生物处理单元的污水处理流程。由图 2-20 可知，氧化沟呈环形沟渠状，平面为椭圆形，也可为圆形，其长度可达到几十米甚至上百米，沟深在 2 ~ 6m，具体沟深取决于曝气装置。氧化沟曝气装置同活性污泥法一样，能向混合液中充氧，充分混合活性污泥和混合液中的有机污染物，此外还可以推动水流以一定的速度（0.3 ~ 0.6m/s）沿氧化沟沟长方向循环流动。污水进入氧化沟后与混合液混匀稀释，流态接近完全混合，并在曝气装置的作用下随水流沿沟长流动。沿沟长不同位置的混合液溶解氧浓度有所变化，曝气器下游溶解氧浓度高，随着与曝气器距离的增加，溶解氧浓度逐渐降低，氧化沟整体上呈现好氧区—缺氧区—好氧区—缺氧区的交替变化，污水在沟内循环流动过程中完成硝化、反硝化及除磷过程，不仅能够达到有机物降解去除的目的，还能达到脱氮除磷的效果。

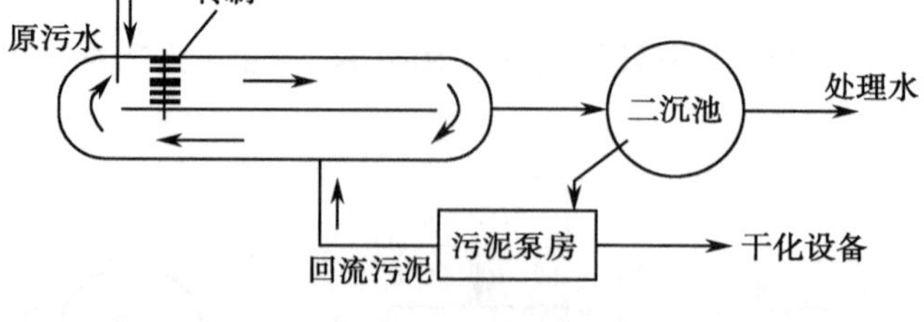

图 2-20　氧化沟为生物处理单元的污水处理工艺流程

氧化沟进水流态接近完全混合，污泥负荷低，污泥处于内源呼吸生长状态。与传统活性污泥法比，投资少，运行费用低，耐冲击负荷，污泥产率低，出水水质好，具有脱氮除磷的效果。

常用的氧化沟系统有以下几种。

1. 卡鲁赛尔（Carrousel）氧化沟

普通卡鲁赛尔氧化沟系统如图 2-21 所示，由多沟串联氧化沟、二沉池、污泥回流系统组成。图 2-22 是采用表面曝气器的六廊道卡鲁赛尔氧化沟。每组沟渠转弯处安装曝气器，靠近曝气器下游为好氧区，上游则为低氧区，外环可能成为缺氧区，为生物脱氮除磷提供条件。

卡鲁塞尔氧化沟在国内外都具有广泛的应用，其对 BOD 的去除率可达 95%～99%，脱氮效果在 90% 以上，除磷效率在 50% 左右。

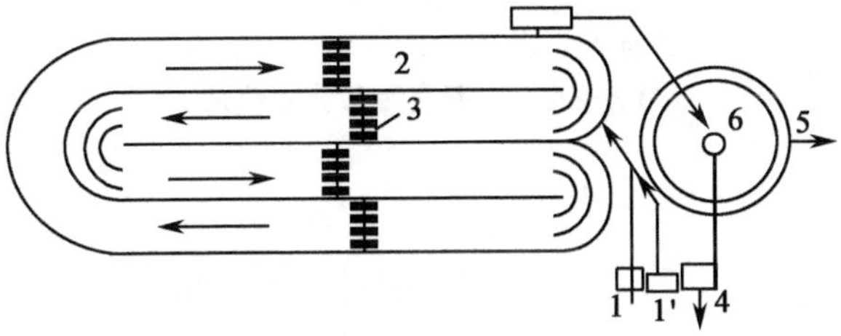

1- 污水泵站；1′- 回流污泥泵站；2- 氧化沟；3- 转刷曝气器；4- 剩余污泥；5- 处理水排放；6- 二沉池

图 2-21 卡鲁赛尔氧化沟系统（一）

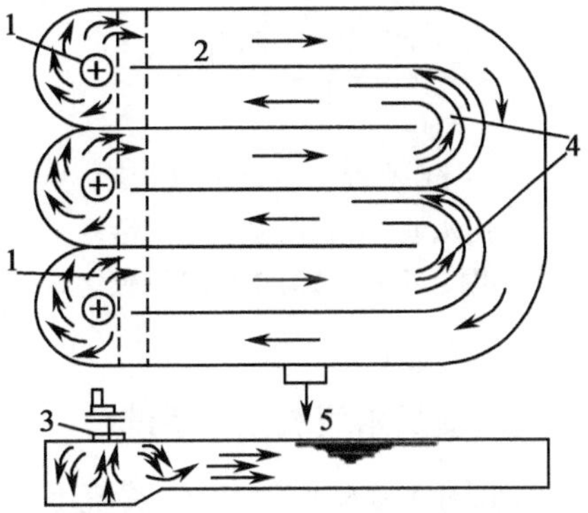

1- 污水；2- 氧化沟；3- 表面机械曝气器；4- 导向隔墙；5- 处理水去二沉池

图 2-22 卡鲁赛尔氧化沟系统（二）

2. 交替工作氧化沟系统

交替工作氧化沟有二沟和三沟两种类型。

二沟交替工作氧化沟如图 2-23 所示，由容积相同的 A、B 两沟组成，串联运行，交替作为曝气池和沉淀池，无须设置污泥回流系统。本系统处理效果好，运行稳定，但设备利用率低，不到 50%。

三沟交替工作氧化沟应用广泛，提高了设备利用率，如图 2-24 所示。两侧 A、C 沟交替作为曝气池和沉淀池，中间 B 沟则一直为曝气池，污水交替进入 A 沟或 C 沟，处理水相应地从 C 沟或 A 沟沉淀流出。该系统对 BOD、氮、磷的去除效果均较好。

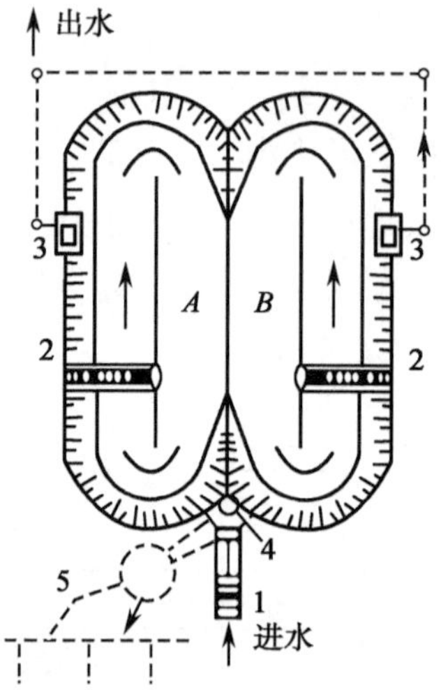

1- 沉 砂 池；2- 曝 气 转 刷；3- 出水堰；4- 排泥管；5- 污泥井

图 2-23　二沟交替工作氧化沟

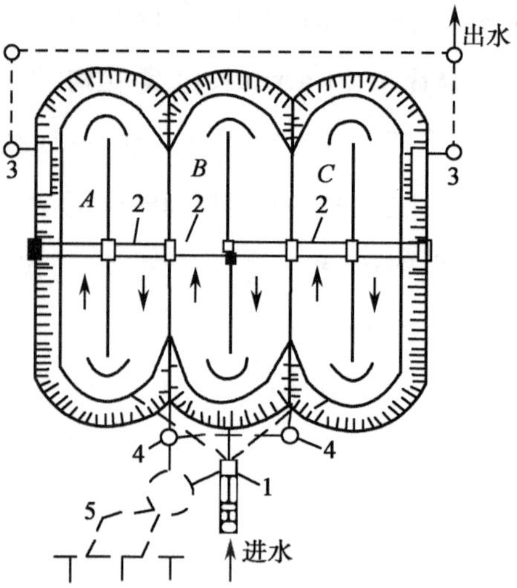

1- 沉砂池；2- 曝气转刷；3- 出水堰；4- 排泥井；5- 污泥井

图 2-24　三沟交替工作氧化沟

3. 奥贝尔型氧化沟系统

如图 2-25 所示，本系统是由多个椭圆形同心沟渠构成的氧化沟系统，污水由最外环的沟渠进入，依次流入下一层沟渠，最后由中心的沟渠流入二沉池。运行时，三层沟渠内混合液溶液氧浓度有较大的梯度，有利于提高充氧效果和脱氮除磷的效果。

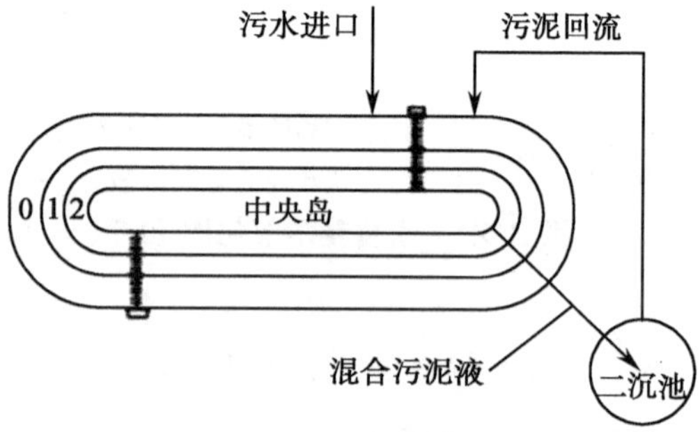

图 2-25　奥贝尔型氧化沟

4. 曝气 - 沉淀一体化氧化沟

一体化氧化沟即把二沉池建在氧化沟内，如图 2-26 所示，在氧化沟的一个侧沟渠内建有两侧设隔墙的沉淀槽，沉淀槽底部设一排三角形导流板，上水面设集水管以收集处理水，混合液从沉淀区底部流过，部分混合液从导流板间隙上升进入沉淀槽，沉淀污泥从间隙回流至氧化沟。

（二）SBR（Sequencing batch reactor）工艺

SBR 工艺，全称为序批式活性污泥法，又称间歇式活性污泥法，其污染物去除机制和传统活性污泥法基本相同。运行时，污水分批进入设有曝气和搅拌装置的序批式反应器中，污水依次经过进水（Inflow）、反应（Reaction）、沉淀（Sedimentation）、出

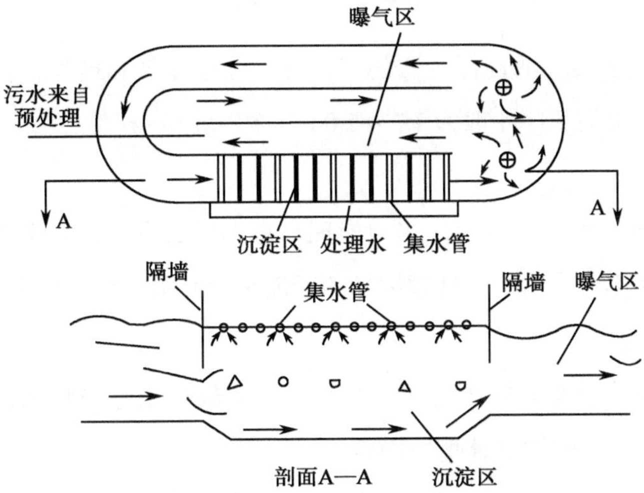

图 2-26　曝气-沉淀一体化氧化沟

水（Outlet）和待机（Standby）五个工序，这是一个操作周期，都在同一个反应器内进行，自动化控制，如图 2-27 所示。

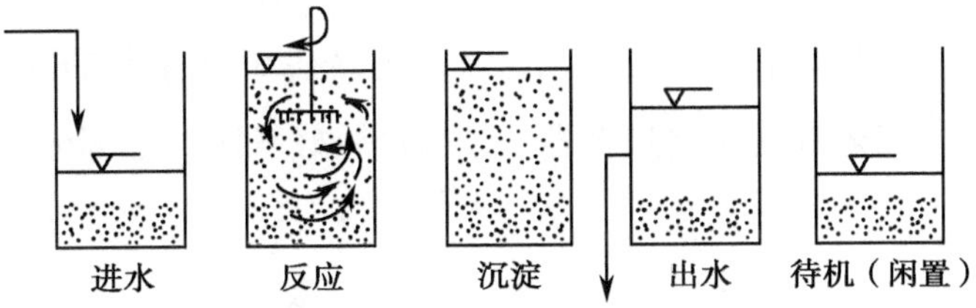

图 2-27　SBR 典型运行过程

1. **进水工序**

此工序在闲置（或待机）段后，反应器内的污水已经排放，反应器内存在高浓度的活性污泥混合液。污水流入，水位上升，此时只流入污水，不处理污水，反应器起到了调节水量、水质的作用。

但此阶段可根据具体的工艺要求进行配合操作，如进行曝气以恢复活性污泥活性；进行搅拌以满足脱氮除磷的要求；不采取任何措施，仅单纯注水。

流入工序所用时间一般以短促为宜，这样对工艺的效果影响是最优的。

2. **反应工序**

污水注入达到一定容积后就可以开始反应操作，开始曝气去除有机物、硝化和磷的吸收，然后停止曝气仅混合操作，以达到进行反硝化脱除硝态氮污染物。具体如何操作应根据处理目的确定。

3. 沉淀工序

沉淀阶段相当于传统活性污泥法的二沉池，停止曝气和搅拌，使活性污泥和水在静止状态下分离，沉淀工序一般为 1.3 ~ 2.0h。

4. 出水工序

经过沉淀工序产生的上清液，作为处理水将其排出系统，降至最低水位，反应池底部的活性污泥大部分作为下个处理周期的回流污泥使用，排出剩余污泥。

5. 待机工序

或称为闲置工序，是指在处理水排放后，反应器处于停滞状态，等待下一个操作周期开始。具体待机时间视具体情况而定。

整个处理系统通过周期式的反复运行，一般需要至少 2 个 SBR 池，可使系统连续运行。本工艺系统组成简单，无须设置污泥回流设备和二沉池，曝气池容积小，基建和运行维护费用低。通过曝气方式和反应时间的控制，实现好氧、缺氧和厌氧的交替运行，实现有机物、氮、磷去除。

（三）CAST（Cyclic activated sludge technology）

CAST，全称为循环式活性污泥工艺，该工艺是在 SBR 工艺的基础上改良产生的。如图 2-28 所示，该工艺分为生物选择器、缺氧区、好氧区三个部分，并设置污泥回流系统。

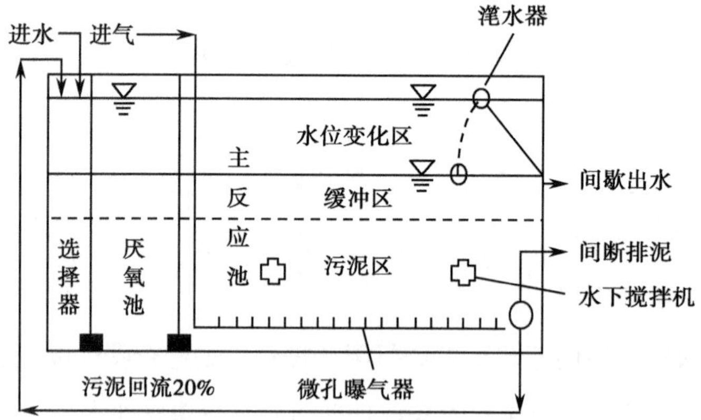

图 2-28　CAST 反应器的基本构造

生物选择器通常是厌氧或兼氧，即一个容积较小的污泥和污水的接触区，此区域内接受回流的活性污泥和新流入的污水，接触混合创造高浓度、高负荷的微生物生存环境，从而筛选出适应该系统生存的微生物种群，同时抑制丝状菌增殖，避免污泥膨胀现象的产生，有利于系统稳定。厌氧区进行磷的释放、反硝化以及难降解物质的水解，提高有机物的去除率。好氧区则是有机物去除的主要场所，运行时需控制好氧区的曝气强度，保证溶解氧浓度完成有机物的降解。

（四）吸附–生物降解（Adsorption–biodegration，AB）工艺

吸附–生物降解工艺，也称AB法污水处理工艺，其中，A为吸附段，B为生物氧化段。工艺流程如图2–29所示。

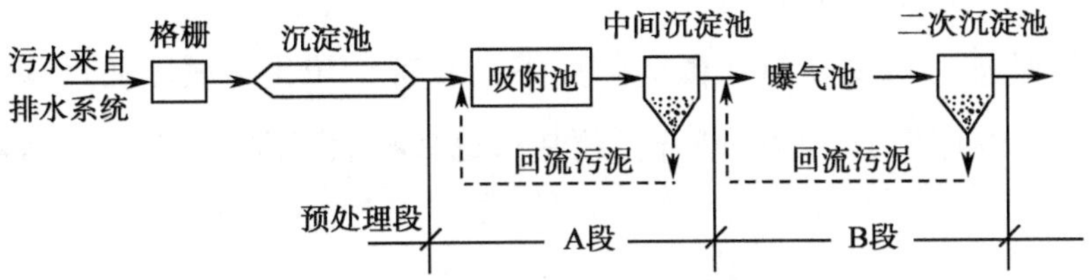

图2–29 AB法污水处理工艺流程

污水经预处理后进入生物吸附段，利用吸附池中曝气微生物的絮凝能力将有机物吸附，进入中间沉淀池沉淀吸附了有机物的活性污泥，以排放剩余污泥形式将有机物去除，生物吸附段残留的有机物，在曝气池微生物作用下进行氧化分解，之后在二沉池进行泥水分离。

AB工艺的预处理段仅设置格栅、沉砂池等简单工艺，无须设置初沉池，A段通过生物吸附可大大降低有机负荷，对有机物的去除率达50%～70%，B段对A段残留有机物进一步处理，整体上有机物的去除率在90%左右。A段和B段具有独立的污泥回流系统，分别培育不同特征的微生物种群达到不同的处理作用，A段主要以世代时间短的微生物的生物絮凝和吸附为主，B段以微生物的氧化作用为主。AB法适用于处理高浓度的城市污水和工业废水。

（五）生物脱氮除磷（Biological nitrogen and phosphorus removal）工艺

生活污水、农业废水和某些工业废水中产生的含氮化合物、含磷化合物，其中的氮磷等元素是植物生长的营养元素，一旦含量过多会使水生生物如藻类大量增殖，造成水体富营养化。

氮以有机氮（Organic–nitrogen）和无机氮（Inorganic–nitrogen）两种形态存在。有机氮主要是指蛋白质、多肽、氨基酸和尿素等有机物中包含的氮元素，无机氮包括氨氮（NH_4^+–N）、亚硝酸氮（NO_2^-–N）和硝酸氮（NO_3^-–N），这三者又称为氮化合物。

1. 生物脱氮机理

在传统活性污泥法污水的生物处理过程中，对氮磷有一定的去除率，来自细菌细

胞的生长合成需要，对氮的去除率为20%～40%，磷的去除率仅为10%～30%。污水生物处理中，氮的转化包括同化、氨化、硝化和反硝化作用。

（1）同化作用（Assimilation）

同化作用是指在污水处理过程中，一部分氨氮或有机氮可被同化为微生物细胞的组分。微生物细胞干重中氮的含量约为12.5%。

（2）氨化作用（Ammoniation）

氨化作用是指有机氮在氨化菌的作用下，分解、转化为氨氮的过程。有机氮可在氨化菌水解酶的作用下，肽键断开，羧基和氨基脱除形成氨，这一过程称为脱氨基作用。

（3）硝化作用（Nitrification）

硝化作用是指 NH_4^+ 在好氧条件下，在亚硝酸盐菌作用下先转化为 NO_2^-，然后 NO_2^- 在硝酸盐菌的作用下进一步转化为 NO_3^-。

硝化反应受多方面因素影响：①温度，生物硝化的最佳温度在30℃，当温度低于15℃时，亚硝酸盐菌活性急剧降低，5℃时完全停止；② pH值，硝化菌对pH值非常敏感，亚硝酸菌和硝酸菌分别在pH值为7.7～8.1和7.0～7.8时活性最强；③溶解氧，硝化作用必须在好氧条件下进行，一般在硝化反应中要保证溶解氧浓度大于2mg/L，才能保证正常的硝化速率和细菌的正常生长；④ C/N比，硝化菌属于自养型菌，污水中的碳源来自有机物，浓度高，异养型菌会迅速繁殖而抑制硝化菌的生长，因此硝化作用要在低BOD负荷[0.15kg BOD/（kg MLSS·d）]才能保证正常进行；⑤有毒物质，要避免污水中重金属、络合离子和有毒有机物对硝化细菌的毒害作用。

（4）反硝化作用（Denitrification）

反硝化作用是在无氧条件下，反硝化菌将 NO_2^- 和 NO_3^- 还原为 N_2 或 N_2O、NO的过程。反硝化细菌需要在无分子态溶解氧条件下才以硝酸根和亚硝酸根为电子受体，否则会以有机碳为电子受体进行反硝化反应。

反硝化作用的主要影响因素如下：①温度，反硝化对温度适应范围较大，在20～35℃；② pH值，反硝化的适宜pH值为6.5～7.5，当pH值高于8或6时，反硝化速率迅速下降；③溶解氧，氧对反硝化作用会产生不利影响，一般需要保证活性污泥法反硝化反应时的溶解氧在0.5mg/L以下，生物膜法为1mg/L以下；④有机碳源，反硝化需要保证充足的有机碳源，BOD/YKN高于3～5，当小于这个比值时，需另外投加碳源，比如甲醇。

2. 典型工艺

（1）缺氧–好氧（Anoxic–Oxic，A/O）生物脱氮工艺

缺氧–好氧工艺简称 A/O 工艺。工艺流程如图 2–30 所示，该工艺包括缺氧池、好氧池、沉淀池。污水进入缺氧池后，氨化菌将污水中的有机氮转化为 NH_4^+–N，再进入好氧池，含碳有机物被氧化，同时硝化细菌和亚硝化细菌将 NH_4^+–N 转化为 NO_x–N，好氧池中的硝化液通过内循环回流至缺氧池，以流入污水中的有机碳作为电子供体进行反硝化，NO_x–N 被还原为 N_2，达到污水脱氮的目的。好氧池后设沉淀池，部分沉淀污泥回流至缺氧池，以提供充足的微生物。同时还将好氧池内混合液回流至缺氧池，以保证良好的脱氮效果。

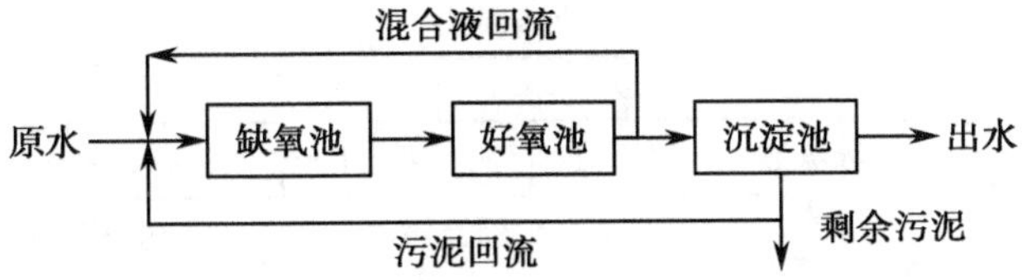

图 2–30　缺氧–好氧（Anoxic–Oxic）脱氮工艺流程

A/O 工艺流程简单，构筑物少，整体运行费用低。此外还在工艺上具有诸多优点：①好氧池在缺氧池后，可进一步去除反硝化作用未降解完全的有机物，保证出水水质；②回流硝化液中含有的易生物降解有机物，为缺氧池反硝化提供碳源，更利于脱氮；③缺氧池在好氧池前，减轻了好氧池的有机物负荷，改善了污泥的沉降性能，控制污泥膨胀；④缺氧池反硝化产生碱度，可补偿好氧池硝化作用消耗的碱度，建立碱度平衡。

A/O 工艺需控制污泥回流比 R 和混合液回流比 R_N，污泥回流比一般为 30% ~ 60%，保证系统的污泥浓度，硝化液回流比一般为 200% ~ 400%，既可以不带入过多的溶解氧至缺氧池，也可以保证缺氧池中合适的 BOD/NO_x–N 和良好的反硝化效果。A/O 工艺脱氮效率高，可达到 60% ~ 85%。

（2）厌氧–缺氧–好氧（Anaerobic–anoxic–oxic，A^2/O）生物脱氮除磷工艺

污水的生物除磷是利用活性污泥中的聚磷菌。聚磷菌先进行厌氧释磷，在厌氧条件下将体内的多聚磷酸盐分解，产生能量贮存或供自身生存，而分解形成的无机磷释放回污水中；随后聚磷菌进行好氧吸磷，在好氧条件下，吸收污水中的磷酸盐，以聚磷形式大量聚集于体内。最终，磷酸盐从污水中去除，形成富磷污泥，以剩余污泥的形式排放，可达到除磷的目的。

厌氧-缺氧-好氧生物脱氮除磷工艺流程如图 2-31 所示，采用三段式反应器，包括厌氧池、缺氧池和好氧池。

在厌氧段，回流污泥中的聚磷菌释放磷，并降解部分有机物，同时污水中的部分 NH_4^+-N 因同化作用被去除；在缺氧段，反硝化细菌以污水中的有机物作碳源，将内回流混合液带入的 NO_3^--N 和 NO_2^--N 通过反硝化作用转为氮气，从而达到脱氮的目的，并使有机物继续降解；在好氧段，有机物继续被微生物氧化分解，有机氮被氨化后再硝化，转化为 NO_3^--N，聚磷菌则可以在好氧池中过量吸收磷，形成高磷污泥，通过剩余污泥排出以达到除磷的目的。因此，A^2/O 工艺可以同时完成有机物去除、反硝化脱氮、除磷的功能。

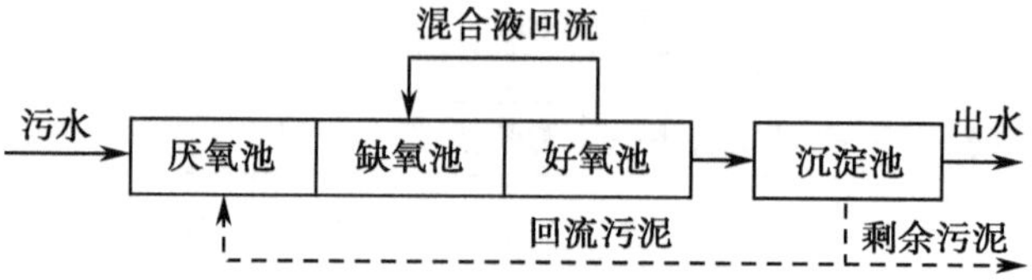

图 2-31　厌氧-缺氧-好氧生物脱氮除磷工艺流程

2.4.2　生物膜法工艺

（一）生物滤池（Biological filter）

如图 2-32 所示，生物滤池主要是由滤料和池壁、布水设备、排水设备等组成。其中滤料是生物膜的载体，滤料需具有适宜的粒径，保证具有较大的表面积和必要的孔隙度，以保证足够的生物量和通风要求。生物滤池滤料现多采用聚氯乙烯、聚乙烯等塑料填料，比表面积高达 100 ~ 340m^2/m^3，孔隙率达 90% 以上。池壁对滤料起围挡作用，池壁上带有多孔洞，可促进滤层内部通风。布水系统设置在填料层的上方，用来均匀喷洒污水，底部的排水系统可以收集污水和脱落的生物膜，并对滤料起支撑作用，保证通风。

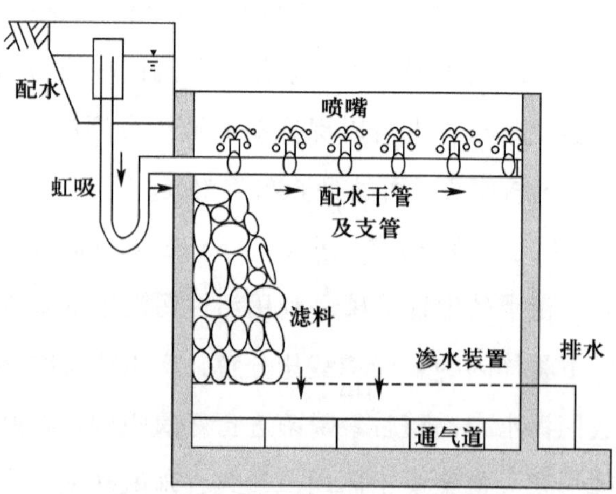

图 2-32　生物滤池结构示意图

生物滤池基本工艺和活性污泥法相似，由初沉池-生物滤池-二沉池构成，初沉池对污水进行预处理，去除部分悬浮物防止堵塞滤层，污水进入生物滤池，由上而下经过滤料，污水中的有机物被生物膜降解，处理后的污水和脱落的生物膜进入二沉池，用以分离脱落的生物膜。二沉池污水设置回流，可以对进水进行稀释，并且保证对滤料的冲刷作用。如图 2-33 所示。

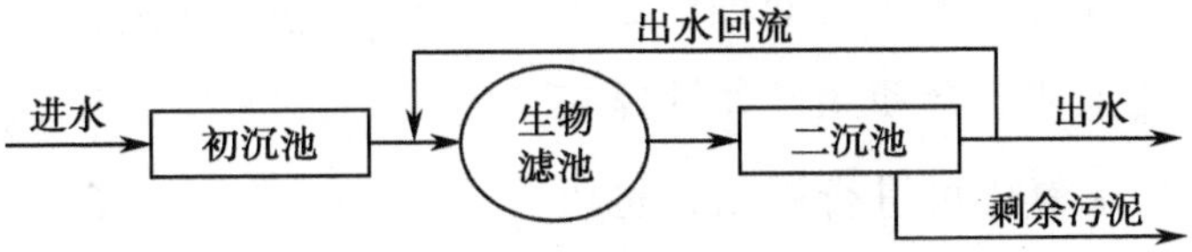

图 2-33　生物滤池基本工艺流程

（二）生物转盘（Biological turntable）

生物转盘又称淹没式生物滤池，由普通生物滤池演变而来，其流程和机理与生物滤池基本相同。生物转盘不是固定的滤料，而是使用一系列转动的盘片作滤料。如图 2-34 所示，污水进入半圆形接触反应槽，槽内有与槽相吻合的盘片，盘片表面有各种形状的凹凸纹，利于挂膜。盘片由转轴和驱动装置带动转动，盘片面积的约 40% 始终浸没在污水中，污水中的有机物与浸没在水中的盘片表面的生物膜接触吸附，随着盘片的转动，离开污水时盘片表面形成的水膜可吸收空气中氧气，有助于有机物的氧化分解。在转盘不断转动的过程中，完成吸附-吸氧-氧化分解的过程。随着运行时间的延长，增厚老化的生物膜脱落，与污水流入二沉池进行分离。

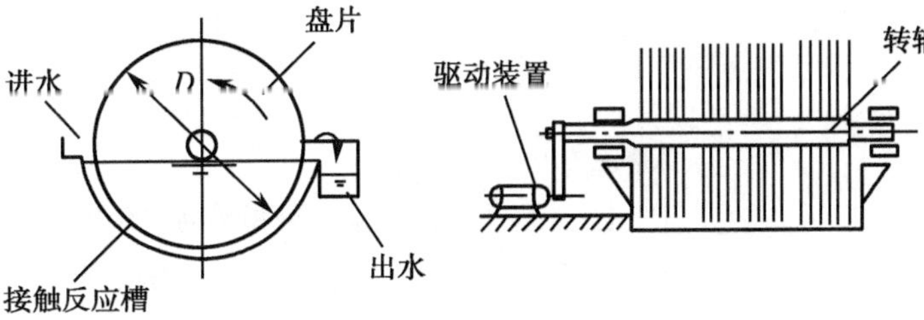

图 2-34　生物转盘基本结构

生物转盘可直接作为二级处理单元，接二沉池完成去除 BOD 的目的，也可作为深度处理单元实现脱氮除磷的目的，还可以和其他工艺结合完成不同类型废水的处理。

（三）生物接触氧化（Bio-contact oxidation）法

典型的生物接触氧化法工艺如图 2-35 所示。其主体是生物接触氧化池，由进出水装置、填料层、布气装置和排泥装置构成。填料层底部曝气，填料上布满生物膜，污

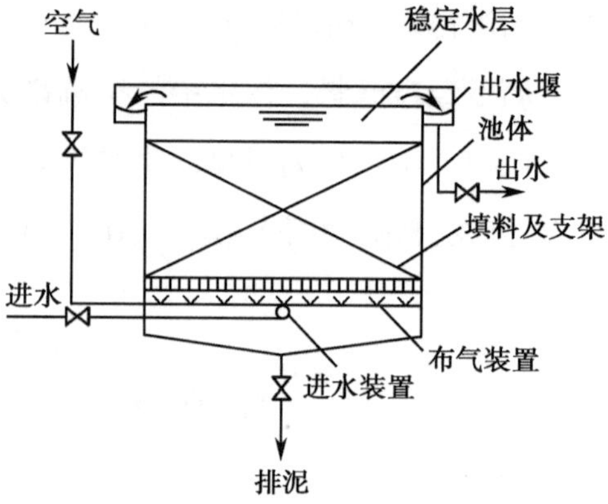

图 2-35 生物接触氧化法工艺

水由下至上以一定的流速通过填料和生物膜接触，污水中的有机物被生物膜上的微生物降解得以去除。

生物接触氧化池后直接接沉淀池，作为单独的处理工艺直接对污水进行处理，也可以和其他污水处理工艺组合使用，如缺氧接触氧化结合好氧接触氧化可进行脱氮；也可以和除磷工艺结合进行除磷。

（四）曝气生物滤池（Biological aerated filter）

曝气生物滤池是一种结合接触氧化和过滤工艺的生物滤池，利用人工曝气、间歇反冲洗等措施，完成有机物和悬浮物的去除。其主要构造如图 2-36 所示，底部设有承托层，内部设置曝气用的空气管和空气扩散装置，处理水排水管兼作反冲洗水管，承托层上部为填料层，废水从池上部流入，自上而下通过填料层，底部曝气由下而上逆向与污水接触并向其中转移溶解氧，污水中的有机物被生物膜上的微生物代谢降解，一段时间后，生物膜老化脱落被填料截留，截留量达到某一程度时，滤池阻力增加而处理能力下降，需进行反冲洗，将填料层中的截留杂质随冲洗水排掉，恢复滤池的工作能力。

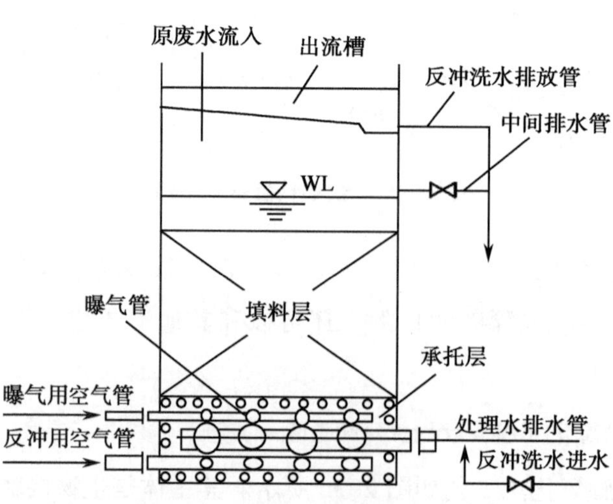

图 2-36 曝气生物滤池的构造

2.4.3　厌氧生物法工艺

(一) 厌氧接触工艺 (Anaerobic contact technology)

厌氧接触工艺流程如图 2-37 所示，污水进入混合接触池（消化池），在搅拌设备的作用下与回流的厌氧污泥充分泥混合接触，进行硝化反应降解有机物，硝化反应产生的沼气在搅拌作用下从污泥中分离出来。混合液从反应器上部流出，然后经真空脱气器流入沉淀池，完成泥水分离。沉淀的污泥按一定比例返回厌氧消化池，保证充足的厌氧微生物量。

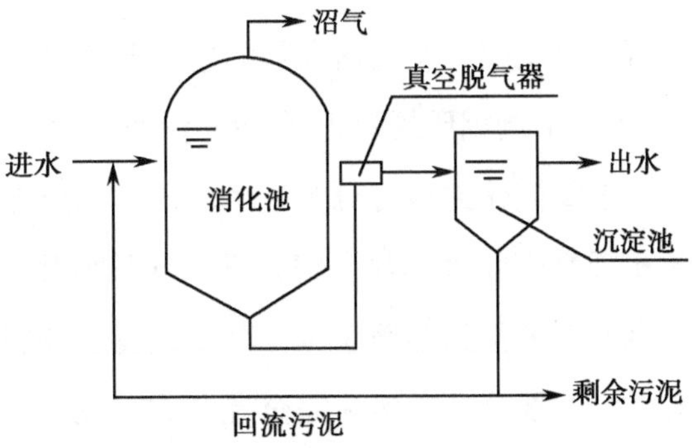

图 2-37　厌氧接触法工艺流程

消化池内污泥浓度高，消化效率高，厌氧接触工艺针对悬浮物和有机物浓度高的废水有较好的效果。

(二) 升流式厌氧污泥床 (Upflow anaerobic sludge bed, UASB) 工艺

升流式厌氧污泥床，又称 UASB 反应器，是厌氧污泥反应器中应用最为广泛的反应器。其集生物反应、沉淀、气体分离和收集于一体，对中、高浓度有机废水和一般浓度污水都有较好的处理效果。

图 2-38 是 UASB 反应器工作原理示意图。UASB 反应器主要包括以下几部分：①进水配水系统，可以将污水均匀地分布到整个反应器，兼具一定的水力搅拌功能；②反应区，包括污泥床区和污泥悬浮层区，是有机物被厌氧分解的主要位置；③三相分离器，包括沉淀区、回流缝和气封三部分，可以将沼气、污泥和净化水分开；④出水系统，将沉淀区表层处理过的水收集后排出反应器；⑤气室，也称集气罩，具有收集沼气的作用；⑥浮渣清除系统，清除沉淀区液面和气室表面的浮渣；⑦排泥系统，将反应区的剩余厌氧污泥排出系统。

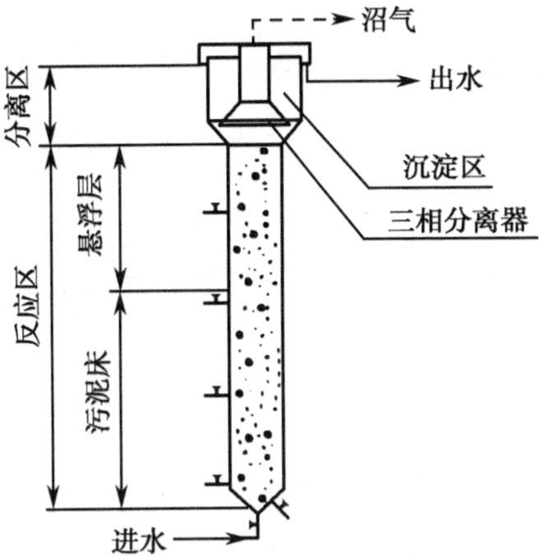

图 2-38　UASB 反应器工作示意图

反应器内部包含颗粒污泥或絮状污泥形成的污泥床，污水从反应器底部均匀向上通过污泥床，

污水污泥接触发生厌氧反应，产生沼气，可促进内部循环保持污泥颗粒的形成和维持。产生的气体直接或附着在污泥颗粒上向反应器顶部运动，撞击反应器上部的三相分离器，引起附着气泡和污泥的脱离，气泡释放被三相分离器收集到集气室中，水封排出，污泥颗粒沉降到污泥床表面。混合有剩余固体和污泥颗粒的液体经三相分离器缝隙进入沉淀区，沉淀净化水从集水槽排出。累积在分离器上的污泥絮体滑回反应区，继续进行厌氧反应。反应器底部的排泥系统对反应区的剩余厌氧污泥定期排放。

（三）两相厌氧消化（Two-phase anaerobic digestion）工艺

厌氧消化的过程分为三个阶段：水解与发酵阶段、产氢产乙酸阶段和产甲烷阶段。两相厌氧生物处理法是将前两个阶段和第三个阶段分别放在两个消化池中进行，使其各自处于最佳的环境条件。其工艺流程如图 2-39 所示。酸化反应器是污水中有机物水解酸化的部分，一般为完全混合式厌氧反应器，污水和水解酸化细菌在其中均匀混合，在反应完成后进入沉淀池固液分离，部分污泥回流至酸化反应器，保证其中的污泥浓度，剩余污泥排放。水解酸化后的污水进入气化反应器，继续反应产生沼气，一般采用升流式厌氧污泥床使产甲烷菌发酵产气，气化反应器在顶端收集后加以利用。

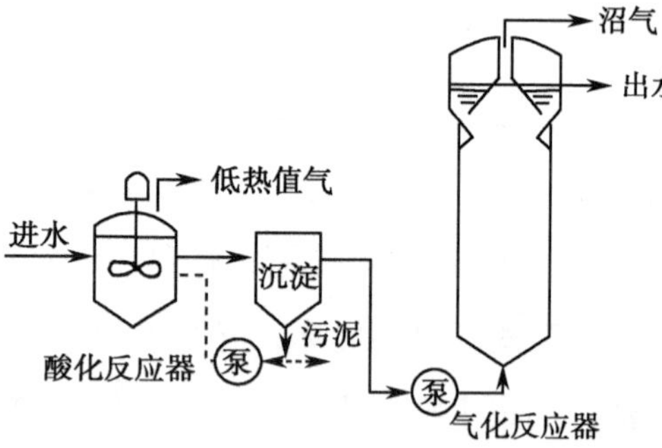

图 2-39　两相厌氧生物处理法工艺流程

2.5　污水的深度处理技术

随着经济社会的不断发展，城市化进程加快，导致全球水资源日益匮乏，且我国水资源分布不平衡，在城市、工业和人口比较集中的地区，水资源短缺已成为经济社会发展的严重制约因素。城市污水的再生利用既可减少城市对自然水的需求量，缓解水资源短缺的紧张状况，还可以降低对水环境的污染负荷，解决污染问题，具有显著的经济效益、社会效益和生态效益。

污水回用在国外实施很久，回用规模大，经济效益显著。我国城市污水回用起步晚，主要集中在工业废水上，2005 年工业用水重复利用率已达到 75%，随着经济发展和人们环境意识的提高，污水回用已经扩展到缺水城市的诸多行业，城市再生水的利用率不断提高。

许多国家已经调整了水环境污染治理战略目标与技术路线，由传统意义上的“污水处理、达标排放”（Sewage treatment，compliance discharge）转变为以水质再生为核心的“水的循环再用（Water recycling）”，由单纯的“污染控制（Pollution control）”上升为“水生态的修复和恢复（Restoration and restoration of water ecology）”。许多国家已不再建设传统意义上的污水处理厂（Waste water treatment plant，WWTP），而代之以“污水再生厂（Waste water recycling plant，WWRP）”。战略目标调整带来了水处理技术路线的重大变革，关键性的转变是由单项技术转变为集成技术。以往是以达标排放为目的，针对某些污染物去除而开发工艺技术，现在要调整到以水的综合利用为目的，进行技术的综合、集成，以满足所设定的水质水量再生与资源化目标。主要体现在以下两个方面：一是城市污水处理厂普遍采用以除磷脱氮为重点的强化二级生物处理技术并增加三级处理流程，包括多种类型的过滤技术和现代消毒技术。二是采用当代高新技术如微滤膜过滤（Microfiltration filtration）、反渗透（Reverse osmosis）、膜生物反应器（Membrane bioreactor）等，使处理后的再生水达到市政杂用（Municipal miscellaneous use）、生活杂用（Domestic miscellaneous water）、园林绿化（Landscaping）、生态景观（Ecological landscape）、工业冷却（Industrial cooling）、回注地下水（Reinjection of groundwater）、发电厂锅炉补给水（Power plant boiler make-up water）等多种用途要求。

污水的深度处理技术主要包括混凝、沉淀、过滤、消毒，此外活性炭吸附、膜过滤、离子交换、臭氧氧化、脱氮除磷和自然处理在深度处理中也常应用。其中膜过滤包括微滤、超滤、纳滤、反渗透、电渗析等。

以上处理技术在 2.1 中已有详细介绍，不再赘述。

2.6　污水回用途径

2.6.1　城市杂用水

城市绿化、冲洗厕所、浇洒道路等城市杂用水对水量需求大但对水质要求低，可以利用城市污水处理厂深度处理后的再生水，为城市开辟第二水源，缓解水资源紧张。

城市杂用水用量大，占城市居民综合水量的 20% 以上，且用量相对比较稳定，另外对回用水质要求较低，绿化、冲厕、道路清扫对水质要求都不高，可在污水处理上简化工艺，降低成本。但若要实现大规模的污水回用于城市杂用水，需要建设专门的供水管道，这就需要综合考虑污水处理厂位置、回用水用户位置、处理工艺和水质一致等问题，实现规划和建设的统一，且在回用过程中需注意安全防护问题，回用水在绿化、道路喷洒过程中无可避免地会进入空气，与公众接触，因此在具体实施时需考虑水质卫生安全保证问题。

城市绿化是城市污水回用的途径之一，随着城市建设中绿化面积的增加，城市绿化用水量显著上升，控制回用污水中的污染物浓度，同时其中富含的氮、磷、钾等营养元素可供植物吸收利用，增加土壤肥力，是节约和保护城市水资源的有效途径。冲厕也具有用水量大、水质要求低、水量稳定的特点，也是城市杂用水的重要途径，在用户供水管道建设完备的前提下，可作为楼宇或用户的回用水源。街道清扫用水与前两者形同，且随着城市发展，道路增多，清洁度要求提高，街道清扫所用水量不断增加，污水回用于街道清扫也是节约水资源的重要途径之一。此外，在水质不会对车辆、建筑施工产生损害的前提下，车辆冲洗、建筑施工、消防等也可以回用水作为水源。

2.6.2 环境景观用水

我国《城市污水再生利用景观环境用水水质》（GB/T 18921—2019）规定，城市污水回用于景观环境用水分两大类：观赏性景观环境和娱乐性景观环境用水。每类又分为河道类水体、湖泊类水体和水景类水体。我国诸多城市环境景观水体存在水量少、水质差等问题，严重影响水体的景观功能。如北方干旱地区，降水量小，无法满足城市景观水体水量需求，达不到相应地表水环境质量标准，若利用饮用水源补充水源，则造成极大浪费，不利于城市可持续发展。

城市污水经深度处理后回用于城市环境景观水体，可以在一定程度上解决以上存在的问题。城市污水采取适当的物理、化学或生物方法加以处理，达到一定的水质标准后，回用于城市景观水体，作为其补充水源之一，增加水体水量，避免单纯调用清洁水源造成的浪费现象，缓解水资源紧张问题。

2.6.3 工业用水

工业用水包括原料和产品处理的直接用水以及锅炉用水、冷却水等间接用水。直接用水和产品直接接触，要求较高的水质以保证产品质量，而间接用水对产品质量影响不大，但由于管道防腐和防垢要求，需对水质有一定质量要求。在实际应用中，按回用用途不同分为工艺用水、工业冷却用水、锅炉用水等。

城市污水回用于工业用水可用在蒸煮、漂洗、水力输送、稀释、增湿、冲灰、消烟除尘、清洗及产品用水或原料水等方面，可广泛用于造纸、纺织、石油、电子等行业。一般工业对水质要求较低，注意在使用中保证公共卫生安全，但产品用水或原料水等在生产过程中与产品直接接触，对产品质量影响大，应根据具体的用途对水质的要求对污水进行处理，使其达到回用水质标准。

工业生产中，几乎都伴有冷却水系统，因此冷却系统用水量相当大，且不与产品接触，对水质要求低，是城市污水回用于工业的首选对象和重要方向。大部分城市污水处理厂出水适度处理后，可用于工业冷却水。工业冷却水在使用时易出现发泡、腐蚀、结垢、微生物等问题，要求回用水质在pH值、硬度、浊度、悬浮物、总溶解固体、氮、磷、含氯量及其他易结垢和易腐蚀离子等方面达到要求。

锅炉水对水质的要求与操作压力有关，一般情况下，操作压力越小，对水质要求越低，随着操作压力和温度的增加，容易发生结垢和腐蚀，对水质要求逐渐提高。因此，低压锅炉对水质要求相对较低，中高压锅炉对水质要求较高，其对水质的要求整体上较工业冷却水更严格。锅炉系统中也容易产生沉积物、发泡、腐蚀、结垢、微生物、汽水共沸等问题，对回用水的各项指标应处理合格后再回用。

2.6.4 补充水源用水

城市污水处理后用来补充水源，是一种间接的回用方式，可以将处理后的城市污水再生直接排入地表水，也可以引入地下补给地下水。

城市污水补充地表水与回用于景观环境用水虽都是回用于地表水体，但回用于景观环境用水是将再生水回用于娱乐性和观赏性的河道、湖泊和水景，而补充地表水是指直接补充河流、湖泊的水源，利用水体的自净能力进一步处理污水，然后作为生活、工业、农业等各种用途的间接回用。这种回用方式在使用时必须注意，排入地表水的回用水的污染物总量必须控制在水体的环境容量范围之内，否则会使水体造成严重的环境污染。

地下水随着工农业发展而不断被开采，许多地区甚至开发深层地下水，导致地面沉降等地质灾害的发生，沿海地区的地下水超采则会引起地下水位下降和海水入侵、耕地盐碱化等问题。用城市污水处理后的再生水注入或渗入地下含水层，补给地下水源，经稀释、自净和缓冲后被间接利用，同时还可以防止因地下水位过低引起的地面沉降、海水入侵等问题。

2.6.5 农业灌溉用水

水资源紧缺是我国的现状，同时农业用水受到工业和城镇居民用水的影响，特别是北方地区，有大面积农田因缺水受旱。部分农业灌溉用水不足的问题可通过城市污水处理后的再生水回用来解决，城市污水经处理达到标准后用于农田灌溉不仅可以实现污水资源化，还对农业增产有很大的作用。农业灌溉用水量大，再生水回用可节约大量水资源，此外再生水中的有机质、氮、磷等污染物是农作物生长的营养元素，可增加土壤肥力，提高农作物产量，同时土壤－植物系统可对污水进行进一步处理，再生为洁净水，对污染治理有益。与其他回用途径相比，农业灌溉对水质要求最低，相应的成本也低，有较高的规模效益。目前，城市污水回用于农业灌溉在北方许多大、中城市郊县有重要应用。

2.7 污水深度处理典型工艺

深度处理一般作为二级处理的后续处理，其工艺流程受二级处理系统的影响。一般来说，污泥龄长、较完善的生化系统处理后污水有机物含量低，使用常规的深度处理流程即可达到较好的处理效果，而高负荷、污泥龄短的生化系统处理后出水中往往含有大量的有机物，需要复杂的深度处理工艺流程才能达到理想的处理效果。在实际污水处理过程中，单一的处理方法往往难以达到回用水水质要求，一般需要多种处理技术相结合。

实际污水处理过程中应根据二级出水水质及回用水水质要求制定合理的处理工艺流程，多方案比较选择最优。图 2-40 至图 2-45 为常规深度处理工艺，图 2-46 至图 2-55 为高新技术深度处理工艺。

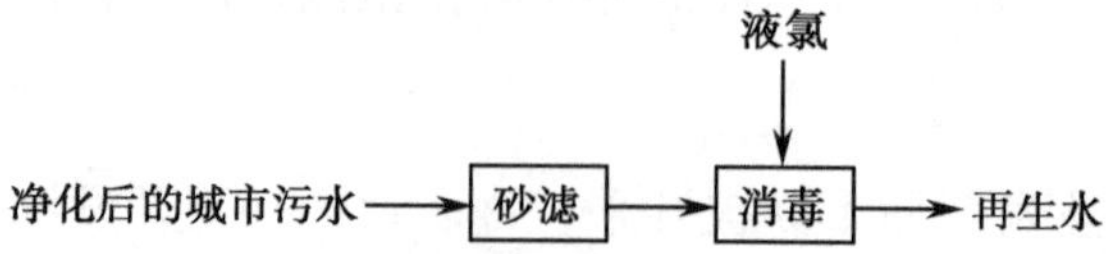

图 2-40　常规深度处理工艺（1）——直接过滤

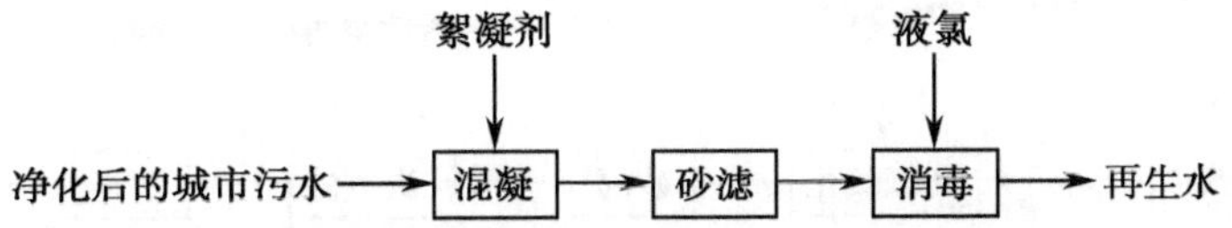

图 2-41　常规深度处理工艺（2）——微絮凝过滤

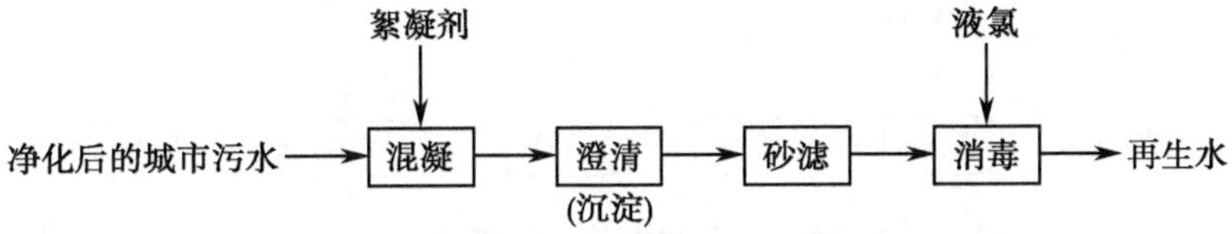

图 2-42　常规深度处理工艺（3）——沉淀过滤

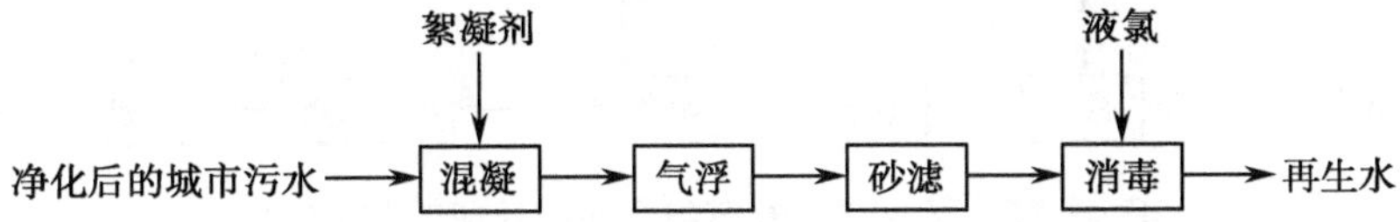

图 2-43　常规深度处理工艺（4）——气浮过滤

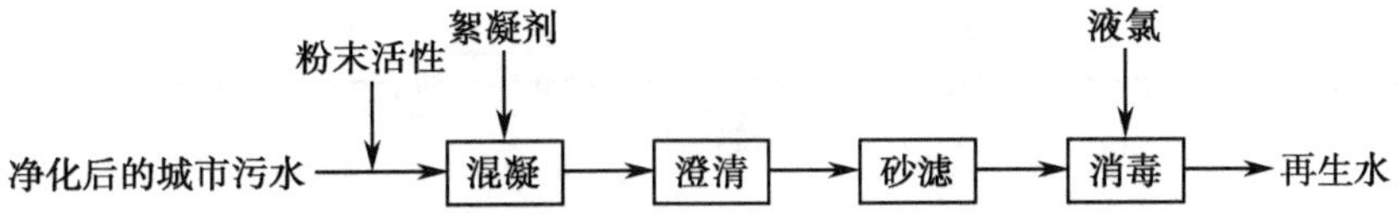

图 2-44　常规深度处理工艺（5）——活性炭吸附（A）

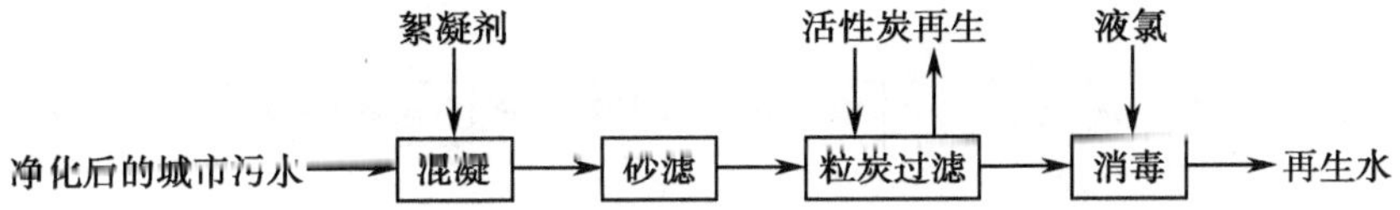

图 2-45　常规深度处理工艺（6）——活性炭吸附（B）

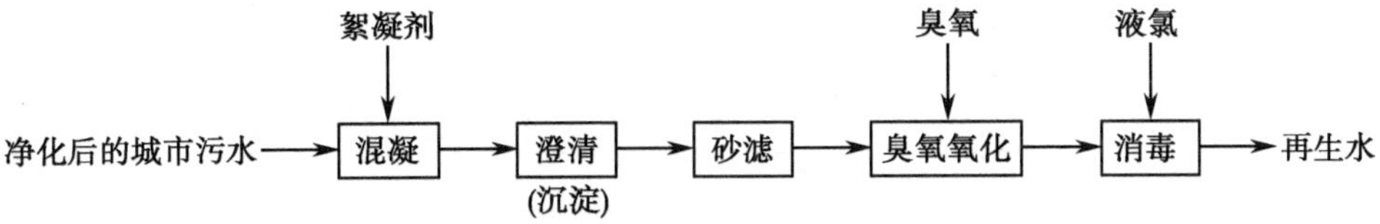

图 2-46　臭氧氧化深度处理工艺（A）

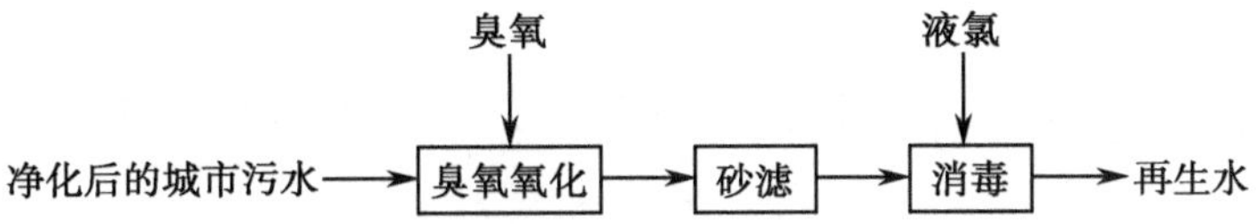

图 2-47　臭氧氧化深度处理工艺（B）

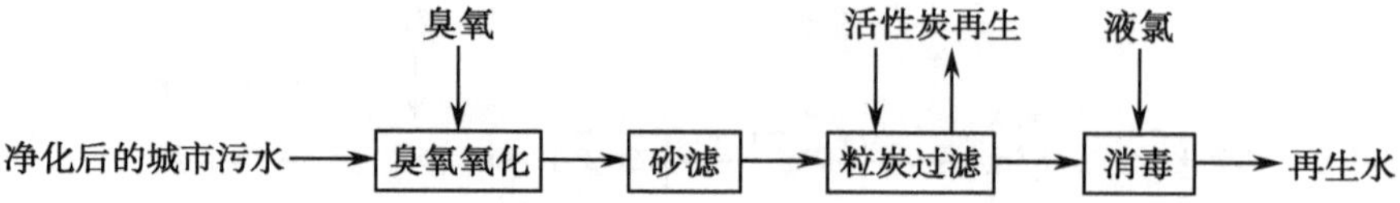

图 2-48　活性炭与臭氧组合深度处理工艺（A）

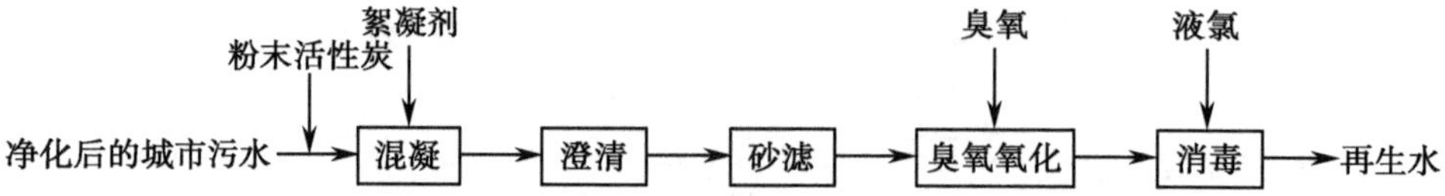

图 2-49　活性炭与臭氧组合深度处理工艺（B）

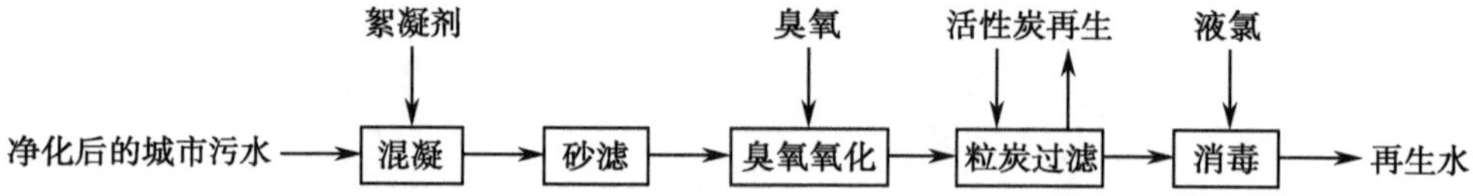

图 2-50　活性炭与臭氧组合深度处理工艺（C）

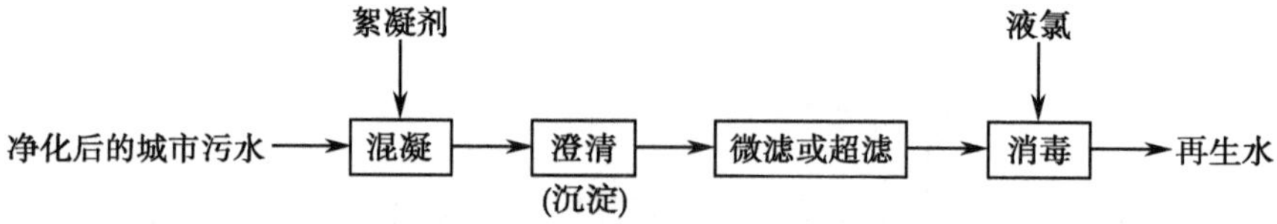

图 2-51　膜法深度处理工艺（A）

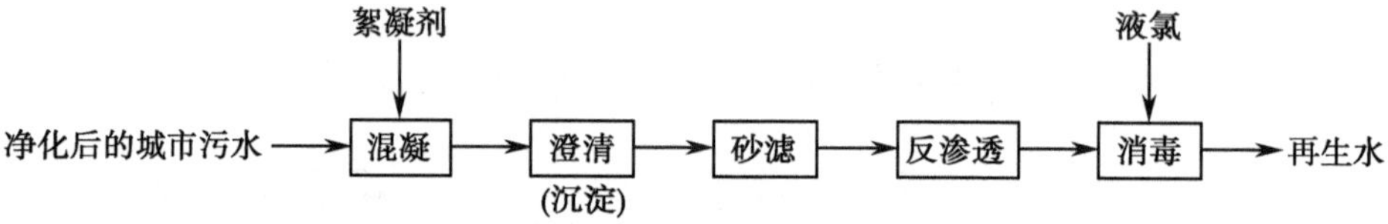

图 2-52　膜法深度处理工艺（B）

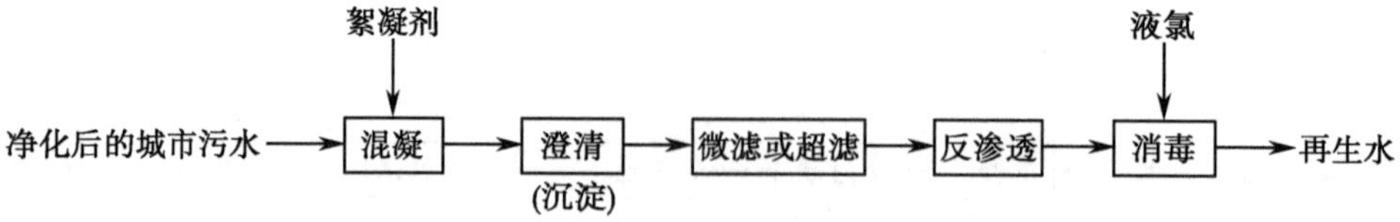

图 2-53　膜法深度处理工艺（C）

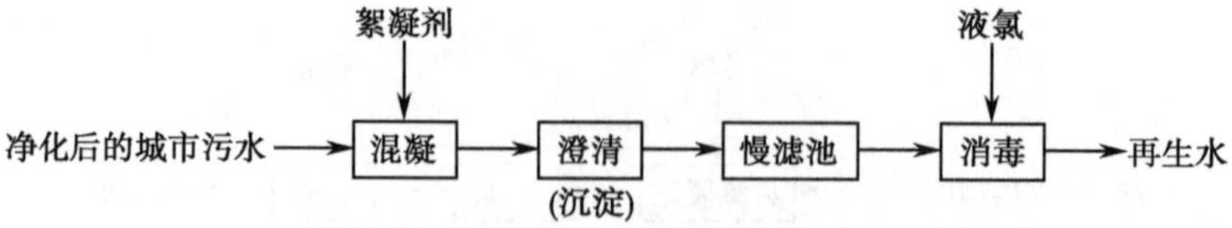

图 2-54　慢滤法深度处理工艺

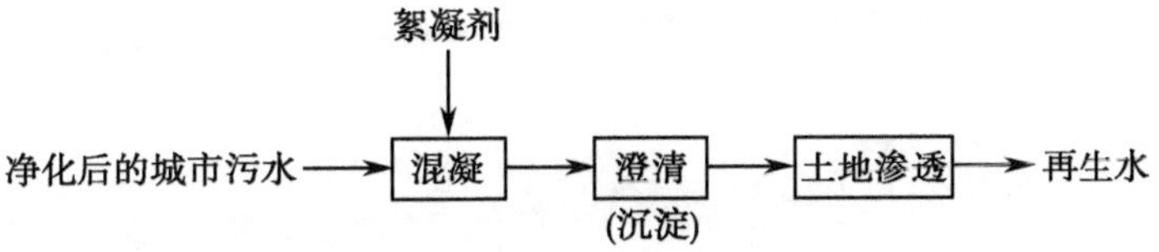

图 2-55　土地渗滤法深度处理工艺

习　题

2-1　污水的物理处理方法有哪些？请简要阐述各种方法的处理原理。

2-2　污水化学处理方法有哪些？请说明其在污水处理中的应用。

2-3　请简要阐述活性污泥法的处理原理及工艺。

2-4　试分析活性污泥法处理污水的影响因素。

2-5　请简要阐述生物膜法的处理原理及工艺。

2-6　试分析生物膜法处理污水的影响因素。

2-7　污水的回用途径有哪些？

参考文献

[1] 杨春平，罗胜联 . 废水处理原理 [M] . 长沙：湖南大学出版社，2011.

[2] 张晓健，黄霞 . 水与废水物化处理的原理与工艺 [M] . 北京：清华大学出版社，2011.

[3] 黄跃华，许铁夫，杨丽英 . 水处理技术 [M] . 郑州：黄河水利出版社，2013.

[4] 陈翠仙，郭红霞，秦培勇，等 . 膜分离 [M] . 北京：化学工业出版社，2017.

[5] 余淦申，郭茂新，黄进勇，等 . 工业废水处理及再生利用 [M] . 北京：化学工业出版社，2012.

[6] 蒋克彬 . 污水处理工艺与应用 [M] . 北京：中国石化出版社，2014.

[7] 万松 . 废水厌氧生物处理工程 [M] . 哈尔滨：哈尔滨工业大学出版社，2013.

[8] 江晶 . 污水处理技术与设备 [M] . 北京：冶金工业出版社，2014.

第 3 章　污水处理厂污泥处理与处置

污泥是指由各种微生物、有机颗粒、无机颗粒组成的絮状物。水处理过程中必然会产生一定量的污泥，要使水处理系统正常运行并保证水处理效果，必须及时将系统中的污泥排出。污泥含水率高，体积庞大，不易运输和处置。污泥来自原水中的杂质和处理过程中投加的各种物质，其成分复杂，和原水及处理方法相关，可能含有大量的有机物质，主要为苯（Benzene）、氯酚（Chlorophenol）等，有毒有害的重金属（Heavy metal）、病原微生物（Pathogenic microorganisms）、寄生虫卵（Parasite eggs）、盐类（Salt），以及放射性核素（Radionuclide）等难降解物质（Refractory substances）。因此排出的污泥不能直接进入环境中，否则可能会造成二次污染。污泥中较为丰富的有机质和氮、磷等营养元素将消耗水中的氧，造成水体富营养化（Eutrophication of water bodies）而使水质恶化，影响水生物的生存以及正常的生活、工农业用水。污水处理中 50% 以上的重金属会通过吸附或沉淀而转移到污泥中，因此污泥中重金属含量较高，因重金属不易降解、十分稳定，它们一旦进入水体，会通过食物链在生物体内富集，因此必须对污泥进行适当处理后排放，并且污泥中的某些物质可以通过处理回收利用，对环境、经济有益。

3.1　污泥的分类和性质指标

3.1.1　污泥的分类

污泥按来源可分为给水污泥、生活污水污泥和工业废水污泥。

污泥按污泥成分及性质可分为污泥（Sludge）和沉渣（Sediment）。污泥以有机物为主要成分，具有易腐化发臭、颗粒密度小（接近水的密度）、含水率高且不易脱水、流动性好等特点；沉渣以无机物为主要成分，具有颗粒较粗、密度大、流动性差、含水率不高、易于脱水、化学稳定性好的特点。

根据污泥的不同产生阶段可分为生污泥、消化污泥、浓缩污泥、脱水干化污泥、干燥污泥。生污泥是指从沉淀池排出来的沉淀物和悬浮物的总称，消化污泥是指生污泥厌氧分解后的污泥，浓缩污泥是指生污泥浓缩处理后得到的污泥，脱水干化污泥是指脱水干化处理后的污泥，干燥污泥是指干燥处理后得到的污泥。

污泥按其在水中分离的过程可以分为初沉污泥、剩余污泥（来自生物膜和活性污泥法的二次沉淀池）、腐殖污泥、化学污泥。初沉污泥是指污水一级处理过程中产生的污泥，剩余污泥是指活性污泥处理工艺二沉池产生的污泥，腐殖污泥是指生物膜法处理工艺中二沉池产生的污泥，化学污泥是指化学沉淀法处理污水产生的污泥。

3.1.2　污泥的性质指标

用于表示污泥性质的常用指标包括以下几个。

（一）污泥含水率（Moisture content）

单位质量污泥中所含水分质量的百分数称为污泥含水率。污泥的含水率一般都很高，比重接近 1。污泥的含水率、体积、质量和所含固体浓度之间存在以下关系：

$$\frac{V_1}{V_2}=\frac{W_1}{W_2}=\frac{100-P_2}{100-P_1}=\frac{C_2}{C_1} \tag{3-1}$$

式中，V_1、W_1、C_1——污泥含水率为 P_1 时的污泥体积（m^3）、质量（kg）及固体浓度（mg/L）；

V_2、W_2、C_2——污泥含水率为 P_2 时的污泥体积（m^3）、质量（kg）及固体浓度（mg/L）。

一般来说，污泥含水率大于 85% 时呈流态，含水率为 65% ~ 85% 时呈塑态，含水率低于 65% 时呈固态。

（二）挥发性固体（Volatile solid）及灰分物质（Ash）

挥发性固体通常近似地表示污泥中的有机物含量，又称灼烧减重；灰分近似表示无机物含量，也称灼烧残渣，通过烘干、550℃高温焚烧求得。

（三）可消化程度（Digestible degree）

污泥中的有机物是消化处理的对象，其中一部分易于被气化、无机化而分解，而另外一部分如纤维素、橡胶制品等不易或不能被分解。用消化程度表示污泥中可被消化降解的有机物的百分数，可用下式计算：

$$R_d=\left(1-\frac{p_{v2}p_{s1}}{p_{v1}p_{s2}}\right)\times 100 \tag{3-2}$$

式中，R_d——可消化程度，%；

p_{s1}，p_{s2}——生污泥及消化污泥的无机物含量，%；

p_{v1}，p_{v2}——生污泥及消化污泥的有机物含量，%。

（四）湿污泥比重与干污泥比重

湿污泥质量等于污泥所含水分质量和固体质量之和，湿污泥比重为湿污泥质量和同体积水的质量之比。

湿污泥比重（γ）可由下式表示：

$$\gamma=\frac{p+(100-p)}{p+\dfrac{100-p}{\gamma_s}}=\frac{100\gamma_s}{p\gamma_s+(100-p)} \tag{3-3}$$

式中，p——湿污泥含水率，%；

γ_s——干污泥比重。

干污泥由有机物（挥发性固体）和无机物（灰分）组成，有机物比重一般等于 1，无机物比重为 2.5 ~ 2.65，一般取 2.5，干污泥比重 γ_s 为：

$$\gamma_s=\frac{250}{100+1.5p_v} \tag{3-4}$$

式中，p_v—— 污泥中有机物含量（%）。

（五）污泥肥分

污泥中含有大量的植物生长所需的营养元素（如氮、磷、钾等）、微量元素和有机腐殖质等土壤改良剂，我国城市污水处理厂不同类型污泥的肥分含量见表 3–1。

表 3–1　我国城市污水处理厂不同污泥肥分含量表

污泥类型	总氮	磷（以 P_2O_5 计）	钾（以 K_2O 计）	有机物
初沉污泥	2% ~ 3%	1% ~ 3%	0.1% ~ 0.5%	50% ~ 60%
活性污泥	3.3% ~ 3.7%	0.78% ~ 4.3%	0.22% ~ 0.44%	60% ~ 70%
消化污泥	1.6% ~ 3.4%	0.55% ~ 0.77%	0% ~ 0.24%	25% ~ 30%

（六）污泥毒性和环境危害性

污泥的毒性和环境危害性主要来自其中含有的重金属、毒性有机物和致病微生物等。

城市污水中工业废水占有一定比例，不同工业性质的废水含有不同量的重金属，这就使得在污水处理中污泥会吸附大量的重金属。一般情况下，污水经二级处理后，有超过 50% 的重金属离子转移到污泥中，因此污泥中一般含有较高浓度的重金属离子。污泥中的重金属离子种类多，如 Pb、Cd、Hg、Ni、Cu、Zn 等，会对土壤、水体带来污染，并通过食物链的富集作用对动植物产生危害。

污水中的毒性有机物主要包括多环芳烃、有机氯杀虫剂、多氯联苯等难分解的有机物。这类有机物对人类和动物有毒，甚至能够在农作物中富集 10 倍以上，对人类和环境有长期危害性。

污泥中含有大量的细菌、病毒、虫卵等病原微生物，其数量高于污水中的含量。但其在堆肥处理过程中能够有效降低，施入土壤后，土壤中的土著微生物能够抑制病原菌的作用，因此经堆肥处理的污泥不会引起病原菌污染。污泥的其他处理途径需注意必要的消毒，避免产生微生物污染问题。

（七）污泥热值

污泥的主要成分是有机物，可以燃烧，其可燃性用干基热值表示。干基热值是指单位质量的干固体所具有的燃烧热值。污水处理的各类污泥中，新鲜污泥热值较高，消化污泥热值较低，但其均远远超过 6000kJ/kg，都具有良好的可燃性。根据经验，污泥的热值达到可以稳定燃烧供热或发电的标准，但脱水后的湿污泥含水率一般为 70%～80%，其中的水分在焚烧过程中需要消耗大量热量，实际焚烧效果并不理想，一般需要加入辅助燃料帮助稳定燃烧。

3.1.3 污泥量计算

（一）经验估算

城市污水处理厂的污泥量可按表 3–2 估算。

表 3–2 城市污水处理厂污泥量

污泥类型	污泥量 /（L/m^3）	含水率	密度 /（kg/L）
沉砂池	0.03	60%	1.5
初沉池	14～25	95%～97.5%	1.015～1.02
活性污泥法二沉池	7～19	96%～98%	1.02
生物膜法二沉池	10～21	99.2%～99.6%	1.005～1.008

（二）公式估算

1. 初沉污泥量

初次沉淀池污泥量可以根据污水中悬浮物的浓度、污水流量、沉淀效率及含水率计算：

$$V=\frac{100\eta C_0Q}{(100-P)\rho}\times 10^{-3} \tag{3-5}$$

式中，V——沉淀污泥量，m^3/d；

Q——污水流量，m^3/d；

C_0——进水悬浮物浓度，mg/L；

η——去除率，%；

P——污泥含水率，%；

ρ——污泥密度，$1000kg/m^3$。

2. 剩余活性污泥量

式（3-5）用于初沉池沉淀污泥量的计算，也可用于近似计算二沉池的污泥量，η 取 80%。一般剩余活性污泥量可用下式计算：

$$Q_S=\frac{\Delta X}{fX_r} \tag{3-6}$$

式中，Q_S——每日排出的剩余污泥量，m^3/d；

ΔX——挥发性污泥量（干重），kg/d；

f——污泥的 MLVSS/MLSS，生活污水 f=0.75；

X_r——污泥浓度，g/L。

3. 消化污泥量

消化污泥量可用下式计算：

$$V_d=\frac{(100-p_1)V_1}{100-p_d}\left[\left(1-\frac{p_{V1}}{100}\right)+\frac{p_{V1}}{100}\left(1-\frac{R_d}{100}\right)\right] \tag{3-7}$$

式中，V_d——消化污泥量，m^3/d；

p_d——消化污泥含水率，%，取周平均值；

V_1——生污泥量，m^3/d，取周平均值；

p_1——生污泥含水率，%，取周平均值；

p_{V1}——生污泥有机物含量，%；

R_d——可消化程度，%，取周平均值。

3.1.4 污泥的处理

污泥处理是污水处理系统重要的一部分，应坚持减量化、稳定化和无害化原则。污泥的减量化是指利用污泥浓缩（Sludge thickening）、脱水（Sludge dewatering）、干化（Sludge drying）等可以使污泥体积减小，利用污泥焚烧（Sludge incineration）、消化（Sludge digestion）等可以使污泥质量减少的技术，以此降低污泥含水率，减少体积；稳定化是指采取厌氧消化（Anaerobic digestion）、污泥堆肥（Sludge compost）、加碱稳定（Sludge alkali stabilization）、焚烧（Sludge incineration）等技术进一步减少污泥含水量，改善污泥的成分和性质，使污泥变得不易腐败，有利于污泥的进一步处理和利用；无害化是指对降低污泥中的致病菌和寄生虫卵数量，控制污泥臭味的处理。

污泥处理的基本流程应综合考虑污水处理厂的规模以及周围环境，污水处理厂污泥处理工艺流程及应用比例如表3-3所示。

表3-3 城市污水处理厂污泥处理工艺流程及应用比例

污泥处理工艺流程	应用比例
1. 浓缩池→最终处置	21.63%
2. 双层沉淀池污泥→最终处置	1.35%
3. 双层沉淀池污泥→干化场→最终处置	2.70%
4. 浓缩池→消化池→湿地污泥→最终处置	6.76%
5. 浓缩池→消化池→机械脱水→最终处置	9.46%
6. 浓缩池→湿地污泥→最终处置	14.87%
7. 浓缩池→两相消化池→湿地污泥→最终处置	1.35%
8. 浓缩池→两级消化池→最终处置	2.70%
9. 浓缩池→两级消化池→机械脱水→最终处置	9.46%
10. 初沉池污泥→消化池→干化场→最终处置	1.35%
11. 初沉池污泥→两级消化池→机械脱水→最终处置	1.35%
12. 接触氧化池污泥→干化场→最终处置	1.35%
13. 浓缩池→消化池→干化场→最终处置	1.35%
14. 浓缩池→干化场→最终处置	4.05%
15. 初沉池污泥→浓缩池→两级消化池→机械脱水→最终处置	1.35%
16. 浓缩池→机械脱水→最终处置	14.87%
17. 初沉池污泥→好氧消化池→浓缩池→机械脱水→最终处置	2.70%
18. 浓缩池→厌氧消化池→机械脱水→最终处置	1.35%

注：表中未注明污泥为活性污泥。

从上述的各种流程可以看出，污泥的浓缩、消化及脱水是主要处理单元。

3.2 污泥浓缩

污泥所含的水分包括空隙水、毛细水、吸附水和结合水四种，空隙水是指污泥颗粒之间的游离水，占污泥含水量的70%左右，可以采用污泥浓缩的方法去除此种水；毛细水是指污泥颗粒毛细管内的水，约占20%，可以通过自然干化或机械脱水的方式进行分离；吸附水是指因污泥颗粒表面吸附能力而吸附在污泥颗粒上的水分，结合水是指颗粒内部的化学结合水，两者约占污泥含水量的10%，只能通过高温加热或焚烧的方法进行分离。

不同脱水方法和效果见表3–4。

表3–4 不同脱水方法和效果

脱水方法		脱水装置	脱水后含水率	脱水后状态
浓缩法		重力浓缩、气浮浓缩、离心浓缩	95% ~ 97%	近糊状
自然干化法		自然干化场、晒砂场	70% ~ 80%	泥饼状
机械脱水	真空吸滤法	真空转鼓、真空转盘	60% ~ 80%	泥饼状
	压滤法	板框压滤机	45% ~ 80%	泥饼状
	滚压带法	滚压带压滤机	78% ~ 86%	泥饼状
	离心法	离心机	80% ~ 85%	泥饼状
干燥法		干燥设备	10% ~ 40%	粉状、粒状
焚烧法		焚烧设备	0 ~ 10%	灰状

污泥浓缩的脱水对象是间隙水，剩余活性污泥含水率在99%以上，经浓缩后含水率可降至95% ~ 97%；初沉池污泥含水率在95% ~ 97%，浓缩后含水可降至85% ~ 90%。浓缩大大降低了污泥的体积，利于输送和后续处理。常用的污泥浓缩方法有：重力浓缩（Gravity concentration）、气浮浓缩（Air floatation concentration）、离心浓缩（Centrifugal concentration）。

3.2.1 重力浓缩

重力浓缩法是利用污泥自身重力挤出污泥间隙中的水，降低污泥含水率的方法。其实质是一种压缩沉淀过程，上层污泥颗粒的重力作用将下层颗粒间隙水挤出界面，颗粒之间相互挤压变得更加紧密，污泥浓度得到提高，实现压缩目的。

该方法具有贮泥量大、耗能低、操作运行简单的优点，适用于密度较大的污泥和沉渣，但占地面积较大、浓缩污泥含水量高。污泥的沉降特性与固体浓度、性质及来源有密切关系，浓缩时间一般为 8 ~ 12h。

重力浓缩池按工作方式可以分成间歇式（Batch）和连续式（Continuous）两种，前者适用于小型污水处理厂或工业企业污水处理站，后者适用于大、中型污水处理厂。

（一）连续式重力浓缩池

连续式运行一般采用辐流式浓缩池或竖流式浓缩池，分别见图 3–1 和图 3–2。

辐流式浓缩池运行时，污泥连续从中心进泥管进入，经导流筒作用均匀分布进入泥水分离区，垂直搅动栅随着刮泥机旋转运动，帮助污泥颗粒间的空隙水和气泡排出，浓缩上清液经溢流堰溢流排出，浓缩污泥在刮泥机的作用下刮至池中心的污泥斗，经排泥管排出。

当浓缩池较小时可采用竖流式浓缩池。浓缩污泥由中心进水管道进入竖流式浓缩池中部，竖流式浓缩池不设刮泥机，污泥室下部截锥体斜壁与水平面呈一定的角度，

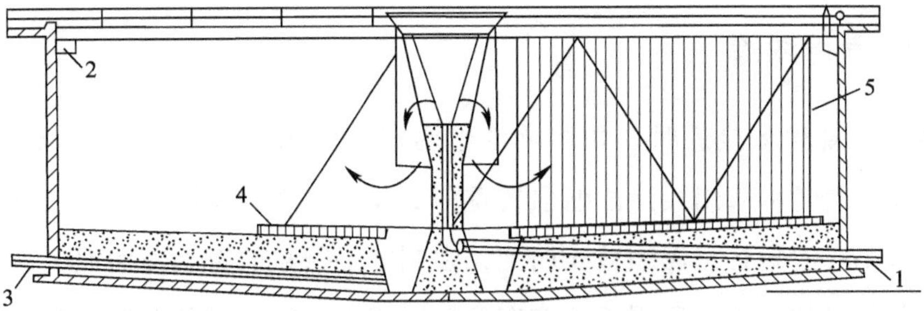

1– 中心进泥管；2– 上清液溢流堰；3– 排泥管；4– 刮泥机；5– 垂直搅动栅

图 3–1　辐流式浓缩池

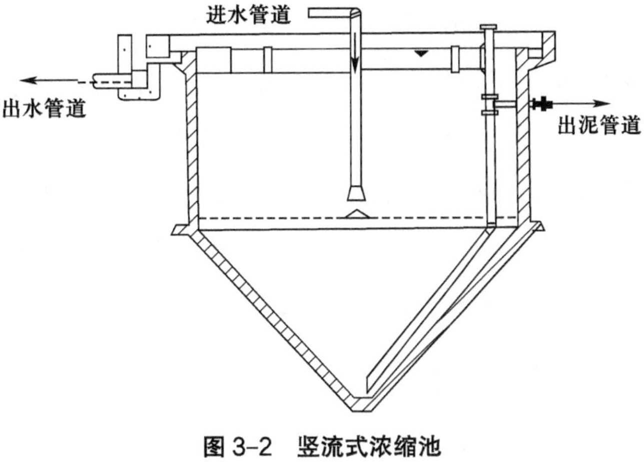

图 3–2　竖流式浓缩池

浓缩污泥由斜壁滑至池底排出，澄清水经出水管道排出。

（二）间歇式重力浓缩池

间歇式重力浓缩池如图 3-3 所示，运行时，先将浓缩池中的上清液排出，腾出容积再投入待浓缩污泥。因间歇运行、静置沉淀，容易因长时间日晒和贮存产生浮渣，需在浓缩池不同深度位置设置相应的上清液排出管。间歇式重力浓缩池的浓缩时间一般不小于 12h。

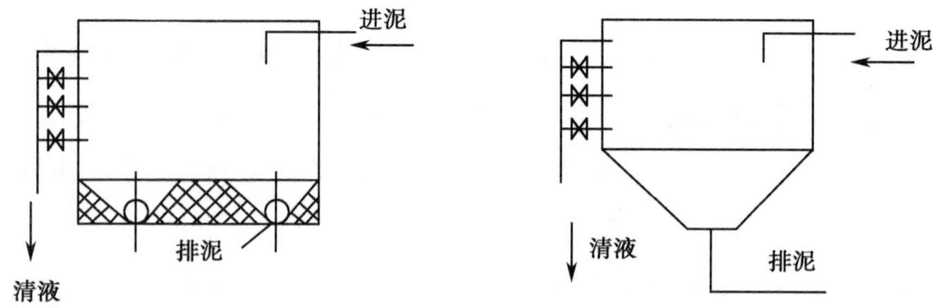

图 3-3　间歇式重力浓缩池

3.2.2　气浮浓缩

当污泥密度和水接近时，如剩余活性污泥密度为 1.0 ~ 1.005g/m^3 时，重力浓缩效果欠佳，此时可采用气浮浓缩取代重力浓缩。与重力浓缩不同，气浮浓缩是依靠大量的微小气泡附在污泥颗粒表面上，强制减小颗粒的密度使污泥上浮，实现污泥和水的分离目的，该法适用于浓缩密度接近于水、颗粒易于上浮的疏水性污泥的浓缩。

气浮浓缩的关键在于微气泡的产生并稳定附着在污泥颗粒上产生上浮作用，根据气泡的形成方式，气浮可分为加压溶气气浮、真空溶气气浮、电解气浮等。气浮浓缩的工艺流程见图 3-4，分为无回流和有回流两种方式。两者区别是无回流方式是将压缩空气和入流污泥泵入一定压力的溶气罐中混合，而有回流方式是指用回流水与压缩空气在溶气罐中混合，将大量的空气溶解在回流水中，然后通过减压阀使加压溶气水减至常压，进入进水室后使减压后的溶气水大量释放微气泡，并迅速附着在污泥上，形成密度小于 1 的混合体使污泥上浮，在浓缩池表面形成浮渣，由刮泥机刮出而分离。

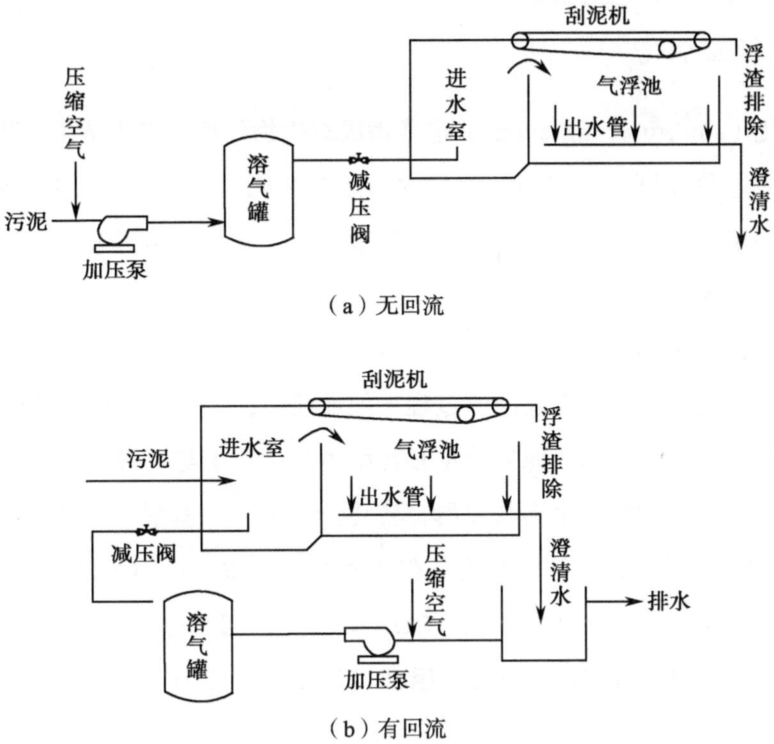

图 3-4 气浮浓缩工艺流程图

3.2.3 离心浓缩

离心浓缩的原理是利用污泥中固体、液体的密度差，使其在离心力场因受离心力的不同而被分离，离心力几千倍于重力，因此适用于不易重力浓缩的活性污泥。其优点是效率高、时间短、占地少，缺点是运行费和机械维修费高，因此较少用于污泥的浓缩。常用的离心机有转盘式（Turntable）、转鼓式（Drum）、筐式（Basket）（三足式）等。

3.3 污泥消化

污泥处理需要采取适当的措施使污泥中的有机物含量降低或抑制其分解以避免腐化，这叫作污泥稳定。污泥稳定包括生物法、化学法和物理法。生物稳定是指人工条件下利用微生物对污泥中有机物分解，使之变为稳定无机物或不易被生物降解的有机物的过程，包括好氧消化和厌氧消化。

污泥消化分为厌氧消化和好氧消化，一般所说的污泥消化指的是厌氧消化。

3.3.1 厌氧消化

厌氧消化（Anaerobic digestion），也称为厌氧生物处理，指的是在无氧条件下，污泥中的有机物被细菌降解为以甲烷为主的污泥气和稳定的污泥（消化污泥）的过程，是有机污泥稳定处理中最常用的方法。化粪池、堆肥属于自然厌氧消化，人工强化的厌氧消化是消化池。

（一）厌氧消化机理

污泥厌氧消化是一个极其复杂的过程，如前所述，一般分为三个阶段：第一阶段为水解与发酵阶段，在细菌、原生动物和真菌（统称水解与发酵细菌）的作用下，使碳水化合物、蛋白质和脂肪水解与发酵，转化为单糖、氨基酸、脂肪酸、甘油及 CO_2 及氢等；第二阶段为产氢产乙酸阶段，在产氢产乙酸菌的作用下，把除乙酸、甲烷、甲醇以外的第一阶段的产物转化成氢、CO_2 和乙酸等；第三阶段为产甲烷阶段，在两组生理上不同的产甲烷菌的作用下，一组把氢和 CO_2 转化为甲烷，另一组对乙酸脱羧产生甲烷。

（二）影响因素

产甲烷菌对环境条件的变化最为敏感，外界条件对其的影响决定着对厌氧消化的影响。

1. 温度（Temperature）

产甲烷菌根据对温度的适应性分为中温产甲烷菌和高温产甲烷菌两类，其对温度的适应范围分别为 30 ~ 36℃和 50 ~ 53℃，利用这两种产甲烷菌进行的厌氧消化分别称为中温消化、高温消化，在消化过程中允许的温度变化范围在 ±（1.5 ~ 2.0）℃，当更高的温度变化时，会抑制反应速率，当有 ±5℃的急剧变化时，会发生停止产气、有机酸积累的现象而使厌氧消化无法正常进行。

2. 污泥投配率（Sludge dosing rate）

污泥投配率是指每日加入污泥消化池的新鲜污泥体积与消化池有效容积的比率，以百分数计。投配率过高，消化池内的脂肪酸可能会发生积累，pH 值降低导致污泥消化不彻底，产气率低；投配率过低，污泥能够消化完全，产气率高，但会需要较大的消化池容积，增大消化池的建设费用。根据经验，中温消化投配率以 6%~8% 为宜。

3. 营养与碳氮比（Nutrition and carbon-to-nitrogen ratio）

消化池细菌生长所需的营养由投配污泥供给，营养配比中最重要的是碳氮比

（C/N），一般以（10~20）：1较为合适，碳氮比（C/N）太高或太低都不利于污泥消化，过高则细胞氮量不足，消化液缓冲能力低，pH值易降低；过低则氮量过多，铵盐易积累而抑制消化过程。

4. **搅拌和混合**（Stir and mix）

污泥混合搅拌是影响污泥消化的重要因素。搅拌操作可以使新鲜污泥与熟污泥均匀接触，加强热传导；使细菌体的酶和污泥中的底物充分混合接触；打碎液面上的浮渣层，提高消化池的负荷。使用较多的搅拌方法有消化气循环搅拌法、混合搅拌法和泵加水射器搅拌法等。

5. **酸碱度及消化液缓冲作用**

产甲烷菌的最佳pH值是6.8 ~ 7.2。根据消化三阶段理论，第一、二阶段的反应速率较快，酸积累会使消化液pH值降低，影响产甲烷菌的生命活动。但消化液中的CO_2溶解形成的碳酸和NH_4^+/NH_3的存在可以起到缓冲剂的作用，在一定程度上避免pH值的降低产生的不利影响。一般要求消化液保持碱度在2000mg/L以上，以保证足够的缓冲能力。

6. **有毒物质**（toxic chemicals）

有毒物质的存在对产甲烷菌的产甲烷过程有影响，这些有毒物质包括金属钠离子（Sodium ions）、钾离子（Potassium ions）、钙离子（Calcium ions）、镁离子（Magnesium ions）、铵离子（Ammonium ions）、表面活性剂（Surfactant）以及硫酸根离子（Sulfate ions）、亚硝酸根离子（Nitrite ions）和硝酸根离子（Nitrate ions）等，当它们的浓度在某一范围内时，对产甲烷菌会产生抑制作用。

若有毒离子的浓度低于毒阈浓度，则对产甲烷菌有生长促进作用；若有毒离子浓度逐渐增加至毒阈浓度上限，产甲烷菌可被驯化，但超过上限后会产生强烈的抑制作用。

（三）厌氧消化工艺

厌氧消化工艺可采用单级或两级中温消化。

1. **单级厌氧消化法**（Single-stage anaerobic digestion）

单级厌氧消化法又称为一级消化（两级厌氧消化池中的第一级），消化温度保持在33 ~ 35℃，根据是否搅拌又分为标准消化和快速消化。

标准消化法是将生污泥加入池内，随着分解的进行，使其自上而下逐渐分为明显的三层：浮渣层、分离液层和污泥层。分离液通常需返回污水处理厂入口，容易造成废水综合处理效率降低。

快速厌氧消化法与标准消化法的区别是池内装有搅拌装置，易混合均匀，操作性好，可以解决池内沉淀问题，应用较为广泛。

2. **两级厌氧消化法**（Two-stage anaerobic digestion）

两级厌氧消化法，在单级厌氧消化的基础上加设第二级消化池，第二级消化池对厌氧消化过的污泥进行沉降浓缩，同时仍可产生一部分气体，进一步杀灭细菌，使排出污泥的总量减少。第二级消化池消化温度为 20 ~ 26℃，适用于初沉池污泥或混有少量二沉池污泥的混合污泥的厌氧消化，而对于活性污泥或其他深度处理污泥来说，其消化后难以沉淀分离，不适用于此种工艺。

3.3.2 好氧消化

好氧消化（Aerobic digestion）也是污泥稳定技术之一，其主要目的是稳定污泥中可降解有机物。

与厌氧消化不同，好氧消化需要供氧，运行费用高，且不能产生甲烷气体等有价值的副产物。此外，好氧消化不加热，有机物分解程度随温度变化大，消化后的污泥浓缩上清液悬浮物浓度高，因此在我国较少使用，仅在污水流量低于 $2000m^3/d$ 的中小型污水处理厂中有一定的应用。

（一）好氧消化基本原理

好氧消化是在不投加其他底物的条件下，对污泥进行长时间曝气，使污泥中的微生物的生长阶段处于内源呼吸期进行自身氧化并获得能量，细胞质中的可降解有机物被氧化为 CO_2、H_2O 和 NH_3，NH_3 进一步氧化为硝酸盐，污泥得到稳定。

对于初沉污泥，其中的有机物在生物酶作用下转化为微生物的所需能量和可溶性组分，当有机物耗尽时，微生物进入衰亡期，耗氧率下降，微生物进行内源代谢维持生命，以贮存物质为能源，若以 $C_5H_7NO_2$ 化学式表示内源细菌细胞质，则好氧消化可用下式表示：

$$C_5H_7NO_2 + 7O_2 \longrightarrow 5CO_2 + 3H_2O + NO_3^- + H^+$$

因初沉污泥有机物浓度高，微生物数量少，因此需要较长的时间先将污泥中有机物合成为细菌细胞质，当有机物浓度降低到一定程度后，再发生细菌的内源代谢。而对于二沉池污泥，有机物和微生物数量相当，细胞合成反应少，主要就是细菌的内源代谢破坏细胞质。

好氧消化需要足够的曝气量，一方面保证消化池内的溶解氧浓度大于 2.0mg/L；另一方面满足搅拌混合的目的，使污泥处于悬浮状态，但曝气量不能过大，保证合理的运行费用。此外，污泥含水率应在 95% 左右以便于搅拌。好氧消化池的 pH 值应维持在 7 左右，并保证足够的碱度，缓冲因氨氮氧化为硝氮引起的 pH 值降低。

（二）好氧消化典型工艺

好氧消化工艺主要包括传统好氧消化工艺（Conventional aerobic digestion，CAD）、缺氧 / 好氧消化工艺（Anoxic/aerobic digestion，A/AD）、自热高温好氧消化工艺（Autoheated thermophilic aerobic digestion，ATAD）。

1. 传统好氧消化工艺

传统好氧消化工艺类似于传统活性污泥法，但污泥停留时间长，按运行方式的不同又可分为连续进泥和间歇进泥两种工艺流程，如图 3-5 所示。连续进泥方式适用于大规模污水处理厂，运行方式与活性污泥法相似；间歇进泥适用于小规模污水处理厂，一般情况下，每天进行一次定期进泥和排泥。

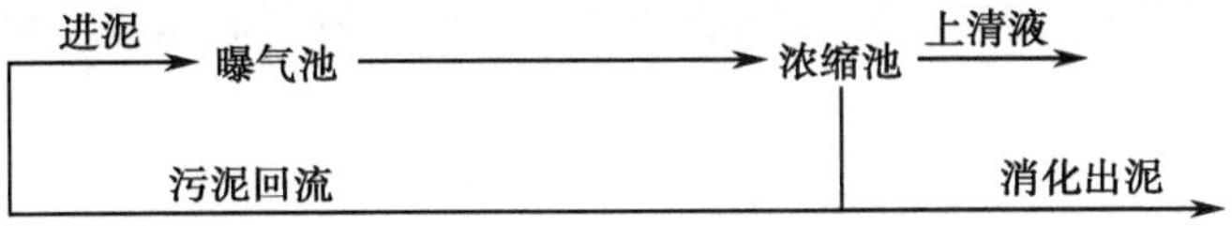

（a）连续进泥工艺流程

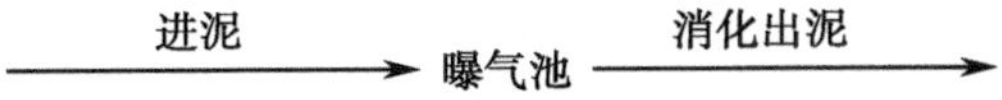

（b）间歇进泥工艺流程

图 3-5 传统好氧消化工艺流程图

传统好氧消化工艺的处理效率受诸多因素影响。首先受温度影响，温度高时，微生物代谢速率快，达到要求的有机物去除率比低温下所需的时间短，因此低温时需要延长污泥停留时间。一般来说，温度为 20℃时，停留时间在 25 ~ 30d。pH 值也会影响好氧消化速率，pH 值近中性时最佳，若硝化反应碱度过高，需添加化学药剂调节 pH 值。此外，好氧消化池的曝气应满足 2mg/L 的溶解氧和搅拌需求。传统好氧消化法适用于处理剩余污泥，而对初沉污泥需要的停留时间很长。

2. 缺氧 / 好氧消化工艺

如图 3-6 所示，缺氧 / 好氧消化工艺是在传统好氧消化工艺前端加设一个厌氧池，其作用是进行污泥的反硝化作用，其产生的碱度可以补偿曝气池中硝化反应的碱度，可省去另行投碱的操作，维持 pH 值在近中性环境。

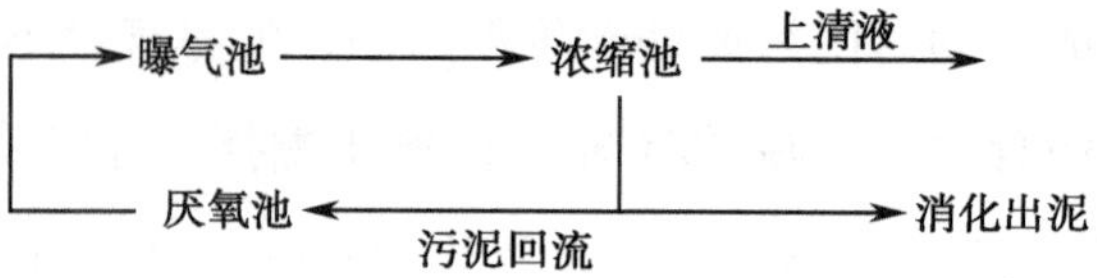

图 3-6　缺氧 / 好氧消化工艺流程图

3. 自热高温好氧消化工艺

自热高温好氧消化工艺（Autothermal thermophilic aerobic digestion，ATAD）以有机物好氧氧化释放的代谢热为热源，无须外加热源，采用较高的温度，既可以缩短好氧消化时间（一般可缩减至 6d），又可以提高悬浮物的去除率，并兼具高温杀菌的作用。

如图 3-7 所示，自热高温好氧消化工艺一般采用间歇操作，进入反应器的污泥需要先进行浓缩，有利于污泥体积减小并有利于后续好氧消化过程的混合传热。浓缩后污泥进入反应器，两个反应器串联运行，第一段温度 45℃左右，不超过 55℃，第二段温度 50 ~ 60℃，不超过 70℃。反应器要加盖，外壁采取保温措施。消化后的污泥浓缩后进行处置。

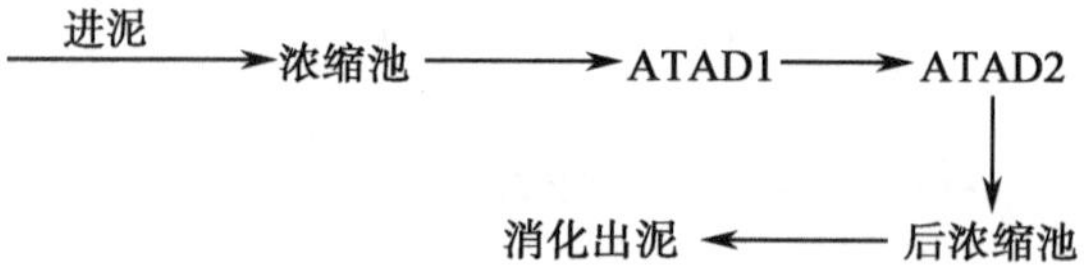

图 3-7　自热高温好氧消化工艺流程图

3.4　污泥的脱水与干化

浓缩后去除空隙水的污泥含水率仍在 94% 以上，消化污泥排出上清液后含水率仅略微降低，但仍呈液态，体积和重量仍较大。因此需要采取措施脱除污泥中的水分，降低污泥的含水率和污泥重量，将流态的原生、浓缩或消化污泥脱水转化为固态泥块。污泥脱水去除的主要是污泥中的吸附水和毛细水，一般可使污泥含水率从 99.2%~99.8% 降低至 60%~85%，污泥体积减少至原来的 1/5，大大降低后续污泥的处置难度和费用。

常用的污泥脱水方法主要是自然干化（Natural drying）和机械脱水（Mechanical dehydration）。

3.4.1 自然干化法

（一）自然干化原理

自然干化是利用自然渗透和蒸发作用及撇除上清液去除污泥中水分的过程。这是最为经济的污泥脱水方法，其主要构筑物是干化场，适用于气候干燥、土地资源不紧张、卫生条件允许的地区。

（二）干化场分类

干化场分为自然滤层干化场和人工滤层干化场两种。

自然滤层干化场是指在自然土质渗透性良好、地下水位低的地区，可不设滤层直接利用土质的渗透性进行污泥自然干化的方法。

人工滤层干化场是人工铺设滤层，可分为敞开式干化场和有盖式干化场。如图3-8所示，人工滤层干化场主要由不透水底板、排水系统、滤水层、输泥管和切门、隔墙、围堤、溅泥箱、支柱等组成。有盖式干化场设置顶盖，可根据晴雨天气需要移开或盖上顶盖，敞开式不设置顶盖。不透水底板由200～400mm黏土层、150～300mm三七灰或100～150mm混凝土层构成，滤水层上层铺设细矿渣或沙，厚度为200～300mm，下层铺设粗矿渣和砾石，厚度为200～300mm，排水管用直径100～150mm混凝土或陶土管，

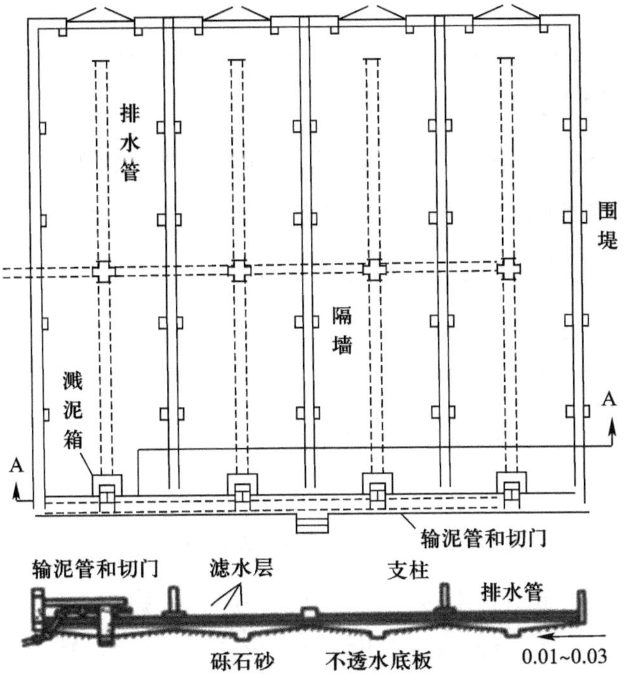

图3-8 人工滤层干化场

按相距 4 ~ 8m、坡度 0.01 ~ 0.03 排列，隔墙和围堤将干化场分为若干块，输泥管由切门控制，输送来自消化池或浓缩池的污泥至各分块干化场。

对于干旱、蒸发量大的地区可不设滤水层，直接采用不透水的混凝土或沥青为底板，污泥在此依靠蒸发脱除水分，且产生的泥饼易于铲除。

（三）自然干化特点和影响因素

自然干化主要依靠渗透、蒸发和撇除脱水。渗透作用主要发生在污泥排入干化场的最初 2 ~ 3d，此时污泥含水率可降低至 85%。此后主要是蒸发作用，经 1 周或数周后，含水率可降低至约 75%。

干化场脱水主要受气候条件和污泥性质的影响。气候条件因素主要有当地的降雨量、蒸发量、风速、冰冻期和相对湿度等。不同种类污泥具有不同的性质，对于初沉污泥和浓缩污泥来说，污泥比阻大，水分不易向稠密的渗滤层中渗透，往往会形成沉淀，主要依靠蒸发脱水，这时可以在围堤或围墙的一定高度上设置撇水窗，撇除上清液，有助于缩短脱水时间；而当消化污泥由消化池转移到干化场后，压力降低，污泥中沼气迅速释放，可将污泥颗粒夹带至污泥表面，污泥渗透性能提升，提高脱水性能。

3.4.2 机械脱水法

污泥的机械脱水是指利用机械设备脱除污泥中的水分的方法。

（一）机械脱水预处理

污泥脱水前预处理也叫作污泥调理，是指通过化学、物理或加热等方法，减小污泥中水与污泥固体颗粒的结合力，改善污泥的脱水性能，提高机械脱水效率和能力。污泥的预处理方法有化学调理法、热处理法、冷冻法、淘洗法等。

1. 化学调理法

化学调理是指向待脱水污泥中加入混凝剂和助凝剂，使污泥颗粒中细小颗粒和胶体颗粒凝聚、絮凝，改善污泥的脱水性能。

2. 热处理法

热处理法是指对污泥加热，使污泥粒子加速热运动，相互碰撞结合而发生凝聚；同时加热破坏了污泥中微生物细胞，释放出蛋白质、矿物质等物质；释放出的有机物在加热下结构被破坏，这有利于污泥的稳定；此外，加热条件下污泥的胶体颗粒稳定性易被破坏，释放出结合水，有利于脱水。热处理除能改善污泥脱水性能外，兼具有稳定、杀菌、除臭的作用。

热处理后的污泥进行重力浓缩，含水率可降至 80% ~ 90%，若直接进行机械脱水，含水率可降至 30% ~ 45%。热处理法分为高温加压热处理和低温加压热处理，高温加压的温度为 170 ~ 200℃，低温加压的温度低于 150℃，可适用于各种污泥的处理，但此种方法耗能高，费用高，设备易腐蚀。

3. **冷冻法**

冷冻法是将污泥低温冷冻，温度降低至凝固点以下，污泥发生冻结，然后进行加热溶解，在污泥冷冻 - 溶解的过程中，温度大幅度变化导致胶体脱稳凝聚，颗粒变大，脱水性能改善，可直接进行机械脱水。此过程对胶体结构的破坏是不可逆的。

4. **淘洗法**

消化污泥具有较高的碱度，通常超过 2000mg/L，若直接加入混凝剂则不起作用，需先中和碱度，再加混凝剂。这就需要淘洗法，即用污水处理厂的处理水洗掉消化污泥中的碱度。

（二）机械脱水原理

机械脱水的基本原理如图 3-9 所示，在过滤介质两侧压力差的推动下，污泥中的水分强制通过过滤介质，形成滤液，而污泥中的固体物质被过滤介质截留，形成滤饼，实现脱水过程。

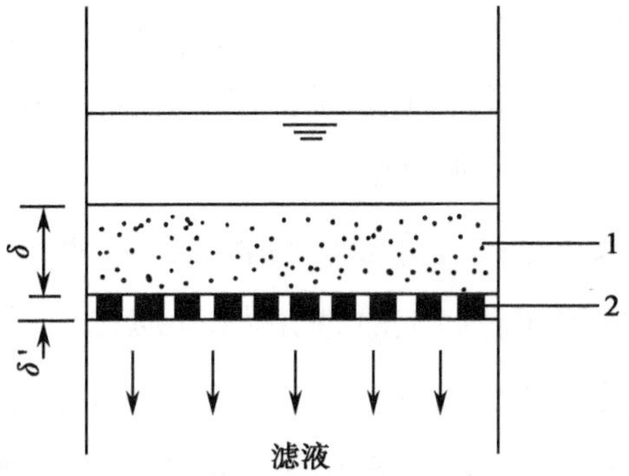

1- 滤饼；2- 过滤介质

图 3-9　过滤基本过程

过滤开始时，滤液通过过滤介质需克服的阻力为介质阻力，过滤一段时间后滤饼形成，滤液还需克服滤饼本身的阻力。下式为卡门（Carman）过滤基本方程式：

$$\frac{t}{V}=\frac{\mu\omega r}{2PA^2}V+\frac{\mu R_t}{PA} \tag{3-8}$$

式中，V——滤液体积，m^3；

t——过滤时间，s；

P——过滤压力，kg/m^2；

A——过滤面积，m^2；

μ——滤液的动力黏滞度，$kg\cdot s/m^2$；

ω——滤过单位体积的滤液在过滤介质上截留的干固体质量，kg/m^3；

r——比阻，m/kg，单位过滤面积上，单位干重滤饼所具有的阻力；

R_t——过滤介质的阻抗，1/m。

（三）机械脱水方法

根据过滤过程的推动力不同，机械脱水分为真空脱水、压滤脱水和离心脱水等。

1. 真空脱水

真空脱水是使过滤介质一侧减压，造成两侧压力差，完成滤液滤饼分离的脱水过程。国内使用较多的是GP型转鼓真空过滤机，如图3-10所示。空心转鼓覆盖有过滤介质，并浸在污泥槽内。转鼓被径向隔板分隔为许多扇形格，每格连有单独的连通管，管端与分配头连接。分配头由两片紧靠在一起的转动部件和固定部件组成，转动部件有孔，每孔通过连接管与各扇形格相连，固定部件有缝，与真空管路相通，孔与压缩空气管路相通。当转筒某扇形格的连通管处于滤饼形成区Ⅰ时，在真空作用下，污泥吸附在过滤介质上，污泥中的水通过过滤介质后沿管流到汽水分离罐，吸附在转筒上的滤饼转出污泥槽，扇形格的孔在缝范围内，处于吸干区Ⅱ，继续脱水，转至孔与孔相通，进入反吹区Ⅲ，被压缩空气反吹松动，由刮刀刮除，经皮带输送器外输，再转至休止区Ⅳ后进入滤饼形成区Ⅰ，周而复始。

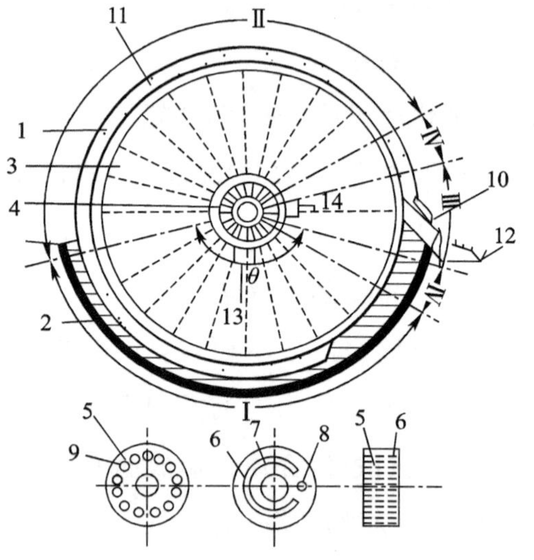

Ⅰ-滤饼形成区；Ⅱ-吸干区；Ⅲ-反吹区；Ⅳ-休止区；

1-空心转鼓；2-污泥槽；3-扇形格；4-分配头；5-转动部件；6-固定部件；7-与真空泵相连的缝；8-与空压机相连的孔；9-与各扇形格相通的孔；10-刮刀；11-泥饼；12-皮带输送器；13-真空管路；14-压缩空气管路

图3-10　GP型转鼓真空过滤机构造

2. 压滤脱水

（1）板框压滤脱水

板框压力脱水的主要设备是板框压滤机，是间歇操作的过滤脱水设备，其工作原理如图3-11所示。滤板和滤框交替排列，滤板表面有沟槽，两侧沟槽支撑覆有滤布，压紧装置将滤板和滤框压紧，滤板和滤框中间形成压滤室。滤板和滤框上部相同部位开有小孔，污泥由此进入压滤室。随后将可动端板向固定端板压紧，污泥加压至

0.2 ~ 0.4MPa。滤液在压力下通过滤布，沿沟槽通过下部孔道排出压滤机，污泥完成脱水。随后打开压滤机，清除滤饼。

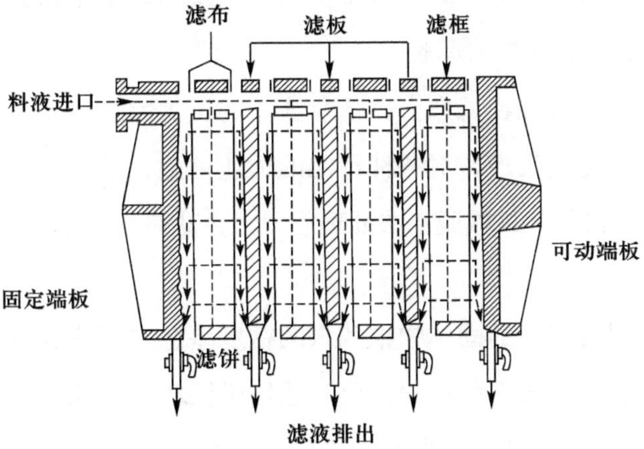

图 3–11　板框压滤机结构

压滤机分为人工板框压滤机和自动板框压滤机，前者需要人工完成滤板、滤框、滤布等的安装、清洗、拆卸，而后者所有过程都是自动的，效率高，劳动强度低。板框压滤机使用范围广，对于压缩性大或近乎不可压缩的悬浮液均适用。

（2）带式压滤脱水

带式压滤脱水是连续工作的脱水设备，主要设备是滚压带式压滤机，其工作原理如图 3–12 所示。带式压滤机由滤布和滚压轴组成，污泥先经过浓缩段停留 10 ~ 20s，通过重力浓缩脱除部分水分，失去流动性，避免在压榨过程中被挤出滤布，然后污泥进入压榨段，污泥在两条施加压力的滤布中间，水分透过滤布排出，而污泥被截留在两条滤布中间，压榨 1 ~ 5min，从而实现污泥脱水的目的，脱水后的泥饼在滤布边缘

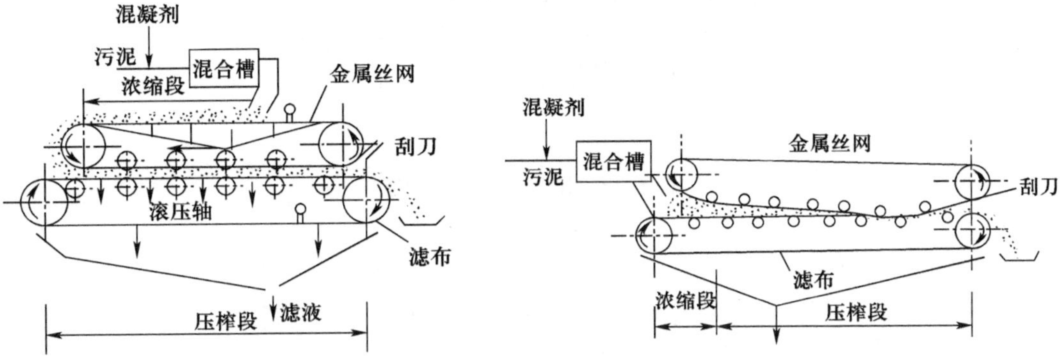

（a）相对压榨式　　（b）水平压榨式

图 3–12　带式压滤机工作原理

刮刀的作用下被清出压滤机。

根据滚压的方式不同，压滤机分为两种：一种是相对压榨式，滚压轴处于上下垂直的位置，压榨时间极短；另一种是水平压榨式，滚压轴上下错开，依靠滤布的张力实现压榨功能，压力小，压榨时间长。

带式压滤机的压力施加在滤布上，依靠滤布的压力完成脱水，无须另外的真空或加压设备，能耗少，连续生产，对各种污泥的适应性强，适用于各种污泥，尤其对粒度细、黏度高的污泥较其他机械脱水法处理能力大，滤饼含水率低，应用较为广泛。

3. 离心脱水

离心脱水是利用污泥中的固体颗粒和水的密度差，在高速旋转产生的离心力作用下使固液分层，实现固液分离的过程。此法适用于固相和液相密度差较大的污泥，对于固液密度差很小的污泥需进行预脱水后再离心脱水。

离心脱水常使用的设备为低速锥筒式离心机，如图 3-13 所示。其主要部件为螺旋输送器、锥形转筒、空心转轴。污泥由空心转筒端进入，通过轴上小孔进入锥形转筒，转筒内螺旋输送器固定在空心转轴上，空心转轴和锥形转筒由驱动装置传动，同向不同速，前者稍慢，后者稍快。污泥中的水分和污泥颗粒受到的离心不同，污泥颗粒聚集在转筒外缘，由螺旋输送器将泥饼从锥口推出，泥饼在向前推进过程中不断被离心压实，不会受到进泥的扰动，分离液由转筒末端排出。

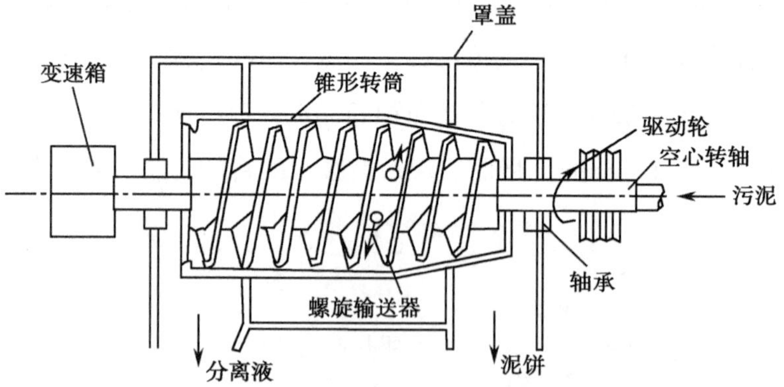

图 3-13　锥筒式离心机构造

空心转轴和锥形转筒的转速差越大，离心机的产率越大，泥饼的停留时间越短，泥饼含水率越高。低速离心机相对于高速离心机的转速低、能耗少、机械磨损和噪声低，应用较多。

3.5 污泥的最终处置与利用

污泥经浓缩、消化和脱水等处理后，体积大大减小，性质得到稳定，但污泥是污水处理的副产物，还需考虑其最终去向，这就是污泥的最终处置。

城市污泥的处置途径很多，因国家情况的不同而有很大差异。目前污泥的处置方法主要有卫生填埋（Sanitary landfill）、焚烧处理（Incineration）、堆肥处理（Composting）、农用绿化（Agricultural greening）、海洋倾倒（Marine dumping）等。

3.5.1 卫生填埋

污泥卫生填埋是一项较为成熟的处置技术，始于20世纪60年代，是在传统填埋的基础上，立足环境保护角度，经过科学选址和对场地的防护处理，并配备严格管理制度的一种科学的工程操作方法，具有投资少、容量大、见效快、污泥无须高度脱水、适应性强的优点。

适宜填埋的污泥含水率以65%为宜，可保证填埋的稳定和有效压实。污泥可以单独填埋，也可以和固体废弃物一起填埋，填埋地应符合一定的要求，其中包括：

① 填埋场渗滤液含有高浓度的有机物，对地下水的污染非常严重，应在填埋场底部铺设不透水层或渗滤液收集装置，防止对地下水和地表水的污染。

② 填埋场地容易发生卫生问题，应注意避免鼠类、蚊蝇的滋生和臭味的扩散。

③ 污泥填埋一般需分层填埋。对于生污泥，污泥层填埋厚度应小于0.5m，上铺0.5m厚沙土层，交替填埋，同时设置通气装置；对于消化污泥，污泥层厚度小于3m，上铺0.5m厚砂土层，交替填埋。

④ 填埋场设计使用年限一般为10年以上，填成后应种植植被，作为公共绿地或运动场地，污泥稳定后可进一步开发利用。

该方法虽技术成熟，具有一系列优点，但由于污泥填埋对污泥的土力学性质要求较高，场地需求面积大、运输费用高，地基需做防渗处理否则会污染地下水等缺点，近年来污泥填埋处置所占比例越来越小。并且随着城市发展，污泥量的不断增加，土地资源紧张，大面积选址困难，且此方法并未从根本上解决环境污染，只是延缓污染产生的时间，这就决定了卫生填埋不是处置污泥的长久之计，也不会是未来的发展方向。

3.5.2 焚烧

焚烧是一种常用的污泥处置方法，它是使污泥中的可燃成分在高温下充分燃烧，最终成为稳定的灰渣。焚烧是污泥处置最有效和最彻底的方法，可以破坏全部有机质，杀死一切病原体，最大限度减量化，1t 干污泥焚烧后仅产出 0.36t 灰渣。相对于其他方法来说，无须长距离运输，可就地焚烧，无须长期储存，处理速度快，且焚烧产生的能源回收可发电、供热，焚烧灰可以作为建筑材料利用或做其他用途。

污泥焚烧应用范围广，尤其适用于卫生要求高、土地资源紧张的城市；污泥有毒物质含量高而处理方法受限，可利用焚烧处理将有毒物氧化为稳定的氧化物，热值高的污泥可用于燃烧发电和供热。

（一）污泥焚烧影响因素

1. 污泥水分

污泥中的水分含量过高会对燃烧过程产生不利影响，如焚烧温度降低、着火过程延迟、炉内温度波动等。一般情况下污泥含水量降低至与挥发物含量之比小于 3.5，可以发生自燃，节约燃料。当污泥含水率高时，能量会在燃烧过程中随水分挥发带走，这时需要添加辅助燃料。因此焚烧前污泥应进行脱水处理以减少负荷和能耗。

2. 焚烧温度

一般情况下，提高焚烧温度有利于分解和破坏废物中的有机毒物，并抑制黑烟产生。但高温会使污泥升温快，水分和挥发分析出也快，这会使污泥在初始阶段易破碎，灰分损失增大，同时高焚烧温度会增加燃料消耗量，且废物中氧化氮含量增加，重金属挥发性提高，造成二次污染。合适的温度需要在一定的停留时间下由试验确定。

3. 停留时间

污泥焚烧过程中，焚烧温度和污泥投入量决定污泥焚烧处理效果，但停留时间也是决定其效果的重要因素之一。停留时间与固体颗粒大小有关，一般与固体废物粒度的 1 ~ 2 次方成正比，加热时间与污泥粒度的平方近似成正比。不同投泥方式的停留时间特点也不同，因此间歇投泥和连续投泥的操作方式对停留时间的要求不同。

4. 空气量

空气是影响焚烧的另一重要因素。氧气是污泥焚烧的要素，起到助燃作用，通常由空气提供，若空气量不足，则燃烧不充分，空气量过多，加热空气会消耗多余热量，一般情况下，空气过量 50% ~ 100% 为宜。

（二）污泥焚烧炉

焚烧在焚烧炉内进行，借助辅助燃料引火，焚烧炉内温度上升，至燃点以上后污泥自燃。焚烧的核心设备是焚烧炉，常用的有回转焚烧炉、立式多层炉和流化床焚烧炉等。

1. 回转焚烧炉

回转焚烧炉分为逆流和顺流两种，其中以逆流回转炉常用。炉体内壁衬有重型硬面耐火砖，并设有径向炒板促进污泥翻动。炉体进料端高于出料端，炉身有一定的倾斜度，炉料可沿炉体长度方向移动。回转炉炉长前1/3和后2/3分别为干燥段和燃烧段。

回转炉运行前，先用石油气或燃料油等对炉膛燃烧预热，然后投入泥饼。泥饼由炉体高端进入，低端排出，燃料油由低端喷入，因此低端温度始终高于高端温度。随着炉体转动，泥饼从高端向低端缓缓移动，先经过干燥段预热干燥，至一定程度后温度开始上升，到达着火点；然后在燃烧带干馏后污泥着火燃烧，燃烧带温度可达700～900℃。

回转炉结构简单，污泥和燃气逆流移动，能够充分利用燃烧废气显热，对污泥适应性强，温度易控，燃烧稳定。但脱水污泥含水率一般为80%左右，在焚烧过程中会吸收大量热量，掺烧量不宜过大，宜采用半干化或全干化处理后的污泥。

2. 立式多层炉

立式多层炉是内衬为耐火材料的钢制圆筒，包含6～12层炉床。污泥从顶部投入，通过各层炉床转轴搅拌，并向下移动，空气从底部鼓入，一方面可使轴冷却；另一方面预热空气。炉内温度中间高、两端低，顶部两层为干燥层，温度为480～680℃，污泥在此干燥至含水率40%以下；中间炉层为焚烧层，温度为760～980℃，污泥在此和侧壁加入的辅助燃料、上升高温气体一起燃烧；下部炉层为冷却层，温度260～350℃，起冷却并预热空气的作用，焚灰在此冷却排出，热空气到达炉顶后部分回流至炉底，部分净化除尘后排放。

立式多层炉的热气流和污泥直接接触，炉体能量利用率高，热效率高，污泥搅拌效果好，但需不断加入辅助燃料，成本高。

3. 流化床焚烧炉

流化床焚烧炉在城市固体废弃物焚烧中有广泛的应用。流化床焚烧炉结构简单，以内衬耐火材料的圆形塔体为主体，下部设有气体分配板，内部装有一定量的耐热粒状载体。气体由下部通入，经分配板均匀分布后以一定的流速经过流化床体，床内载体在气流作用下“沸腾”呈流化状态，污泥干燥后从塔顶或一侧加入，在流化床内干燥、粉碎、汽化后迅速燃烧。若污泥热值较低需加入辅助燃料，以维持正常燃烧。焚灰从炉底排出，烟气经除尘净化后从顶部排出。

流化床焚烧炉结构简单，维护管理方便；炉内污泥分布均匀，处理能力大，燃烧效率高；炉内温度稳定，无急冷急热现象；过剩空气少，有害气体得到控制。

（三）焚烧污染物控制

污泥焚烧会存在一些不足，如焚烧过程中会产生二次污染物包括有害气体（如 HF、HCl、SO_2 等）、废渣等。但通过合理的焚烧和适当的烟气处理，可有效避免及消除二次污染。

焚烧产生的 HF、HCl、SO_2 等可通过洗涤去除，在流化床内加石灰石，可以吸收释放的 SO_2，最后制成石膏状，进行卫生填埋；若采用湿式洗涤法，对洗涤水也要做合理的处理。整体上来说，污泥中的含硫量较燃煤低，因此只要在焚烧过程中稍加控制便能有效防止 SO_2 的危害。

焚烧过程中会产生氮氧化物，NO_x 的产生与流化床低温操作有关，生产中采取提高燃烧温度、使用低级燃煤、炉内添加石灰石、降低燃烧时氧气浓度等措施可以减少 NO_x 的产量。此外，分段燃烧、增加排气温度等对减少 N_2O 也有一定的效果。

应采取合适的焚烧方式和恰当的焚烧条件，使重金属在焚烧过程中尽可能地保留在焚烧底灰中，而减少随飞灰排放到环境中的可能性。

焚烧灰渣中的重金属含量与污泥燃烧程度和重金属挥发程度有关，燃尽程度越高，重金属越不易挥发，焚灰中的重金属含量越高。焚灰不能随意堆放，应进行稳定化处理，可采用卫生填埋的方式处置，也可采用高温熔融的方法将污泥制成玻璃或陶瓷，重金属溶出率几乎为零，可以防止对环境造成二次污染。

另外，在焚烧过程中要注意控制二噁英的产生和排放。一般可添加化学药剂、富氧燃烧来阻止二噁英的生成，并且通过袋式除尘器或活性炭吸附等废气处理措施减少二噁英类物质。可通过 1200℃以上的熔融处理技术，将灰渣中的二噁英物质迅速分解和燃烧去除。

3.5.3 农用

污泥农用是一种积极、有效的污泥处置方式。这种方式可以将未经处理的污泥直接施用在土地上，如垦荒地、贫瘠地等受损土壤的修复及改良，园林绿化建设，森林土地施用等，也可经消化处理或堆肥处理后用于农田施肥或加工成饲料利用。

（一）农田施用

污泥中含有丰富的氮、磷、钾等农作物生长必需的营养成分和所需的各种微量元素，如 Ca、Mg、Cu、Zn、Fe 等，其中有机物的浓度一般为 40% ~ 70%，含量高于普通农家肥，污泥中的腐殖质是良好的土壤改良剂，因此土壤施用污泥能够改良土壤结构，提高土壤肥力，促进作物的生长，提高产量，如能合理利用，将是非常有价值的资源。

国外污泥及堆肥作肥源农用已有多年的历史。我国是一个农业大国，对肥料需求迫切，在安全、可靠、避免二次污染的前提下，污泥农田施用是符合我国国情的处置方法。但是由于污泥中含有很多的重金属、病原菌、有机污染物等有害成分，直接施用会污染土壤，影响农作物产量或通过食物链危害人体健康，因此必须经过无害化、稳定化处理，达到一定要求后方能施用。我国政府对于农用污泥制定的《农用污泥污染物控制标准》（GB4284—2018）中规定，对于符合污染物控制标准的污泥农用每年不超过 30t/hm^2，连续施用不得超过 20 年。

（二）林地施用

林地施用是指将污泥施用在林地、市政绿化、高速公路隔离带、草坪、高尔夫球场等森林和园林绿地中，促进树木、花卉、草坪的生长，提升观赏品质，并且不必担心污泥中污染物对食物链带来的风险。

（三）退化土地修复

干旱、半干旱地区土壤贫瘠，可以利用污泥对其进行改良，既能取得良好的改良效果，也能对污泥有合理的处置。如我国内蒙古西部地区是典型的干旱、半干旱荒漠地带，气候干燥、降雨少，生态脆弱，植被破坏，水土流失严重。而污泥是防止土壤沙化、植被修复的优质原料。将污泥和粉煤灰、水库淤积物以一定比例混合施用，可改良土壤的保温、保湿、透气性能，同时污泥中的有机营养物可改良土壤的肥力。

另外对于采矿区、取土坑及发生自然灾害等已经受到严重破坏的地区，可以施用污泥改良土壤性质，改善土壤耕性。

（四）堆肥制成复合肥料

污泥可在消化脱水处理后减量化接用于农用，也可与城市垃圾、粉煤灰等堆肥后农用。

堆肥处理是污泥常见的稳定化和无害化的处理方法之一，是利用污泥中微生物进行好氧发酵的过程。将要堆肥的污泥与秸秆、稻草、树叶等植物残体或与草炭、生活垃圾等按一定的比例混合，借助于混合的微生物群落，在潮湿的环境中对多种有机物进行分解，把有机物转化为稳定性较高的腐殖质，达到无害化和资源化。

一方面借助堆肥产生的高温加快分解，有效地杀死病原微生物及各种蠕虫卵；另一方面通过堆肥处理，污泥物理性状改善，质地疏松易分散，含水率降低至40%以下；同时由于污泥的进一步腐殖化，植物可利用的养分增加，可根据使用目的进一步处理。例如，污泥堆肥在城市园林绿地施用可促进树木、花卉及草坪的生长。

但是，堆肥对污泥中的重金属含量影响不大，应严格控制污泥堆肥质量，合理施用，防止造成重金属污染。另外，堆肥处理一般对场址面积要求较大，并需要较高的运输和处理费用。在我国目前土地资源相对匮乏的条件下，大批堆场的开发显然存在难度，以堆肥为最终处置方式不利于可持续发展。

（五）制作饲料

污泥中含有大量的蛋白质、脂肪酸等有机质，是一种非常好的饲料原料。有报告显示，来源于有机性工业废水和食品加工、酿造工厂、畜牧厂等的废水处理剩余污泥中含有大量细菌类和原生动物，是鱼蟹类的潜在饲料。活性污泥法处理的剩余污泥经过灭菌，可制成饲料，且投入产出比达 1∶0.6。

3.5.4 填地和填海造地

污泥不符合利用条件时，可在干化后用于填地、填海造地。

用于填地的污泥要求含水率在 65% 左右，才能保证填埋体的稳定和有效压实。一般在填地前添加适量的石灰、粉煤灰等硬化剂，既可以调节含水率，还可加速固化。

污泥填海造地是指对滨海滩地进行围垦，根据土地利用需求对其填埋至适当高度并具有符合要求的稳定性。适用于填海造地的污泥以给水污泥、雨水沟道污泥等较清洁的水体淤泥为主，并做到加设护堤、对渗滤液进行处理等要求。

3.5.5 海洋倾倒

海洋倾倒是一种操作简便、经济性好的处理方法。对于靠近海岸的大型污水处理厂来说，直接将液态污泥排海是一种极为方便的污泥处置方法。

英国在 20 世纪 90 年代开始使用这种方法处理污泥，随后被日本、美国等沿海国家采用，但海洋倾倒会污染海洋，对海洋生态系统和人类食物链造成威胁，纽约市每年约有 120 万吨污泥倾倒处置，40 年时间使 51.8 km^3 海洋变成死海。鉴于此，污泥海洋倾倒已遭到越来越多的反对，国际公约已明令禁止。1988 年美国已禁止向海洋倾倒污泥，并于 1991 年全面加以禁止；日本对污泥的海洋倾倒做了严格的规定；中国政府于 1994 年初接受三项国际协议，承诺于 1994 年 2 月 20 日起不在海上处置工业废弃物和污水污泥。欧共体在 1991 年 5 月颁布《关于城市废水处理的指令》（*Directive concerning urban wastewater treatment*）中指出：从 1998 年 12 月 31 日起，不得在水体中处置污泥。

习 题

3-1 污泥的性质指标有哪些？

3-2 污泥浓缩的方法有哪些？试分析各种浓缩方法的优缺点。

3-3 请简要阐述污泥厌氧消化的原理，并分析污泥厌氧消化的影响因素。

3-4 请简要阐述污泥好氧消化的原理，并分析污泥好氧消化的影响因素。

3-5 污泥机械脱水的方法有哪些？简要阐述各脱水设备的工作过程。

3-6 污泥的最终处置与利用方式有哪些？

参考文献

[1] 杨春平，罗胜联 . 废水处理原理［M］. 长沙：湖南大学出版社，2011.

[2] 张晓健，黄霞 . 水与废水物化处理的原理与工艺［M］. 北京：清华大学出版社，2011.

[3] 黄跃华，许铁夫，杨丽英，等 . 水处理技术［M］. 郑州：黄河水利出版社，2013.

[4] 江晶 . 污水处理技术与设备［M］. 北京：冶金工业出版社，2014.

[5] 余淦申，郭茂新，黄进勇，等 . 工业废水处理及再生利用［M］. 北京：化学工业出版社，2012.

[6] 蒋克彬 . 污水处理工艺与应用［M］. 北京：中国石化出版社，2014.

[7] 万松 . 废水厌氧生物处理工程［M］. 哈尔滨：哈尔滨工业大学出版社，2013.

第 4 章　污水处理厂的调试

4.1　污水处理厂的调试内容和目的

4.1.1　调试内容

污水处理厂调试（Debugging）工作是保证废水处理系统从工艺设计确定到设备选型是否满足水处理要求的一个重要环节，通过调试可以达到以下目的。

（1）检验生化系统（Biochemical system）配备设备的运行性能

通过调试能够熟悉污水处理厂（站）生化系统配备设备的运行方式，了解设备的运行参数和规律，从而正确地对污水处理站进行技术管理和安全管理，通过制定合理的运行方式和管理制度来进行优化管理。

（2）熟悉污水处理厂（站）内的生化系统处理工艺（Treatment process）和原理（Principle）

通过调试，了解在以后的运行过程中经常出现的故障，有针对性地制定出可能出现故障的预案。

（3）人员培训（Staff training）

调试是对污水处理站管理人员进行的现场初步培训，可以使大家逐步了解污水处理厂（站）系统的现场管理和操作。

（4）通过调试达到设计排放标准（Emission standard）

以下以城市生活污水为例介绍废水处理厂的调试过程。

4.1.2　城市污水处理工程系统调试

污水处理厂的开车调试包括单机调试（Stand-alone debugging）与联动调试（Interconnected debugging）两个环节，这也是正式运行前必须进行的一项工作。通过调试可以及时修改和处理工程设计和施工带来的缺陷与错误，确保污水厂达到设计功能（Design function）。在调试处理工艺系统过程中，需要机电（Electrical）、自控仪表（Auto control instrument）、化验分析（Laboratory analysis）等相关专业的配合，因此，在设备单机调试和联动调试期间，接管单位应组织专门的废水处理工进场参与、上岗操作，熟悉生产条件、操作环境，做好接管生产准备工作。

（一）调试内容

（1）单机调试（Stand-alone debugging）。包括各种设备安装后的单机运行和处理单元构筑物的试水。在未进水和已进水两种情况下对污水处理设备进行试运行（Pilot run），同时检查构筑物的水位（Water level）和高程（Elevation）是否满足设计和使用要求。

（2）联动调试（Interconnected debugging）。对整个工艺系统进行设计水量的清水联动试车，打通工艺流程。考核设备在清水流动的条件下，检验设备、自动仪表和连接各工艺单元的管道、阀门等是否满足设计和使用要求。

（3）对各处理单元分别注入污水，检查各处理单元运行效果，为正式运行做好准备工作。

（4）整个工艺流程全部打通后，开始进行活性污泥的培养（Cultivation）和驯化（Acclimatization）工作，直至出水水质达标，在此阶段进一步检验设备运转的稳定性，同时实现自控系统（Autonomous system）的连续稳定运行。

（二）调试目的（Debugging purposes）

污水处理厂的试运行包括复杂的生物化学反应过程的启动和调试。过程缓慢，受环境条件和水质水量的影响很大。污水处理厂试运行的目的如下：

（1）进一步检验土建、设备和安装工程质量，建立相关的档案资料，对机械、设备、仪表的选型和设计合理性及运行操作注意事项提出建议。

（2）通过污水处理设备的带负荷运行，测试其功能是否达到铭牌或设计值。

（3）检验各处理单元构筑物是否达到设计值，尤其二级处理构筑物采用生化法处理污水时，一定要根据进水水质选择合适的方法培养和驯化活性污泥。

（4）在单元处理设施带负荷试运行的基础上，连续进水打通整个工艺流程，调整各单元工艺参数，使污水处理尽早达标，并摸索整个系统及各处理单元构筑物转入正常运行后的最佳工艺参数。

（三）调试（Debugging）的基本任务

调试的基本任务是检验设备，熟悉操作，测定工艺技术数据和经济指标数据，包括各种建（构）筑物都应按设计负荷（Design load）。调试全流程通过所有建（构）筑物，以检验各建（构）筑物高程布置是否符合设计、生产要求，是否有问题。对水泵和风机等设备应按设计开启台数做48h运转试验；要连续做水质化验（Water quality tests），分析水处理工艺特性；最后要计算全厂技术经济指标，如COD_{cr}、BOD_5去除总量、BOD_5去除单耗（kW·h/kg BOD_5）、出水BOD_5及去除率（Removal rate）、污水处理成本等。

（四）试水（Water filling commissioning）（充水）方式

（1）按设计工艺顺序向各单元进行充水试验；中小型工程可完全使用洁净水或轻度污染水（积水、雨水）；大型工程考虑到水资源节约，可用50%洁净水或轻污染水或生活污水，一半工业污水（一般按照设计要求进行）。

（2）建（构）筑物未进行充水试验的，充水按照设计要求一般分三次完成，即1/3、1/3、1/3充水，每充水1/3后，暂停3~8h，检查液面变动及建（构）筑物池体的渗漏和耐压情况。特别注意，设计不受力的双侧均水位隔墙，充水应在两侧同时进行。

（3）已进行充水试验的建（构）筑物可一次充水至满负荷（Full load）。

（4）充水试验的另一个作用是按设计水位高程要求，检查水路是否畅通，保证正常运行后满水量自流和安全超越功能，防止出现冒水和跑水现象。

（五）单机试车（Solo test run）

单机试车（Solo test run）的主要内容是设备试车（Equipment commissioning）和构筑物试漏（Leakage testing of structures）。

一般来说，设备的单机试车可分为空载试车（No-load test）和带负荷试车（Test run with load）。空试是在不加负荷的情况下启动设备运行，检查电路和电机的旋转方向是否正确，检查控制系统能否正常工作。有些设备要求空试的时间很短，不允许长时间空载运行，防止设备电机过热烧毁设备，只需点试即可。而有一些设备，则要求进行较长时间的空载试车调试。目前，应用于污水处理专业的设备有很多，下面分类对一些常用设备的试车内容及注意事项进行描述。

1. 离心泵（Centrifugal pump）

离心泵是污水处理设施最常见的设备，主要用来输送（Transport）和提升（Lift）污水。离心泵有地上式和水下式两类，安装在水下的称为潜污泵（Submersible sewage pump），潜污泵具有扬程低、流量大的特点；安装在地上的称作离心污水泵，离心污水泵能提供较大的扬程。根据两类泵的特点，一般长距离输水的均选用地上式的离心污水泵，而各处理装置间对污水进行短距离提升则选用潜污泵。离心泵不允许长时间空转，单机试车可以用清水循环进行。

潜污泵在试车时主要检查流量能否达到设计要求、电机电流是否在规定范围内、泵出口与管阀接口是否严密等。由于潜污泵安装在水下，所以在试车时要把泵的实际运行参数和运行状况摸清楚，及时处理存在问题，待投入生产后再实行检修将增加很大困难。

离心污水泵从安装形式上又分为立式（Upright type）污水泵和卧式（Horizontal type）污水泵，具体选择哪一种由安装位置来决定。试车时，泵流量是否满足要求，电机电流、电机温度是否在规定范围内是重点考核内容，同时还要注意检查电机、泵体、轴承有无振动和异常声响等情况。

2. 机械格栅（Mechanical bar screen）

目前应用最多的是链条传动回转式机械格栅（Chain bar screen）和耙斗式机械格栅（Reciprocating rake bar screen）。回转式机械格栅的工作过程是连续的，在链条的带动下，固定在链条上的齿耙不断地把格栅截留的杂物刮出。耙斗式机械格栅的工作是不连续的，格栅截留的杂物是由耙斗一下一下刮出来的。

机械格栅安装完成后要按要求进行试车，试车过程可以在不进水情况下空转进行。回转式机械格栅主要检查链条和齿耙的运转情况、电机和减速机运转情况。正常情况下，格栅启动以后，链条应运转轻快，链条和齿耙与其他部件没有刮卡（Scraping card）现象；电机和减速机在运转中应无振动、无杂音，温度应正常。耙斗式机械格栅启动后除电机和减速机要运转正常外，耙斗要与格栅紧密接触，这样才能把格栅截留的杂物刮干净，同时，耙斗要运行平稳，无刮卡现象。

由于格栅机是置于水下工作的，所以在试车时要仔细检查，有问题及时处理，投产后检查和检修都较困难。

3. 刮泥机（Mud scraper）或刮吸泥机（Scraper suction dredge）

在大多数污水处理生化系统中，沉淀池是不可或缺的处理构筑物。沉淀池的池形有圆形和方形，目前应用最多的是圆形池。

刮泥机和刮吸泥机在试车时，为了减少与池底的摩擦，以免损坏刮板，要向沉淀池内少量注水，水深达 200 ~ 300mm 即可。在刮泥机运转起来以后，要认真检查刮板与池底的接触情况、刮泥机胶轮的滚动情况、电机和减速机的运转情况。在正常情况下，刮板底部的胶皮要与池底紧密接触，有托轮的，托轮要运转灵活，刚性部件不许与池底产生摩擦。刮泥机胶轮要具有足够的强度，按设计弧形行走。电机和减速机温度要正常，运行中无异常声响和漏油现象。刮吸泥机在试车时还要注意检查每一根吸泥管吸泥量，调节装置的灵活性。

4. **螺杆泵**（Screw pump）

在污水处理行业中，螺杆泵主要用于输送污泥。与水相比，污泥流动性差，有的污泥还含有沉砂，易堵塞输送设备和管道，所以螺杆泵在安装时要同时安装冲洗装置，在每次停用前要把泵体及出口管道中的污泥冲洗干净。螺杆泵试车可以安排在泵正式投入运行时进行，在试车时重点检查电机、减速机、泵体在运转中有无振动和异常声响，流量能否达到设计要求，冲洗水量、水压能否满足生产要求。

5. **鼓风机**（Air blower）

鼓风机（Air blower）是采用生物处理法的污水处理装置中极为重要的（关键）设备，装机容量（Installed capacity）相对较大，维护和检修较为复杂。它不像其他设备，出现故障检修好后，整套装置马上就可正常运行。因为鼓风机的作用是为生化系统微生物提供溶解氧（Dissolved Oxygen），在正常情况下，微生物要求周围环境中溶解氧充足，且较为稳定，鼓风机一旦出现故障停运，势必造成生化池（Biochemical pool）内缺氧（Anoxia），破坏了微生物的新陈代谢（Metabolism）规律，使微生物活性（Activity）下降，长时间不供氧将造成大量微生物死亡。所以，鼓风机出现故障停运，在一定程度上会破坏系统的处理功能，需要一段时间来恢复，停运的时间越长，污水处理功能恢复的时间也就越长。鼓风机长时间不能投入运行，会导致系统需要重新启动（Rebooting），甚至重新培养生物。

罗茨风机由机壳前后墙板（Wallboard）、齿轮箱（Gear case）、主轮（Main wheel）、从轮（Trailing wheel）、叶轮（Impeller）及双列向心球面轴承（Bearing）和单列向心短圆柱滚子轴承等组成。在试车前，应认真检查各部位连接螺栓是否牢固，各润滑部位润滑情况是否良好，进出口阀门（Valve）要灵活好用。罗茨风机试车要进行无负荷（Zero load）试车（Trial run）和带负荷（On-load）试车。

无负荷试车在启动前，通过手动盘车，风机应运转灵活。关闭风机出口阀门和入口阀门，启动风机运行，使风机在无阻力情况下运转 4h。

带负荷试车是打开风机出口阀门及入口阀门，按风机性能逐步升高压力至工作压力，每升一次压力运转 2h，总运转时间不小于 8h。

离心风机也要进行空负荷试车和带负荷试车，在关闭进口阀门的情况下，空负荷试车2h以上，运转正常后进行带负荷试车。

在带负荷试车时重点检查下列内容：风压、风量、电流应平稳，符合要求；运转过程中无异常振动（Vibration）、碰撞（Collision）和研磨声（Grinding sound）及泄漏（Leakage）现象；轴承进油管中的油压不低于0.05MPa，鼓风机的支承轴或止推轴承的油温不超过65℃，轴承振动振幅值不大于0.06mm，轴承或密封处无冒油现象；油位下降不低于最低油位线，主油泵温度正常，轴衬（Bushing）温度稳定；鼓风机或电动机的轴向窜动小于0.2mm，试运转时间应不小于8h。

风机在试车过程中要注意安全，带负荷试车时要逐步升高压力，直至达到工作压力为止。试车时，一旦发生异常现象，应立即停车处理，待达到安全无误情况下再进行试车。试车启运时，除操作人员外，其他人员应远离，并站在运转设备的轴向位置。以防转动零件飞出伤人，操作人员要距风机2m以上。

6. 各种阀门（Valve）

试车主要指那些直径较大的阀门，包括闸阀（Gate valve）、蝶阀（Butterfly bamper）、启闭机（Hoist）等，这些阀门不论是地上的还是地下的，不论是电动的还是手动的，都要认真检查。查检内容有：安装完成后是否加注了足量的润滑油，阀门开、关是否轻便灵活，开度指示是否正确，能否开、关到位。

除了以上阀门，还有一类阀门必须进行检验，那就是安全阀（Emergency valve）。安全阀作为压力容器和压缩设备的安全保障设施，必须保证其性能是安全可靠的，否则将给设备和人身造成损害。安全阀的校验由专门部门负责。

7. 污水处理构筑物

污水处理设施的主要构筑物就是污水池（Cesspool/Cesspit）和污泥池（Sludge-tank），处理能力越大，这些池子的体积（Volume）和深度（Depth）就越大，为了防止在今后的长期运行中，污水池和污泥池出现泄漏现象，对地下水（Underground water）造成污染，给检修造成困难，污水处理构筑物在竣工投产前必须进行试漏。

试漏方法及步骤叙述如下：

（1）注水（Water injection）。一般情况下，构筑物的试漏都用清水进行，根据构筑物体积和深度的大小，分几次对构筑物进行注水试验。对于体积和池深较大的污水池，可分三次把水充满，每次注入池容的1/3，间隔24h以上，以便池体充分吸水，有利于混凝土微裂缝（Microcrack in concrete）的愈合。对于体积和池深较小的池子，分两次进行注水试漏即可。

每次注水后测读 24h 的水位下降值，同时仔细检查池体外部结构混凝土和穿墙管道的填塞（Tamping）质量情况，如果池体外混凝土表面和穿墙管道（Wall pipe）堵塞有渗漏情况，或水位降的测读渗水量较大时，应停止注水，经过检查补漏、再继续注水。

（2）水位观测（Water stage observation）。注水时的水位用水位尺测量，注水至设计深度进行渗水量测定时，应用水位测针测定水位降，水位测读精度达到 1/10mm。

（六）联动调试（Linkage commissioning）

向污水处理系统中进水，水量由设计负荷（Design load）的 10% 逐步提高到 100%，该期间预处理（Pretreatment）系统投入运行。通过水量的变化，对预处理系统中投加药剂（Medicament）的种类、配药浓度（Concentration of dispensing）、加药量进行确认。在联动试车过程中，当生化系统（Biochemical system）二沉池（Secondary sedimentation tank）水位升到一定高度时，对污泥回流（Return sludge flow）系统进行试车，此时系统流程已全部打通。当二沉池水满出水时，联动试车工作结束，进入下一阶段，开始进行投料试车。

4.2 污水处理厂日常运行管理技术指标

4.2.1 水量指标

城市污水水量每日是随着工业废水（Industrial sewage）的波动和居民的生活污水的波动而不断变化的，当污水的进入量变化幅度超过一定系数，就会影响到污水处理。因此在污水处理厂的进、出口装上水量计量的仪表，显示污水量的变化，就可使污水处理厂能按照设计要求调整进水量，保证污水处理的稳定。

城市污水的计量仪主要有两种：一种是渠道式（Channel type），如巴歇尔渠道加超声波测水位仪、文丘里渠道加超声波测水位仪等；另一种是管道式（Tubular），如电磁流量计（Electromagnetic flowmeter）、超声波流量计（Ultrasonic flowmeter）等。

污水处理以设计处理水量为准考核，一般每天记录，每月统计上报，年统计以 347d 计，允许有 18d 的累计维护保养和大修改造。统计水量还有每日最大量（m^3/d），每小时最大量（m^3/h）和小时流量（m^3/h）。

4.2.2　水质指标

1. 污水处理常规检测（Routine testing）项目

污水处理常规检测项目包括以下三类：

（1）反映处理效果的项目：进出水的 BOD_5、COD、SS 及有毒有害物质（视进水水质情况而定）等。

（2）反映污泥状况的项目，包括曝气池混合液的各种指标 SI、SVI、MLSS、MLVSS 及生物相观察等和回流污泥的各种指标。

（3）反映污泥环境条件和营养的项目：水温、pH 值、溶解氧、氮、磷等。

污水处理厂有些指标采用在线仪表随时监测，如水温、pH、溶解氧等，有些指标需要定期在化验室测定。由于各个污水处理厂自动化程度不同，能够在线监测的项目也就不同。污水处理厂处理检测项目及检测频率见表 4-1。

表 4-1　污水处理厂处理检测项目及检测频率

序号	项目	频率	序号	项目	频率
1	pH 值	每日一次	21	蛔虫卵	每周一次
2	SS		22	烷基苯磺酸钠	
3	BOD_5		23	醛类	每月一次
4	COD		24	氯化物	
5	SV		25	硫化物	
6	MLSS		26	氟化物	
7	MLVSS		27	油类	
8	DO		28	苯胺	
9	氯化物	每周一次	29	挥发酚	
10	氨氮		30	氢化物	每半年一次
11	硝酸盐氮		31	锌及其化合物	
12	亚硝酸盐氮		32	铜及其化合物	
13	总氮		33	铅及其化合物	
14	有机氮		34	汞及其化合物	
15	磷酸盐		35	六价铬	
16	总固体		36	总铬	
17	溶解性固体		37	总镍	
18	总有机碳		38	总镉	
19	细菌总数		39	总砷	
20	大肠杆菌菌群		40	有机磷	

2. 污水水样的采集（Sampling）

污水处理厂的取样方式可以分为瞬时取样（Instantaneous sampling）和混合取样，瞬时取样只能代表取样时的水流水质情况，当分析成分在水样储存中很容易发生变化时，应采集瞬时样，并立即分析成分，如余氯、可溶性硫化物、溶解性气体、温度、pH 值等。为了保证污水处理厂工艺过程控制的目的，通常采用瞬时样。混合取样是将多次取样混合在一起，然后再进行分析测定。其结果可以用来分析污水一日内平均浓度。对于污水处理厂来说，混合样可用于对进水和出水水质进行综合分析。采集混合样时可以每隔相同的时间采集等量的水样混合而成，也可在不同的时间按比例采样混合而成，上述两种方法分别适用于污水流量稳定和多变的情况。

水样可以人工采集，也可以在重要取样位置安装自动取样器。采集水样所用的容器要根据检测项目选择，一般为硼硅玻璃瓶或聚乙烯瓶。

确定取样位置时应注意以下几点：

（1）厂内取样的地点要相对稳定，所取水样要具有代表性；

（2）取样点的水流状况比较稳定，不能在死角或水流湍流急处取样；

（3）如果每一工艺过程有多个并联单位，水样采集应尽量多点取样或选择有代表性的单元取样。

3. 污水水样的保存

水样采集后，会发生物理、化学和生物变化，为使这些变化降低到最低限度，必须对所采集的水样采取保护措施。水样的保存方法应根据不同的分析内容加以确定。

（1）充满容器或单独采样：采样时使样品充满取样瓶，样品上方没有空隙，减少运输过程中水样的晃动。有时对某些特殊项目需要单独定容采样保存，比如测定悬浮物时定容采样保存，然后可以将全部样品用于分析，防止样品分层或吸附在取样瓶壁上而影响测定结果。

（2）冷藏或冷冻：目的是阻止生物活动、减少物理挥发作用和降低化学反应速率。水样通常应在 4℃冷藏，储存在暗处。如测定 COD、BOD_5、氨氮、硝酸盐氮、亚硝酸盐氮、磷酸盐、硫酸盐及微生物项目时，都可以使用冷藏法保存。有时也可将水样迅速冷冻，但冷冻法会使水样产生分层现象，并有可能使生物细胞破裂，导致生物体内的化学成分进入水溶液，改变水样的成分，因此尽可能不使用冷冻的方法保存水样。

（3）化学保护：向水样中投加某些化学药剂，使其中待测成分性质稳定或固定，可以确保分析的准确性。但要注意加入的保护试剂不能干扰以后的测定，同时应做相应的空白试验，对测定结果进行校正。如果加入的保护剂是液体，则必须记录由此而来的水样体积的变化。

常采用的化学保护具体方法如下：

（1）加生物抑制剂（Biological inhibitor）：如在测定氨氮、硝酸盐氮和 COD 的水样中，加入 $HgCl_2$ 抑制微生物对硝酸盐氮、亚硝酸盐氮和氨氮产生的氧化或还原作用。

（2）调节 pH 值：如在测定 Cr（Ⅵ）的水样中需要加 NaOH 调整 pH 值至 8，防止 Cr（Ⅵ）在酸性条件下被还原。

（3）加氧化剂（Oxidizing agent）：如在水样中加入 HNO_3（$pH<1$），$K_2Cr_2O_7$（0.05%），可以改善汞的稳定性。

（4）加还原剂（Reducing agent）：如在含有余氯的水样中加入适量的 $Na_2S_2O_3$ 溶液，可以把余氯除去，消除余氯对测定结果的影响。

4.2.3　污泥指标

污水处理厂污泥脱水相对较稳定，污泥浓度随时间变化不大，一般现场取瞬时样品。污泥样品采集视监测项目、目的而定，一般为 1～2kg（湿重），测定项目较少时，可予酌减。供无机物分析样品可用塑料袋（瓶）包装，供有机物分析样品应置于棕色磨口玻璃瓶中，瓶盖内衬垫可使用洁净铝箔或聚氟四乙烯薄膜（不可用其他薄膜）。及时将污泥样品的外观性状填表记录并及时送交实验室进行样品预处理。污泥处理主要检测指标和检测频率见表 4–2。

表 4–2　污泥处理主要检测指标和检测频率

序号	项目	频率	序号	项目	频率
1	有机物含量	每日一次	14	锌及其化合物	每季度一次
2	含水率		15	铜及其化合物	
3	pH 值		16	铅及其化合物	
4	脂肪酸		17	铬及其化合物	
5	总碱度		18	镍及其化合物	
6	沼气成分	每周一次	19	镉及其化合物	
7	酚类	每月一次	20	汞及其化合物	
8	氰化物		21	砷及其化合物	
9	矿物油		22	硼及其化合物	
10	苯并【a】芘		23	总氮	
11	细菌总数		24	总磷	
12	大肠菌数		25	总砷	
13	蛔虫卵				

4.2.4 设备完好率指标

污水处理厂的所有设备都有它的运行、操作、保养、维修规律，只有按照规定的工况和运转规律，正确地操作和维修保养，才能使设备处于良好的技术状态。同时，机械设备在长期运行过程中，因摩擦、高温、潮湿和各种化学效应的作用，不可避免地会有零部件的磨损、配合失调、技术状态逐渐恶化、作业效果逐渐下降，因此还必须准确、及时、快速、高质量地拆修，以使设备恢复性能，处于良好的工作状态。总之，对城市污水厂来说，设备完好率是十分关键的。

（一）保持设备完好率

（1）使用好设备（Use the equipment carefully）。各种设备都要有操作规程，规定操作步骤。设备操作规程主要结合设备制造厂的说明书和现场情况而制定。工人必须严格按照操作规程进行操作，设备使用过程中要做工况记录。

（2）保养好设备（Take care of the equipment）。各种设备都应制定保养条例，保养条例结合设备制造厂的说明书和现场情况而制定，也可把保养条例放在操作规程中。保养条例中包括清洁、调整、紧固、润滑和防腐等内容。保养工作同样应做记录。保养工作可分为例行保养、定期保养、停放保养、换季保养。

（3）检修好设备（Repair the equipment）。对主要设备应制定设备检修标准，通过检修，恢复技术性能。对于有些设备，要明确大、中、小修界限，分工落实。对主要设备必须明确检修周期，实行定期检修。对常规修理，应制订检修工料定额，以降低检修成本。每次检修都应做详细记录。

（4）管好设备（Manage the equipment well）。管好设备是指从设备购置、安装、调试、验收、使用、保养、检修直到报废以及更新全过程的管理工作的每一环节都应有制度规定。

（二）设备的完好标准和修理周期（Repair cycle）

污水处理厂设备的完好程度是衡量污水厂管理水平的重要方面。设备完好程度可用设备完好率来统计，它是指一个污水厂拥有生产设备的完好台数占全部生产设备台数的百分比。

设备完好率 =（完好设备台数 / 设备总台数）× 100%

设备使用了一段时期以后，必须进行小修、中修或大修。有些设备，制造厂明确规定了它的小修、大修期限；有的设备没有明确规定，就必须根据设备的复杂性、易损零部件的耐用度以及本厂的保养条件确定修理周期。修理周期是指设备的两次修理之间的工作时间，污水处理厂设备的大修周期应根据具体设备使用手册决定，某些常用设备大修周期可参考表 4-3。

表 4-3　常用设备大修周期

序号	设备名称	保修间隔期 / h		序号	设备名称	保修间隔期 / h	
		大修	定检保养			大修	定检保养
1	离心式污水泵（<600r/min）	40000	500	9	离心风机	15000	500
2	离心式污水泵（<800r/min）	30000	500	10	刮砂机	10000	500
3	离心式污水泵（<1000r/min）	20000	500	11	罗茨鼓风机	15000	500
4	离心式污水泵（>1000r/min）	10000	500	12	格栅除污机	10000	250
5	污泥泵（>1000r/min）	8000	500	13	单向阀	6 年	500
6	污泥泵（<1000r/min）	10000	500	14	手动截止阀	4 年	500
7	气提泵（空气提升器）	8 年	1 年	15	电动截止阀（蝶阀）	2 年	500
8	螺旋泵	20000	500	16	阀门启闭机	3 年	500

（三）建立完善的设备档案（Equipment file）

设备档案包括技术资料、运行记录、维修记录三个部分。

1. 技术资料（Technical data）

包括设备的说明书、图纸资料、出厂合格证明、安装记录、验收记录等。这些资料是运行及维护人员了解设备的基础。

2. 运行记录（Running record）

包括对设备每日运行状况的记录，由运行操作人员填写。如每台设备的每日运行时间、运行状况、累计运行时间，每次加油的时间，加油部位、品种、数量，故障发生的时间及详细情况，易损件的更换情况等。每月应做总结。

3. 维修记录（Maintenance record）

包括设备维修档案，包括大中小修的时间，维修中发现的问题、处理方法等。由维修人员和设备管理技术人员填写。

根据以上三部分档案，设备管理技术人员可对设备运行状况和事故进行综合分析，据此对下一步维修保养提出要求，并制订出设备维修计划或设备更新计划。

4.3 好氧活性污泥的培养与驯化

好氧活性污泥法（Activated sludge process）生化系统良好运行的基础是活性污泥的正常生存繁殖。对于一座新建的污水厂的好氧活性污泥法系统，重要工作之一就是活性污泥的培养与驯化工作。

城市污水处理活性污泥的培养，一般有四种方法：间歇培养法（Intermittent culture method）、低负荷连续培养法（Low load continuous culture method）、满负荷连续培养法（Full-load continuous culture method）和接种培养法（Inoculation culture method）。基本过程如下。

4.3.1 接种污泥

活性污泥接种前，先把待运行的生化反应池内将污水量调至 80% 池容，在确认鼓风机、回流泵、二沉刮泥机、进水提升泵等主流程设备可以连续运行后，进行污泥接种工作。

为了使系统能够尽快地启动，接种污泥尽量选用与待处理污水相似的污水处理装置的新鲜活性污泥。如果运输方便，最好用二沉池回流污泥，若条件不允许，则选用新脱水的泥饼作为接种污泥。接种污泥运到现场后，用污泥泵均匀投到生化反应池中，兼氧池连续进行搅拌，保证污泥处于良好的悬浮状态，好氧池连续进行鼓风曝气，保证溶解氧浓度在 2mg/L 以上。

一般情况下，生化反应池中接种污泥浓度达到 1000mg/L 即可。对于以生活污水为主、生化性很好的污水处理系统，污泥生长速度快，接种污泥浓度可以适当降低。如果待处理污水生化性较差，污泥生长慢，为了缩短污泥培养时间，则要提高接种污泥浓度，接种污泥浓度可以提高到 1500mg/L ~ 2000mg/L。接种污泥时，接种污泥量按池容与接种污泥浓度计算。如果选用脱水后泥饼作为接种污泥，则需在池外用水把泥饼稀释成泥浆，然后用泵打入池中。

为了保证投泥效果，使污泥在生化反应池中均匀分布，在每座生化反应池上都要分多点投泥，搅拌器全部投入运行，适当提高曝气强度，以保证搅拌效果。

4.3.2 培养和驯化污泥

污泥接种完成以后，为了减少污泥流失，同时也为了使接种的污泥尽快适应处理的污水，尽快恢复活性，快速生长，一般在接种初期都进行闷曝。闷曝就是在生化反应池不进水的情况下，曝气和搅拌正常进行。

一般情况下，闷曝时曝气量不宜过大，保持生化反应池内 DO 值在 2～4mg/L 即可。闷曝的时间长短视具体水质和污泥活性恢复情况而定，一般工业废水处理装置需 10～15d。闷曝期间要每天对生化池内污水 COD、BOD、氮、磷指标进行分析检测，每天对活性污泥微生物进行显微镜观察，并根据检测结果对生化反应池进行间歇换水，必要时还要投加一些氮、磷营养盐。当生化反应池内污水中大部分有机物已被活性污泥微生物利用，各污染指标均有较大幅度下降，这时就要对生化池进行换水操作。换水时把生化池的搅拌和曝气全部关掉，待泥水混合液静止沉淀 1h 后，向生化池进水。第一次换水量可以控制在生化池池容的 10%～20%，以后根据活性污泥微生物的适应情况进行调整。如果换水后活性污泥结构及生物相发生了较大变化，就要减少换水量，如果活性污泥结构及生物相没有明显变化，就可以适当提高换水量。

当接种的污泥活性得到恢复，形成较大的活性污泥絮凝颗粒，污泥体积明显增长，每次换水后经 10h 左右，COD 去除率达到 40% 以上，这时可以进入低负荷联动驯化阶段。

4.3.3 低负荷联动驯化

低负荷联动驯化就是整个污水处理系统以较低的负荷连续生产，这时处理后出水各项污染指标仍较高，生化池内营养物质相当充分，微生物会迅速生长。联动驯化初期，进水负荷控制为设计负荷的 30% 左右。当二沉池出水后，启动回流系统向生化池回流污泥，此时，整个污水处理装置已全部投入运行。系统低负荷连续运行后，如果活性污泥微生物（Activated sludge microorganism）适应性良好，能够正常生长，COD 去除率达到 50% 以上，这时可逐步提高进水负荷，进行提负荷驯化（Load domesticated），提负荷驯化的前提条件是微生物适应能力强，活性污泥连续增长，生化系统应保持原有 COD 去除率。提负荷阶段，根据具体情况，把生产负荷由设计的 30% 左右逐步提高到 100%。

污水处理系统以设计负荷运行，生化处理单元活性污泥菌胶团成熟，原生动物和后生动物产生并能活跃生存，活性污泥絮凝沉淀良好，SV 达 20% 以上，生化处理单元具有较高的去除效率，出水清澈，这时，我们可视为微生物的培养和驯化工作结束，此段工作约需时 2 个月。

系统流程打通，生化处理单元微生物的培养和驯化工作结束，整个污水处理装置进入正常操作后，应该进行装置的优化与调整，并对照各项设计参数进行校核。达标优化的内容包括装置运行方式的调整、原材料与动力消耗的优化，各处理单元运行参数的优化等。最终，使装置在消耗最低的条件下，各处理单元达到设计能力，处理后出水实现达标排放。

4.3.4 污泥培菌的注意事项

（1）活性污泥培菌过程中，应经常测定进水的 pH 值、COD、氨氮和曝气池溶解氧、污泥沉降性能等指标。活性污泥初步形成后，要进行生物相观察，根据观察结果对污泥培养状态进行评估，并动态调控培菌过程。

（2）活性污泥的培菌应尽可能在温度适宜的季节进行。因为温度适宜，微生物生长快，培菌时间短。如只能在冬季培菌，则应该采用接种培菌法，所需的接种污泥要比春秋季多。

（3）培菌过程中，特别是污泥初步形成以后，要注意防止污泥过度自身氧化（Oxidation），特别是在夏季。有不少厂都发生过此类情况。这不仅增加了培菌时间和费用，甚至会导致污水处理系统无法按期投入运行。要避免污泥自身氧化，控制曝气量和曝气时间是关键，要经常测定池内的溶解氧含量，及时进水以满足微生物对营养的需求。若进水浓度太低，则要投加大粪等以补充营养，条件不具备时可采用间歇曝气。

（4）活性污泥培菌后期，适当排出一些老化污泥（Aged sludge）有利于微生物进一步生长繁殖。

（5）工业废水处理厂在生产装置投产前往往没有废水进入，而一旦生产装置投产后，排放的废水就需及时处理。此时，应根据实际情况合理确定培菌时间，并提前准备接种污泥及养料等。

（6）如曝气池中污泥已培养成熟，但仍没有废水进入时，应停止曝气使污泥处于休眠状态或间歇曝气（Intermittent aeration）（延长曝气间隔时间、减少曝气量），以尽可能降低污泥自身氧化的速度。有条件时，应投加大粪、无毒性的有机下脚料（如食堂泔水）等营养物。

（7）大部分的废水处理厂都有两个（格）以上的曝气池。这种情况下可先利用一个曝气池培养活性污泥，然后再输送到相邻其他曝气池进行多级扩大培养。本法适用于规模较大的废水处理厂。

4.4　好氧生物膜的培养与驯化

好氧生物膜法从诞生到现在已经有 100 多年历史，到目前已经具体产生了生物滤池（Bacteria filter）、生物转盘（Biological rotating disc）、生物接触氧化（Bio-contact oxidation）等多个典型工艺，这些工艺完成基本的调试工作后，需要进行生物膜的培养甚至驯化工作，进一步为污水（废水）处理打下基础。

4.4.1　生物膜的培养和驯化

使具有代谢活性的微生物污泥在生物处理系统中的填料上固着生长的过程称为挂膜（Biofilm culturing）。挂膜也就是生物膜处理系统膜状污泥的培养和驯化过程。

生物膜法刚开始投运时需要有一个挂膜阶段，有两方面目的：一方面使微生物生长繁殖直至填料表面布满生物膜，其中微生物的数量能满足污水处理的要求；另一方面使微生物逐渐适应所处理污水的水质，即对微生物进行驯化。挂膜过程中回流沉淀池出水和池底沉泥，可促进膜的早日成熟。

挂膜过程使用的方法一般有直接挂膜法和间接挂膜法两种。

在各种形式的生物膜处理设施中，生物接触氧化池和塔式生物滤池由于具有曝气系统，而且填料量和填料空隙均较大，可以使用直接挂膜法；而普通生物滤池和生物转盘等设施需要使用间接挂膜法。

（一）直接挂膜法

直接挂膜法是在合适的水温、溶解氧等环境条件及合适的 pH 值、BOD_5、C/N 等水质条件下，让处理系统连续进水正常运行。对于生活污水、城市污水或混有较大比例生活污水的工业废水可以采用直接挂膜法，一般经过 7 ~ 10d 就可以完成挂膜过程。

实践表明，在各种形式的生物膜处理设施中，生物接触氧化池由于具有曝气系统，且填料量和填料空隙均较大，可以用直接挂膜法，而普通生物滤池、生物转盘等适合于采用间接（分步）挂膜法。

（二）间接挂膜法

对于不易降解的工业废水，尤其是使用普通生物滤池和生物转盘等设施处理时，为了保证挂膜的顺利运行，可以通过预先培养和驯化相应的活性污泥，然后再投加到生物膜处理系统中进行挂膜，也就是分步挂膜。通常的做法是先将生活污水或其与工业废水的混合污水培养出活性污泥，然后将该污泥或其他类似污水处理厂的污泥与工业废水一起放入一个循环池内，再用泵投入生物膜法处理设施中，出水和沉淀污泥均回流到循环池。循环运行形成生物膜后，通水运行，并加入要处理的工业废水。可先投配 20% 的工业废水，经分析进出水的水质，生物膜具有一定处理效果后，再逐步加大工业废水的比例，直到全部都是工业废水为止。也可以用掺有少量（10% ~ 20%）工业废水的生活污水直接培养生物膜，挂膜成功后再逐步加大工业废水的比例，直到全部都是工业废水为止。

生物膜法在实际应用中，有时会多级串联。对于多级处理的生物膜处理系统，要使各级培养驯化出优势微生物，完成挂膜所用的时间。由于不同种属细菌对水质适应性和世代时间不一样，可能要比一般挂膜过程长 2 ~ 4 周。

4.4.2 生物膜培养和驯化注意事项

（1）开始挂膜时，进水流量应小于设计值，可按设计流量的 20% ~ 40% 启动运转。在外观可见已有生物膜生成时，流量可提高至 60% ~ 80%，待出水效果达到设计要求时，即可提高流量至设计标准。

（2）在生物转盘法中，用于硝化的转盘，挂膜时间要增加 2 ~ 3 周，并注意进水 BOD 应低于 30mg/L，因自养性硝化细菌世代时间长，繁殖生长慢，若进水有机物过高，可使膜中异养细菌占优势，从而抑制自养菌的生长。

（3）当水中出现亚硝酸盐时，表明生物膜上硝化作用进程已开始；当出水中亚硝酸下降，并出现大量硝酸盐时，表明硝化菌在生物膜上已占优势，挂膜工作宣告结束。

（4）挂膜所需的环境条件与活性污泥培菌时相同，要求进水具有合适的营养、温度、pH 值等，尤其是氮磷等营养元素的数量必须充足，同时避免毒物的大量进入。

（5）因初期膜量较少，反应器内充氧量可稍少，使溶解氧不致过高；同时采用小负荷进水的方式，减少对生物膜的冲刷作用，增加填料或填料的挂膜速度。

（6）在冬季 13℃时挂膜，整个周期比温暖季节延长 2 ~ 3 倍。

（7）在生物膜培养挂膜期间，由于刚刚长成的生物膜适应能力较差，往往会出现膜状污泥大量脱落的现象，这是正常的，尤其是采用工业废水进行驯化时，脱膜现象会更严重。

（8）要注意控制生物膜的厚度，保持在 2mm 左右，不使厌氧层过分增长，通过调整水力负荷（改变回流水量）等形式使生物膜脱落均衡进行。同时随时进行镜检，观察生物膜生物相的变化情况，注意特征微生物的种类和数量变化情况。

4.5 厌氧消化污泥的培养与驯化

厌氧生物处理技术（Anaerobic biological treatment technology）主要应用于城市污水污泥的处理，普遍应用的是普通厌氧生物处理法。普通厌氧生物处理法的主要缺点是水力停留时间长、有机负荷低、消化池的容积大及基建费用高，这些缺点限制了厌氧生物处理技术在各种有机废水处理中的应用。

厌氧生物处理技术不仅用于处理有机污泥、高浓度有机废水，而且还能有效地处理诸如城市污水这样的低浓度污水，具有十分广阔的发展前景，在废水生物处理领域发挥着越来越大的作用，UASB反应器应用较为普遍。

4.5.1 厌氧处理系统水质监测项目与运行控制指标

1. 水质监测项目

（1）厌氧消化的在线仪表显示、监测的项目：

① 进泥量；

② 排泥量（自排式排泥不需要）；

③ pH值；

④ 消化池内泥位；

⑤ 消化池内温度，热交换器进出温度；

⑥ 沼气产量；

⑦ 各种自动阀门的开关及开关的比例；

⑧ 各种泥泵、循环泵、沼气搅拌泵等工作情况；

⑨ 可燃气体报警显示；

⑩ 消化池内压力，沼气柜内压力，污泥泵、循环泵进出口压力等。

（2）每日化验项目：

① 进泥、出泥的含水率（或含固率）、有机分、灰分、总氮、氨氮；

② 消化池内污泥的挥发性脂肪酸（VFA）、碱度（ALK）、含水率（或含固率）；

③ 后浓缩池上清液的CODCr、BOD5、SS、总氮、氨氮、总磷；

④ 沼气中的CH_4、CO_2、H_2S、H_2等气体组分的含量。

2. 运行控制指标

反应器正常运行后，主要观测控制的指标有：进水水质、温度、处理负荷、沼气组分、出水的挥发酸含量与微生物的种类、污泥沉降性能及停留时间等。简单地讲，进水水质要稳定，水量均匀，增加负荷也应逐渐提高，不要有较大波动，运行温度要恒定，每日波动范围不超过 2℃，同时监测化验出水挥发酸（VFA<300mg/L），正确控制有机负荷，这样可以尽快形成较大的颗粒污泥。研究者认为：挥发酸的高低是颗粒污泥形成不同类型的重要因素，可以控制反应器出水的挥发酸浓度来选择污泥的优势菌种，利用甲烷丝菌与基质亲和力较高的特点，维持低的出水乙酸浓度来达到使甲烷丝菌成为主要降解乙酸的产甲烷优势菌的目的。在 53℃ ±2℃，出水乙酸质量浓度低于 200mg/L，增加负荷率，可培养出含甲烷丝菌为主的颗粒污泥，当出水乙酸浓度高时，增加负荷可培养出含甲烷八叠球菌为主的颗粒污泥。实践证明，控制反应器的有机负荷和提高污泥的沉淀性是控制污泥过量流失的主要手段。

应当注意的是，合理的反应器的碱度及氮磷营养，对正常厌氧消化起重要作用。如果反应器中碱度及缓冲力不够，厌氧消化所产生的有机酸将会使反应器消化液的碱度 pH 值下降到抑制产甲烷反应的程度，对于缓冲能力很低的反应器适当添加碳酸钠，有提高沼气产量、控制 pH 值碱度、沉淀有毒金属、提高污泥的沉淀性能与处理效果等作用。

厌氧消化系统（Anaerobic digestion system）的日常运行管理的注意事项：

（1）消化池的管理。厌氧消化过程是在密闭厌氧（Anaerobic）条件下进行的，微生物在这种条件下生存不能像好氧污泥那样，依靠镜检来判断污泥的活性。只能采用反映微生物代谢影响的指标间接判断微生物活性，与活性污泥好氧系统相比，厌氧消化系统（Anaerobic digestion system）对工艺条件及环境因素的变化反应更敏感。为了消化池的运转正常，应当及时掌握温度、pH 值、沼气产量、泥位、压力、含水率、沼气中的组分等指标，及时做出调整。

（2）对于日常运行状况、处理措施、设备运行状况都要求做出书面记录，为下一班次提供运行数据，并做好报表向上一级管理层报告，提供工艺调整数据。

（3）经常检测、巡视污泥管道、沼气管道和各种阀门，防止其堵塞、漏气或失效。阀门除应按时上润滑油脂外，还应对常闭闸门、常开闸门定时活动，检验其是否能正常工作。

（4）定期由技术监督部门检验压力、保险阀、仪表、报警装置。

（5）定期检查并维护搅拌系统。沼气搅拌主管常有被污泥及其他污物堵塞的现象，可以将其余主管关闭，使用大气量冲吹被堵塞管道。机械搅拌桨缠绕棉纱和其他长条杂物的问题可采取反转机械搅拌器甩掉缠绕杂物的方式解决。另外，要定期检查搅拌轴与楼板相交处的气密性。

（6）在北方寒冷地区消化池及其管道、阀门必须注意防冻，进入冬季结冰之前必须检查和维修好保温设施，如消化池顶上的沼气管道、水封阀（罐）。沼气提升泵房内的门窗必须完整无损坏，最好门上加棉帘子，湿式脱硫装置要保证在10℃以上工作。特别是室外的沼气管道、热水管道、蒸汽管道和阀门都必须做好保温、防晒、防雨等工作。

（7）定期检查并维护加热系统，蒸汽加热管道、热水加热管道、热交换器内的泥管道等都有可能出现堵塞、锈蚀（Corrosion）现象，一般用大流量水冲洗。套管式管道要注意冲洗热水管道时保证泥管中的压力防止将内管道压瘪。冲洗不开或堵塞严重时应拆开清洗。

（8）消化池除平时加强巡检外，还要对池内进行检查和维修，一般5年左右进行一次，彻底清砂和除浮渣，并进行全面的防腐、防渗检查与处理，主要对金属管道、部件进行防腐，如损坏严重应更换，有些易损坏件最好更换为不锈钢材料。维修后投入运行前必须进行满水试验（Full water commissioning）和气密性试验（Air-tight test）。对于消化池内的积砂和浮渣状况要进行评估，如果严重说明预处理不好。要对预处理改进，防止沉砂和浮渣进入。另外放空消化池以后，应检查池体结构变化，是否有裂缝，是否为通缝，请专业人员处理。借此机会也应将仪表大修或更换。

（9）沼气柜尤其是湿式沼气柜更容易受H_2S腐蚀，通常3年一小修，5年一大修。应对柜体防腐，腐蚀严重的钢板要及时更换，阴极保护的锌块此时也应更换，各种阀门，特别是平常不易维修和更换的闸门应维修或更换，确保5年内不出问题。

（10）整个消化系统要防火、防毒。所有电气设备应采用防爆型，并做好接地、防雷，严禁在防火、防爆区域内吸烟，进入该区域内的汽车应戴防火帽，进入的人应留下火种。不允许穿钉鞋和易产生静电服装的人员进入。另外，报警探头应正常维护保养，按时由权威部门鉴定、标定，确保能正常工作。还要备好消防器材、防毒呼吸器、干电池手电筒等以备急用。

4.5.2 UASB反应器的结构

UASB反应器与其他厌氧生物处理装置的不同之处在于：①废水由下向上流过反

应器；②污泥无须特殊的搅拌设备；③反应器顶部有特殊的三相分离器。其突出的优点是处理能力大、处理效率高、运行性能稳定。

1. **UASB 反应器的结构**

UASB 反应器主要由下列几部分构成。

（1）进水配水系统（Water distribution system），主要是将废水尽可能均匀地分配到整个反应器中，并具有一定的水力搅拌功能。它是反应器高效运行的关键之一。

（2）反应区（Reaction zone），其中包括污泥床区和污泥悬浮层区，有机物主要在这里被厌氧菌分解，是反应器的主要部位。污泥床主要由沉降性能良好的厌氧污泥组成，SS 质量浓度可达 50 ~ 100g/L 或更高。污泥悬浮层主要靠反应过程中产生的气体的上升搅拌作用形成，污泥质量浓度较低，SS 一般在 5 ~ 40g/L 范围内。

（3）三相分离器（Three-phase separator），由沉淀区、回流缝和气封组成，其功能是把沼气、污泥和液体分开。污泥经沉淀区沉淀后由回流缝回流到反应区，沼气分离后进入气室。三相分离器的分离效果将直接影响反应器的处理效果。

（4）出水系统，其作用是把沉淀区表层处理过的水均匀地加以收集，排出反应器。

（5）气室（Air chamber），也称集气罩，其作用是收集沼气。

（6）浮渣（Scum）清除系统，其功能是清除沉淀区液面和气室表面的浮渣。如浮渣不多可省略。

（7）排泥系统（Mud system），其功能是均匀地排出反应区的剩余污泥。

UASB 反应器的结构如图 4-1 所示。

在 UASB 反应器中，最重要的设备是三相分离器，这一设备安装在反应器的顶部并将反应器分为下部的反应区和上部的沉淀区。为了在沉淀器中取得对上升流中污泥絮体或颗粒的满意沉淀效果，三相分离器的一个主要目的就是尽可能有效地分离从污泥床中产生的沼气，特别是在高负荷的情况下。集气室下面反射板的作用是防止沼气通过集气室之间的缝隙逸出沉淀室。另外挡板还有利于减少反应室内高产气量所造成的液体紊动。

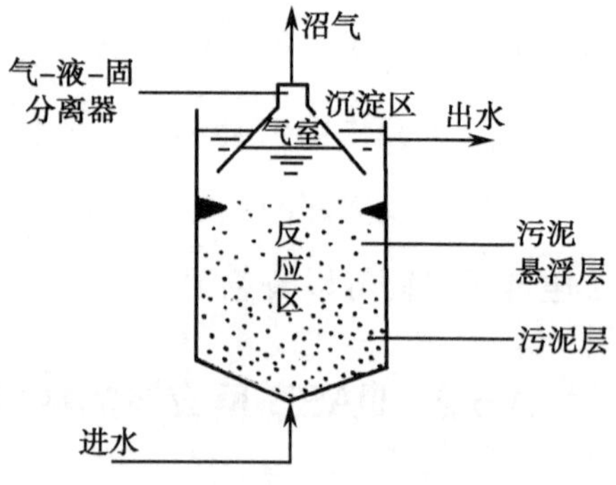

图 4-1 UASB 反应器的结构示意图

UASB 的工作原理：在底部反应区内存留大量厌氧污泥，具有良好的沉淀性能和凝聚性能的污泥在下部形成污泥层。要处理的污水从厌氧污泥床底部流入污泥层中与污泥进行混合接触，污泥中的微生物分解污水中的有机物，把它转化为沼气。沼气以微小气泡形式不断放出，微小气泡在上升过程中，不断合并，逐渐形成较大的气泡。由于沼气气泡的搅动，污泥床上部形成了一个由水、污泥、沼气构成的三相浆液，进入三相分离器。沼气碰到分离器下部的反射板时，折向反射板的四周，然后穿过水层进入气室，集中在气室的沼气，用导管导出，固液混合液经过反射进入三相分离器的沉淀区，污水中的污泥发生絮凝，颗粒逐渐增大，并在重力作用下沉降。沉淀至斜壁上的污泥沿着斜壁滑回厌氧反应区内，使反应区内积累大量的污泥，与污泥分离后的处理出水从沉淀区溢流堰上部溢出，然后排出污泥床。

UASB 系统稳定运行的原因：①反应器内形成沉降性良好的颗粒污泥或絮体污泥；②由产气和进水的均匀分布所形成的良好的自然搅拌作用；③设计合理的污泥沉淀絮体和三相分离系统，使沉淀性能良好的污泥保持在 UASB 系统内。

根据不同废水水质，UASB 反应器的构造有所不同，主要分为开放式（Open type）和封闭式（Closed type）两种。

开放式 UASB 反应器的特点是反应器的顶部不密封，不收集沉淀区液面释放出的沼气，有时虽然也加盖，但不一定密封，其目的是防止散发臭气。这种 UASB 反应器主要适用于处理中低浓度的有机废水，中低浓度废水经反应区后，出水中的有机物浓度已较低，所以在沉淀区产生的沼气数量较少，一般不回收。这种形式的反应器构造比较简单，易于施工安装和维修。

封闭式 UASB 反应器的特点是反应器的顶部是密封的（Sealed）。三相分离器的构造也与前者有所不同，它不需要专门的集气室，而在液面与池顶之间形成一个大的集气室，可以同时收集到反应区和沉淀区产生的沼气。这种形式的反应器适用于处理高浓度有机废水或含硫酸盐较多的有机废水。因为处理高浓度有机废水时，在沉淀区仍有较多的沼气逸出，必须进行回收，并可较好地防止臭气（Stink）释放。这种形式的反应器的池顶可以是固定的，也可做成浮盖式的。

UASB 反应器的断面形状一般为圆形或矩形。反应器常为钢结构或钢筋混凝土结构。当采用钢结构时，常采用圆形断面；当采用钢筋混凝土结构时，则常用矩形断面。由于三相分离器的构造要求，采用矩形断面便于设计和施工。

2. UASB 反应器的特点（Characteristics）

由于在 UASB 反应器中能够培养得到一种具有良好沉降性能和高比产甲烷活性的

颗粒厌氧污泥，因而相对于其他同类装置，颗粒污泥 UASB 反应器具有一定的优势。其突出特点为：

（1）有机负荷较高，水力负荷能满足要求。

（2）提供一个有利于污泥絮凝和颗粒化的物理条件，并通过工艺条件的合理控制，使厌氧污泥能保持良好的沉淀性能。

（3）通过污泥的颗粒化和流化作用，形成一个相对稳定的厌氧微生物生态环境，并使其与基质充分接触，最大限度地发挥生物的转化能力。

（4）污泥颗粒化后使反应器对不利条件的抗性增强。

（5）用于将污泥或流出液人工回流的机械搅拌一般维持在最低限度，甚至可完全取消，尤其是颗粒污泥 UASB 反应器，由于颗粒污泥的密度比人工载体小，在一定的水力负荷下，可以靠反应器内产生的气体来实现污泥与基质的充分接触。因此，UASB 可省去搅拌和回流污泥所需的设备和能耗。

（6）在反应器上部设置的三相分离器，能使消化液携带的污泥自动返回反应区内，对沉降良好的污泥或颗粒污泥避免了附设沉淀分离装置、辅助脱气装置和回流污泥设备的流程，简化了工艺，节约了投资和运行费用。

（7）在反应器内不需投加填料和载体，提高了容积利用率，避免了堵塞（Blocking）。

正因如此，UASB 反应器已成为第二代厌氧处理反应器中发展最为迅速、应用最为广泛的装置。目前 UASB 反应器不仅用于处理高中等浓度的有机废水，也开始用于处理如城市废水这样的低浓度有机废水。但大量工程应用显示，以 UASB 为代表的第二代厌氧反应器还存在一些不足，如当反应器布水系统等已经确定后，如果在低温条件下运行，或在启动初期（只能在低负荷下运行），或处理较低浓度有机废水时，由于不可能产生大量沼气的较强扰动，反应器中混合效果较差，从而出现短流。如果提高反应器的水力负荷来改善混合状况，则会出现污泥流失。

4.5.3 UASB 反应器的启动

废水厌氧生物处理反应器成功启动的标志是，在反应器中短期内培养出活性高、沉降性能优良并适用于处理废水水质的厌氧污泥。在实际生产中，生产性厌氧反应器建造完成后，快速、顺利地启动反应器是整个废水处理工程中的关键性因素。

UASB 反应器能有良好的去除效果，关键在于 UASB 反应器内有极好的沉降性能与较高生物活性的颗粒状污泥。与絮状污泥相比，颗粒状的厌氧污泥有如下特点：

①沉降性能好，不容易被冲刷出反应器；②污染负荷高，颗粒状的厌氧活性污泥的污染容积负荷可达 30 ~ 50kgCOD/（m^3·d），在 UASB 反应器中 90% 的有机物是由颗粒状的污泥去除的；③颗粒状污泥产气量高。

UASB 反应器启动可以有以下几个阶段（Stage）：

第一阶段：启动初始阶段。在此阶段，反应器中的污染容积负荷应该低于 2kgCOD/（m^3·d）或污泥有机负荷应在 0.05 ~ 0.1kgCOD/（kg·d）。在这一阶段，因为上升水流的冲刷与逐渐产生的少量沼气上逸的推动，一些细小分散的污泥可能会被冲刷流出反应器。因此在 UASB 反应器启动阶段不能追求反应器的处理效果、产气率与出水水质，而应该将污泥的驯化与颗粒化作为主要工作目标。

第二阶段：在这一阶段可以将反应器容积有机负荷上升至 2 ~ 5kgCOD/（m^3·d）。此阶段中污泥逐渐出现颗粒状，同时在出水中被冲刷洗出的污泥相比第一阶段逐渐减少，这时被洗出的污泥多为沉降性能较差的絮状污泥。厌氧污泥的驯化过程在这个阶段完成。

第三阶段：这一阶段完成后反应器的容积负荷增加到 5kgCOD/（m^3·d）。絮状污泥迅速减少，颗粒状污泥的含量进一步增高，当反应器中普遍以颗粒污泥为主时，反应器的最大容积负荷可达到 50kgCOD/（m^3·d）。

当反应器中污泥颗粒化完成之后，反应器的启动也就完成。

1. UASB 反应器投产初期的操作（Operation）

（1）UASB 反应器投产初期（Initial stage of production）的操作原则：

① 选取性能优良的接种污泥，以保证反应器有较好的微生物种源；污泥中存在一些可供细菌附着的载体物质微粒，对刺激和启动细胞聚集有益。添加部分颗粒污泥或破碎的颗粒污泥，也可加快污泥颗粒化进程；

② 控制合适的反应器环境，以促进厌氧细菌（特别是产甲烷细菌）的增殖；

③ 控制工艺条件，以促进污泥的颗粒化。

（2）UASB 反应器启动的要点：

① 接种 VSS 污泥量为 12 ~ 15kg/m^3（中温性）；

② 初始污泥 COD 负荷率为 0.05 ~ 0.1kg/（kg·d）；

③ 当进水 COD 质量浓度大于 5000mg/L 时，采用出水循环或稀释进水；

④ 保持乙酸质量浓度为 800 ~ 1000mg/L；

⑤ 除非 VFA 的降解率超过 80%，否则不增加污泥负荷率；

⑥ 允许稳定性差的污泥流失，洗出的污泥不再返回反应器；

⑦ 截住重质污泥。

2. 工艺条件（Process condition）的控制

UASB 的启动分为两个阶段：第一阶段是接种污泥在适宜的驯化过程中获得一个合理分布的微生物群体（Microbial population）；第二阶段是这种合理分布群体的大量生长、繁殖（Breed）。

（1）接种污泥（Inoculation sludge）

厌氧消化污泥、河底淤泥、牲畜粪便、化粪池污泥及好氧活性污泥等均可作为反应器的接种污泥而培养出颗粒污泥。接种污泥的数量和活性是影响反应器成功启动的重要因素。不同的污泥接种量宏观地表现为反应器中污泥床高度不同。污泥床厚度以 2 ~ 3m 为宜，太厚或过浅会加大沟流和短流。拉丁格（Lettinga）教授认为，中温性 UASB 反应器接种稠密型污泥 VSS 时接种量范围为 12 ~ 15kg/m^3，接种稀薄型污泥时接种量大约为 6kg/m^3；高温性 UASB 反应器最佳接种量范围为 6 ~ 15kg/m^3。

（2）废水性质（Nature of wastewater）

拉丁格认为，低浓度废水有利于 UASB 反应器的启动，主要是有利于其中污泥的结团，在低浓度下可避免毒物积累。COD 质量浓度大于 4000mg/L 时，废水采用出水回流或稀释为宜，以降低局部区域的基质浓度。

启动过程中，悬浮物质量浓度应控制在 2g/L 以下。在处理粪便污水时，进水 SS 质量浓度应控制在 3.25 ~ 4.02g/L。UASB 反应器若采用颗粒污泥接种，随着启动过程的推进，反应器中颗粒污泥逐渐消失，究其原因，除了氨态氮的毒害作用外，悬浮物的影响也较大。对可生化性较差的废水，启动时适当加入易生化物质是有益的，如北京某环科所处理醋酸生产废水和苯二甲酸生产废水时，分别添加了生活污水和淀粉，对 UASB 反应器的启动起到了很好的加速作用。

（3）反应器的升温速率（Heating rate）

不同种群产甲烷细菌对其适宜的生长温度范围均有严格要求。研究发现，反应器升温速率太快，会导致内部污泥的产甲烷活性短期下降。较合理的升温速率为 2 ~ 3℃/d，最快不宜超过 5℃/d。

（4）进水 pH 值控制（Control）

在厌氧发酵过程中，环境的 pH 值对产甲烷细菌的活性影响很大，通常认为最适宜的 pH 值为 6.5 ~ 7.5。因此，启动初期进水 pH 值应根据出水 pH 值来进行控制，通常控制在 7.5 ~ 8.0 范围内比较适宜。由于在有些情况下待处理废水的 pH 值较低，因此，开始启动时进水需经中和后再进入反应器中，当反应器出水 pH 值稳定在 6.8 ~ 7.5 时可逐步由回流水和原水混合进水过渡到直接采用原水进水。

（5）进水方式（The way）

进水方式可在一定程度上影响反应器的启动时间。在反应器的启动初期，由于反应器所能承受的有机负荷较低，可以采用出水回流与原水混合、间歇脉冲的进料方式，反应器可在预定的时间内完成正常的启动。通过对反应器的产气速率进行分析发现，每天进料 5 ~ 6 次，每次进料时间以 4h 左右为宜。

（6）反应器（Reactor）进水温度控制

与厌氧消化池相同，温度对反应器的启动与运行都具有很大影响，反应器消化温度的影响因素主要包括进水中的热量值、反应器中有机物的降解产能反应和反应器的散热速率。在生产性反应器的启动期，应采取一定的有效措施，平衡诸影响因素对反应器消化温度的影响，控制和维持反应器的正常消化温度。研究发现，通过对回流水加热，将进水温度维持在高于反应器工作温度 8 ~ 15℃范围，可保证反应器中微生物在规定的工作条件下进行正常的厌氧发酵。

（7）反应器容积负荷（Volumetric load）增加方式

反应器的容积负荷直接反映了基质与微生物之间的平衡关系。在确定的反应器中，不同运行时期微生物对有机物降解能力存在着差异。反应器启动初期，容积负荷应控制在合理的限度内，否则将会引起反应器性能的恶化。

有机负荷操作控制条件为：当 COD 去除率大于 80% 时，出水 pH 值为 7.0 ~ 7.5，稳定运行 4 ~ 6d 后，再提高负荷。每次 COD 负荷提高的幅度为 0.5 ~ 1.0kg/（m^3·d）。

（8）启动阶段完成的判断

反应器的有机负荷、污泥活性和沉降性能、污泥中微生物群体、气体中甲烷含量等参数在启动过程中均发生不同程度的变化。可以通过分析反应器耐冲击负荷的稳定性来评价反应器启动终止与否。

有机负荷的突然增大，使得反应器出水 COD、产气量和 pH 值都迅速发生变化。但由于反应器中已培养出活性较高、沉降性能优良的厌氧污泥，因此，当冲击负荷结束后，系统就能很快恢复原来状态。说明系统已具有一定的稳定性，此时认为反应器已经完成了启动过程，可以进入负荷提高或运行阶段。

3. 缩短 UASB 启动时间的新途径（New approach）

针对 UASB 反应器启动慢这一限制其广泛利用的因素，环保工作者进行了大量的研究，已获得有效的措施缩短其启动时间。

（1）投加无机絮凝剂（Inorganic flocculant）或高聚物

为了保证反应器内的最佳生长条件，必要时可改变废水的成分，方法是向进水中投加养分、维生素和促进剂等。麦克雷（Macarie）和格鲁特（Gryot）研究发现，在处理生物难降解有机污染物亚甲基苯甲酸废水时，向废水中投加 $FeSO_4$ 和生物易降解培养基后，可以有效地降低原系统的氧化还原能力，达到一个合适的亚甲基源水平，缩短 UASB 的启动时间。另一项研究表明，在 UASB 反应器启动时，向反应器内加入质量浓度为 750mg/L 的亲水性高聚物（WAP）能够加速颗粒污泥的形成，从而缩短启动时间。

（2）投加细微颗粒物（Fine particles）

在 UASB 启动初期，人为地向反应器中投加适量的细微颗粒物如黏土、陶粒、颗粒活性炭等，有利于缩短颗粒污泥的出现时间，但投加过量的惰性颗粒会在水力冲刷和沼气搅拌下相互撞击、摩擦，形成强烈的剪切作用，阻碍初成体的聚集和黏结，对于颗粒污泥的成长有害无益。研究者在反应器中投加了少量陶粒、颗粒活性炭等，启动时间明显缩短，这部分细颗粒物的体积约占反应器有效容积的 2% ~ 3%。

4.5.4 水质异常现象及对策

与好氧生物（Aerobiont）反应器一样，厌氧生物（Anaerobe）反应器如果出现异常现象，也相应有一定的解决对策。在具体工作过程中，应该根据具体的原因给出具体的解决对策。对 UASB 反应器的水质异常建议解决对策见表 4–4。

表 4–4 UASB 反应器的水质异常现象与解决对策

异常现象	可能原因	解决对策
活性污泥生长缓慢	营养元素不足； 进液预酸化程度过高； 颗粒污泥被冲洗出来； 颗粒污泥的分裂	增加进液的营养与微量元素； 减少预酸化程度； 增加反应器负荷
反应器过负荷	反应器中污泥量不足； 产甲烷细菌的活性不足	增加污泥活性； 提高污泥量； 增加种泥量或促进污泥生长； 减少污泥洗出量

续表

异常现象	可能原因	解决对策
污泥甲烷细菌活性低	营养元素不足； 产酸菌生长过盛，抑制甲烷细菌生长； 有机悬浮物在反应器中积累； 反应器温度不适合，一般过低； 有毒物质存在； 废水硬度过高	增加营养或微量元素； 调节反应器内 pH 值； 调节温度，减少废水中的 Ca^{2+}、Mg^{2+}
颗粒污泥洗出	气体聚集在颗粒污泥中； 颗粒形成分层结构； 颗粒污泥因为含大量蛋白质与脂肪上浮	增加污泥负荷，采用内部水循环； 稳定工艺条件，增加废水预酸化程度； 采用预处理（沉淀或化学絮凝）去除蛋白质与脂肪
絮状的污泥或表面松散“起毛”	反应器中污泥量不足； 产甲烷细菌的活性不足	增加污泥活性； 提高污泥量； 增加种泥量或促进污泥生长； 减少污泥洗出量
颗粒污泥破裂分散	负荷或进液浓度突然变化； 预酸化程度突然增加，使产酸菌呈“饥饿”状态； 有毒物质存在废水中； 机械力过强	应用更稳定的预酸化条件； 废水脱毒预处理； 延长驯化时间，稀释进液； 降低负荷和上流速度，以降低水流的剪切力； 利用出水循环以增大选择压力，使絮状污泥冲洗出来

参考文献

[1] 金必慧，黄南平. 城镇污水处理厂运行管理 [M]. 北京：中国建筑工业出版社，2012.

[2] 王怀宇. 污水处理厂运行管理 [M]. 北京：中国劳动社会保障出版社，2009.

[3] 曹宇，王恩让. 污水处理厂运行管理培训教程 [M]. 北京：化学工业出版社，2005.

[4] 纪轩. 污水处理工必读 [M]. 北京：中国石化出版社，2007.

[5] 郭树君. 污水处理厂技术与管理问答 [M]. 北京：化学工业出版社，2015.

[6] 李亚峰. 城市污水处理厂运行管理 [M]. 北京：化学工业出版社，2010.

[7] 陈杰瑢. 环境工程技术手册 [M]. 北京：科学出版社，2008.

[8] 北京水环境技术与设备研究中心. 三废处理工程技术手册——废水卷 [M]. 北京：化学工业出版社，2018.

[9] 吴忠标 . 实用环境工程手册 [M]. 北京：化学工业出版社，2001.
[10] 张光明 . 水处理高级氧化技术 [M]. 黑龙江：哈尔滨工业大学出版社，2007.
[11] 余经海 . 工业水处理技术 [M]. 北京：化学工业出版社，2010.
[12] 任南琪 . 高浓度有机工业废水处理技术 [M]. 北京：化学工业出版社，2012.
[13] 朱月海 . 水处理技术设备设计手册 [M]. 北京：中国建筑工业出版社，2013.

第 5 章　污水厂污水处理系统的运行管理

5.1　格栅的运行与管理

格栅（Grilling/bar screens）是污水处理厂的第一个处理单元，它的主要作用是去除污水中较大的悬浮物和漂浮物，以保证后续处理设施能正常运行。格栅主要去除的是可能堵塞水泵机组及管道阀门的较大的悬浮物或漂浮物。

5.1.1　清污机的结构和工作原理

废水中往往含有较大的悬浮物和漂浮物，如纤维、毛发、果皮、蔬菜、塑料制品等。为了保证其他机械设备正常运行，减轻后续处理负荷，必须设置格栅除污机。格栅除污机（表 5-1）主要有链条式机械格栅、移动式伸缩臂机械格栅、圆周回转式机械格栅、钢丝绳牵引式机械格栅。在不同的场合，对不同的水量水质有不同的组合。

表 5-1　几种机械格栅及其使用范围

类型	使用范围	优点	缺点
链条式机械格栅	深度不大的中小型格栅，主要清除长纤维、带状物	1. 构造简单，制造方便； 2. 占地面积小	1. 杂物进入链条和链轮之间时，容易卡住； 2. 套筒滚子链造价高，耐腐蚀差
移动式伸缩臂机械格栅	中等深度的宽大格栅	1. 不清污时，设备全部在水面上，维修检修方便； 2. 可不停水检修； 3. 钢丝绳在水面上运行，寿命较长	1. 需三套电动机、减速器，构造较复杂； 2. 移动时，齿耙与栅条间隙的对位较困难
钢丝绳牵引式机械格栅	固定式适用于小型格栅，深度范围较大；移动式适用于宽大格栅	1. 使用范围广泛； 2. 无水下固定部件的设备，检修和维护方便	1. 钢丝绳干湿交替，易腐蚀，宜用不锈钢丝绳； 2. 有水下固定部件的设备，设备检修时需停水
圆周回转式机械格栅	深度较浅的中小型格栅	1. 构造简单，制造方便； 2. 动作可靠，容易检修	1. 配置圆弧形格栅，制造较困难； 2. 占地面积较大

5.1.2 链条式平面格栅除污机

链条式平面格栅除污机（Chain plane bar screen waste remover）主要由驱动机构、主轴、链轮、牵引链、齿耙、过载保护装置和框架结构等组成，如图 5-1 所示。

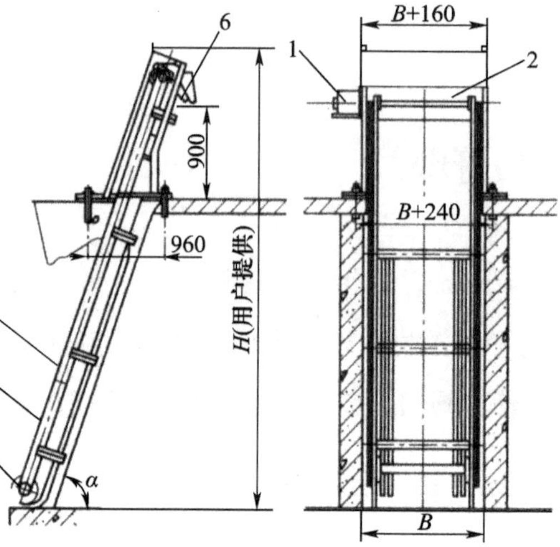

图 5-1　链条式平面格栅除污机

1- 驱动机构；2- 主轴；3- 从动轮；4- 耙齿；5- 机架；6- 张紧轮

由驱动机构驱动主轴旋转，主轴两侧主动链轮使两条环形链做回转运动，在环形链条上均布 6 ~ 8 块齿耙，耙具间距与格栅间距配合，回转时耙齿插入栅片间隙中上行，将格栅截留的栅渣刮至平台上端的卸料处，由卸料装置将污物卸至输送机或积污容器内。牵引耙齿的链条，常用节距为 35 ~ 50mm 的套筒滚子链，为了延长使用寿命，可采用不锈钢材质。

链条式格栅除污机适用于深度不大的中小型格栅，主要清除长纤维、带状物等生活污水中的杂物。链条式平面格栅除污机结构紧凑、运转平稳，工作可靠，不易出现耙齿插入不准的情况。使用中应注意由于温差变化、荷载不均、磨损等导致链条伸长或收缩，需随时对链条与链轮进行调整与保养，及时清理缠挂在链条、齿耙上的污物，以免卡入链条与链轮间影响运行。如图 5-2 所示。

5.1.3 移动式伸缩臂格栅除污机

移动式伸缩臂格栅除污机主要由驱动机构、机架、链轮、导轨、齿耙和卸污装置等组成，如图 5-3 所示。

链式平面格栅除污机在平台以下部分全部浸没在水下，易腐蚀，难以维修保养，且链条及链轮都易缠绕水中的污物，一旦被缠绕物卡住将影响运行，甚至毁损机件。移动式伸缩臂格栅除污机链条及链轮全部在水面以上工作，具备一般链条式除污机没有的优点。

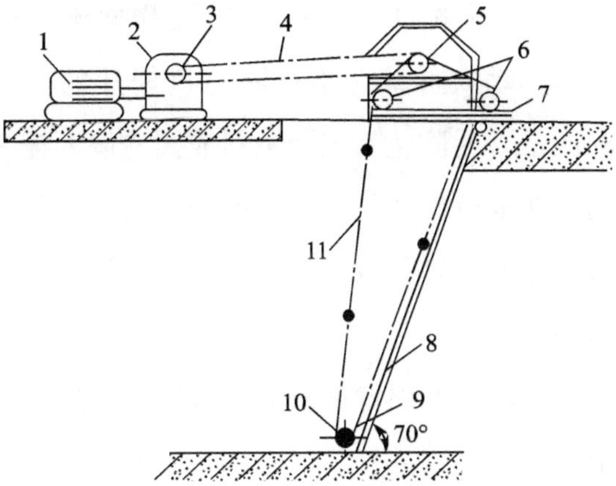

1- 电动机；2- 减速器；3- 主动链轮；4- 传动链条；5- 从动链轮；6- 卸料滑板；7- 臂角调整机构；8- 卷扬机构；9- 行走轮；10- 轨道；11- 皮带运输机

图 5-2　链条式格栅除污机示意图

移动式伸缩臂格栅除污机的工作原理如图 5-4 所示。三角形齿耙架的滚轮设置在导轨内，另一主滚轮与环形链铰接。由驱动机构传动分置于两侧的环形链，牵引三角形耙架导轨升降。下行时，三角形齿耙架的主滚轮在环形链条的外侧，齿耙张开下行。下行至终端，主滚轴回转到链轮内侧，三角形齿耙插入格栅栅条间隙内。上行时，齿耙把截留于格栅上的栅渣扒集至卸料口，由卸污装置将污物推入滑板，排至集污槽内。此时三角形齿耙架的主滚轮已上行至环链的上端，回转至环链

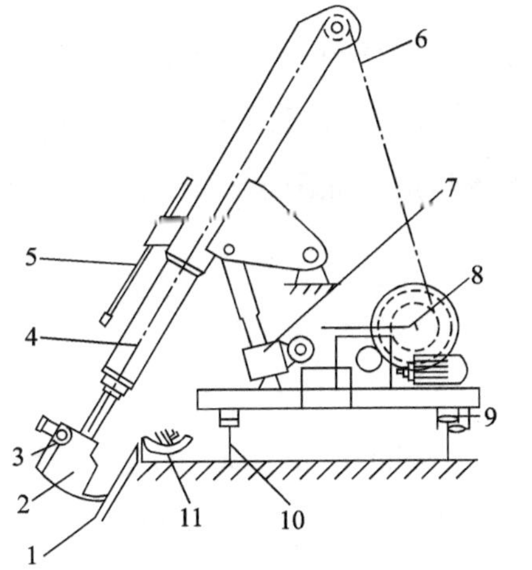

1- 格栅；2- 耙斗；3- 卸污板；4- 伸缩臂；5- 卸污调整杆；6- 钢丝绳；7- 臂角调整机构；8- 卷扬机构；9- 行走轮；10- 轨道；11- 皮带运输机

图 5-3　移动式伸缩臂机械格栅除污机示意图

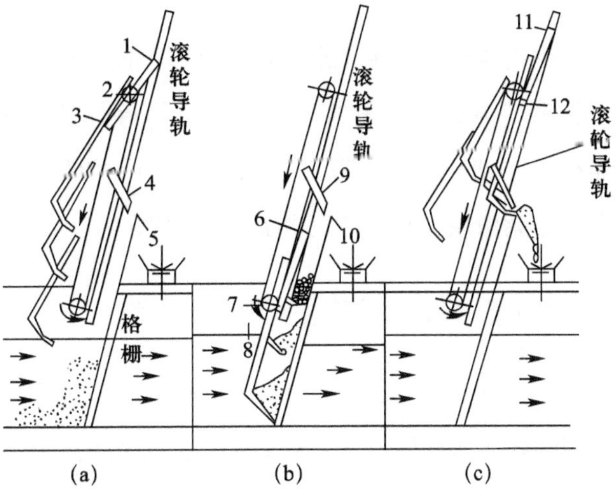

1，6，11- 滚轮；2，7，12- 主滚轮；3，8- 齿耙；4，9- 小耙；5，10- 滑板

图 5-4　移动式伸缩臂格栅除污机工作原理图

的外侧，齿耙张开，完成一个工作循环。

移动式伸缩臂格栅除污机栅片的有效间距为10～50mm，耙的除污速度为6～8m/min。为防止齿耙间歪斜或栅渣嵌入栅片造成卡死现象，在驱动减速器与主动链轮的连接部位安装了过力矩保护开关，当负荷达到额定限度时，极限开关便切断电源停机并报警。有些机型安装了摩擦联轴器，超负荷时，联轴器打滑，从而保护了链条及齿耙。

移动式伸缩臂格栅除污机的主要故障是齿耙不能正确地插入栅条，主要有如下几个原因：

（1）格栅下部有大量泥沙、杂物堆积，齿耙下降不到位。此种情况往往出现在较长时间停机后再启动或突降暴雨后。这就需要清理之后再开机。

（2）链条经一段时间运行后疲劳松弛，甚至错位；或两链条张紧度不一，导致耙齿歪斜。应每运行一个月，调整链条的张紧度，并使齿耙处于水平位置，确保齿耙正确插入。

（3）格栅片扭曲变形。主要是格栅片受外力撞击或齿耙卡死，继续牵引造成。出现该状况，应整修栅片。

5.1.4 钢丝绳牵引式格栅除污机

钢丝绳牵引式格栅除污机是应用钢丝绳牵引耙斗，清除格栅上被截留的污物，其结构有二索式、三索式、抓斗式。该除污机主要由驱动机构、卷筒、钢丝绳、耙斗、绳滑轮、耙斗张合装置、机械过力矩保护装置和机架等组成，如图5-5所示为钢丝绳牵引二索滑块式格栅除污机结构示意图。

5.1.5 鼓形栅筐格栅除污机

鼓形栅筐格栅除污机又称细栅过滤器或螺旋格栅机（Spiral grille machine），属于圆周回转式机械格栅，是一种集细格栅除污机、栅渣螺旋提升机和栅渣螺旋压榨机于一体的设备，如图5-6所示。

格栅片按栅隙（5～12 mm）间隔制成鼓形栅筐，处理水从栅筐前流入，通过格栅过滤，流向水池出口，污物被截留在栅面上，当栅内外的水位差达到一定值时，安装在中心轴上的旋转齿耙回转清污，当清渣齿耙把污染物扒集至栅筐顶点（时钟12点）位置时，污物靠自重卸入集污槽实现卸污，而后又后转15°，栅筐顶端的可以摇摆的清渣

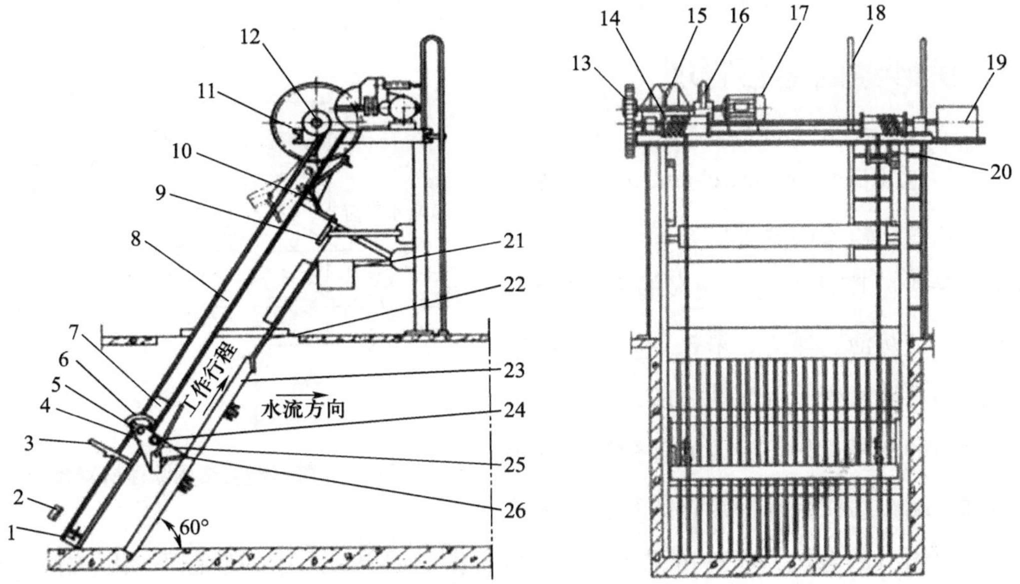

1- 限位螺栓；2- 自锁撞块；3- 除污耙自锁栓；4- 耙臂；5- 销轴；6- 摆动限位板；7- 滑块；8- 导轨；9- 刮板；10- 提耙导轨；11- 底座；12- 卷筒轴；13- 齿轮；14- 卷筒；15- 减速机；16- 制动器；17- 电动机；18- 扶梯；19- 限位器；20- 松绳开关；21- 上溜板；22- 下溜板；23- 格栅；24- 抬耙辊；25- 钢丝；26- 耙齿板

图 5-5　钢丝绳牵引二索滑块式格栅除污机

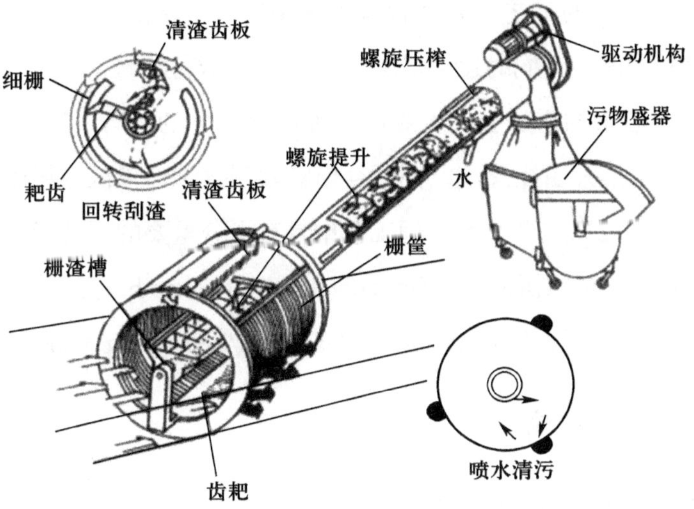

图 5-6　鼓形螺旋格栅机

齿板把黏附在齿耙上的污物刮除，卸入集污槽。污物由槽底螺旋输送器提升至上部压榨段压榨脱水后卸入污物盛器内外运。如图 5-7 所示。

该设备自动化程度高、处理水量大、规格多、能耗低，从进水到栅渣外运，可全封闭运行，卫生、无臭味。但需配置圆弧形格栅，制造较困难，占地面积较大。

5.2 沉砂池的运行管理

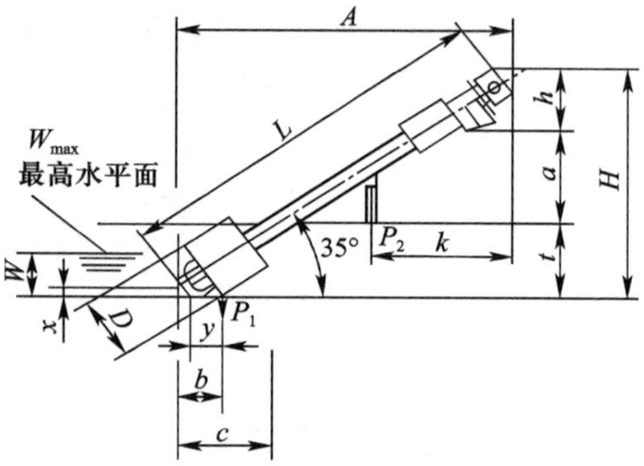

图 5-7 鼓形栅篦格栅除污机安装图

沉砂池（Detritor/Grit chamber）是污水处理工艺当中重要的处理设施之一，沉砂池的作用是去除废水中比重较大的无机颗粒，如泥砂、炉灰渣、煤渣、果核等。它一般设置在泵站、倒虹管、沉淀池之前，以减轻水泵和管道的磨损，防止后续处理构筑物管道的堵塞，缩小污泥处理构筑物的容积，提高污泥有机组分的含量，提高污泥作为肥料的价值。如果废水中的砂粒不加以去除，进入后续处理单元，将会引起如下危害：

（1）砂粒进入初沉池会加速污泥刮板的磨损，缩短其使用寿命。

（2）排泥管道中砂粒的沉积易导致管道的堵塞，进入污泥泵后会加剧叶轮磨损。

（3）对于不设初沉池的废水处理工艺（如氧化沟等）或实际运行中由于进水负荷过低而超越初沉池运行的工艺，大量砂粒将直接进入生化池沉积（形成“死区”），导致生化池有效容积的减少，同时还会对曝气装置产生不利影响。

（4）污泥中含砂量的增加会大大影响污泥脱水设备的运行。砂粒进入带式脱水机会加剧滤布的磨损，缩短更换周期，同时会影响絮凝效果，降低污泥成饼率。

由此可知，沉砂池在整个污水处理工艺中具有十分重要的预处理作用。

常用的沉砂池有平流式沉砂池（Horizontal flow grit chamber）、曝气沉砂池（Aerated grit chamber）和旋流沉砂池（Vortex-type grit chamber/Bell-type grit chamber）等。

5.2.1 平流式沉砂池

平流式沉砂池由入流渠、出流渠、闸板、水流部分及沉砂斗组成，如图 5-8 所示。这种沉砂池的水流部分实际上是一个比入流渠道和出流渠道宽而深的渠道，平面为长方形，横断面多为矩形，两端设有闸板，以控制水流，池底设 1～2 个贮砂斗，利用重力排砂，也可用射流泵或螺旋泵排砂。它具有截留无机颗粒效果好、工作稳定、构造简单、排沉砂较方便等优点。平流式沉砂池的设计参数按去除相对密度 2.65，粒径大于 0.2mm 的砂粒确定。

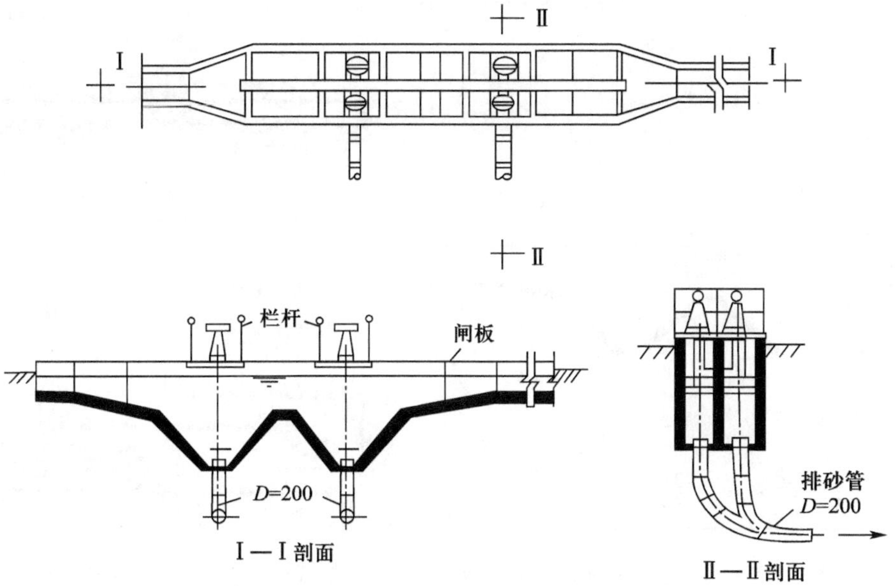

图 5-8　平流式沉砂池剖面图

图 5-9 为砂斗加贮砂罐及底闸，进行重力排砂。砂斗中的沉砂经碟阀进入钢制贮砂罐，贮砂罐中的上清液经旁通水管流回沉砂池，最后，沉砂经碟阀排入运砂车。这种排砂方法的优点是排砂的含水率低，排砂量容易计算，缺点是沉砂池需要高架或挖小车通道。

图 5-10 为机械排砂法的一种单口泵式排砂机。沉砂池为平底，砂泵、真空泵、吸砂管、旋流分离器均安装在行走桁架上。桁架沿池长方向往返行走排砂。经旋流分离器分离的水分回流到沉砂池，沉砂可用小车、皮带运送器等运至晒砂场或贮砂池，这种排砂方法自动化程度高，排砂含水率低，工作条件好，池高较低。大、中型污水处理厂应采用机械排砂。

5.2.2　曝气沉砂池

普通沉砂池因池内水流平稳，对无机颗粒的选择性截流效率不高，沉砂含一定有机物，容易产生厌氧分解而腐败发臭，增加了后续处理的难度。曝气沉砂池可较好地解决这一问题。

图 5-11 为曝气沉砂池的断面图，其水流部分是一个矩形渠道，在沿池壁一侧的整个长度距池底 0.6 ~ 0.9m 处设置曝气装置。曝气装置使得沉砂池中的水流产生横向流动，最终呈螺旋旋转状态，黏附在无机颗粒表面的有机物因相互摩擦、碰撞而被洗刷下来，沉淀的无机颗粒中的有机物含量低于 5%，有利于后续处理；同时由于曝气

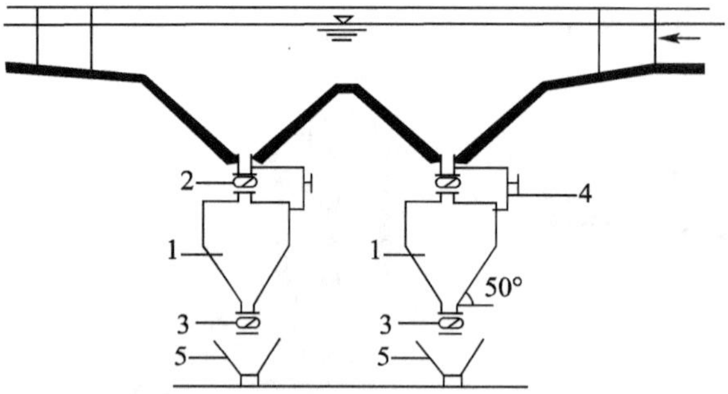

1- 钢制储砂槽；2，3- 手动或电动蝶阀；4- 旁通水管；5- 运砂小车

图 5-9　平流式沉砂池重力排砂法

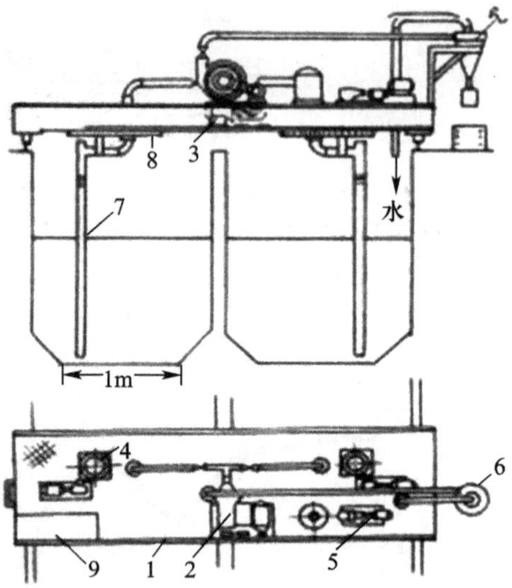

1- 桁架；2- 砂泵；3- 桁架行走装置；4- 回转装置；5- 真空泵；6- 旋流分离器；7- 吸砂管；8- 齿轮；9- 操作台

图 5-10　平流式沉砂池单口泵吸式排砂机

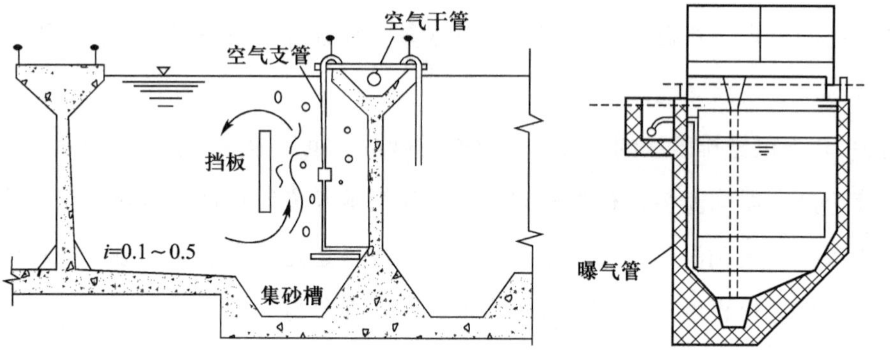

图 5-11　曝气沉砂池剖面图

的气浮作用，污水中的油脂类物质会上升至水面，随浮渣去除。池底沿渠长设有一个集砂槽，池底以坡度 i=0.1～0.5 向集砂槽倾斜，以保证砂粒滑入集砂槽，滑入的砂粒由安置在集砂槽内的吸砂机或刮砂机排出。曝气沉砂池与普通沉砂池相比有下列优点：有预曝气作用，可脱臭，改善水质，有利于后续处理；沉砂池中有机物含量低，不易腐败。如图 5-12 所示。

5.2.3　旋流沉砂池

旋流沉砂池也称为钟式沉砂池，是一种利用机械力控制水流流态与流速，加速

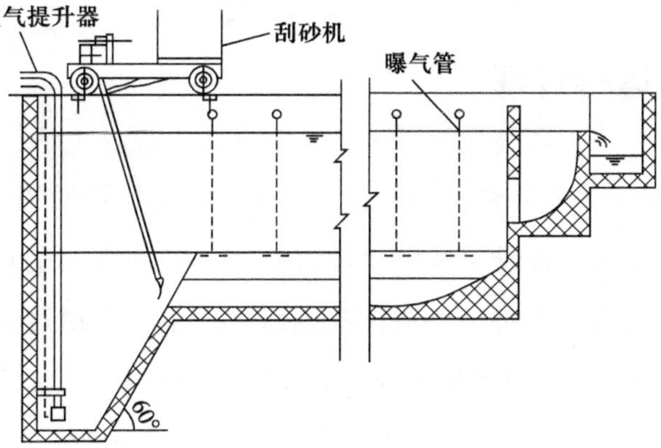

图 5-12　曝气沉砂池示意图

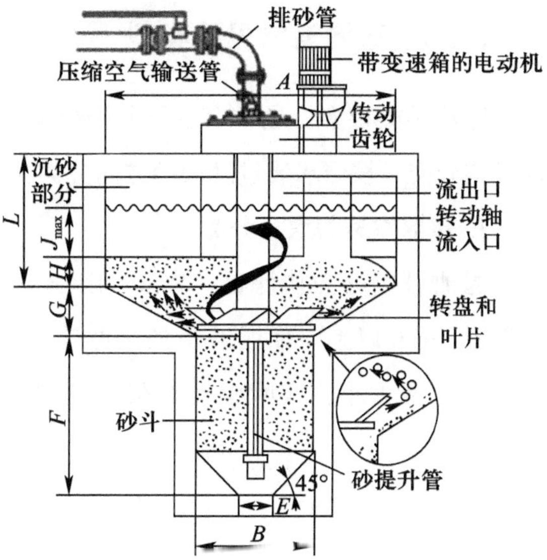

图 5-13　旋流沉砂池剖面图

砂粒沉淀，并使有机物随水流带走的沉砂装置。如图 5-13 所示，旋流除砂系统由旋流沉砂池和砂水分离器及鼓风机等组成。废水由流入口切线方向流入旋流沉砂池，电动机带动机械叶轮的旋转，使砂颗粒在离心力与重力的作用下，沿池壁呈螺旋线加速沉降，同时有机物在水流的作用下，随水流漂走。调节转盘和叶片的转速，可达到最佳沉砂效果。沉入池底的砂经先进的空气提升系统提升后，与少量污水进入砂水分离器中进行分离后排出，清洗水回流至格栅井，从而达到除砂的目的。沉砂池分为钢制、混凝土建两种结构，可根据工程具体情况进行选择。旋流沉砂池主要用于污水处理厂（站）中的预处理，用于初沉池前、格栅后，去除污水中的较大无机颗粒，在给排水工程中去除直径 0.2mm 以上的大部分砂粒，去除率可达 98% 以上。

旋流沉砂池特点：占地面积小；沉砂效果受水量变化影响很小；砂水分离效果好，分离出的砂子含水率低，有机物含量少，便于运输；系统采用 PLC 自动控制洗砂、排砂周期，运行安全、可靠；操作方便，维护简单，寿命长；鼓风机采用国外先进技术，噪声低；对周围环境影响很小，卫生条件好；适合大中小型污水处理厂使用。

5.3 砂滤池的运行管理

过滤（Filtration）是去除悬浮物，特别是去除浓度比较低的悬浊液中微小颗粒的一种有效方法。过滤时，含悬浮物的水流过具有一定孔隙率的过滤介质，水中的悬浮物被截留在介质表面或内部而除去。在给水处理中，常用过滤处理沉淀或澄清池出水，使滤后出水的浑浊度满足用水要求。在废水处理中，过滤常作为吸附、离子交换、膜分离法等的预处理手段，也可作为生化处理后的深度处理，使滤后水达到回用的要求。

5.3.1 砂滤池常见的类型

滤池种类很多，通常有以下几种分类方式：按照滤速的大小分类、按照滤料的分层结构分类、按照水流过滤层的方向分类、按照作用水头分类。

1. 按照滤速的大小分类

滤池可以分为快滤池（Rapid filter）和慢滤池（Slow filter）。快滤池的滤速则一般在 5m/h 以上。而慢滤池的过滤速度一般在 0.1 ~ 0.2m/h，虽然出水水质好，但是处理水量太小，实际中已经很少使用。图 5-14 为普通快滤池构造及工作过程示意图。

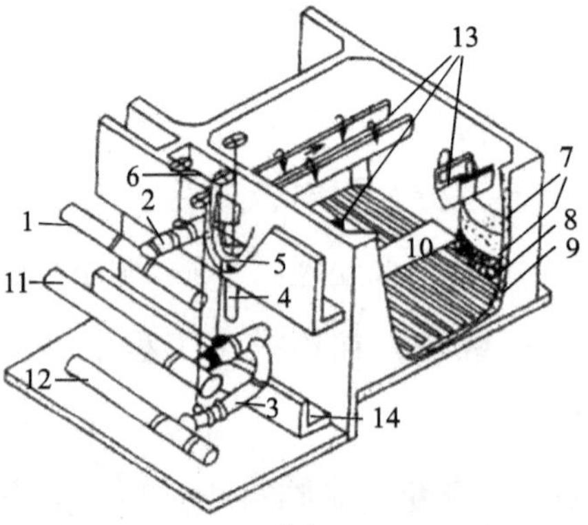

(a)

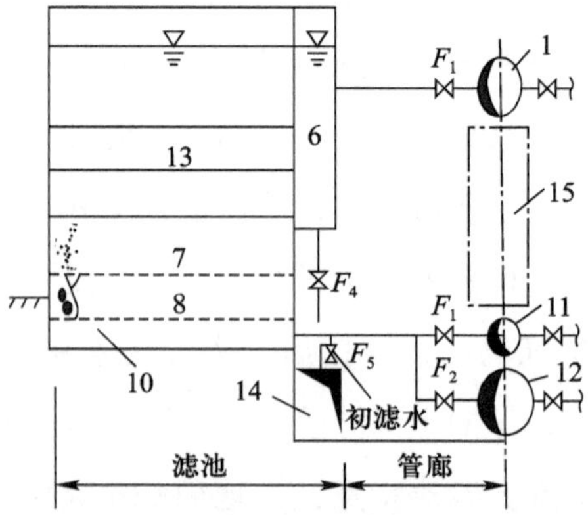

(b)

1- 进水总管；2- 进水支管；3- 清水支管；4- 排水管；5- 排水阀；6- 集水渠；7- 滤料层；8- 承托层；9- 配水支管；10- 配水干管；11- 反冲洗水总管；12- 清水总管；13- 排水槽；14- 废水渠；15- 走道空间

图 5-14 普通快滤池构造及工作过程示意图（箭头表示冲洗时水流方向）

2. **按照滤料的分层结构分类（Classification）**

（1）单层滤料滤池（Single-layer filter）

这种滤池一般单池面积较大，目前已具有成熟的运行经验。缺点是滤池阀门多，易损坏，而且必须配备成套反冲洗设备。这种滤池适用于给水，在污水处理中，仅适用于一些清洁的工业污水处理。当用于处理给水和较清洁的工业废水时，滤料一般用细粒石英砂；当处理生物单元出水时，滤料一般用粗粒石英砂和均质陶粒。

（2）双层滤料滤池（Double-layer filter）

滤料上层可采用无烟煤，下层可采用石英砂；其他形式的滤层还有陶粒-石英砂、纤维球-石英砂、活性炭-石英砂、树脂-石英砂、树脂-无烟煤等。

双层滤池属于反粒度过滤，即废水先流经粒度较大的滤料层，再流经粒径较小的滤料层。大粒径的滤料层孔隙率较大，可以截留废水中较多的污物；小粒径的滤料层孔隙率较小，可以起到进一步截留污物、强化过滤效果的作用。这样布置滤料可以充分发挥滤床的截污能力，避免了仅在滤料表层发生过滤作用的缺点。双层滤池具有截留杂质能力强、杂质穿透深、过滤能力大、出水水质好等特点，适于在给水处理和废水处理中使用，其滤速可达到 4.8 ~ 24m/h。

（3）三层滤料滤池（Triple-layer filter）

三层滤料滤池最普通的形式是上层为无烟煤（相对密度为 1.5 ~ 1.6），中层为石英砂（相对密度为 2.6 ~ 2.7），下层为磁铁矿（相对密度为 4.7）或石榴石（相对密度为 4.0 ~ 4.2），三层滤料也属于反粒径过滤，更能使水由粗滤层流向细滤层，使整个滤层都能充分发挥截留杂质作用，减少过滤阻力，保持很长的过滤时间。三层滤料滤池一般用于中型给水和二级处理出水，这种滤池截污能力大，出水水质较好。如图 5-15 所示。

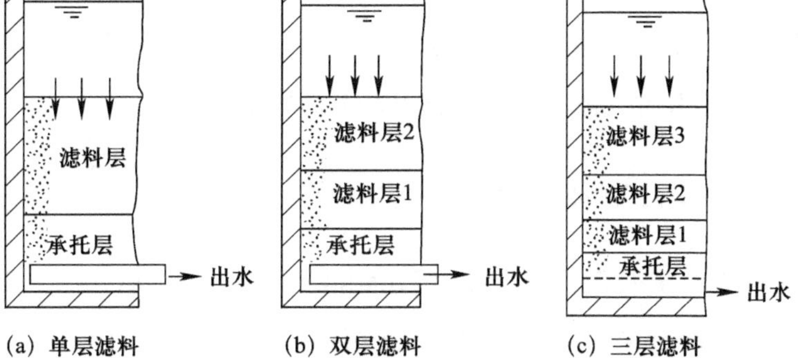

图 5-15 滤池不同形式滤层

3. **按照水流过滤层（Filtering layer）的方向分类**

滤池可分为上向流（Upward flow）、下向流（Downward flow）、双向流（Two-way flow）等，如图 5-16 所示。一般的单层滤料滤池，经水反冲洗会使砂层的粒径分布自上而下逐渐增加，因为粒径小的细滤料被浮选到最上层，这样废水经过滤料时，污染物颗粒基本上被截留在最上层，使下部滤料不能发挥过滤的作用，因而会造成下向流滤池工作周期缩短。采用上向流滤池，可以使滤池的截污能力加强，水头损失减少。废水首先通过粗粒径滤层，再通过细粒径滤层，这样能充分地发挥滤层的作用，可以延长滤池的运行周期，配水均匀，易于观察出水水质，但污染物被截留在滤池下部，滤料不容易冲洗干净，这种池型较适用于中小型给水和工业废水的处理。双向流滤池一般在废水处理中很少采用。

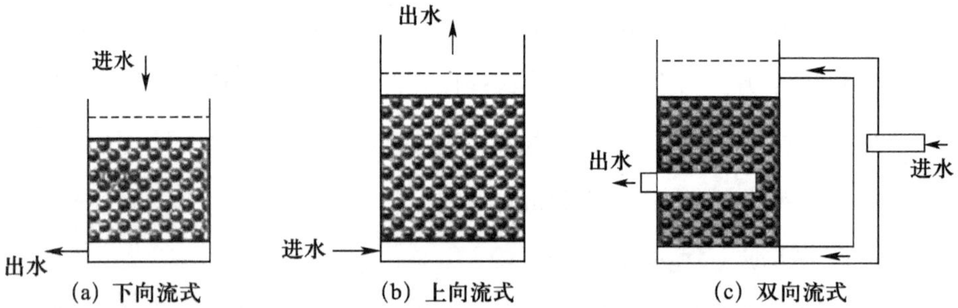

图 5-16　按水流方向分的滤池类型示意图

4. **按照作用水头分类**

滤池可分为重力式滤池（Gravity filter）和压力式滤池（Pressure filter），如图 5-17 和图 5-18 所示。压力式滤池有立式（Vertical）或卧式（Horizontal）两类，其一般有如下特点：允许水头损失高，重力式滤池允许水头损失一般为 2m，而压力式滤池可达 6 ~ 7m；各滤池的出水水管可连起来，互为冲洗水，从而省去了反冲洗罐和水泵；由于池体密封，可防止有害气体从废水中逸出，但清砂不方便。

5.3.2　砂滤池的主要组成部分

滤池的组成部分主要包括滤料层（Filtering materials）、承托层（Retainer layer）、配水系统（Water distribution system）和冲洗系统（Purge system）。

1. **滤料层（Filtering layer）**

滤料层即滤料系统池内的过滤材料，它是承担过滤功能的主要部分。常用的滤料

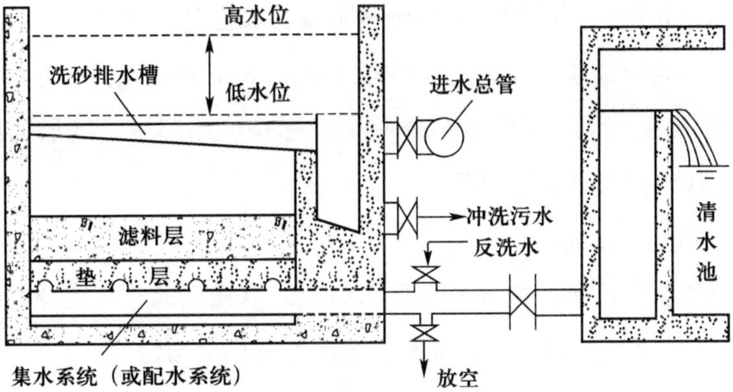

图 5–17　重力式滤池构造及工作过程示意图

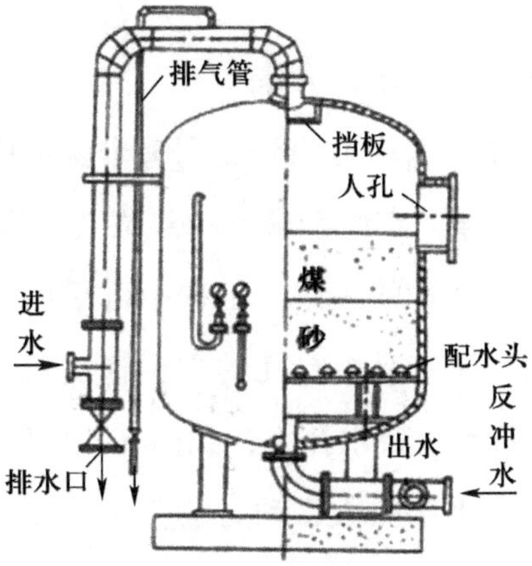

图 5–18　压力式滤池结构示意图

是石英砂和无烟煤，但目前陶粒、磁铁矿、石榴石、炉渣、纤维球等各种滤料也都有广泛的应用。各种滤料都必须具备以下几个特点：

（1）足够的机械强度，如果强度不足，在反冲洗过程中，会由于相互之间剧烈的摩擦而被磨损甚至破碎。

（2）足够的化学稳定性，滤料不应与污水中的杂质发生化学反应，否则会造成滤料损失或产生新的污染物质。

（3）适当的粒径级配，首先，粒径的大小要满足过滤要求。如果粒径太小，就会缩短滤池的工作周期，如果粒径过大，则污染物颗粒会穿过滤层，降低出水水质。其次，滤料粒径要尽量均匀，如果滤料粒径不均匀，会给冲洗带来困难；冲洗强度满足大颗粒要求时，小颗粒可能被冲走；反之，如果冲洗强度仅满足小颗粒的要求，则大颗粒由于膨胀不起来，导致冲洗不彻底。

（4）在实际行动中，一般用粒径范围表示滤料粒径的大小，用不均匀系数表示滤料的均匀程度。不均匀系数是指通过滤料样品重量 80% 的筛孔孔径与通过同一样品重量的 10% 的筛孔孔径之比。滤料的另外一个指标是滤层厚度，滤层的厚度取决于水质、滤料种类以及滤料的级配等因素。

2. **承托层**（Retainer layer）

承托层位于滤池的底部，由大颗粒材料组成。承托层的作用主要是承托滤料，防止滤料进入底部配水系统造成流失，同时保证反冲洗配水均匀。

对承托层有两个基本要求：一是在最大强度的反冲洗时，不能松动；二是孔隙要尽量均匀，以便配水均匀。常用的承托层材料为天然卵石或碎石，有时也用大粒径的粗砂。

3. **配水系统**（Water distribution system）

配水系统的作用是将反冲洗水均匀地分配到整个滤池中。如果配水不均匀，在配水量小的部位，滤料冲洗不干净，在配水量大的部位又会扰动承托层，导致滤料流失。因此，配水均匀是过滤池正常操作的关键。工程中可采用大阻力配水系统和小阻力配水系统两种方法。大阻力配水系统是由穿孔的主干管及其两侧一系列支管以及卵石承托层组成，每根支管上钻有若干个布水孔眼，如图 5-19 所示。该系统配水均匀，工作可靠，基建费用低，但反冲洗水水头大，动力消耗大，在快滤池中被广泛采用。小阻力配水系统是在滤池底部设较大的配水室，其上铺设阻力较小的多孔滤板、滤头等进行配水。该系统反冲洗水水头小，但配水不够均匀，一般适用于反冲洗水头有限的虹吸滤池和压力式无阀滤池等。

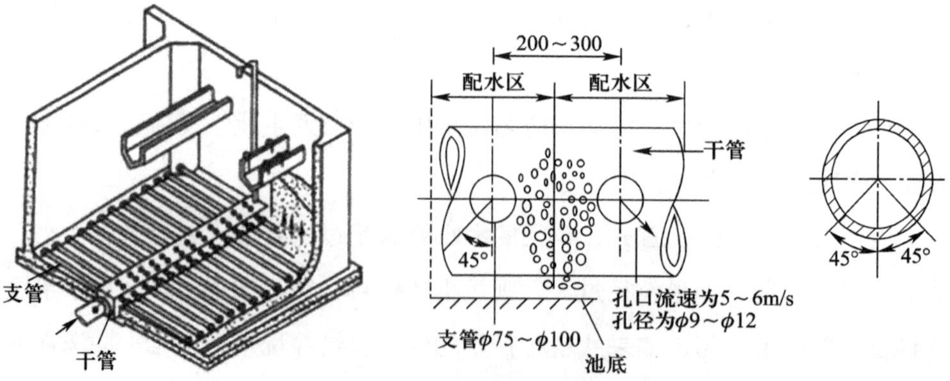

图 5-19　管式大阻力配水系统示意图

4. **冲洗系统**（Purge system）

滤池工作一段时间之后，滤料截留的污染物质趋于最大容量，此时仍继续工作，污物会穿透滤层，失去过滤效果。因此，滤池工作一段时间之后，要定期进行冲洗。值得注意的是滤池反冲洗质量的好坏，对滤池的工作有很大的影响，滤池反冲洗的目的是恢复滤料层（砂层）的工作能力，要求在滤池冲洗时，应满足下列条件：冲洗水在整个底部平面上均匀分布，这是借助配水系统进行的；冲洗水要求有足够的冲洗强度和水头，使砂层达到一定的膨胀高度；要有一定冲洗时间；冲洗的污水要迅速排出。

目前滤料冲洗方法主要有三种：

（1）反冲洗（Backwash/Backflush）。反冲洗指从滤料层底部进水，逆工作时的水流对滤料进行冲洗。反冲洗是冲洗的主要方法。

（2）反冲洗加表面冲洗（Backflush plus surface flush）。在很多种情况下，反冲洗不能保证足够的冲洗效果，可辅以表面冲洗。表面冲洗系在滤料上层表面设置喷头，对膨胀起来的表层滤料进行强制冲洗。

（3）反冲洗辅以空气冲洗，常称为气水反冲洗（Air water backwashing）。气水反冲洗常用于粗滤料的冲洗。因粗滤料要求的冲洗强度很大，如果进行单纯反冲洗，用水量会很大，还会延长反冲洗的时间。实践证明污水深度处理的过滤，必须采用气水反冲洗。这是因为污水中的有机物与滤料黏附较紧，所以要求较高的冲洗强度。

反冲洗水一般采用滤池正常工作时的出水，供水方式有塔式供水和泵式供水两种。实际常用的为泵式供水，即直接用泵抽水对滤池进行反冲洗。

5.4 初沉池的运行管理

初次沉淀池（Primary sedimentation chamber）（简称初沉池），是一级处理厂的主体处理构筑物，或作为二级污水处理厂的预处理构筑物设在生物处理构筑物的前面。处理的对象是悬浮物质（英文缩写为 SS，可去除 40% ~ 55% 以上），同时可去除部分 BOD_5（占总 BOD_5 的 20% ~ 30%，主要是悬浮性 BOD_5），可改善生物处理构筑物的运行条件并降低其 BOD_5 负荷。初沉池中沉淀的物质称为初次沉淀污泥（Primary settling sludge）。

5.4.1 运行管理

在处理厂的运行管理中，当初沉池获得 50% ~ 65% 的 SS 去除率时，视该初沉池运行非常正常，因为此时可沉固体的去除率已超过 90%，可以理解为该去除的基本已经去除了。当要求更高的去除效率时，则必须采取投加化学絮凝剂等强化措施。生活污水的 SS 中，挥发性固体 VS 一般占 70% ~ 80%，因此在初沉池去除 SS 的过程中必然使污水的 BOD_5 降低。一般情况下，在初沉池去除 50% ~ 60% 的 SS，可使污水的 BOD_5 降低 25% ~ 35%。另外，初沉池还能起到均和池的作用，使入流原污水水质水量的波动不至于对后续生物处理单元造成大的冲击。综上所述，初沉池有四个作用：去除 50% ~ 60% 的 SS；使污水 BOD_5 降低 25% ~ 35%；去除漂浮物质；均和水质。

初沉池就其流态及结构形式可分为：平流沉淀池（Horizontal sedimentation tank）、竖流沉淀池（Vertical sedimentation tank）和辐流沉淀池（Radial sedimentation tank）。平流沉淀池结构为矩形，竖流和辐流沉淀池为圆形。平流和辐流沉淀池广泛地应用于各种大中小型规模的处理厂，而竖流沉淀池一般只用于小型处理厂。有的建在狭窄地带的处理厂还采用斜板沉淀池。这种沉淀池在方形池子内设置若干斜板，使悬浮固体实现浅层沉降。在同样处理效果和相同的入流量时，斜板沉淀池占地面积只是普通沉淀池的一半，但运行维护量却较普通沉淀池大得多，因此，这种沉淀池实际采用并不多。以下主要介绍平流沉淀池和辐流沉淀池。

平流沉淀池的长宽比一般为 3 ~ 5，长深比一般为 8 ~ 12，有效水深一般在 2.0 ~ 3.0m。污水从池端进入，水平推进，污泥借重力沉下，污水从另一端流出。为保证层流流态，防止短路，进出水一般都采取整流措施。进水的整流措施多种多样，因厂而异，新建厂以采用条形整流栅居多。整流以后的入流流速一般在 0.08 ~ 0.16m/s。出水的整流措施一般都采用水平三角堰板溢流形式，且设有堰板高度和水平度调节装置。为防止浮渣随污水流走，在出水三角堰板内侧一般设浮渣挡板，淹没深度为 0.3 ~ 0.4m。平流沉淀池的集泥与排泥方式主要有三种形式：一种是多斗重力排泥。在沉淀池底部沿池长设有若干泥斗，每个斗设一根排泥竖管，阀门控制，污泥沉淀至每个泥斗后借重力将污泥排出，此时要求静水头不低于 1.5m，这种排泥方式一般适于小型处理厂，且池数不超过二条。第二种方式是用链条式刮泥机将沉下的污泥刮至首端底部的泥斗，再用污泥泵从泥斗中排泥，刮泥速度最大不超过 1.2m/min，一般控制在 0.6 ~ 0.9m/min，刮板高度一般为 18cm。第三种方式是用行车式刮泥机将污泥刮至泥斗，再用污泥泵从泥斗中排出，行车式刮泥机的刮泥板较链条式的宽，一般为 60cm。当人工多斗排泥时，一般也是人工清除浮渣，或用水管将浮渣冲至池端再人工捞出。链条式刮泥机的刮板在回程时可顺便将浮渣刮至沉淀池另一端的浮渣槽内。行车式刮泥机一般都设有浮渣刮板，在刮泥的同时将浮渣刮至浮渣槽内。

辐流式初沉池直径一般大于16m，有的大型处理厂达到60m，池深一般在2 ~ 3m。进出水形式有三种：中心进水周边出水、周边进水中心出水、周边进水周边出水。现在广泛采用的是中心进水周边出水形式。虽然周边进水从理论上看更合理，但实际运行中问题较多，尚待进一步实践。进水的整流措施是在池中心进水筒上设整流窗或整流栅，并外设导流筒，使入流速度低于1m/s，同时保证最佳的入流深度。出水整流措施是采用三角堰板溢流形式。为防止浮渣随水流走，在出水堰内侧设浮渣挡板，淹没深度为0.3 ~ 0.4m。辐流初沉池基本上采用回转式刮泥机收集污泥。刮泥机刮板将沉至池底的污泥刮至池中心的污泥斗，再重力排走或用污泥泵排走。刮泥机旋转速度一般为1 ~ 3r/h，外周刮板速度不超过3m/min，一般采用1.5m/min。刮泥机的驱动方式有多种，一般采用中心传动或周边驱动。当沉淀池直径小于20m时，一般采用中心传动式刮泥机；当沉淀池直径大于20m时，一般采用周边驱动刮泥机。另外，还有半桥和全桥之分。当池子直径较大时，为保证排泥的速度和不超过最大周边刮泥速度，一般采用全桥形式，则刮板总长等于池子直径。当池子直径较小时，一般采用半桥即可满足排泥要求。回转桥上一般都装有浮渣刮板，在刮泥的同时可把浮渣刮至出水堰处的浮渣斗，并撞开入流阀流入污水，将浮渣冲走。

从运行管理的角度看，平流式初沉池较辐流式初沉池易于管理。首先，平流池的排泥管较短，对污泥泵的吸程要求不高，泥管不易堵塞：而辐流池排泥管不可能太短，至少大于池子的半径，太长的排泥管极易堵塞，且堵塞后不易疏通。其次，辐流池集泥时间较平流池要长很多，如直径60m的辐流池周边沉下的污泥需近30h才能汇集到中心泥斗，而平流池的每一部位沉下的污泥一般在2h之内都能到达泥斗。集泥时间太长，一方面使排泥浓度不易控制，排泥浓度低；另一方面，污泥在池内停留时间太长，夏季极易厌氧上浮。另外，辐流池受风力的影响也较平流池的大很多。

5.4.2 工艺控制

一般处理厂的入流污水量、水温及入流负荷每时每刻都在变化，因而初沉池SS去除效果也在变化。应该采用一定的控制措施应付入流污水的这些变化，使初沉池SS的去除效率基本保持稳定。可采取的工艺措施主要是改变投运池数，因为绝大部分处理厂的初沉池都有一定的余量。对于污水量的短期变化（如几小时以内），也可以采用控制入池流量的方法，将污水在上游排水管网内进行短期储存。有的处理厂初沉池的后续处理单元允许入流 SS 有一定的波动，此时也可不对初沉池进行调节。在没有其他措施的情况下，向初沉池配水渠道内投加一定量的化学絮凝剂（如铁盐、铝盐或石灰）也是一种可行的选择，但前提是配水渠道内要有搅拌措施。

工艺控制措施的目标是将初沉池的工艺参数控制在要求的范围内。运行管理人员在运转实践中应摸索出本厂各个季节（不同温度）不同的污水特征（是否新鲜）、要达到要求的 SS 去除率、水力表面负荷应控制的最佳范围。因为水力表面负荷如果控制得太高，SS 去除率会下降，如果控制得太低，不但造成浪费，还会因停留时间太长使污水厌氧腐败。如将水力表面负荷控制在某一范围，其他工艺参数如水力停留时间、堰板溢流负荷和水平流速也都能得以确定。运行中应核算这三个参数是否超出所要求的范围，如停留时间一般不能小于 1.5h，堰板溢流负荷一般不应大于 $10m^3/(m \cdot h)$，水平流速不能大于冲刷流速 50mm/s。如发现上述任何一个参数超出范围，一般都应进行工艺调节。

5.4.3 初沉池与其他处理单元的综合运行调度

初沉池在整个处理系统中处于核心位置，与上游单元和后续单元的关系非常密切。因此，在运行管理中应注意初沉池运转与其他处理单元的协同调度。

当格栅或沉砂池运行不正常时，应注意砂在初沉池内的沉积，采取措施防止砂或渣堵塞泥管。

当浓缩池或消化池运行不正常时，泥区分离液的含固量会增多，应相应增大初沉池的排泥量。它有时还会导致初沉池内污泥或污水腐败。

当发现初沉池排泥中颜色或气味异常时，应注意检查是否含有有毒物质。如果发现工业废水带入有毒物质，应将污泥跨越消化池直接脱水，以免消化池内的微生物中毒，造成消化池运行失败。

当初沉池 SS 去除率下降时，二级处理的负荷会增大。应注意增大回流或增加曝气量。另外，如油脂类物质形成的浮渣进入曝气池，会使曝气效率降低。

当初沉池泄空时，大量易腐败污泥进入污水提升泵房的集水池，会产生硫化氢等有害气体。泵房应适当增加抽升量，将排空水抽走。

如果二沉池发生污泥膨胀，应暂停向初沉池排放剩余污泥；如果二级处理系统处于硝化状态，也最好不向初沉池排放剩余污泥，否则会导致初沉污泥上浮，SS 去除率下降，并反过来影响二级处理的运行。

不管是泥区的分离液，还是二级处理的剩余污泥，都应注意均匀、稳定地排放。突发性地间断排放将使初沉池形成严重的密度流，SS 去除率下降。

5.4.4　药品控制

运行操作人员应观察并记录反应池矾花（Alum floc）生长情况，并将之与以往记录资料比较，如发现异常应及时分析原因，并采取相应对策。例如，反应池末端矾花颗粒细小，水体浑浊，且不易沉淀，则说明混凝剂投药量不够。若反应池末端矾花颗粒较大但很松散，沉淀池出水异常清澈，但是出水中还夹带大量矾花，这说明混凝剂投药量过大，使矾花颗粒异常长大，但不密实，不易沉淀。

运行管理人员应加强对入流污水水质的检验，并定期进行烧杯搅拌试验。通过改变混凝剂或助凝剂种类、混凝剂投药量、混合过程的搅拌强度等，来确定最佳混凝条件。例如，当水量或水中 SS 浓度发生变化时，应适当调整混凝剂（Coagulant）投药量；当入流污水水温或 pH 值发生变化时，可改变混凝剂或助凝剂来提高混凝效果；当入水中有机性胶体颗粒含量变化时，亦应及时调整混凝剂或助凝剂。

采用机械混合（Mechanical mixing）方式时，应定期测试、计算混合区的搅拌梯度（G），核算其有问题时是否需调整搅拌设备转速或调节入流水量。采用管道混合或采用静态混合器混合时，由于流量减少，流速降低，会导致混合强度不足。对于其他类型的非机械混合方式，也有类似情况，此时应加强运行的合理调度，尽量保证混合区内有充足的流速。对于水力式絮凝反应池亦一样，应通过流量调整来保证水流速度。

沉淀池应合理确定排泥次数和排泥时间，操作人员应及时准确排泥，否则沉淀池内积存大量污泥，会降低有效池容，使沉淀池内流速过大。应加强巡查，确保沉淀池出水堰的平整。否则沉淀池出水不均匀造成池内短流，将破坏矾花的沉淀效果。

应经常观察混合、反应排泥或投药设备的运行状况，及时进行维护，发生故障则及时更换报修。定期清洗加药设备，保持清洁卫生；定期清扫池壁，防止藻类滋生。定期标定加药计量设施，必要时应予以更换，以保证计量准确。加强对库存药剂的检查，防止药变质失效。

5.5 二沉池的运行管理

5.5.1 二沉池运行管理

1. 运行人员根据池组的设置、进水量的变化，调节各池进水量，使之均匀配水

多个沉淀池并列运行时，应将生化系统出流的混合液均匀分配到各池，以充分发挥各池的能力，并保持同样的沉淀效果。如果水量分配均匀，发现各池沉淀效果有明显差异，在无其他原因时，可适当改变各池分担的流量，提高各池和整个系统的出水水质。

2. 运行人员应定期巡视（Regular inspection）沉淀池的运行情况

操作者每班须定时巡视二沉池数次，检查污泥去除装置、撇渣器和泵等的运行情况。通过观察二沉池泥面高度、出水是否清澈、是否带泥等可知活性污泥系统的运行状况及污泥性状。

3. 运行人员（Operational personnel）经常检查出水堰的运行情况

观察出水堰堰口是否保持水平、各堰出流是否均匀、堰口是否严重堵塞。必要时应调整堰板的安装情况，或在堰口设置调节块，或在堰前设置挡板均衡出流量。挂在堰板上的浮渣也应及时清除。

4. 污泥（Sludge）排放的运行管理

对排泥操作的要求是既要把污泥排净，又要使污泥浓度较高。排泥时间长短取决于污泥量、排泥泵流量和浓缩池要求的进泥浓度。排泥时间的确定方法如下：在排泥开始时，从排泥管定时、连续取样测定含固量的变化，直至含固量降至基本为零，所需时间即排泥时间。大型污水处理厂一般采用自动控制排泥，多用时间程序控制，即定时开停排泥泵或阀，这种方式不能适应泥量的变化。较先进的排泥控制方式是定时排泥，并在排泥管路上安装污泥浓度计或密度计，当排泥浓度降至设定值时，泥泵自动停止。PLC 自动控制系统能根据积累的污泥量和设定的排泥浓度自动调整排泥时间，既不降低污泥浓度，又不将污泥彻底排出。

二沉池排泥周期一般不宜超过 2h，当排泥不彻底时应停止工作，采用人工冲洗的方法彻底清除污泥。

5. **泥面（level of the sludge）**

泥面的高低可以反映活性污泥在二沉池的沉降性能，是控制剩余污泥排放的关键参数。正常运行时二沉池的上清液的厚度应不少于0.5～0.7m，如果泥面上升，在生物系统运行正常时，二沉池出水中的悬浮物都应该呈可沉降的片状，此时无论悬浮物多少，二沉池出水的外观应该透明，否则出水会呈乳白色或黄色，其中夹带大量的非沉淀悬浮物。

6. **运行指标（Operating Index）的测定**

（1）固体浓度（Solid concentration）。出水固体浓度对出水水质有很大影响，测定二沉池的固体浓度，可知系统的出水情况，也可得知二沉池的效率。

（2）pH值。二沉池pH值的下降，同时有小气泡，表明污泥存在腐败条件。若二沉池中pH值上升，同时有小气泡，表明污泥存在反硝化现象。

（3）DO值。定期采样测定进出二沉池液体的DO值，若二沉池出水中DO值显著下降，表明二沉池污泥仍具有较高的需氧量，水质处理不完全，仍未稳定化；若DO值下降少，说明污泥稳定状态是可以接受的。

（4）温度（Temperature）。温度会影响污泥的沉降性能。温度低时，水的密度上升和黏滞力升高，二沉池水力停留时间延长。温度下降后出水的BOD升高，浮渣增多。

（5）BOD、COD。测定BOD、COD值可得知处理系统的负荷及处理效率。若将出水中的BOD/COD同进水时的比值相比较，则大大下降，表明可以生物氧化分解的有机物已基本上被去除。

5.5.2 二沉池维护保养

1. **经常检查并调整出水堰（Outlet weir）板的平整度**

沉淀池出水堰板长期运转受外力的影响，可能出现倾斜、松动等现象，导致出水短流跑泥，影响沉淀池的效率，必须定期检查出水堰板的平整度，如发现倾斜或松动，应进行必要的修正。一般通过调整堰板孔螺丝位置来校正堰板的水平度。铁螺栓经过长时间的浸泡后易生锈，最好使用不锈钢或铜螺栓。

2. **积渣斗（Slag hopper）和堰板（Weir plate）上的浮渣及时清除**

检查积渣斗的积渣情况，若量过多则应及时排除。应经常用水冲洗浮渣斗，注意浮渣刮板与浮渣斗挡板配合是否得当，并及时调整。挂在堰板上的浮渣也应及时清除，以确保出水的均匀。

3. 及时清除水槽上的藻类（Algae）

二沉池的清水槽中可能有藻类滋生，需要投药，如加氯等，也可以定期人工除藻。

4. 二沉池的放空（Empty out）

由于二沉池一般埋深较大，因此，当地下水位较高而需要将二沉池放空时，为防止出现漂移现象，一定要事先确认地下水位的具体情况，必要时可以先降水位再放空。

5. 定期将二沉池放空检修（Overhauling）

一般每年应将二沉池放空一次，彻底检查水下设备情况，如刮泥机部件是否脱落，混凝土抹面是否脱落，管线是否堵塞，回转式刮泥机的中心集电装置是否密封良好。

6. 回转式刮（吸）机的维护（Maintenance）

（1）行车轮装置（Running gear）

若行车轮为胶轮，须防止胶轮轴承加油时洒在胶轮上（因为机油对胶轮腐蚀作用非常大）。若行车轮为钢轮，则应注意保护环形钢轨的稳定性，每周应对钢轨进行一次检查，防止并修正由于弹性恢复、热胀冷缩和震动等原因造成的位移与“啃轨”故障。若压板螺栓松动，及时进行诊断并排除故障。

（2）周边传动刮（吸）泥机（Mud scraper）

对于周边传动刮（吸）泥机，要加强对集电环的保护。集电环箱内应保持干燥，保持电刷的良好接触，尤其要防止集电环发生监控线路与电源线路的短路。

（3）加油润滑（Oiling and lubricating）

做好驱动减速机、中心轴承、中心大齿圈和行车轮等部位的加油维护。

7. 吸泥桥（Suction bridge）的维护

（1）对吸泥桥维护应首先采取的措施（Measures）：切断桥的电源，打开开关柜，将开关至于“OFF”处，悬挂“禁止合闸”指示牌（此牌应谁挂谁摘）。

（2）吸泥桥维护项目（Projects）：每月至少全面检查一次整个桥的机械，电气功能；每周检查桥上所有螺栓，若松动应立即进行紧固；每周检查导叶轮有无损坏，并调整好导叶轮位置，保证桥不走偏；驱动电动机耐磨轴承应用钙基脂润滑；齿轮箱内的润滑油，每三年更换一次。

8. 闸门和闸阀（Gate valve）的维护

对于不经常开关的进、出水闸门和闸阀等，要每隔一周或两周人工或电动活动几个来回，对于暴露在空气中的丝杠要及时上润滑油脂。对于内丝杠或变速箱要定时检查或打开箱盖检查润滑油。对于闸门井中的阀门，用清水覆盖比暴露在空气中会得到更好的保护。

5.6 气浮池的运行管理

气浮按气泡不同的产生方法，可分为溶气气浮（Dissolved air floatation）、布气气浮（Distribution air floatation）和电解气浮（Electrolytie air floatation）三类。

1. **溶气气浮**（Dissolved air floatation）

溶气气浮是使空气在一定压力作用下，溶解于水中，并达到过饱和的状态，然后再突然使溶气在常压下将空气以微小气泡的形式从水中逸出，进行气浮。溶气气浮形成的气泡细小，初粒度为20~100μm，而且在操作过程中，还可以人为地控制气泡与废水的接触时间。溶气气浮设备可分为加压溶气气浮设备和溶气真空气浮设备两种。溶气真空气浮设备只适用于污染物浓度不高的污水，且设备构造复杂，运行维修管理不便，目前已逐步淘汰。加压溶气气浮设备是目前应用最广泛的一种气浮设备，该设备净化效果较好，特别在含油废水、含纤维废水处理、污泥浓缩等方面已得到广泛应用。加压溶气气浮工艺主要有三种形式，即回流加压式、部分进水加压式和全部进水加压式，如图5-20所示。

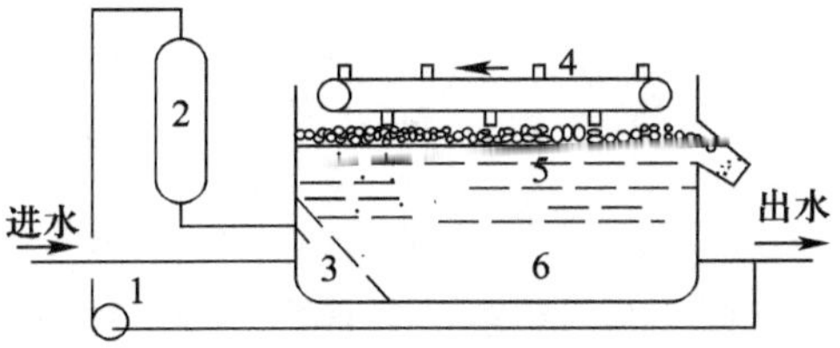

（a）回流加压式

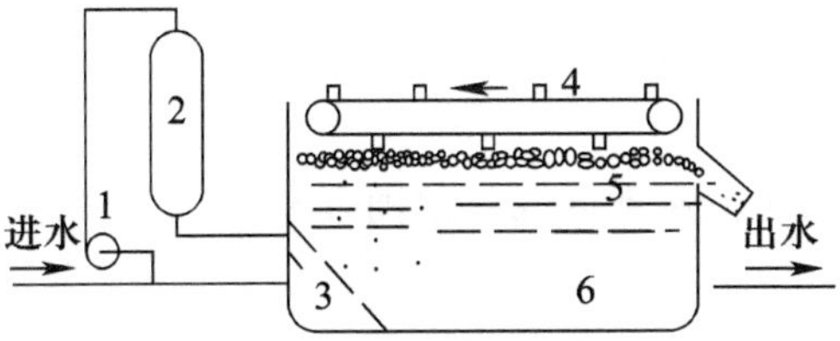

（b）部分进水加压式

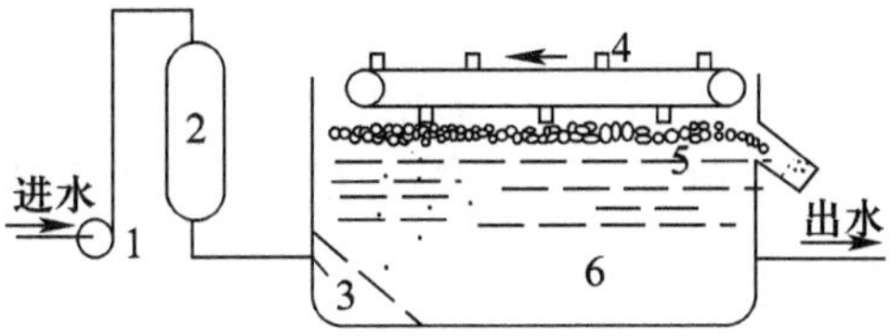

（c）全部进水加压式

1-进水泵；2-压力溶气罐；3-气浮释放区；4-表面刮渣板；5-悬浮区；6-澄清区

图5-20　加压溶气气浮的三种形式

加压溶气气浮工艺主要由三部分组成，即加压溶气系统、溶气释放系统及气浮分离系统。

（1）加压溶气系统（Pressurized dissolved gas system）

① 压力溶气罐（Dissloved air vessel）。溶气罐的作用是在一定的压力（一般为 0.2 ~ 0.6MPa）下，保证空气能充分地溶于水中，并使水、气良好地混合，混合时间一般为 1 ~ 3min。溶气罐的顶部设有排气阀，以便定期将积存在顶部未溶解的空气排掉，以免减少罐容。罐底设放空阀，以便在清洗时排空溶气罐。压力溶气罐形式多样，可分为静态型和动态型两大类。静态型包括纵隔板式、花板式、横隔板式等，这种溶气罐多用于泵前进气。动态型分为填充式、涡轮式等，多用于泵后进气。如图 5-21 所示为各种溶气罐形式，国内多采用花板式和填充式。图 5-22 为目前推荐采用的能耗低、溶气效率高的空气压缩机供气喷淋式填料罐的构造图。该压力溶气罐用普通钢板卷焊而成，制作时按一类压力容器要求考虑。常用填料为塑料阶梯环，填充高度一般取 1m 左右。同时采用浮球液位传感器，自动控制罐内最佳液位，以保证适宜的气水比。

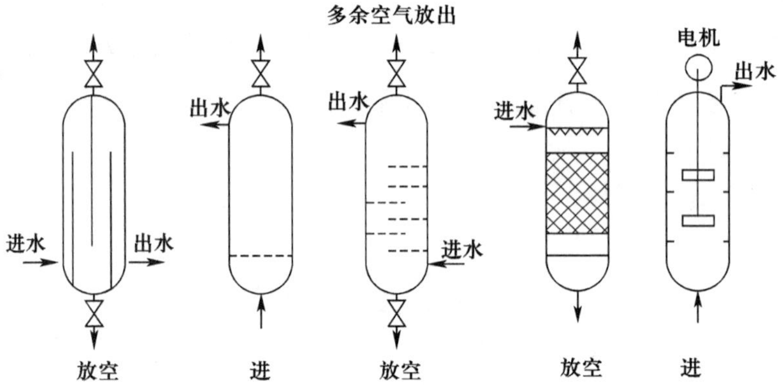

（a）纵隔板式 （b）花板式 （c）横隔板式 （d）填充式 （e）涡轮式

图 5-21 各种溶气罐形式

② 压力溶气的供气方式（Air supply mode）

压力溶气气浮的供气方式可分为空压机进气、射流进气和泵前插管进气三种方式，如图 5-23 所示。

a. 空压机进气

优点是气量、气压稳定，并有较大的调节余地，但噪声大，投资较高。一般在采用填料溶气罐时，以空压机供气为好。

b. 射流进气（Jet flow intake）

以加压泵出水的全部或部分作为射流器的动力水，当水流以 30~40m/s 的高速从喷嘴喷出，并穿过吸气室进入混合室时，便在吸气室内造成负压而将空气吸入。气水混合物在混合管（喉管）内剧烈紊动、碰撞、剪切，形成乳化状态。进入扩散管后，动能转化为压力而使空气溶于水，随后进入溶气罐。该供气方式设备简单，操作维修方便，气水混合物溶解充分；缺点是射流器阻力损失大而使能耗偏高。采用空管时，为了保证较高的溶气效率，宜采用射流进气。

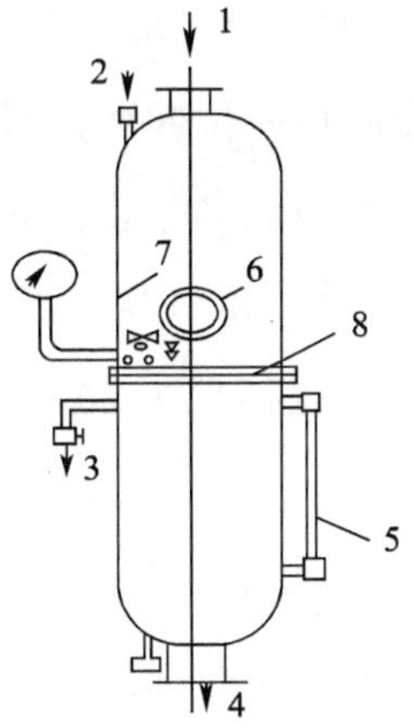

1- 进水管；2- 进气管；3- 放气管；4- 出水管；5- 水位计；6- 观察窗（进出料孔）；7- 填料孔；8- 加强筋

图 5-22 喷淋式填料罐的构造图

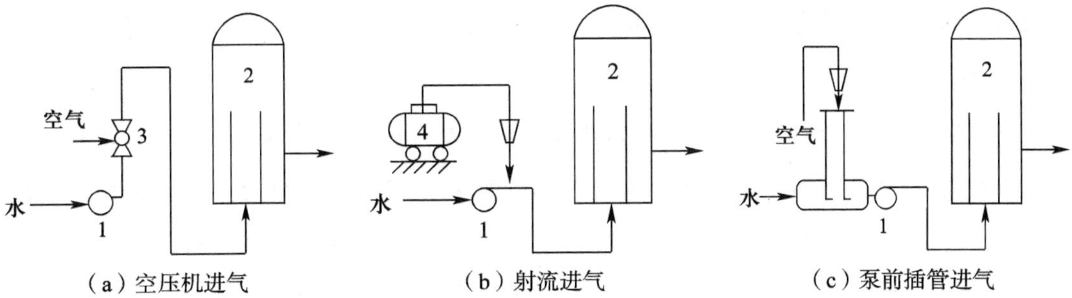

1- 加压泵；2- 溶气罐；3- 射流器；4- 空压机

图 5-23 压力溶气的三种供气方式

c. 泵前插管进气

在加压的吸水管上设置一个膨胀的插管管头，在管头轴线上沿水流方向插入 1 ~ 3 支 90° 的进气管。水泵运行时，叶轮旋转产生的负压将空气从进气管吸入，并与水一起在泵内增压、混合和部分溶解。这种供气方式简便易行、能耗低，但气水比最高不能超过 10%，一般为 5% ~ 8%，过高会引起气蚀现象的发生，损坏加压泵。

（2）溶气释放系统（Dissolved gas release system）

释放器是通过减压，迅速将溶于水中的空气以极小的气泡形式释放出来，以满足浮上要求的重要器件。一般微气泡的直径在 20 ~ 100μm。常用的释放器有 TS 型及其改进型 TJ 型和 TV 型。

① TS 型溶气释放器（Releaser）。TS 型低压溶气释放器如图 5-24 所示。它是早期

国内首创的专用释放器，在堵塞时，可以不拆卸释放器而在原位冲洗，但它有管嘴出水分布不够均匀及增加抽真空装置的不足。主要技术性能是在 $2kg/cm^2$ 的低气压下，就能有效工作；释出气泡的平均直径仅为 20 ~ 30μm；释气率高达 99% 以上。

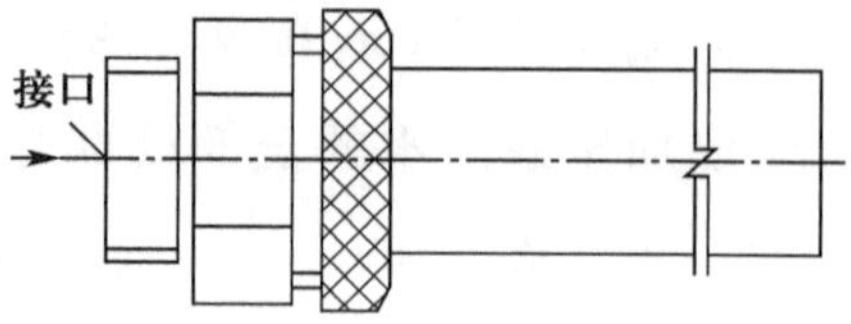

图 5–24　TS 型溶气释放器外形

② TJ 型溶气释放器。TJ 型释放器如图 5–25 所示。它是在 TS 型的基础上，经过改进而来，反冲洗方便，不易堵塞。释放器内有一个可升降的舌簧，在正常工作时，该舌簧利用泵的压力（通过水射器及抽空管传递）处于工作位置。如当水中杂质堵塞释放器而影响正常释气时，则可开启水射器后的闸门，使水射器工作，此时，在抽真空管内产生负压，将舌簧拉起，这样加大了水流的通道，从而将杂质排出。待冲洗一段时间后（十余秒），关闭闸门，即能使舌簧复位，投入正常工作。主要特点是在 $2kgf/cm^2$ 压力下，即能有效工作；释出气泡平均直径在 30μm 左右；释气完善程度为 99% 以上。

③ TV 型溶气释放器。TV 型释放器如图 5–26 所示。它是继 TS 型、TJ 型释放器后最新研制的第三代溶气释放器，是在现有释放器的基础上，结合振动原理而研制成功的。它既吸收 TS 型、TJ 型释放器的各项优良性能，又提高了释放器出水的分布均匀性，增加了微气泡与待处理水中杂质碰撞黏附的概率，从而进一步改善气浮净水效果。此外，释放器一旦受堵，只要在气浮池外打开通气阀，接通压缩空气气源，就能利用溶气水将释放器内的堵物冲洗干净。这就克服了 TS 型溶气释放器易堵的弊病，同时，也比 TJ 型溶气释放器节省了抽真空装置。主要特点是必须先将压力溶气水总、支管冲洗干净后，方可安装 TV 型溶气释放器；释出气泡的平均直径仅为 20 ~ 30μm；不管释放器正装或倒装，水射器及控制闸门都宜装在便于操作处。

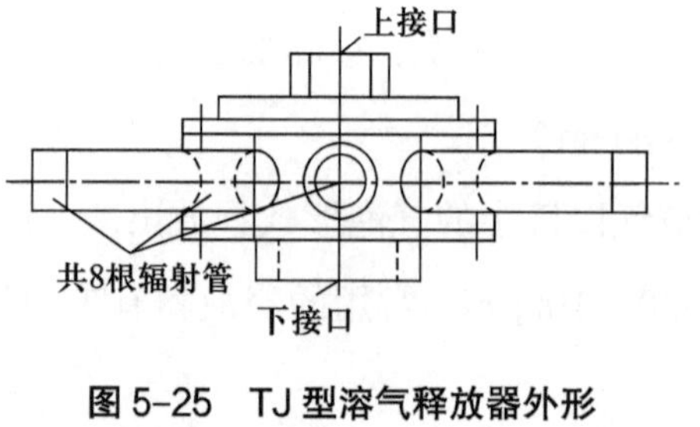

图 5–25　TJ 型溶气释放器外形

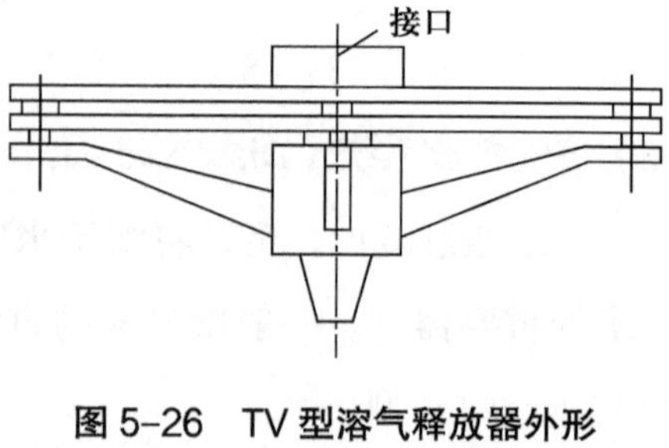

图 5–26　TV 型溶气释放器外形

（3）气浮分离系统（Air flotation separation system）

① 气浮池（Air Flotation tank）。气浮池是气浮过程的主要设备。在气浮池中，污水中的空气以微小气泡形式逸出，气泡在上升过程中吸附乳化油和细小悬浮颗粒，上浮至水面形成浮渣，由刮渣机刮出而实现污染物与水的分离。气浮池的结构形式根据处理水的水质特点、处理要求及各种具体条件。目前已经建成了许多形式的气浮池，其中有平流与竖流、方形与圆形等结构，同时也出现了气浮与反应、沉淀、过滤等工艺一体化的组合形式。如图 5-27~ 图 5-31 所示。

② 刮渣机（Slag scraper）。目前对矩形气浮池均采用桥式刮渣机，其型号有 TQ-1 ~ TQ-8 型；对圆形气浮池，大多采用行星式刮渣机，其型号有 JZ-1 ~ JZ-3 型。

2. **布气气浮**（Distribution air floatation）

布气气浮是利用机械剪切力，将混合于水中的空气粉碎成微小气泡，以进行浮选的方法。布气气浮按粉碎气泡方法的不同，可分为以下四种类型。

（1）叶轮（Impellers）气浮设备

气浮池底部设有叶轮叶片，由池上部的电机驱动，叶轮上部装设带有导向叶片的

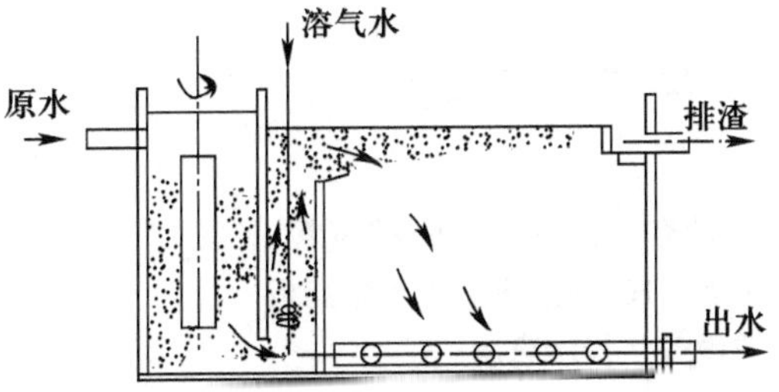

图 5-27　平流式气浮池

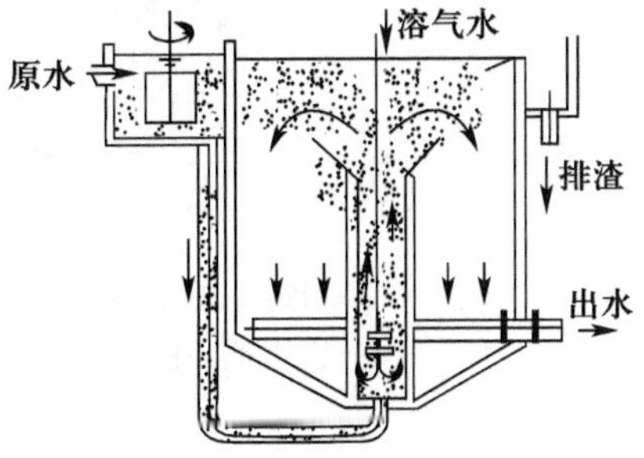

图 5-28　竖流式气浮池

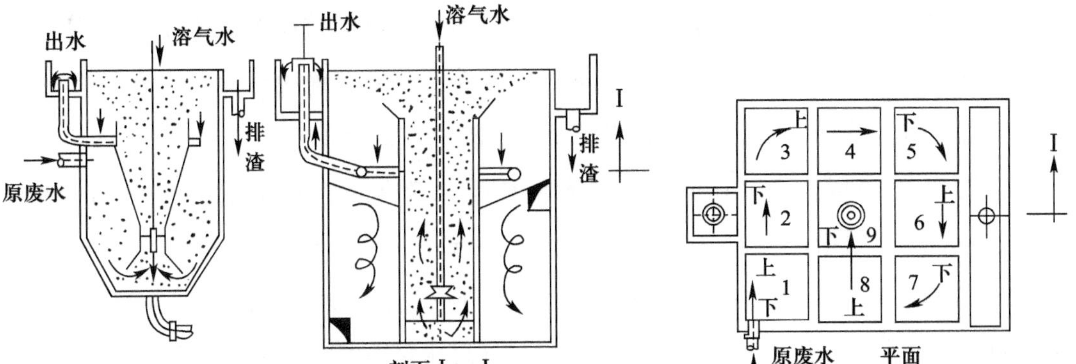

（a）涡流反应气浮池　　（b）孔室反应气浮池

图 5-29　气浮-反应一体式

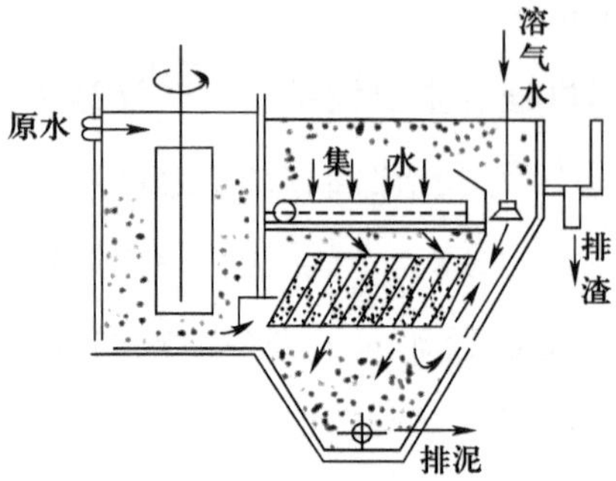

图 5-30　与向流斜管沉淀池结合的气浮池

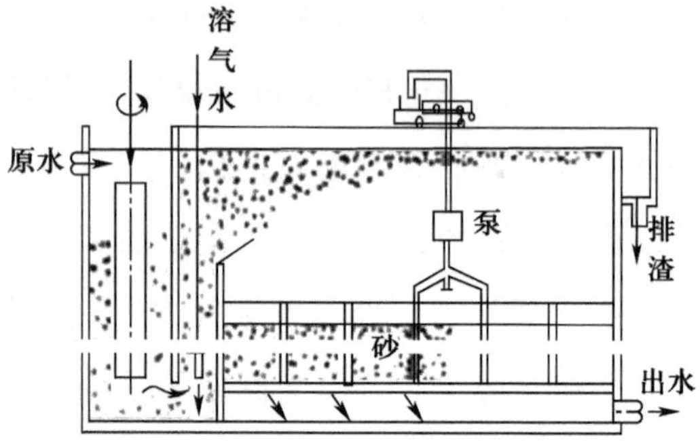

图 5-31　与移动冲洗罩滤池结合的气浮池

固定盖板，叶片与直径成 60º 角，盖板与叶轮间有 10mm 的间距，而导向叶片与叶轮之间有 5 ~ 8mm 的间距，盖板上开有 12 ~ 18 个孔径为 20 ~ 30mm 的孔洞，盖板外侧的底部空间装有整流板。如图 5–32 所示。

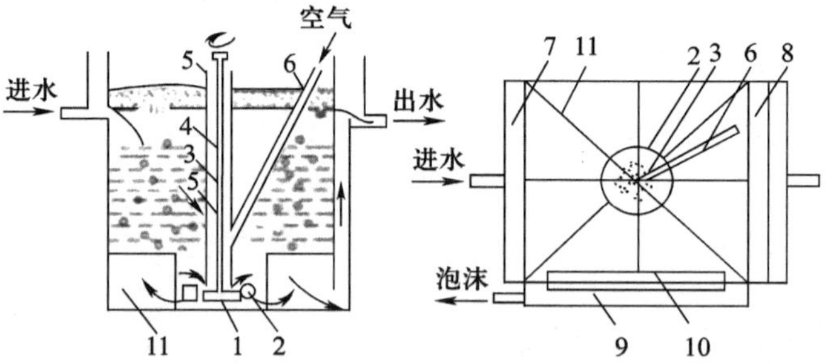

1- 叶轮；2- 盖板；3- 转轴；4- 轮套；5- 轴承；6- 进气管；
7- 进水槽；8- 出水槽；9- 泡沫槽；10- 刮沫板；11- 整流板

图 5-32　叶轮气浮设备结构示意图

叶轮（Impeller）在电机驱动下高速旋转，在盖板下形成负压，从进气管吸入空气，废水由盖板上的小孔进入。在叶轮的搅动下，空气被粉碎成细小的气泡，并与水充分混合形成气水混合体甩出导向叶片之外，再经整流板稳流后，在池体内平稳地垂直上升，形成的泡沫不断地被缓慢转动的刮板刮出槽外。

叶轮直径一般为 200 ~ 400mm，最大不超过 700mm，叶轮转速多采用 900 ~ 1500rad/min，圆周线速度为 10 ~ 15m/s，气浮池充水深度与吸入的空气量有关，通常为 1.5 ~ 2.0m。叶轮与导向叶片间的间距也会影响吸气量的大小，该间距若超过 8mm，则会使进气量大大降低。叶轮气浮设备适用于处理水量不大、污染物浓度较高的废水，除油效率可达 80% 左右。该设备的优点是不易堵塞，缺点是不能处理水量大、污染物浓度高的污水，且产生的气泡较大，气浮效果较低。图 5–33 为叶轮气浮设备图。

（2）水泵（Pump）吸水管吸气气浮设备

利用水泵吸水管部位的负压作用，将外界空气吸入水泵吸水管，在水泵叶轮的高速搅拌和剪切作用下形成气水混合流体，进入气浮池实现液－固或液－液分离。但由于水泵特性的限制，吸入空气量不能过多，一般不大于吸水量的 10%（按体积计）。当吸入气体量过大时，水泵会产生气蚀。

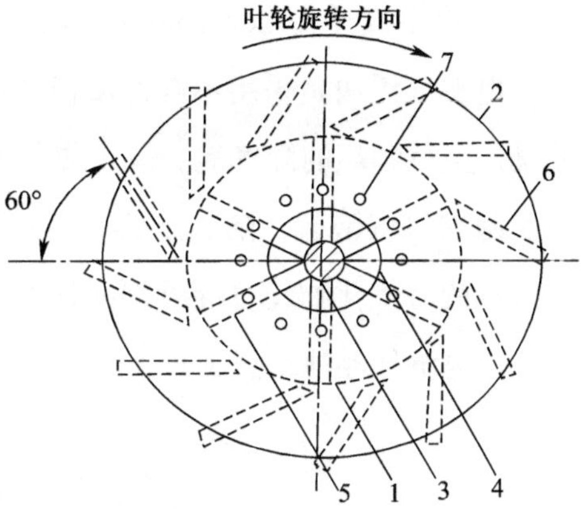

1- 叶轮；2- 盖板；3- 转轴；4- 轴套；5- 叶轮叶片；6- 导向叶片；7- 循环进水孔

图 5-33　叶轮盖板构造

（3）射流气浮（Jet flow air floatation）设备

由喷嘴射出的高速污水使吸入室形成负压，并从吸气管吸入空气，在水气混合体进入喉管段后进行激烈的能量交换（Energy exchange），空气被粉碎成微小气泡，然后进入扩压段（扩散段），进一步压缩气泡，增大了空气在水中的溶解度，然后进入气浮池中进行泥水分离。该设备优点是结构简单、投资少，缺点是动力消耗大、效率低、喷嘴及喉管容易被油污堵塞。图 5-34 为射流器结构示意图。

（4）扩散板（Diffusion plate）曝气气浮设备

扩散板曝气气浮设备是压缩空气通过具有微细孔隙的扩散板或微孔管，使空气以细小气泡的形式进入水中，进行浮选。该设备由于微孔易于堵塞、气泡较大、浮选效果不高，近年来已较少使用。图 5-35 为扩散板曝气气浮装置结构示意图。

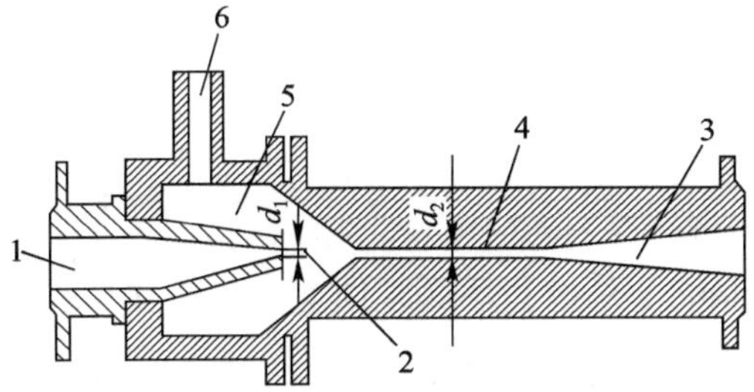

1- 喷嘴；2- 渐缩段；3- 扩散段；4- 喉管段；5- 吸入室；6- 吸气室

图 5-34　射流器结构示意图

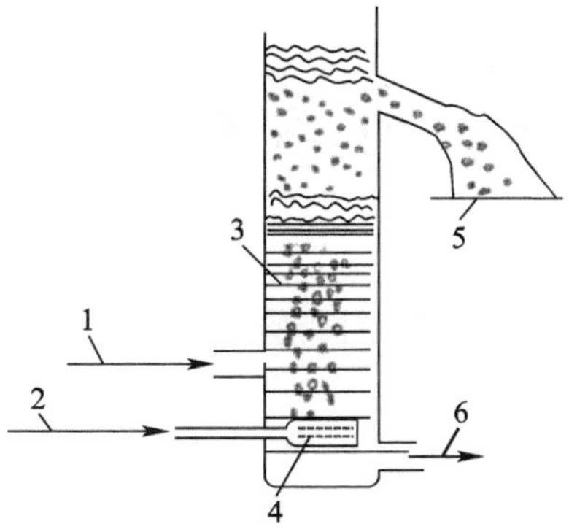

1- 进水；2- 进气；3- 分离柱；4- 微孔陶瓷扩散板；5- 浮渣；6- 出水

图 5-35　扩散板曝气气浮装置结构示意图

3. **电解气浮**（Electrolytic air floatation）

电解气浮法是采用不溶性阳极和阴极作两极，在直流电的作用下，直接电解污水，分别产生氢和氧的微气泡。氢、氧气泡的直径很小，仅有10μm左右。污水中的悬浮颗粒黏附在氢气泡上，随其上浮，从而达到了净化污水的目的。与此同时，在阳极上电离形成的氢氧化物起着混凝剂的作用，有助于水中的污染物上浮或下沉。图5-36为双室平流电解气浮池示意图。

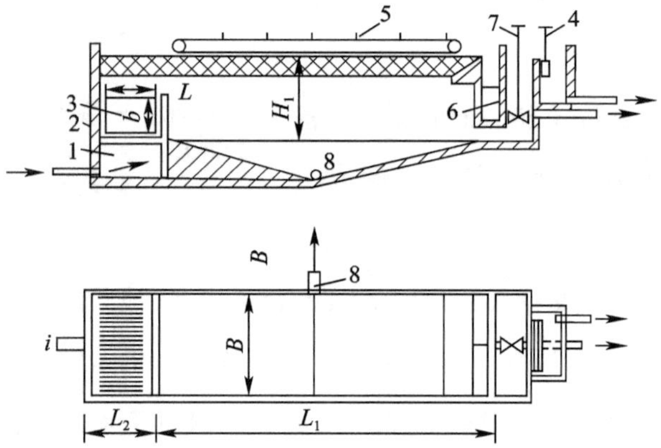

1-入流室；2-整流栅；3-电极组；4-出口水位调节器；5-刮渣机；
6-浮渣室；7-排渣阀；8-污泥排出口

图5-36 双室平流电解气浮池示意图

电解气浮池的优点是：能产生大量小气泡；当利用可溶性阳极时，气浮过程和混凝过程结合进行；装置构造简单；生产污泥量少，占地少，不产生噪声；除用于固-液分离外，还有降低BOD、氧化、脱色和杀菌作用。

5.7 膜分离技术运行管理

5.7.1 膜的类型

膜分离技术（Membrane separation technique）是指利用隔膜使溶剂（通常是水）同溶质或微粒分离的技术，包括电渗析（Electrodialysis）、扩散渗析（Diffusive dialysis）、反渗透（Reverse osmosis）和超滤（Ultrafiltration）等。膜分离技术广泛地用于海水和苦咸水淡化、废水深度处理、废液和废水中有用物质的浓缩回收等领域，并用于制取高纯水等方面。这一技术近30年来发展非常迅速。

膜的孔径一般为微米级（Micron order），依据其孔径的不同（或称为截留分子量），可将膜分为微滤膜（Microfiltration membrane）、超滤膜（Ultrafiltration membrane）、纳滤膜（Nanofiltration membrane）和反渗透膜（Reverse osmosis membrance）；根据材料的不同，可分为无机膜（Inorganic membrane）和有机膜（Organic membrane），无机膜主要是陶瓷膜（Ceramic membrane）和金属膜（Metallic membrance），其过滤精度较低，选择性较小。有机膜是由高分子材料做成的，如醋酸纤维素、芳香族聚酰胺、聚醚砜、聚氟聚合物等。

微滤（MF）又称微孔过滤，属于精密过滤，其基本原理是筛孔分离过程。微滤膜的材质分为有机和无机两大类，有机聚合物有醋酸纤维素、聚丙烯、聚碳酸酯、聚砜、聚酰胺等。无机膜材料有陶瓷和金属等。鉴于微孔滤膜的分离特征，微孔滤膜主要是从气相和液相中截留微粒、细菌以及其他污染物，以达到净化、分离、浓缩的目的。

对于微滤而言，膜的截留特性是以膜的孔径来表征，通常孔径范围在 0.1 ~ 1μm，故微滤膜能对大直径的菌体、悬浮固体等进行分离，可作为一般料液的澄清、保安过滤、空气除菌。

超滤（UF）是介于微滤和纳滤之间的一种膜过程，膜孔径在 0.05μm 至 1000μm 之间。超滤是一种能够将溶液进行净化、分离、浓缩的膜分离技术，超滤过程通常可以理解成与膜孔径大小相关的筛分过程。以膜两侧的压力差为驱动力，以超滤膜为过滤介质，在一定的压力下，当水流过膜表面时，只允许水及比膜孔径小的小分子物质通过，达到溶液的净化、分离、浓缩的目的。

对于超滤而言，膜的截留特性是以对标准有机物的截留分子量来表征的，通常截留分子量范围在 1000 ~ 300000Da，故超滤膜能对大分子有机物（如蛋白质、细菌）、胶体、悬浮固体等进行分离，广泛应用于料液的澄清、大分子有机物的分离纯化、除热源中。

纳滤（NF）是介于超滤与反渗透之间的一种膜分离技术，其截留分子量在 80 ~ 1000Da 的范围内，孔径为几纳米，因此称纳滤。基于纳滤分离技术的优越特性，其在制药、生物化工、食品工业等诸多领域显示出广阔的应用前景。

对于纳滤而言，膜的截留特性是以对标准 NaCl、$MgSO_4$、$CaCl_2$ 溶液的截留率来表征的，通常截留率范围在 60% ~ 90%，相应截留分子量范围在 100 ~ 1000Da，故纳滤膜能对小分子有机物等与水、无机盐进行分离，实现脱盐与浓缩的同时进行。

反渗透（RO）是利用反渗透膜只能透过溶剂（通常是水）而截留离子物质或小分

子物质的选择透过性，以膜两侧静压为推动力，实现的对液体混合物分离的膜过程。反渗透是膜分离技术的一个重要组成部分，因具有产水水质高、运行成本低、无污染、操作方便、运行可靠等诸多优点，成为海水和苦咸水淡化以及纯水制备的最节能、最简便的技术。目前已广泛应用于医药、电子、化工、食品、海水淡化等诸多行业。反渗透技术已成为现代工业中首选的水处理技术。

反渗透的截留对象是所有的离子，仅让水透过膜，对 NaCl 的截留率在 98% 以上，出水为无离子水。反渗透法能够去除可溶性的金属盐、有机物、细菌、胶体粒子、发热物质，也能截留所有的离子，在生产纯净水、软化水、无离子水、产品浓缩、废水处理方面反渗透膜已经应用广泛。

5.7.2 超滤膜组件和反渗透膜组件

1. 超滤膜组件与装置（Device）

超滤膜组件（Ultrafiltration membrane module）是按一定技术要求将超滤膜元件与外壳、连接器等其他部件组装在一起的组合构件，一般还应包括产水取样或用于检测完整性的透明管等。组件一般至少包含一个膜元件，有时包含多个膜元件。

超滤膜元件是超滤装置的最主要基本单元。超滤膜元件是指具有端部密封的中空纤维式的膜丝束与外壳组成的元件，有时包括两端连接器和接头，视需要而定，如荷兰诺瑞特公司生产的超滤膜可以像反渗透一样将若干个组件水平串接在一个膜壳中；有时不包括两端连接器和接头，如 ZENON 公司和我国一些超滤组件则制作为浸入式，也就是通常说的帘式膜。

通常要求超滤膜材料要具有很好的分离（过滤）能力、亲水性、强的抗污染能力，以及水在膜表面的接触角要小、附着力强，水容易透过。这样的膜才具有低能耗、大通量、抗污染的性能。

超滤装置（Ultrafiltration device）是指将若干个超滤膜组件并联组合在一起，并配备相应的水泵、自动阀门、检测仪表、支撑框架和连接管路等附件，能够独立进行正常过滤、反洗、化学清洗等工作的水处理装置。通常根据用户的需要，设计出的超滤装置特点各异，如具备在线检测和完整性测试的功能；有些超滤膜组件需要气洗系统；有单独的局部控制 PLC 和操作界面等。

许多超滤装置以单套装置为基本单元，当其中一套进行反洗或化学清洗时，其他装置仍可正常制水，从工艺上实现连续产水。

平均水回收率（Average water recovery）是指超滤装置平均净产水流量和平均进水流量之比。净产水量不包括反洗用水等。实际计算中可根据超滤的工艺参数估算。

超滤膜通量（Ultrafiltration membrane flux）是指单位时间内通过单位超滤膜面积的产品水体积，单位为 L/（$m^2 \cdot h$）。在初始设计时，需要合理选择一个超滤膜通量，即设计超滤膜通量。如果设计时选择膜通量偏大，虽然可以减少超滤膜元件的用量，但势必造成较高的透膜压差，膜的性能将快速衰减。因此，在实际运行时，膜通量应当低于设计值。如图 5-37 所示。

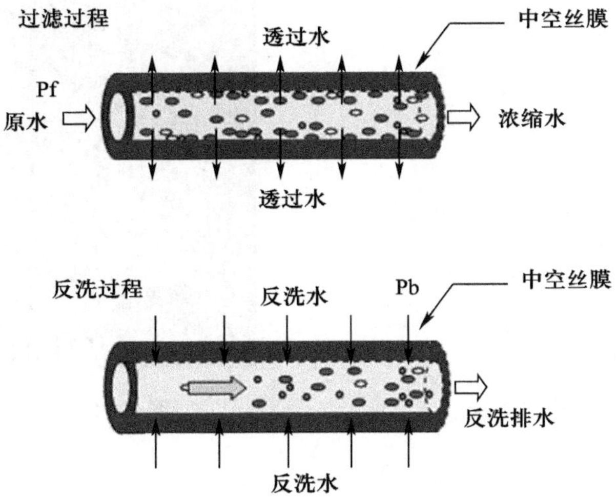

图 5-37 压力式超滤膜的过滤方式

2. 反渗透膜组件（Reverse osmosis module）

反渗透水处理装置包含保安过滤器、高压泵、反渗透本体装置、电气、仪表及连接管线、电缆等可独立运行的装置。此外包含化学清洗装置和反渗透阻垢剂加药装置。

（1）保安过滤器（Security filter）

为保证反渗透本体的安全运行，即使有良好的预处理系统，仍需要设置精密过滤设备，起安全保障作用，故称为保安过滤器（也称精密过滤器）。在反渗透系统中，保安过滤器不应作为一般运行过滤器使用，仅应作保安过滤使用，通常设在高压泵之前。保安过滤器有多种结构形式，常用的结构形式如图 5-38 所示，滤元固定在隔板上，水自中部进入保安过滤器内，隔板下部出水室引出，杂质被阻留在滤元上。

滤元的种类也有多种，常见的有线绕式、熔喷式和碟片式。以线绕式滤元为例，线绕式滤元又称蜂房式滤元，它是由聚丙烯纤维纺成的线，按照一定规律缠绕在聚丙烯多孔管上制成的。目前国内生产的线绕式滤元尺寸为 $\phi65\times$（250 ~ 1000）mm，其中 250mm 长的滤芯最大出水量约为 $1m^3/h$。反渗透水处理系统选择的过滤精度一般为 5μm。这种滤元的优点是过滤精度高、制造方便、价格便宜、使用安全、杂质不易穿透，但反洗和化学清洗效果不明显，只能一次性使用，当运行压差达到一定值时需要更换滤元。如图 5–39 所示。

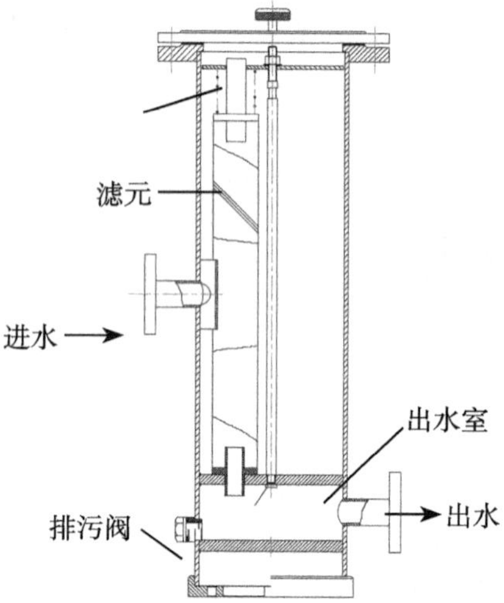

图 5–38　保安过滤器

图 5–39　反渗透膜组件

（2）高压泵（High pressure pump）

反渗透膜运行时，需要经高压泵将水升至规定的压力后送入，才能完成脱盐过程。目前火电厂使用的高压泵有离心式、柱塞式和螺杆式等多种形式，其中，多级离心式水泵使用最广泛。这种泵的特点是效率较高，可以达到 90% 以上，节约能耗。

选择高压泵时，应使泵的扬程、流量和材质符合要求。泵的扬程应根据反渗透组件的操作压力大小及高压泵后沿水流程的阻力损失来计算。泵的材质不仅对泵运行寿命有影响，而且对保证反渗透入口水质有很大关系，一般水泵过流部件选用不锈钢材质，以防止高含盐量和低 pH 值的原水对钢材发生腐蚀，增加铁对膜的污染。不锈钢材料应具体根据水质特点选择。

（3）反渗透本体（Reverse osmosis noumenon）

反渗透本体是将反渗透膜组件用管道按照一定排列方式组合、连接而成的组合式水处理单元。单个反渗透膜称膜元件，将一只或数只反渗透膜元件按一定技术要求串接，与单只反渗透膜壳组装构成膜组件。

a. 膜元件（Membrane element）

反渗透膜元件是由反渗透膜和支撑材料等制成的具有工业使用功能的基本单元。目前在火电厂中应用的主要是卷式膜元件（图 5-40 为卷式膜元件断面图）。

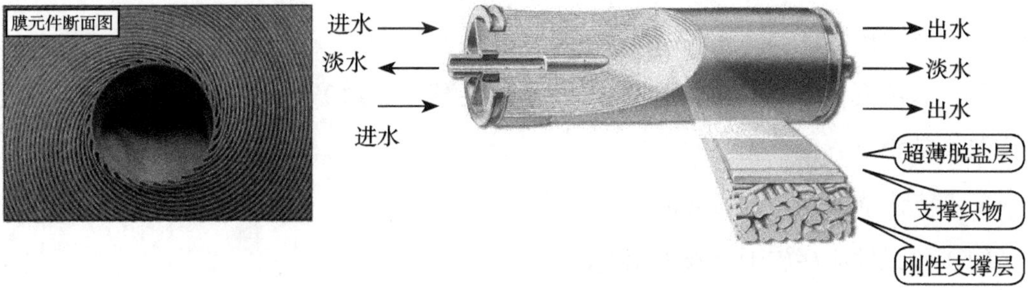

图 5-40 卷式膜元件断面图

目前各膜制造商针对不同行业用户生产出多种用途的膜元件。在火电厂应用的膜元件按照水源特点大致可分为：高压海水脱盐反渗透膜元件、低压和超低压苦咸水脱盐反渗透膜元件、抗污染膜元件。

b. 膜壳（Membrane shell）

反渗透本体装置中用来装载反渗透膜元件的承压容器称为膜壳，在有些文献中又称“压力容器”。膜壳的外壳一般由环氧玻璃钢布缠绕而成，外刷环氧漆。也有部分生产商的产品为不锈钢材质的膜壳。由于玻璃钢具有较强的耐腐蚀性能，目前，国内大多数火电厂选用玻璃钢材质的膜壳。

5.7.3 膜元件的运行管理

1. 膜元件的保护（Protection）

当经过运行的膜元件需要从膜壳中取出单独贮存时，需要进行以下处理：

（1）首先对反渗透本体装置进行化学清洗；

（2）配制 1% 的食品级亚硫酸氢钠溶液；

（3）将膜元件从膜壳中取出，在配置好的亚硫酸氢钠溶液中垂直放置浸泡 1h 左右，取出垂直放置沥干后装入密封的塑料袋内，将塑料袋内的空气排出并封口，建议用膜生产商原来的包装袋。

2. 膜元件的再湿润（Wetness）

当不慎造成膜元件干燥后，可能造成膜通量不可挽回的损失，应首先与膜供应商咨询，以下介绍某制造商提供的几种恢复性试验：

（1）用 50% 的乙醇水溶液或丙醇水溶液浸泡 15min；

（2）将膜元件装入装置中，使反渗透本体装置淡水阀微开，将反渗透本体装置一段进水缓慢加压至 1.0MPa 左右，加压过程中应通过控制淡水阀门的开度使装置产水压力和浓水压力接近；

（3）将膜元件在 1% 的盐酸或 4% 的硝酸中浸泡 1 ~ 100h，元件应垂直浸泡，以便将空气全部排出。

3. **膜元件的贮存**（Storage）

（1）膜元件应存放于干燥避光处；

（2）膜元件贮存的环境温度范围应在 −4 ~ 45℃（干膜可以低于 −4℃）。

5.7.4 超滤的运行操作

一般超滤膜的正常操作程序为：产水—正洗—反洗—正洗—产水……各个操作模式的进出水方向说明如表 5-2、图 5-41（以某超滤产品为例）所示。

表 5-2 各个操作模式的进出水方向说明

序号	模式	流向	时间
1	产水	—	15 ~ 90min
	错流操作	A 至 B、C	—
	死过滤	A 至 C	—
2	正洗	A 至 B	5 ~ 15s
3	反洗	—	40 ~ 120s
	反洗 1	C 至 A	20 ~ 60s
	反洗 2	D 至 B	20 ~ 60s
4	化学反洗	C 至 A、	1 ~ 10min
5	化学清洗	A 至 B、C	> 60min
6	完整性检测	D 至 B	—

超滤膜的清洗包括正冲、反洗、化学反洗和化学清洗几个程序，这些程序的选用及组合可根据水质、膜的材料和操作条件等选择。

正冲（Forward thrust）：方向由 A 向 B，此种操作通过使膜表面产生切向加速度来冲刷使膜受污染的沉积物，以增加反洗的效果，使透量完全恢复。

反洗（Backwash）：水流方向与产水方向相反，此操作是中空纤维膜组件特有的操作方式，可以有效地减小污染。一般反洗程序分为两个过程，上反洗（C 至 A）和下反洗（D 至 B），为避免在产水侧对膜产生污染和杂质对膜孔堵塞，一般采用超滤产水作为反洗水或除去颗粒的纯净水为反洗水，要考虑到不给后续的操作带来影响。

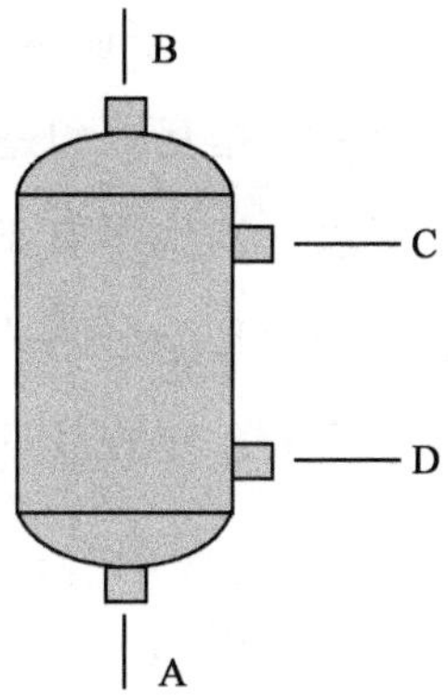

图 5-41 组件外形及接口方位示意

化学增强反洗（Chemically enhanced backwash）：水流向与反洗一样，也是分为两个程序，但化学反洗的时间较长，一般为 1 ~ 10min，化学反洗频率为每天 1 ~ 4 次，化学药剂可根据不同的情况选用，其目的是防止细菌的生长和污染物的过快累积。

化学清洗（Chemical cleaning）：采用正冲化学清洗药剂循环回清洗水箱的方式进行，化学药剂要根据污染物的种类进行选择。化学清洗的时间要根据膜间压差（TMP）的上升数值来确定，比如 TMP 为 0.07MPa 时，系统要进行化学清洗。

5.8 酸碱中和反应的运行管理

中和法（Acid-base titration）是利用化学酸碱中和的原理消除污水中过量的酸和碱，使其 pH 值达到中性或接近中性的过程。中和处理方法分为酸性废水的中和处理和碱性废水的中和处理。通常酸性废水中含有无机酸（如硫酸、硝酸、盐酸、氢氟酸、氢氰酸等），有的含有有机酸（如乙酸、甲酸、柠檬酸等）；碱性废水中含有碱性物质，如苛性钠、碳酸钠、硫化钠及氨类等。

中和处理适用于污水处理中的下列情况：

污水排入受纳水体（Receiving water）前，受纳水体中水生生物对 pH 值的变化极其敏感，pH 值指标超过排放标准，会对其产生不良影响，这时采用中和处理，以减少对水生生物的影响。

工业废水排入城市下水道系统前，由于酸、碱对排水管道产生腐蚀作用，采用中和处理以免对管道系统造成腐蚀。

化学处理或生物处理之前，对生物处理而言，需将处理系统的 pH 值维持在

6.5 ~ 8.5 范围内，以确保构筑物内的微生物维持最佳活性。

酸碱废水相互中和是一种既简单又经济的以废治废的处理方法，适用于各种浓度的酸碱废水，被许多有条件的企业特别是化工园众多企业优先采用。应用该方法时，首先应进行中和能力的计算，即参与反应的酸和碱的当量数应相同。如碱量不足，应补充碱性药剂；如酸量不足，则需补充酸性药剂。需要注意的是对于弱酸或弱碱，由于反应生成的盐易水解，溶液 pH 值取决于生成盐的水解度。

（一）药剂中和

药剂中和法（Medicament neutralization）是一种广泛应用的中和方法，包括酸性废水的药剂中和和碱性废水的药剂中和两种，此法可以处理任何浓度、任何性质的酸碱废水，对水质和水量波动适应性强，中和药剂利用率高。

1. 酸性废水（Acidic wastewater）的药剂中和

最常采用的方法是石灰乳法，即将石灰消解成石灰乳后投加，其主要成分是 $Ca(OH)_2$。$Ca(OH)_2$ 对废水中的杂质有凝聚作用，因此适用于含杂质多的酸性废水。

此外，作为综合利用，还可选用一些碱性废渣、废液，如化学软水站排出的废渣，其主要成分为碳酸钙；有机化工或乙炔发生站排放的电石废渣，其主要成分为氢氧化钙；钢厂或电石厂筛下的废石灰；热电厂的炉灰渣或硼酸厂的硼泥等。

在硫酸废水的中和过程中，用石灰作中和剂时，生成硫酸钙 $CaSO_4 \cdot 2H_2O$。硫酸钙在水中的溶解度很小，易形成沉淀，而且当硫酸浓度很高时，在药剂表面会产生硫酸钙的覆盖层，阻碍中和反应的继续进行。所以，在采用石灰石或白云石作中和药剂时，药剂颗粒的大小应在 0.5mm 以下。

由于药剂中有不参与中和反应的惰性杂质（如砂土、黏土）、酸性废水中影响中和反应的杂质（如金属离子等）的存在以及中和反应混合不均匀等，中和药剂的实际耗量比理论耗量要高。

2. 碱性废水（Alkali wastewater）的药剂中和

碱性废水的处理药剂主要有硫酸、盐酸、硝酸等。最常用的是相对较经济的工业盐酸，使用盐酸的最大优点是反应产物的溶解度大，泥渣量少，但出水溶解固体浓度高。由于工业废液成分复杂，实际药剂投加量不能只按化学计算得出，应该留有一定的余量。酸性中和剂单位消耗能见表 5-3。

表 5-3　酸性中和剂单位消耗能（单位：g）

碱	中和 1g 碱所需酸的量					
	H_2SO_4		HCl		HNO_3	
	100%	98%	100%	36%	100%	65%
NaOH	1.22	1.24	0.91	2.53	1.37	2.42
KOH	0.88	0.90	0.65	1.80	1.13	1.74
$Ca(OH)_2$	1.32	1.34	0.99	2.74	1.70	2.62
NH_3	2.83	2.93	2.12	5.90	3.71	5.70

（二）过滤中和

过滤中和（Filtration neutralization）是指以具有中和能力的碱性固体颗粒物为滤料，采用过滤的形式使酸性废水通过滤料而得到中和的一种方法。这种方法适用于中和处理不含其他杂质的盐酸废水、硝酸废水和浓度不大于 2 ~ 3g/L 的硫酸废水等生成易溶盐的各种酸性废水，不适合处理含有大量 SS、油、重金属盐、砷、氟等物质的酸性废水。该法与药剂中和法相比，具有操作简单、不影响环境卫生、运行费用低及劳动条件好等优点，但进水浓度不能太高。

主要的碱性滤料有石灰石、大理石、白云石。前两种的主要成分是 $CaCO_3$，后一种的主要成分是 $CaCO_3 \cdot MgCO_3$。

（三）烟道气（Flue gas）中和

利用烟道气来处理碱性废水是常采用的一种中和方法。烟道气中 CO_2 气体质量分数可高达 24%，此外，有时还含有 SO_2、H_2S 等，故可用来中和碱性废水。其中中和产物 Na_2CO_3、Na_2SO_3、Na_2S 均为弱酸强碱盐，具有一定的碱性，因此酸性物质必须超量供应。

5.9　混凝反应法运行管理

混凝（Coagulation）就是通过向水中投加一些药剂（常称混凝剂），使水中难以沉淀的细小颗粒（粒径大致在 1 ~ 100μm）及胶体颗粒脱稳并互相聚集成粗大的颗粒而沉淀，从而实现与水分离，达到水质净化的目的。混凝可以用来降低污水的浊度和色度，去除多种高分子有机物，尤其某些重金属物质和放射性物质。此外，混凝法能改善污泥的脱水性能。该方法在污水处理工艺中可以作为预处理、中间处理或最终处理工艺。

1. 浊度（Turbidity）

浊度过高或过低都不利于混凝，浊度不同，所需的混凝剂用量也不同。

2. pH 值

水的 pH 值大小直接关系到选用药剂的种类、加药量和混凝沉淀效果。水中的 H^+ 和 OH^- 参与混凝剂的水解反应，因此，pH 值强烈影响混凝剂的水解速度、产物的存在形态与性能。在混凝过程中，都有一个相对最佳 pH 值存在，使混凝反应速度最快，絮体溶解度最小。此 pH 值可通过实验确定。如聚合硫酸铁作为混凝剂时，最佳 pH 值范围是 5.0 ~ 8.5，但在 4.0 ~ 11.0 范围内仍可使用。聚合氯化铝作为混凝剂时，最佳 pH 值范围是 6.0 ~ 8.5。

3. 温度（Temperature）

水温对混凝效果影响很大。

（1）影响药剂在水中起化学反应的速度。水温对金属盐类混凝剂影响很大，因其水解是吸热反应（Endothermal reaction），如硫酸铝，当水温低于 5℃，水解速度变慢，不易生成 $Al(OH)_3$，但水温也不宜太高，否则易使高分子絮凝剂发生老化或分解生成不溶性物质，反而降低混凝效果，如硫酸铝的最佳混凝温度是 35 ~ 40℃。

（2）影响矾花的形成和质量（Mass）。水温较低时水的黏度较大，布朗运动强度减弱，脱稳胶粒彼此接触碰撞的机会减少，不利于相互凝聚，也使絮凝体生长受阻，絮凝体形成缓慢，结构松散，颗粒细小，反之亦然。

4. 共存杂质（Coexisting impurity）

（1）有些杂质的存在能促进混凝过程，比如除硫、磷化合物以外的其他各种无机金属盐，均能压缩胶体粒子的扩散层厚度，促进胶体凝聚，且浓度越高，促进能力越强，并可使混凝范围扩大。

（2）有些物质会不利于混凝的进行，如磷酸根离子、亚硫酸根离子、高级有机酸离子会阻碍高分子絮凝作用。水中黏土杂质，粒径细小而均匀者，对混凝不利；粒径参差者对混凝有利。颗粒浓度过低往往对混凝不利，回流沉淀物或投加混凝剂可提高混凝效果。另外，氯、螯合物、水溶性高分子物质和表面活性剂物质都不利于混凝。

5. 混凝剂的种类、投加量及投加次序

（1）混凝剂种类（Types of coagulants）

混凝剂的选择主要取决于胶体和细微悬浮物的性质及其在废水中的质量分数。如果水中污染物主要呈胶体状态，且 ξ 电位高，应先投加无机混凝剂（如聚铁、聚铝）

使其脱稳凝聚；如果絮体细小，还需投加高分子混凝剂（如聚丙烯酰胺）或配合使用活性硅酸等助凝剂。很多情况下，无机混凝剂与高分子混凝剂配合使用，混凝效果好，应用范围大。

（2）混凝剂投加量（Dosage）

混凝剂投加量有其最佳值，与水中微粒种类、性质、浓度，混凝剂品种，投加方式和介质条件有关。混凝剂投加量不足，则水中杂质未能充分脱稳去除，加入太多则会再稳定，在实际生产中，混凝剂品种的选择和最佳投加量、最佳操作条件主要通过混凝试验来确定。一般的投量范围是：普通的铁盐、铝盐是 10 ~ 100mg/L；聚合盐为普通盐的 1/2 ~ 1/3；有机高分子絮凝剂为 1 ~ 5mg/L。

（3）混凝剂投加顺序（Order）

当多种混凝剂配合使用时，最佳投加顺序可通过试验来确定。通常情况下，先投加无机混凝剂，再投加有机混凝剂。但当处理的胶粒在 50μm 以上时，常先投加有机混凝剂吸附架桥，再加无机混凝剂压缩扩散层而使胶体脱稳。

6. 水力条件（搅拌）（Stir）

搅拌主要帮助混合反应、凝聚和絮凝。过于激烈的搅拌会打碎已经凝聚和絮凝的絮状沉淀物，反而不利于混凝沉淀，所以要控制搅拌强度和搅拌时间。在混合阶段，要求混凝剂与污水迅速、均匀地混合，要控制搅拌强度在 500 ~ 1000s^{-1}，搅拌时间应控制在 10 ~ 30s。在反应阶段，既要创造足够的碰撞机会和良好的吸附条件让絮体有足够的成长机会，又要防止生成的小絮体被打碎，因此搅拌强度要小，应控制搅拌强度在 20 ~ 70s^{-1}，而反应时间需加长，一般为 15 ~ 30min。通常为确定最佳工艺条件，可以先采用烧杯进行混凝的模拟试验。

（一）混凝剂的配制与投加设备

1. 混凝剂的配置设备（Configuration equipment）

混凝剂的配置设备包括溶药池和药液储存池。溶药池（Solution Pool）是把固体药剂溶解成浓溶液，溶解可采用水力、机械或压缩空气等搅拌方式如图 5-42~ 图 5-44 所示，可根据药量的大小和药剂的性质选择搅拌的方式，一般药量小时采用水力搅拌，药量大时采用机械搅拌。溶药池体积一般为溶液池的 20% ~ 30%。另外注意定期排除溶药系统中的沉渣。

2. 药液（Liquid medicine）投加设备

药液的投配要求计量准确、调节灵活、设备简单。目前较常用的有计量泵、水射器、虹吸定量投药设备和孔口计量设备。其中计量泵最简单可靠，生产型号也较多。水射器主要用于向压力管内投加药液，使用方便。虹吸定量投药设备是利用空气管末端与虹吸管出口间的水位差不变，投药量保持恒定而设计的投配设备。孔口计量设备主要用于重力投加系统，溶液液位由浮子保持恒定，溶液由孔口经软管流出，只要孔上的水头不变，投药量就保持不变，可通过调节孔口的大小来调节投药量的大小。见表 5–4。

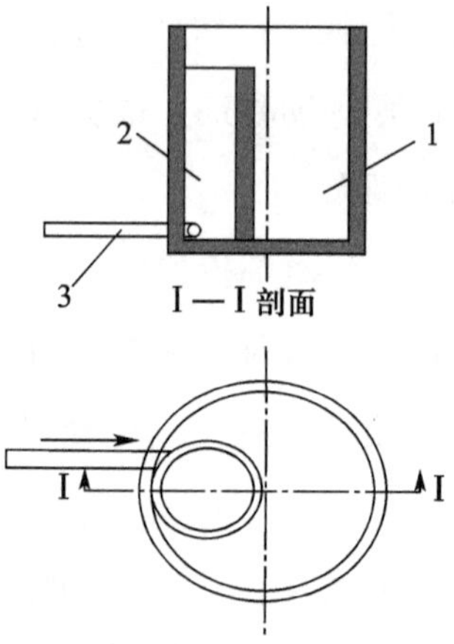

1- 溶液池；2- 溶药池；3- 压力水管

图 5–42 混凝剂水力调制装置

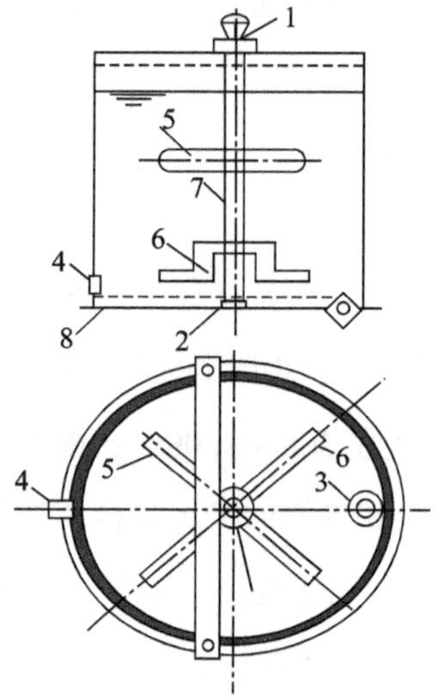

1，2- 轴承；3- 异径管箍；4- 出管；5- 桨叶；6- 锯齿角钢桨叶；7- 立轴；8- 底板

图 5–43 混凝剂机械调制装置

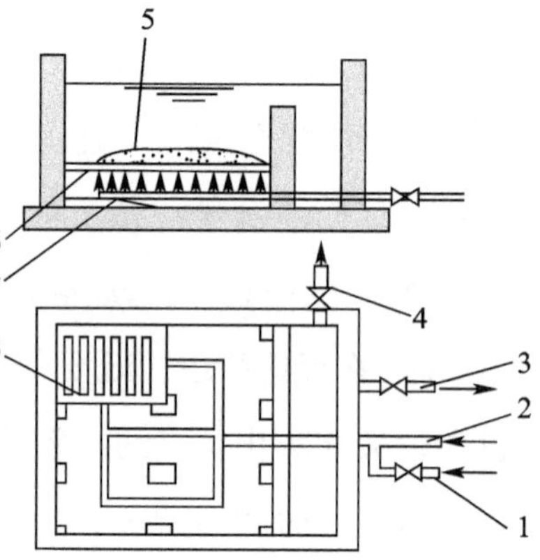

1- 进水管；2- 进气管；3- 出液管；4- 排渣管；5- 药剂；6- 格栅；7- 空气管

图 5–44 缓凝剂的压缩空气调制

表 5–4 各种投加方式的比较

投加方式		设备	适用范围	特点
重力投加	重力投加	溶液槽、提升泵、高位溶液槽、投药箱、计量设备	投入水池、水井或水泵出水管路； 适用于中小型水厂	操作简单； 投加安全可靠
	泵前重力投加	投配设备同上、浮球阀水封箱	投入污水泵前管路中； 适用于中小型水厂	操作简单； 借助水泵叶轮，使药剂与水均匀混合

续表

投加方式		设备	适用范围	特点
压力投加	泵投加	计量加药泵、溶液槽	药液投入压力管路中；适用于大中型水厂	不用计量设备
		耐酸水泵、溶液槽、转子流量计	药液投入压力管路中；适用于大中型水厂	设备易得；使用方便；工作可靠
	水射器投加	溶液槽、投药箱、水射器、高压水管	药液投入压力管路中；各种水厂规模均可使用	设备简单，使用方便；工作可靠；效率低

高位（High position）溶液池重力投加装置如图 5-45 所示，依靠药液的高位水头直接将混凝剂溶液投入管道内。

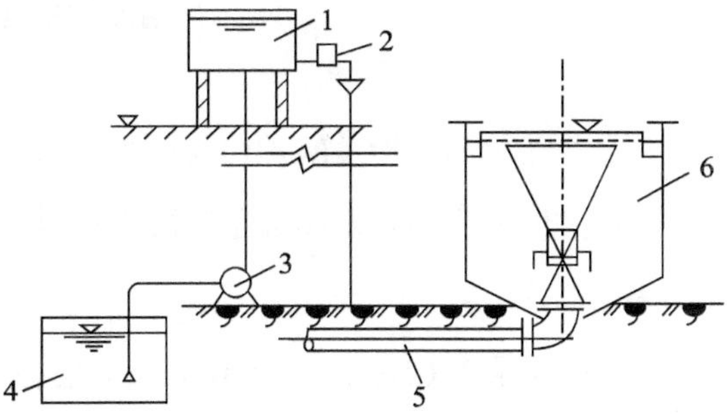

1- 溶液箱；2- 投药箱；3- 提升泵；4- 溶液池；5- 原水进水管；6- 澄清池

图 5-45 高架溶液池重力投加系统

虹吸（Siphon）定量投加装置如图 5-46 所示，利用变更虹吸管进、出口高度差 H 控制投配量。

水射器（Water jet）投加装置如图 5-47 所示，该系统设备简单，使用方便，工作可靠。常用于向压力管内投加药液和药液的提升。

水泵（Pump）投加如图 5-48 所示，可用耐酸泵与转子流量计配合使用，也可采用计量泵，不另设计量设备。

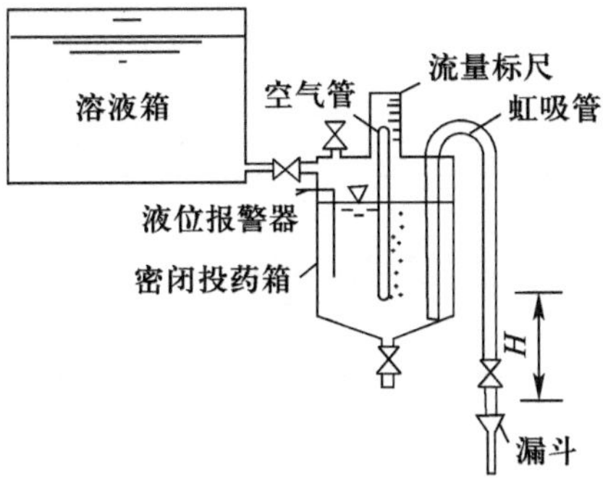

图 5-46 虹吸投药

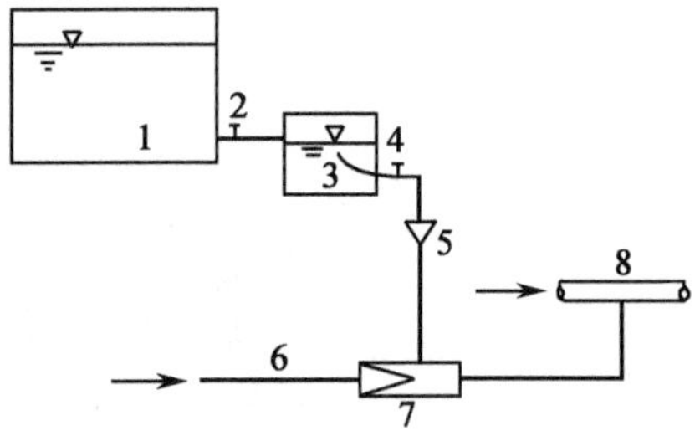

1- 溶液箱；2，4- 阀门；3- 投药箱；5- 漏斗；6- 高压水管；7- 水射器；8- 原水管

图 5-47 水射流器投加示意图

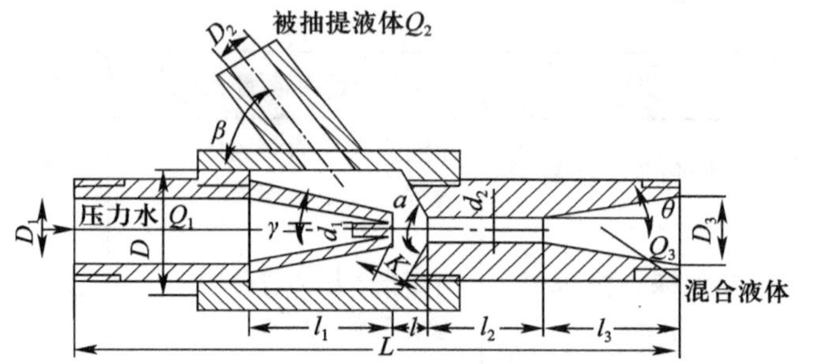

D_1- 压力水管内径；D_2- 抽提管内径；D_3- 混合液出水管直径；D- 真空室内径；Q_1- 压力水流量；Q_2- 被抽提液流量；Q_3- 混合液出水流量；d_1- 喷嘴直径；d_2- 混合管直径；l_1- 喷嘴长度；l_2- 混合管长度；l_3- 扩散管长度；l- 喷嘴距混合管的长度；L- 射流器的总长度；α- 收缩角；β- 抽提管与压力管夹角；γ- 喷射角；θ- 扩散半角；K- 喷嘴与混合管渐缩斜面距离

图 5-48　射流器结构

（二）混合与搅拌（Mixing and stirring）设备

混合设备可分为水力混合和机械搅拌混合槽两类。混合设备的结构形式主要有以下几种。

1. 水力混合（Hydraulic mixing）设备

（1）隔板混合（Baffled mixing）

图 5-49 为分流隔板式混合槽。槽内设隔板，药剂于隔板前投入，水在隔板通道间流动过程中与药剂充分混合。混合效果比较好，但占地面积大，水头损失也大。

图 5-50 为多孔隔板式混合槽。槽内设若干穿孔隔板，水流经小孔时做旋流运动，使药剂与原水充分混合。当流量变化时，可调整淹没孔口数目，以适应流量变化。缺点是水头损失较大。隔板间距为池宽的 2 倍，也可取 60 ~ 100cm，流速取值在 1.5m/s 以上，混合时间一般为 10 ~ 30s。

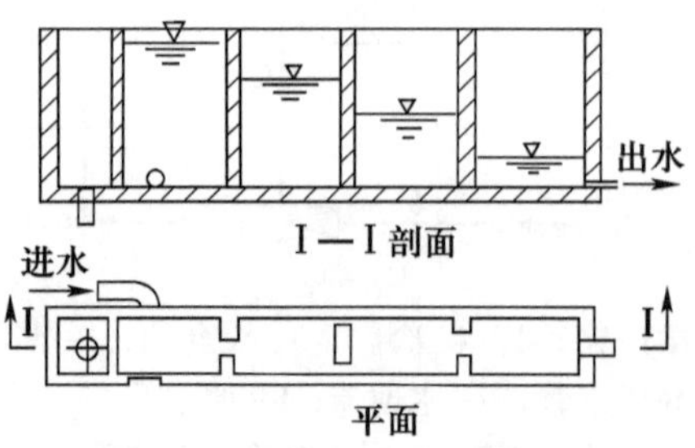

图 5-49　分流隔板式混合槽示意图

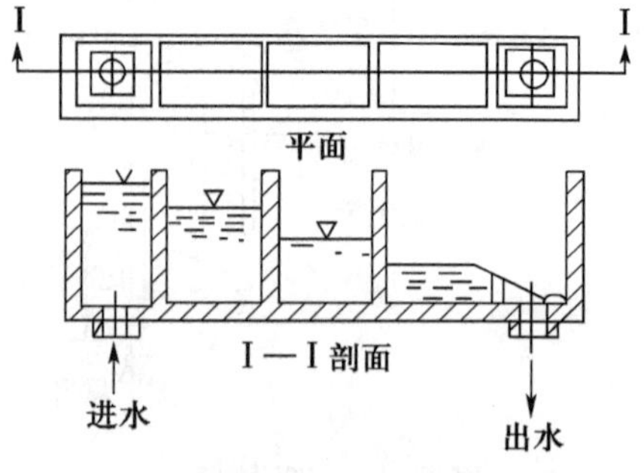

图 5-50　多孔隔板式混合槽示意图

（2）水泵混合（Pump mixing）

当水泵与絮凝反应设备距离较近时，将混凝剂溶液从输水泵的吸入管加入，利用叶轮旋转产生的涡流达到混合。这种方式简便易行，能耗低，且混合均匀，但需在水泵内侧、吸入管及排出管内壁衬耐酸、耐腐蚀材料。水泵与反应器不能太远，因已形成的絮体在管道出口一经破碎便难于重新聚结，不利于以后的絮凝。

（3）管道（Pipes）混合

将混凝剂溶液加入压力管（Pressure Tube），利用管内紊流使药剂扩散于水中。管道混合的结构有如图 5-51 所示的几种，管内水流速宜采用 1.5 ~ 2.0m/s，投药后的管内水头损失不大于 0.3 ~ 0.4m。为了提高混合效果，可在管内增设孔板或 2 ~ 3 块交错排列的挡板，如图 5-51 中的（c）和（d）所示。管道混合无活动部件，结构简单，安装使用方便。

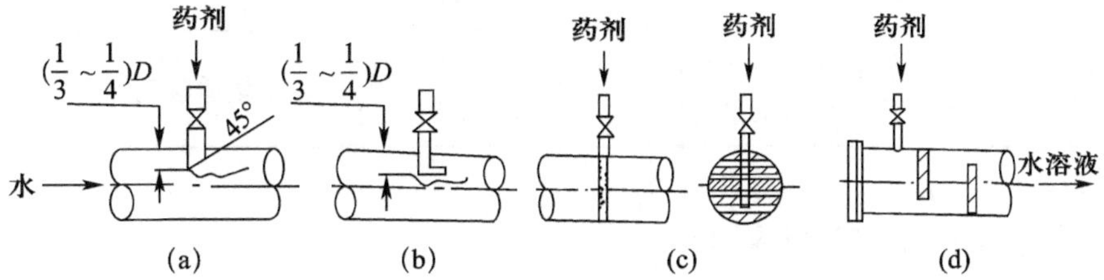

图 5-51 管道混合的几种结构形式（图中 D 为水流管道直径）

2. 机械搅拌（Mechanical agitation）混合设备

这种混合槽是由搅拌桨快速旋转造成紊流来完成混合的，结构如图 5-52 所示。为了提高混合效果，槽内宜设内壁挡板，每块挡板宽度 b 取（1/10 ~ 1/12）D（D 为混合槽内径），其上、下缘距静止液面和池底皆为 $D/4$。搅拌器桨板直径 D_o=（1/3 ~ 2/3）D，搅拌器桨板宽度 B=（0.1 ~ 0.25）D_o。槽体有效容积按水力停留时间为 10 ~ 30s 计算，有时还乘以 1.2 的放大系数。对于桨式搅拌桨，外缘线速度取 1.5 ~ 3.0m/s；对于推进式搅拌桨，外缘线速度取 5 ~ 15m/s。机械搅拌混合槽的主要优点是混合效果好且不受水量变

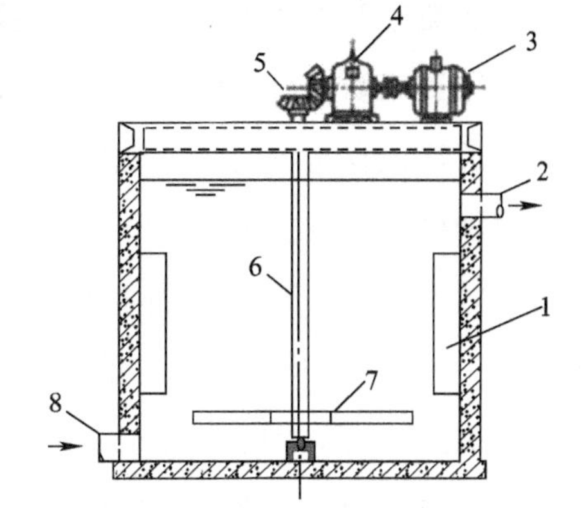

1- 挡板；2- 出水管；3- 电动机；4- 减速器；5- 齿轮；6- 轴；7- 桨板；8- 进水管

图 5-52 机械搅拌混合槽结构示意图

化的影响，适用于各种规模的处理厂，缺点是增加了机械设备，相应增加了维修工作量。

（三）反应设备

反应设备有水力搅拌（Hydraulic agitation）和机械搅拌（Mechanical agitation）两大类。常用的有隔板反应池、涡流式反应池、机械搅拌反应池。见表5–5。

表5–5 常见混凝反应池的优、缺点与适用条件

反应池类型	优点	缺点	适用条件
平流式隔板反应池	反应效果好，构造简单，施工方便	容积较大，水头损失大	水量大于1000m³/h、水量变化较小的系统中
回转式隔板反应池	反应效果好，水头损失小，构造简单，管理方便	池较深	水量大于1000m³/h、水量变化较小的改扩建系统中
涡流式反应池	反应时间短，容积小，造价低	池较深，截头圆锥形池底难施工	水量小于1000m³/h
机械搅拌反应池	反应效果好，水头损失小，可适应水质水量变化	部分设施在水下，维护不便	水量适应范围广

1. 隔板（Clapboard）反应池

隔板反应池主要有往复式（Reciprocating type）和回转式（Rotary type）隔板反应池两种。

（1）往复式隔板反应池如图5–53所示。它是在一个矩形水池内设置许多隔板，水流沿隔板之间的廊道往复前进。隔板间距（廊道宽度）自进水端至出水端逐渐增加，从而使水流速度逐渐减小，以避免逐渐增大的絮体在水流剪切力下破碎。通过水流在廊道间往返流动，造成颗粒碰撞聚集，水流的能量消耗来自反应池内的水位差。往复式隔板反应池在水流转角处能量消耗大，对絮体成长并不利。在180°的急剧转弯下，虽会增加颗粒的碰撞概率，但也易使絮体破碎。往复式隔板式反应池构造简单，管理方便，效果较好，但反应时间较长，容积较大，且主要适用于水量较大的处理厂，因水量过小时，隔板间距过狭，难于施工和维修。

（2）回转式隔板反应池如图5–54所示。为了克服往复式隔板反应池的不足，减少不必要的能量消耗，将180°转弯改为90°转弯，形成回转式反应池。为便于与沉淀池配合，水流自反应池中央进入，逐渐转向外侧。廊道内水流断面自中央至外侧逐渐增大，原理与往复式相同。

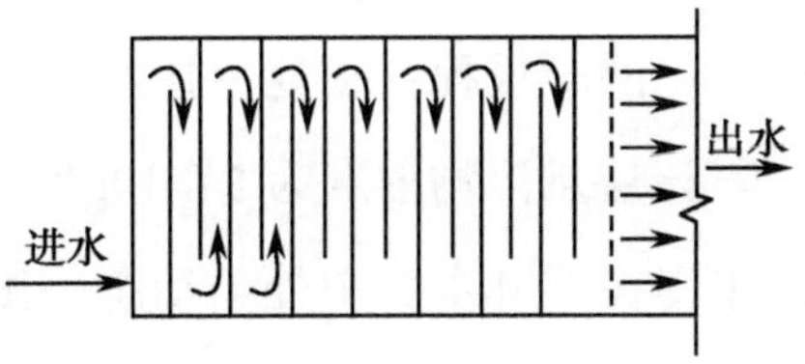

图 5-53　往复式隔板反应池

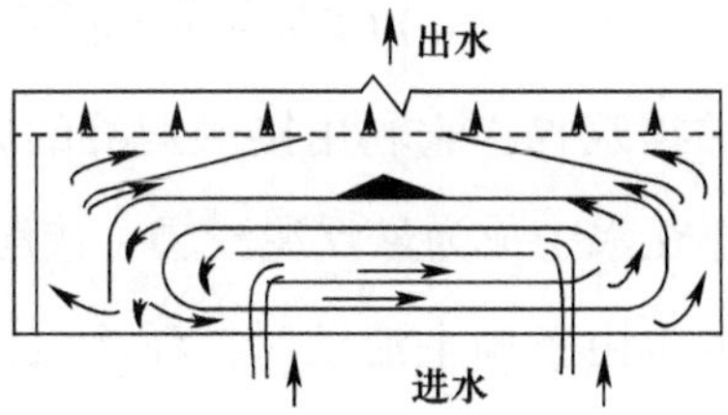

图 5-54　回转式隔板反应池

2. 涡流式（Eddy current type）反应池

涡流式反应池的结构如图 5-55 所示。下半部为圆锥形，水从锥底部流入，形成涡流扩散后缓慢上升，随锥体面积由小变大，反应液流速由大变小，流速的变化有利于絮凝体的形成。涡流式反应池的优点是反应时间短、容积小、易布置。可以安装在竖流式沉淀池中，使用水量比隔板反应池小。

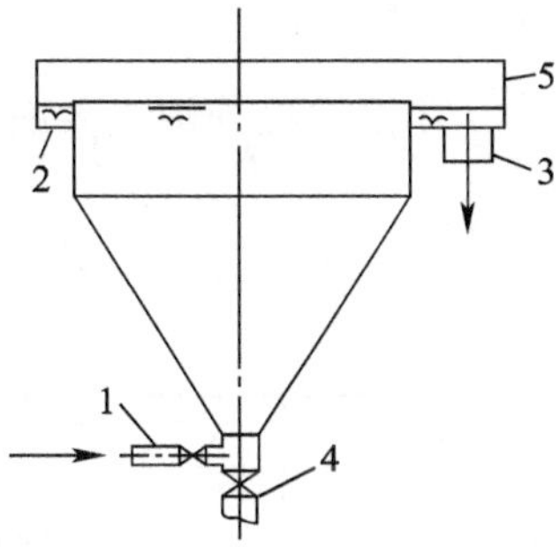

1- 进水管；2- 圆锥集水槽；3- 出水管；4- 放水阀；5- 格栅

图 5-55　涡流式反应池

3. 机械搅拌反应池（Reaction Pool）

机械搅拌反应池如图 5-56 所示。图中的转动轴可以是垂直轴式，也可以是水平轴式。机械搅拌反应池效果好，大小处理厂都可使用，并能适应水质、水量的变化，但需要机械设备，增加了机械维修保养工作和动力消耗。

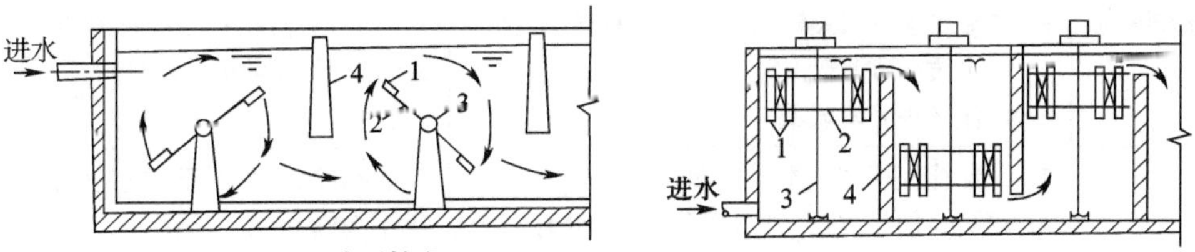

(a)水平轴式　　(b) 垂直轴式

1- 桨板；2- 叶轮；3- 搅拌轴；4- 隔墙

图 5-56　机械搅拌反应池

（四）分离设备（Separation equipment）

经反应池后的出水通常采用沉淀池将矾花从水中分离，可以选择的沉淀池类型有平流式沉淀池（Horizontal sedimentation chamber）、斜板（斜管）式沉淀池 [Plate（tube）sedimentation chamber）和辐流式沉淀池（Radial flow sedimentation tank）；也可以采用气浮进行矾花的分离。

澄清池（表 5–6）（Clarification tank）是一种将絮凝反应过程与澄清分离过程综合于一体的构筑物。它利用接触絮凝的原理，即强化混凝过程：在池中让已经生成的絮凝体悬浮在水中成为悬浮泥渣层（接触凝聚区）。该层悬浮物浓度为 3 ~ 10g/L，当投加混凝剂的水由下向上流动时，泥渣层由于重力作用在上升水流中处于动态平衡，废水中新生成的微絮粒迅速吸附在悬浮泥渣上，从而达到良好的去除效果。澄清池的关键部位是接触絮凝区。保持泥渣处于悬浮、浓度均匀稳定的工作条件已成为所有澄清池共同的特点。

常见的澄清池主要有机械搅拌澄清池、水力循环澄清池、脉冲澄清池、悬浮澄清池等。

表 5–6　常用澄清池的特点和适用条件

类型	特点	适用条件
机械搅拌澄清池	1. 处理效率高，单位面积产水量大； 2. 处理效果稳定，适应性强； 3. 需要机械搅拌设备，维修较麻烦	1. 进水悬浮物含量小于 5000mg/L，短时间内允许在 5000 ~ 10000mg/L； 2. 适用于中、大型水处理厂
水力循环澄清池	1. 无机械搅拌设备，构筑物简单； 2. 投药量较大； 3. 对水质、水温变化适应性差； 4. 水头损失较大	1. 进水悬浮物含量小于 2000mg/L，短时间内允许在 5000mg/L； 2. 适用于中、小型水处理厂
脉冲澄清池	1. 混合充分，布水均匀，池深较浅； 2. 需要一套抽真空设备； 3. 虹吸式水头损失较大，脉冲周围较难控制； 4. 对水质、水量变化适应性较差； 5. 操作管理要求较高	1. 进水悬浮物含量小于 3000mg/L，短时间内允许在 5000 ~ 10000mg/L； 2. 适用于各种规模水处理厂
悬浮澄清池	1. 无穿孔底板式构造较简单； 2. 双层式加悬浮层，底部开孔，能处理高浊度原水，但需设气水分离器； 3. 双层式池深较大； 4. 对水质、水量变化适应性较差； 5. 处理效果不够稳定	1. 单层池：适用于进水悬浮物含量小于 3000mg/L； 2. 双层池：适用于进水悬浮物含量 3000 ~ 10000mg/L； 3. 流量变化一般每小时不大于 10%； 4. 水温变化每小时不大于 1℃

机械搅拌澄清池多为圆形钢筋混凝土结构的池子，有时也采用钢板结构，主要组成部分有混合室、反应室、导流室和分离室。混合室周围被伞形罩包围，混合室上部设有涡轮搅拌桨，由变速电机带动涡轮转动，如图 5–57 所示。

机械搅拌澄清池的工作过程为：废水从进水管进入环形配水三角槽，混凝剂通过投加药管加在配水三角槽中，再一起流入混合室，在此进行水与药剂和回流污泥的混

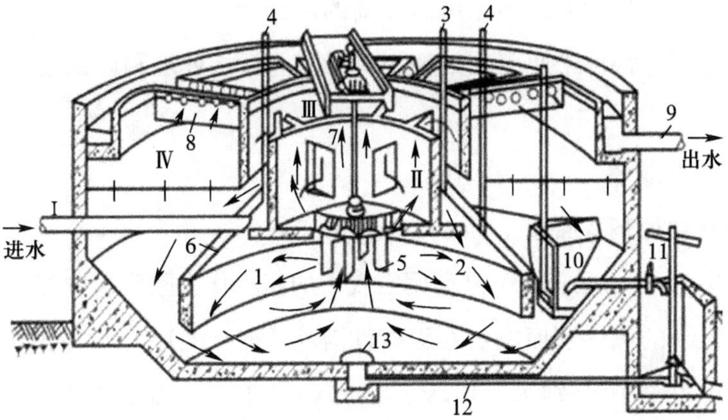

Ⅰ-混合室；Ⅱ-反应室；Ⅲ-导流室；Ⅳ-分离室
1-进水管；2-三角配水槽；3-排气管；4-投药管；5-搅拌桨；6-伞形罩；7-导流板；
8-集水槽；9-出水管；10-泥渣浓缩池；11-排泥管；12-排空管；13-排空阀

图 5-57　机械搅拌澄清池结构剖面图

合。由于涡轮的提升作用，混合后的泥水被提升到反应室，继续进行混凝反应，并溢流到导流室。导流室中有导流板，其作用在于消除反应室过来的环形运动，使废水平稳地沿伞形罩进入分离室。分离室中设有排气管，作用是将废水中带入的空气排出，减少对泥水分离的干扰（Interference）。

处理效果除与池体各部分尺寸是否合理有关外，主要取决于以下两点：

（1）搅拌速度（Stirring speed）：为使泥渣和水中小絮体充分混合，并防止搅拌不均引起部分泥渣沉积，要求加快搅拌速度。但速度若太快，会打碎已形成的絮体，影响处理效果。因此，搅拌速度应根据污泥浓度决定，污泥浓度低，搅拌速度小；污泥浓度高，就要增大搅拌速度。

（2）泥渣回流量及浓度（Concentration）：一般回流量大，反应效果好，但回流量太大，会导致流速过大，从而影响分离室的稳定，因此一般控制回流量为水量的 3 ~ 5 倍。泥渣浓度越高，越容易截留废水中悬浮颗粒；但泥渣浓度越高，澄清水分离越困难，以致于会使部分泥渣被带出，影响出水水质。因此，在不影响分离室工作的前提下，尽量提高泥渣浓度。泥渣浓度可通过排泥来控制。

5.10　氧化还原反应的运行管理

化学氧化还原（Chemical reduction-oxidation）是转化污水中污染物的有效方法。

与生物氧化法相比，化学氧化还原法需较高的运行费用。因此，目前化学氧化还原法仅用于饮用水处理、特种工业用水处理、有毒工业污水处理和以回用为目的的污水深度处理等。

（一）空气氧化设备

1. 空气氧化法的基本原理（Basic principle）

空气氧化法（Air oxidation）是利用空气中的氧氧化去除废水中有机物的一种处理方法。电对 O_2/O^{2-} 的氧化还原电位在强碱性溶液（pH=14）、中性溶液（pH=7）、强酸性溶液（pH=0）中的值分别为 0.401V、0.815V、1.229V，由此可见，pH 值越低，空气氧化能力越强。同时，提高温度和氧分压，可以增大电极电位；添加催化剂，可以降低反应活化能，均有利于氧化反应的进行。该方法目前主要用于含二价硫［硫（Ⅱ）］废水的处理。硫（Ⅱ）在废水中以 S^{2-}、HS^-、H_2S 的形式存在。在碱性溶液中，硫（Ⅱ）的还原性较强，且不会形成易挥发的硫化氢，空气氧化效果较好。氧与硫化物的反应在 80 ~ 90℃下按如下反应式进行。

第一步：$2HS^-+2O_2=S_2O_3^{2-}+H_2O$；$2S^{2-}+2O_2+H_2O=S_2O_3^{2-}+2OH^-$；

第二步：$S_2O_3^{2-}+2O_2+2OH^-=2SO_4^{2-}+H_2O$。

在废水处理中，接触反应时间约 1.5h，第一步反应几乎进行完全，而第二步反应只能进行约 10%。综合二者，氧化 1kg 硫（Ⅱ）总共约需 1.1kg 氧，相当于 4m^3 空气。如果能向废水中投加少量的氯化铜或氯化钴作催化剂，则几乎全部 $S_2O_3^{2-}$ 被氧化为 SO_4^{2-}。

2. 空气氧化法的主要设备——空气氧化脱硫塔（Desulfurizing tower）

当采用空气氧化法处理含硫废水时，空气氧化脱硫设备多采用脱硫塔。脱硫的工艺流程如图 5-58 所示。处理过程中废水、空气及蒸汽经射流混合器混合后，送至空气氧化脱硫塔。混入蒸汽（Steam）的目的是提高温度，加快反应速度。空气氧化脱硫塔如图 5-59 所示。脱硫塔用拱板分为数段，拱板上安装喷嘴。当废水和空气以较高的速度冲出喷嘴时，空气被粉碎为细小的气泡，增大气液两相的接触面积，使氧化速度加快，在气液并流上升的过程中，气泡的上升速度较快，并不断产生破裂与合并，当气泡上升到段顶板时，就会产生气液分离（Gas-liquid separation）现象。喷嘴底部缝隙的作用就是使气体能够再度均匀地分布在废水中，然后经过喷嘴进一步混合，这样就消除了气阻现象，使塔内压力稳定。

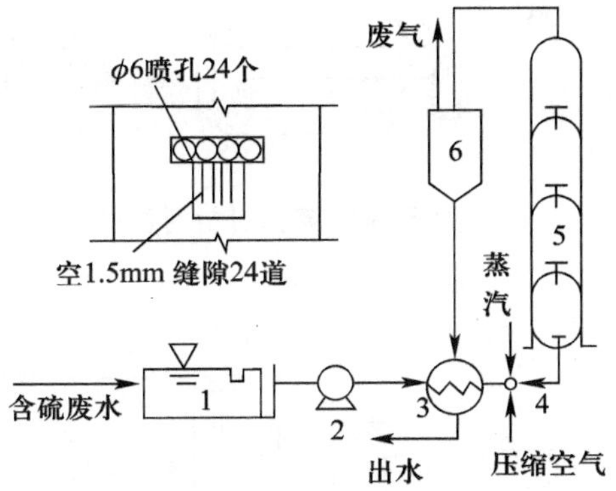

1- 隔油池；2- 泵；3- 换热器；4- 射流器；
5- 空气氧化塔；6- 分离器

图 5-58　空气氧化法处理含硫废水流程图

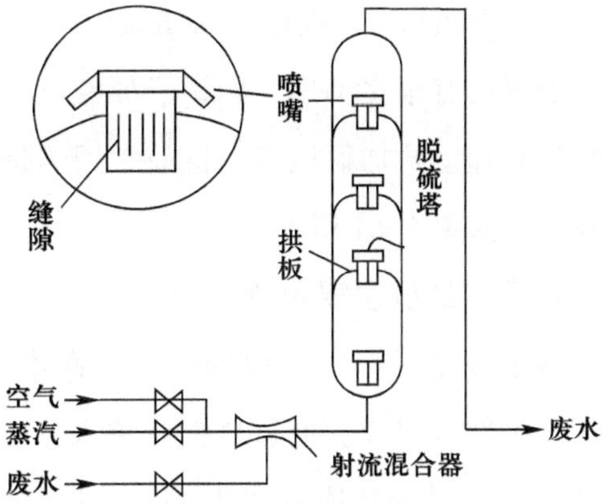

图 5-59　空气氧化脱硫塔

（二）氯系氧化设备（Chlorine oxidation plant）

氯作为氧化剂可氧化废水中的氰、硫、酚、氨氮以及去除某些染料分子而使废水脱色，也可以用来消毒。氯系常用的氧化剂有氯气、液氯、二氧化氯、次氯酸钠和漂白粉等。氯气是一种具有刺激性气味的黄绿色有毒气体；液氯是压缩氯气后变为琥珀色的透明液体，可用氯瓶贮存远距离运输；二氧化氯氧化能力比氧强，但价格昂贵；次氯酸钠可通过次氯酸钠发生器现场制取或购买市售次氯酸钠溶液，应用比较方便；漂白粉是石灰氯化而得的产品，其中含 $Ca(OH)_2$ 约 70%，实际有效氯只有约 35%，在保存中易散失，可在简易氯化条件下使用。它们在水溶液中可电离生成次氯酸离子。HClO 和 ClO^- 离子都具有强的氧化能力，但 HClO 的氧化能力比 ClO^- 要强。因此，氯氧化法（Chlorine oxidation）通常在酸性溶液中较为有利。

氯氧化处理工艺的主要设备有反应池和投药设备。反应池可按污水的停留时间设计，投药设备可根据氧化剂的种类确定。投氯量可按氯氧化方程式中的理论需氯量的 1.1 ~ 1.5 倍计算，或通过试验确定。

1. 液氯（Liquid chlorine）

（1）氯瓶（Chlorine bottle/cylinder）

氯瓶的作用是运输并贮存液氯。氯瓶内压力一般为 6 ~ 8 个大气压，所以在搬运与使用时不能在太阳下暴晒或靠近高温，以免气化时压力过高发生爆炸。氯瓶有立式和卧式两种类型，有 50kg、500kg、1000kg 等几种规格，处理厂可根据本厂规模选用。如图 5-60 所示。

（2）加氯机（Chlorination machine）

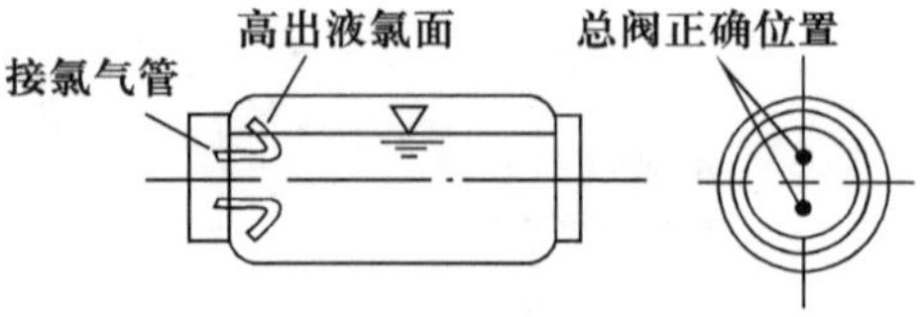

图 5-60　氯瓶卧放时位置

加氯机有很多类型，如转子加氯机、真空加氯机和随动式加氯机等，目前常用的是转子加氯机，如图 5-61 所示。

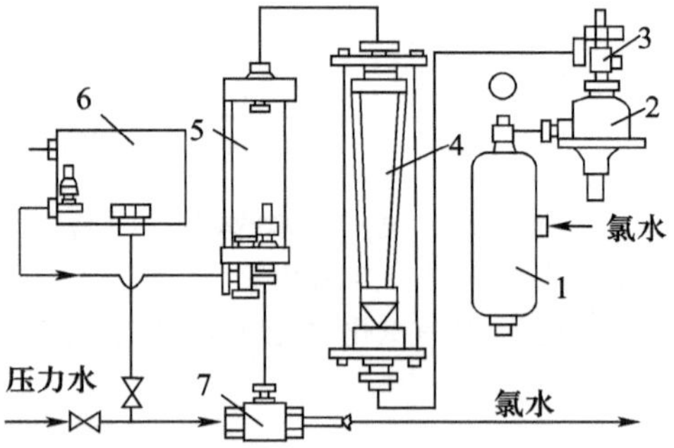

1- 旋风分离器；2- 弹簧膜阀；3- 控制阀；4- 转子流量计；5- 中转玻璃筒；6- 平衡水箱；7- 水射器

图 5-61　ZJ 型转子加氯机

转子加氯机主要由旋风分离器、弹簧膜阀、转子流量计、中转玻璃筒、平衡水箱和水射器等部分组成。液氯自钢瓶进入分离器，将其中一些悬浮杂质分离出去，然后经弹簧膜阀和流量计进入中转玻璃筒。在中转玻璃筒内，氯气与水初步混合，然后经水射器进入污水管道内。当压力小于 1atm 时，弹簧膜阀能自动关闭，以防止氯瓶被抽吸产生负压，同时还能起到稳压的作用。中转玻璃筒起着观察加氯机工作情况的作用，还起稳定加氯量、防止压力水倒流的作用。平衡水箱可以补充和稳定中转玻璃筒内的水量。水射器除从中转玻璃筒内抽吸所需的氯，并使之与水混合、溶解于水（进行投加）外，还起到使玻璃罩内保持负压状态的作用。

（3）反应池（Reaction Pool）

反应池的作用是使氯与污水有较充足的接触时间。反应池常采用压缩空气搅拌或水泵循环搅拌。当采用氯氧化法处理含氰废水时，可以考虑间歇式处理或连续式处理。当含氰废水水量较小、浓度变化较大、要求处理程度较高时，一般采用间歇式处理法。多数设置两个反应池，交替进行间歇处理。

（4）加氯间（Chlorinating Room）

加氯间应靠近加氯地点，间距不宜大于 30m。加氯间属危险品建筑，应与其他工作间隔开，房屋建筑应坚固、防火、保温、通风，大门外开，并应设观察孔。

2. 漂白粉（Calcium bleach）

采用漂白粉作氧化剂，需配成溶液加注。配制时先加水调成糊状，然后再加水配制成 1%～2%（以有效氯计）浓度的溶液。如投加到过滤后的水中，溶液应澄清 4～24h 再用，如投入浑水，则不必澄清。漂白粉溶液及投加设备与混凝剂调配和投加设备相似。

（三）臭氧氧化设备（Ozone oxidation furnaces）

臭氧是由三个氧原子组成的氧的同素异形体，通常为淡蓝色气体，高压下可变成深褐色液体。臭氧的氧化能力很强，其氧化能力仅次于氟，比氧、氯及高锰酸钾盐等常用的氧化剂都高。臭氧具有特殊的刺激气味，但在空气中的浓度极低时有新鲜气味，使人感到格外清新，有益健康。当空气中臭氧浓度大于 0.01mg/L 时，可嗅到刺激性气味，长期接触高浓度臭氧会影响肺功能，工作场所规定的最大允许浓度为 0.1mg/L。

臭氧可氧化分解污水中的污染物，常用于降低 BOD、COD、脱色、除臭、除味、杀菌、杀藻，除铁、锰、氰、酚等。臭氧用于消毒过滤饮用水时，投量不大于 1mg/L，接触时间不大于 15min，且不受水中氨氮含量和 pH 值的影响。用于城市生活污水二级处理后的深度处理时，臭氧投量一般为 10 ~ 20mg/L，接触时间 5 ~ 20min。处理效果可达：BOD 降低 60% ~ 70%；合成表面活性物质降低 90%；致癌物质降低 80%。

1. 臭氧发生器（Ozone generator）

制备臭氧的方法较多，有无声放电法、化学法、电解法、紫外光法、等离子射流法和放射法等。工业上一般采用无声放电法，利用干燥空气或氧气经无声放电来制取臭氧。图 5-62 为无声放电法制备臭氧的原理图。

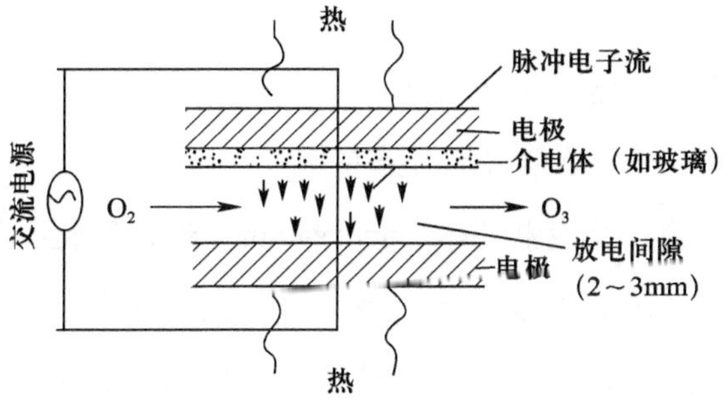

图 5-62　无声放电法制备臭氧原理图

在两平行的高压电极之间隔以一层介电体（又称诱电体，通常是特种玻璃材料）并保持一定的放电间隙（一般为 1 ~ 3mm）。当在两电极间施以高的交流电压（10 ~ 20kV）时，由于介电体的阻碍，高压放电的电流很小，只在介电体表面的凸点处发生局部的放电，形成脉冲电子流。此时，干燥的空气或氧气从放电间隙通过，一些氧分子就会被脉冲电子流碰撞激活而获得能量，并发生弹性碰撞聚合而生成臭氧分子。其反应式如下：

$$O_2+e \longrightarrow 2O+e$$

$$O+O_2^+(M) \longrightarrow O_3^+(M)$$

总反应式为：

$$3O_2 \longrightarrow 2O_3-288.9kJ$$

我国已有多种臭氧发生器的定型产品出售，可供使用单位选择，图 5-63 为卧管式臭氧发生器。用无声放电法制备臭氧的理论比电耗为 0.95kWh/kgO_3，而实际电耗大得多。单位电耗的臭氧产率实际值仅为理论值的 10% 左右，其余能量均变为热能，使电极温度升高。为了保证臭氧发生器正常工作和抑制臭氧热分解，必须对电极进行冷却。通常用水冷和空冷两种方式。

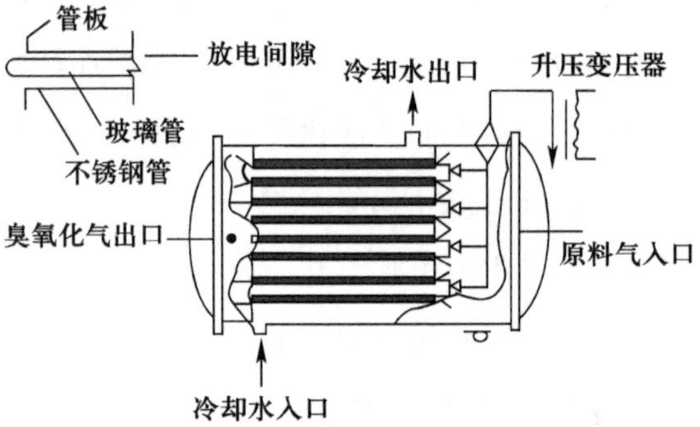

图 5-63　卧管式臭氧发生器

2. **臭氧处理污水工艺系统（System）**

（1）以空气或富氧空气为原料气的开路系统

把污水与臭氧送入接触反应器（Contact reactor）进行氧化，处理过程中产生的废气直接予以释放。这种系统的流程简单，污水的臭氧处理在接触反应器内进行。为了使臭氧与水中杂质充分反应，应尽可能使臭氧化气在水中形成微细气泡，并采用两相逆流操作，以强化传质过程。图 5-64 为臭氧处理的开路系统。

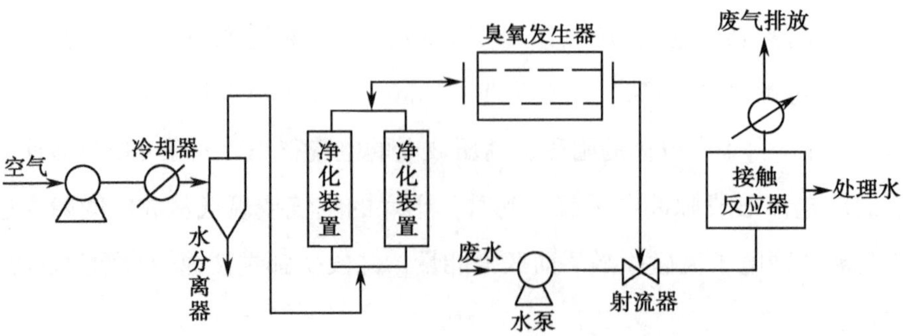

图 5-64　臭氧处理开路系统

（2）以纯氧或富氧空气为原料气的闭路系统（Closed-circuit system）

在闭路系统中，把接触反应器产生的废气又返回到臭氧制取设备，这样可提高原料气的含氧率，降低生产成本。但是废气在循环回用过程中，其含氮量将越来越高。为此可采取压力转换氮分离器来降低含氮量。图 5-65 为臭氧处理闭路系统。

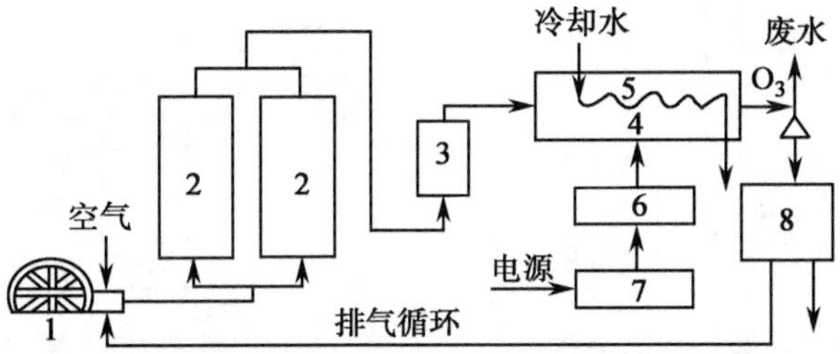

1- 空气压缩机；2- 净化装置；3- 计量装置；4- 臭氧发生器；
5- 冷却系统；6- 变压器；7- 配电装置；8- 接触器

图 5-65 臭氧处理闭路系统

3. **混合反应器**（Mixing reactor）

臭氧系统中最重要的设备是混合反应器，其作用是促进水气混合扩散，使气水充分接触，加快反应。废水处理中常用的混合反应器有两类接触混合方式：一类是微孔扩散板式；另一类是接触混合方式（包括水射器接触塔、填料接触塔、机械涡轮注入器和静态混合器，常采用射流器）。

（1）微孔扩散板式混合器（Microporous diffusion plate mixer）的结构如图 5-66 所示。废水从反应器上部注入，由上而下流动，臭氧化气从池底扩散板喷出，以微小气泡上升、与废水逆流接触。这种混合器的特点是设备简单，气量容易调节，接触时间较长，反应充分。适用于反应速度慢的污染物，如烷基苯磺酸钠（ABS）、COD、焦油、污泥、氨氮等。

（2）射流接触池（Jet-flow contact tank/pool）的结构如图 5-67 所示。高压废水通过喷嘴处时，因速度很高而产生负压，把臭氧化气吸入水中。这种混合反应器的特点是混合充分，但接触时间较短。这种混合器适用于反应速度快的污染物，如铁（Ⅱ）、锰（Ⅱ）、氰、酚、亲水性染料、细菌等。

（3）水膜（Water film）式臭氧接触反应器的结构如图 5-68 所示。填料塔（Packing tower）是一种常用的水膜式反应器。塔内装拉西环或鞍状填料，液体接触面积可达 200 ~ 250m²/m³。废水的配水装置分布到填料上，形成水膜沿填料表面向下流动，上升气流在填料间通过，并和废水进行逆向接触。这种反应器主要用于可受传质

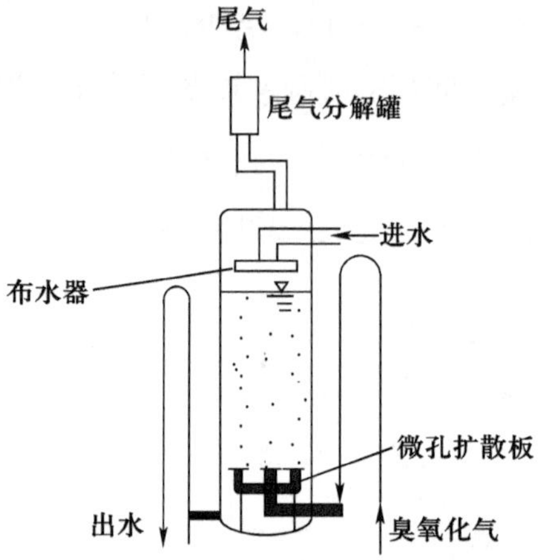

图 5-66　微孔扩散板式混合器

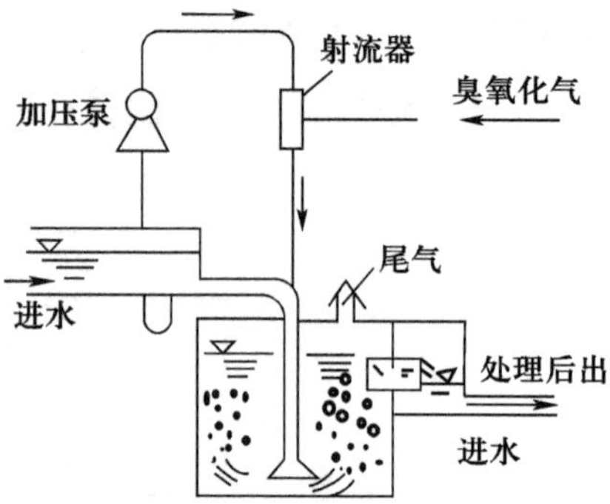

图 5-67　射流接触池

速率控制的反应。填料塔设备小，不论规模大小以及臭氧和水中杂质的反应快慢都能适应，但填料空隙较小，废水含悬浮物时易堵塞。

（4）水滴（Water drop）式臭氧接触反应器结构如图 5-69 所示。

喷雾塔（Spray tower）是水滴式反应器的一种。废水由喷雾头分散成细小水珠，水珠在下落过程中，同上升的臭氧化气接触，在塔底聚集流出，尾气从塔顶排出。这种设备结构简单，造价低，但对臭氧的吸收能力也低，另外喷头易堵塞，预处理要求高，适用于受传质速率控制的反应。

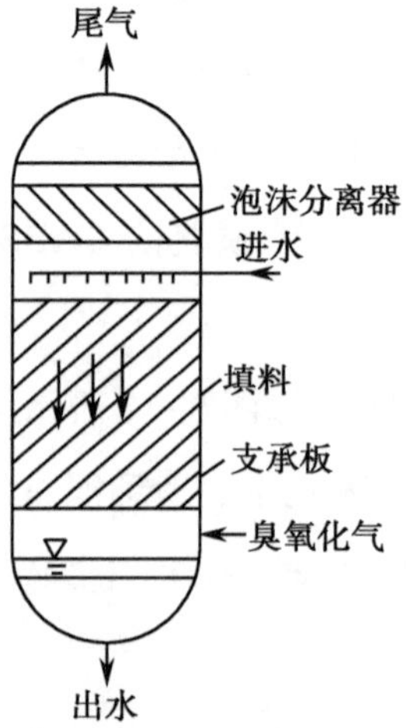

图 5-68　填料塔

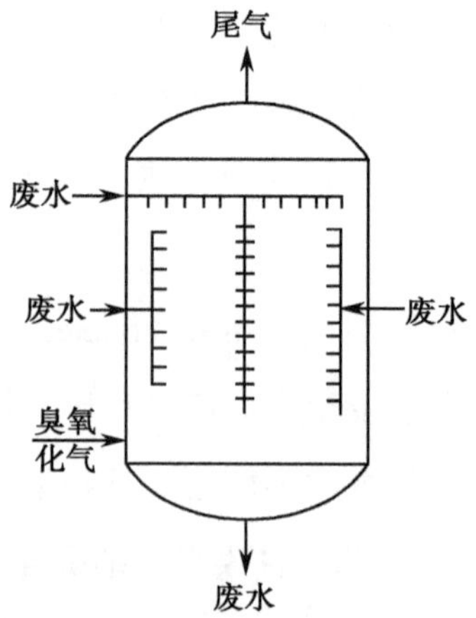

图 5-69　喷雾塔

4. **尾气处理系统**（Off-gas treatment system）

臭氧是有毒气体，通常从接触反应器排出的尾气中的臭氧体积分数为 $500 \times 10^6 \sim 3000 \times 10^6$。尾气直接排放将对周围环境造成污染，需要对尾气进行适当处理。尾气处理方法有：活性炭法、药剂法和燃烧法。

（1）活性炭法（Activated carbon process）

活性炭能吸附臭氧并和臭氧进行反应，使臭氧分解。该方法设备简单，比较经济，但在反应过程中产生大量的热，易使塑料做的尾气塔变形，另外，使用周期短，活性炭吸附饱和后需要更换或再生。

（2）药剂法（Reagent process）

该法可分为还原法和分解法，前者使臭氧还原，后者使臭氧分解。还原法可采用亚铁盐、亚硫酸钠、硫代硫酸钠等。分解法可采用氢氧化钠等。药剂法比较简单，但费用较高。

（3）燃烧法（Combustion process）

该法一般是将尾气送入燃烧炉内燃烧。臭氧在3000℃以上的高温下会立即分解，此法比其他方法经济。

5. **臭氧氧化法的特点**（Characteristics）

臭氧氧化法的特点如表5–7所示。

表5–7 臭氧氧化法的特点

优点	缺点
1. 臭氧对除臭、脱色、杀菌、去除有机物和无机物都有显著效果； 2. 废水经处理后，残留于废水中的臭氧容易自行分解，一般不会产生二次污染，并且能增加水中的溶解氧； 3. 制备臭氧用的电和空气不必储存和运输，操作管理也较方便	1. 整个设备需要防腐，设备费用高； 2. 发生臭氧的设备效率低，耗电量高； 3. 臭氧对人体有害，在臭氧作氧化剂的工作环境中需要有通风与安全措施

（四）金属过滤还原设备

还原法（Reduction method）就是向废水中投加还原剂，将废水中的有毒、有害物质还原成无毒或毒性小的新物质的方法。目前，还原法主要用于去除废水中的 Hg^{2+}、Cr^{6+} 等金属离子。

1. **金属过滤还原法处理含汞（Mercury）废水系统**

处理系统如图 5-70 所示，池中填以金属屑，废水以一定流速自下而上通过金属屑滤池，经一定的接触时间后从滤池流出。通常需要将金属碎成 2 ~ 4mm 的碎屑，并用汽油或酸去掉表面的油污或锈蚀层。反应温度提高能加速反应的进行；但温度过高，会有汞蒸汽逸出，一般控制在 20 ~ 80℃的范围。从废水中析出的汞在金属表面形成汞齐或汞滴，用干馏法可以回收纯净的汞，并使金属恢复洁净的表面，再次用于还原反应。

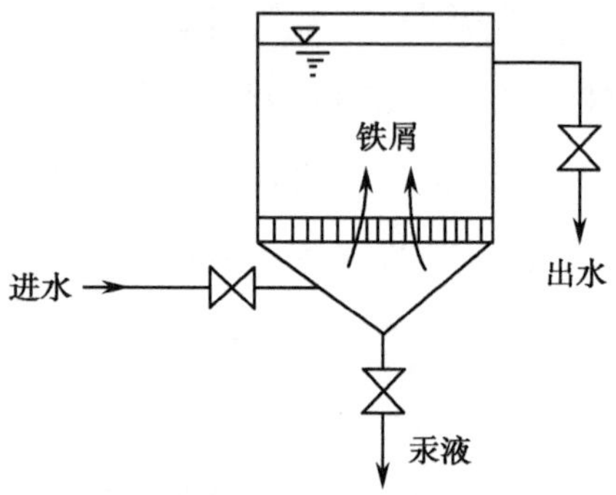

图 5-70　铁屑过滤池除汞系统

铁屑（Iron filings）过滤时，pH 值在 6 ~ 9 较好，耗铁量最省；pH 值低于 6 时，铁因溶解而耗量增大；pH 值低于 5 时，有氢析出，吸附于铁屑表面，减少了金属的有效表面积，阻碍了汞（Ⅱ）与铁置换反应的进行。采用锌粒还原时，pH 值最好在 9 ~ 11。用铜屑还原时，pH 值在 1 ~ 10 均可。

2. **硫酸亚铁-石灰（Ferrous sulfate lime）法处理含铬废水系统**

制革（Tannery）、化工（Chemical Industry）、冶炼（Smelting）、电镀（Electroplate）等工业废水中常含有剧毒的六价铬，以 CrO_4^{2-} 或者 $Cr_2O_7^{2-}$ 形式存在。可采用还原剂将 Cr^{6+} 还原成毒性较低的 Cr^{3+}，可使用的还原剂有二氧化硫、亚硫酸、亚硫酸氢钠、亚硫酸钠、硫酸亚铁等。还原法除铬通常包括两步：第一步是使废水中的 $Cr_2O_7^{2-}$ 在酸性条件下（pH<4 为宜）与还原剂反应生成 $Cr_2(SO_4)_3$；第二步是加碱生成 $Cr(OH)_3$ 沉淀，在 pH=8 ~ 9 时，$Cr(OH)_3$ 的溶解度最小。采用此法处理，理论药剂用量为 $Cr^{6+}:FeSO_4\cdot 7H_2O=1:16$。当废水中 Cr^{6+}>100mg/L 时，可按理论值投药；Cr^{6+}<100mg/L 时，投药量应增加。石灰投量可按 pH=7.5 ~ 8.5 计算。

采用硫酸亚铁 - 石灰处理含铬废水时，处理构筑物有间歇式和连续式两种，其工艺流程如图 5-71 所示。间歇式适用于含铬浓度变化大、水量小、排放要求严格的含铬废水。连续式适用于浓度变化小、水量较大的含铬废水。反应池一般为矩形，当采用连续处理时，反应池宜分为酸性反应池和碱性反应池两部分，反应池中应设搅拌设备。

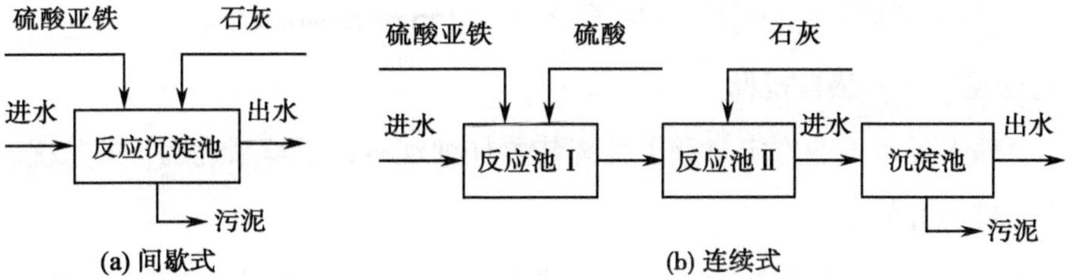

图 5-71 硫酸亚铁-石灰法处理含铬废水流程图

5.11 好氧活性污泥处理系统的日常管理

好氧活性污泥处理系统的日常管理包括日常生产管理、设备管理、污水水样的水质检测、生化系统日常运行管理。

5.11.1 活性污泥法生化系统日常运行管理

（一）技术经济指标（Technical-economic index）

城市污水处理厂运行的好坏，常用一系列的技术经济指标来衡量，其中包括处理污水量、BOD_5 去除率、SS 去除率、设备完好率和设备使用率、电耗或能耗指标。

（二）日常检测项目（Convention/daily inspection items）

试运行确定最佳条件后，即可转入正常运行。为了经常保持良好的处理效果，积累经验，需要对处理情况定期进行检测。检测项目如下.

（1）反映处理效果的项目：曝气池进出水 SS、BOD、COD 等。

（2）反映污泥情况的项目：污泥沉降比（SV）、MLSS、MLVSS、SVI、DO、微生物相等。

（3）反映污泥营养和环境条件的项目：氮、磷、pH 值、水温等。

一般 SV 和 DO 最好 2 ~ 4h 测定一次，至少每班一次，以便及时调节回流污泥量和空气量。微生物观察最好每班一次，以预示污泥异常现象。除氮、磷、MLSS、MLVSS、SVI 可定期测定外，其他各项应每天测定一次。水样除溶解氧外，均取混合水样。此外，每天要记录进水量、回流污泥量和剩余污泥量，还要记录剩余污泥的排放规律、曝气设备的工作情况以及空气量和电耗等。剩余污泥（或回流污泥）浓度也要定期测定。

（三）活性污泥系统的观察与评价（Observation and evaluation）

1. 现场观察——感官指标

操作管理人员每班数次定时登上处理装置仔细观察，了解系统运行的状况。

主要观察内容如下：

（1）色、嗅。正常运行的活性污泥一般呈黄褐色（Tawny）。在曝气池溶解氧不足时，厌氧微生物会相应滋生，含硫有机物在厌氧时分解释放出 H_2S，污泥发黑、发臭。当曝气池溶解氧过高或进水过淡、负荷过低时，污泥中微生物可因缺乏营养而自身氧化，污泥色泽转淡。良好的新鲜活性污泥略带有泥土味。

（2）二沉池观察与污泥性状。活性污泥性状的好坏可从二沉池及后面述及的曝气池的运行状况中显示出来，因此，管理中应加强对现场的巡视（Perambulating），定时对活性污泥处理系统的“脸色”进行观察。二沉池的液面状态与整个系统的运行正常与否有密切关系，在巡视二沉池时，应注意观察二沉池泥面的高低、上清液透明程度、漂泥的有无、漂泥泥粒的大小等。现象及原因见表 5-8。

表 5-8　污泥现象与原因

现象	原因
上清液清澈透明	运行正常，污泥形状良好
上清液混沌	负荷过高，污泥对有机物氧化、分解不彻底
泥面上升，SVI 高	污泥膨胀，污泥沉降性差
污泥成层上浮	污泥中毒
大块污泥上浮	沉淀池局部厌氧，导致该处污泥腐败
细小污泥漂泥	水温过高、C/N 不适、营养不足等原因导致污泥解絮

（3）曝气池观察与污泥性状。在巡视曝气池（Aeration tank）时，应注意观察曝气池液面翻腾情况，曝气池中间若有成团气泡上升，即表示液面下曝气管道或气孔有堵塞，应予以清洁或更换；若液面翻腾不均匀，说明有死角，尤其应注意四角有无积泥。

泡沫呈白色且泡沫量增多，说明水中洗涤量较多。

泡沫呈茶色、灰色，是因为污泥泥龄太长或污泥被打碎而吸附在气泡上所致，这时应增加排泥量。

气泡出现其他颜色时，往往因为吸附了废水中染料等类发色物质。

2. 生物相观测——镜检指标（Microscopic index）

活性污泥生物相是指活性污泥中微生物的种类、数量、优势度及其代谢活力等状况的概貌。生物相能在一定程度上反映出曝气系统的处理质量及运行状况。当环境条件（如进水浓度及营养、pH 值、有毒物质、溶氧、温度等）变化时，在生物相上也会有所反映。可通过活性污泥中微生物的这些变化，及时发现异常现象或存在的问题，并以此来指导运行管理。因此，对生物相的观察，已日益受到人们的重视。

（四）工艺控制（Process control）项目指标

活性污泥法工艺控制的项目相当多，也是众多一线操作人员在工艺控制过程中把握困难的一个原因。就单个控制项目来讲，大家把握起来比较容易，但是要系统地通过各控制项目实际情况的分析、把握、调整来达到较佳的运行工况，确实是相当困难。

活性污泥法工艺控制的指标中，主要需要针对以下项目：

（1）pH 值：pH 值的控制不但是排放水要求的控制，更是对活性污泥法主体微生物生长条件的要求。控制不好将直接影响处理效果，甚至造成生化系统的瘫痪。pH 值异常对生化处理段的影响如表 5–9 所示。

表 5–9 pH 值异常对生化处理段的影响

异常 pH 值表现	对生化段影响
pH 值过低（低于 6）	活性污泥系统池面有酸味；处理效率下降；原生动物活动减弱
pH 值过高（大于 9）	出水混浊；处理效率下降；活性污泥有解体现象；原生动物可见死亡解体

（2）水温（Water temperature）：对于进入活性污泥法处理系统的原水，其水温控制也很重要，适合的水温是发挥活性污泥法最高处理效率的基本前提条件。水温异常对生化处理段的影响如表 5–10 所示。

表 5–10 水温异常对生化处理段的影响

异常水温表现	对生化段影响
水温过低（低于 10℃）	处理效率降低，抗冲击能力减弱；出水絮体增多
水温过高（高于 40℃）	部分活性污泥受高温环境影响，容易导致解体；同时受具体活动活跃影响也会导致出水混浊

（3）原水成分（Composition of raw water）：活性污泥法作为处理有机污染物的首选处理工艺，有机污染物的浓度固然重要，但是其水质成分的均匀、全面性也是至关重要的。有时候排除大量干扰因素后，会发现处理水效率低下往往是由于原水成分不均匀、水质成分单一造成的。原水波动对生化处理段的影响如表 5–11 所示。

表 5-11　原水波动对生化处理段的影响

原水成分变化	对活性污泥的影响
pH 值异常波动	抑制活性污泥中微生物生长、导致微生物死亡
有机物浓度过高	造成冲击负荷，污泥沉降性能差
有机物浓度过低	活性污泥容易老化
悬浮颗粒浓度过高	活性污泥中有效成分偏低
进水含有有毒物质	容易导致污泥解体，活性抑制
表面活性剂过多	池体内泡沫过多，导致充氧效率低下

（4）食微比（F/M）：污泥有机负荷（Organic load），常定义为单位时间内单位重量的活性污泥所要承担的有机物的量。

污泥负荷（Sludge load）的调节和控制是操作人员对系统控制和调整的常用方法，往往在应急调整中被用到，当然也是系统长期稳定需要经常调节的工艺控制参数。食微比（污泥负荷）异常与沉降比的关系如表 5-12 所示。

表 5-12　食微比（污泥负荷）异常与沉降比的关系

食微比（污泥负荷）异常	对应沉降比表现
食微比过低	1. 活性污泥色泽较深；　2. 沉降过程速度较快； 3. 上清液里有细小颗粒；　4. 污泥压缩性好
食微比过高	1. 活性污泥色泽鲜淡；　2. 絮凝沉降速度较慢； 3. 上清液混浊；　4. 活性污泥压缩性差

（5）溶解氧（DO）：可以理解为水体中游离氧的含量，用 DO 表示，单位是 mg/L。溶解氧在实际的污水、废水处理操作中具有举足轻重的作用，这一指标的恶化或波动过大，往往会迅速地导致活性污泥系统的稳定性大幅波动，自然对处理效率的影响也非常明显。

活性污泥（Activated sludge）法工艺的微生物皆以耗氧菌为主体，缺乏溶解氧的时候就会影响处理效率，甚至会对整个活性污泥系统产生抑制，使恢复周期延长；而过度的溶解氧也会影响出水水质，就其控制而言显得尤为重要，但由于控制简单，往往会被一线操作人员忽略，从而对系统长期处理效果评价产生影响。因此，准确掌握 DO 在曝气池中的变化及分布很重要。溶解氧在曝气池中的正常分布如图 5-72 所示。

（6）活性污泥浓度（MLSS）：控制活性污泥浓度对有机污染物的去除率、抗冲击负荷能力、出水悬浮颗粒浓度、节能降耗等都有显著的影响，也是日常操控常用的系

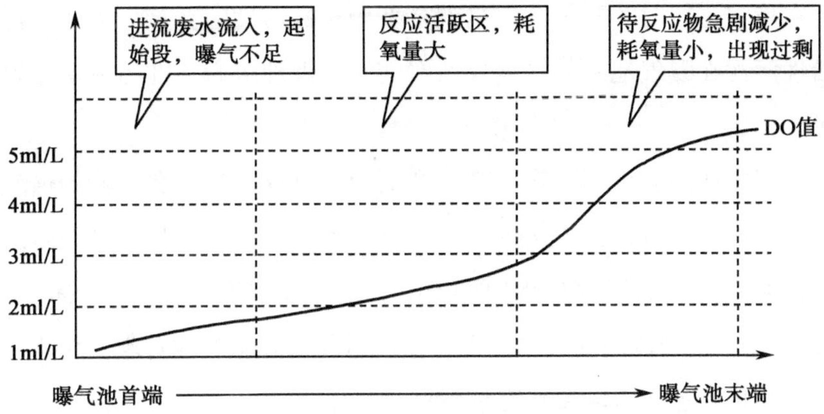

图 5-72 溶解氧在曝气池中的正常分布

统运况调整工具。

（7）沉降比（SV）：指取曝气池末端混合液 1000mL 于 1000mL 的量筒中，静置 30min 后，沉淀的活性污泥体积占整个混合液的体积比例，用百分数 % 表示。

沉降比作为现场监测活性污泥系统运行状况最简易、有效的指标，往往被操作人员忽略，此控制指标对整个活性污泥系统故障的及早发现具有重要的参考价值，掌握好对这一控制指标的认识，对我们操作活性污泥法系统具有重要意义。

（8）污泥容积指数（SVI）：指在曝气池末端取悬浮固体混合液倒入 1000mL 量筒中，静止 30min，1g 活性污泥干污泥所占的容积。

这一指标对刚开始涉及现场的技术人员，要理解并运用到对系统工艺的判断上面，还是有一定困难的。但是，能够充分地理解其本质含义，对判断活性污泥处于何种增长状态、污泥膨胀（Sludge bulking）情况、活性污泥浓度等具有相当高的参考价值。对于活性污泥法而言，SVI 合适范围在 50 ~ 150，最好在 80 ~ 100。SVI 值变化及原因如表 5-13 所示。

表 5-13 SVI 值变化及原因

异常水温表现	产生原因
SVI 低（低于 50）	活性污泥负荷过大，导致活性污泥相对沉降性降低； 活性污泥发生丝状菌膨胀
SVI 高（高于 150）	活性污泥发生老化，导致活性污泥沉降比异常降低； 活性污泥内过量无机颗粒，导致活性污泥沉降的异常压缩

（9）污泥龄（Sludge age）：指曝气池中工作的活性污泥总量与每日排放的剩余污

泥的比值，在稳定运行时，剩余污泥量就是新增长的活性污泥量。因此，污泥龄也是新增长的活性污泥在曝气池中的平均停留时间，或者理解为活性污泥总量增长一倍所需要的时间。

就活性污泥主体的微生物而言，其生命周期也是存在的，在不断的增殖、死亡交替过程中，也完成了对有机污染物的去除。这一指标的控制得当，可以解决困扰运行的出水混浊、含有细小活性污泥颗粒等问题，是一个非常重要的控制指标。

（10）回流比：指回流的活性污泥混合液流量与进入曝气池首端的污水、废水进流量的比值，常用R表示，通常控制值在30%~70%，

活性污泥回流比在工艺控制中，目的是为了补充活性污泥槽流失的活性污泥，达到处理的平衡。

（11）营养剂（Nutriment）：指微生物生长繁殖所必需的食物中除主要的碳氢化合物外的氮元素和磷元素，俗称氮磷，氮磷作为活性污泥的营养元素非常重要。

活性污泥的微生物主体是细菌（Bacteria），细菌是由碳、氢、氮、磷、氧五种主要元素组成的，碳氢可以理解为有机物，因为有机物就是碳氢化合物，所以活性污泥生长的主体食物源即进流污水、废水中的有机物是供给活性污泥中细菌对碳氢的需求源。但是，微生物的正常生长繁殖仅有碳氢是远远不能保证细菌合成正常的细胞体的，其他氮磷元素同样需要补充。这也是营养剂在活性污泥正常繁殖中的重要意义。

活性污泥的正常代谢和人体一样需要多种元素，除了需要的蛋白质（Protein）外，对氮、磷、铁、锰等也有不同的需求。营养剂投加不当产生的结果及原因如表5-14所示。

表5-14　营养剂投加不当产生的结果及原因

营养剂添加情况	污泥表现	原因分析
营养剂投加不足	活性污泥絮凝性差	活性污泥在分解有机物时，在缺乏营养剂的状态下，活性污泥合成过程得不到足量氮磷，絮凝性随即转差
	活性污泥沉降性差	营养不足，絮体细，活性污泥沉降性能差；无法合成足够的微生物来应对进流相对高浓度的有机物，活性污泥处于高负荷状态、对数期细菌沉降性能差
	处理效率下降	营养剂的不足导致活性污泥浓度低，工作的微生物少，处理效率自然低
	出水浊度大	污泥缺乏营养，污泥解体，絮体小，沉降差，随水流出

续表

营养剂添加情况	污泥表现	原因分析
营养剂投加过大	二沉池滋生青苔	当营养剂投加过量时，投加到生化系统的氮磷过量导致活性污泥正常生长繁殖后不能全部利用，在有富余的情况下会出现相对的富营养化现象
	二沉池出现浮泥	营养剂投加过多，活性污泥在二沉池中由于没有及时排出，厌氧状态下发生了活性污泥的反硝化现象。反硝化过程中产生的气体携活性污泥絮团上浮。其常呈雪花样片状上浮

（五）运行记录与报表（Report form）

城市污水处理厂的原始运行记录与报表是一项重要的文字记录，可为污水处理厂（站）运行管理人员提供直接、真实的运转数据、设备数据、财务数据（Financial data)、分析化验数据。管理人员可依靠这些数据对工艺进行计算分析与调整，对设施设备状况进行分析、判断，对经营情况进行调整，并据此提出设施、设备维护维修计划或据此进行下一步的生产调度。

原始记录（Original record）主要有值班记录、设备维修记录和工作日志。统计表则是在原始记录基础上汇编而成的，可分为日统计、月统计、年统计，又可分为运行、设备、化验、财经报表。

运行值班维修人员（Maintenance man）在填写值班记录、维修记录和工作日志时，一定要及时、准确、完整、真实、清晰地将值班事项记录下来。统计报表则要定时、系统、准确、精练地反映污水处理厂运行管理的关键信息。

中小型废水处理厂可根据自身要求和具体情况制定相应的运行管理登记表。

表 5-15 是选取的某污水厂的运行记录表部分表格内容，供大家参考。

表 5-15　某污水厂的运行记录表（选取）

曝气池	风机房		沉淀池	
回流泵 P401	鼓风机 C601	污泥泵 P501	污泥泵 P502	污泥泵 P503
累计运行时间：h	累计运行时间：h	累计运行时间：h	累计运行时间：h	累计运行时间：h
功率：　kW/h	功率：　kW/h	功率：　kW/h	功率：　kW/h	功率：　kW/h
耗电量：　kW	耗电量：　kW	耗电量：　kW	耗电量：　kW	耗电量：　kW
运行记录：	运行记录：	运行记录：	运行记录：	运行记录：

续表

进水检测					出水检测				
检测项 / 次数	CODcr（mg/L）	BOD_5（mg/L）	NH_3-N（mg/L）	Ss（mg/L）	检测项 / 次数	CODcr（mg/L）	BOD_5（mg/L）	NH_3-N（mg/L）	Ss（mg/L）
一					一				
二					二				
三					三				
四					四				
处理效率									

5.11.2 微生物镜检分析

活性污泥（Activated sludge）是微生物群体及它们所吸附的有机物的总称。微生物群体（Micropopulation）广义上主要包括细菌、放线菌、酵母菌、霉菌、病毒、单细胞藻类、立克次体、原生动物及后生动物。由于微生动物的种类繁多，对营养物的要求也不同，有的后生动物以细菌及原生动物为食，从而形成食物链，通过各种微生物的代谢活动，能将废水中的有机污染物转化为无害的矿物质使污水得到净化，保护环境，造福人类。

通过显微镜进行微生物观察，可以直接掌握微生物的种群分类、生存状态，通过对典型指示性微生物的镜检，可以对活性污泥系统的运行状态进行评估，进而指导实际污水厂的运行管理。另外，当污水厂活性污泥系统出现异常时，微生物镜检是非常重要的原因分析手段。

（一）光学显微镜结构简介

光学显微镜（Optical microscope）作为活性污泥观察的工具，是进行污水处理厂（站）运行管理工作观察活性污泥性状的助手。观察活性污泥用的显微镜是普通的光学显微镜，放大倍数在 400 ~ 1000 倍，单筒和双筒的皆可。

（二）光学显微镜的使用

显微镜分为机械装置和光学系统两部分。

1. **机械装置（Mechanical device）**（图 5-73）

（1）镜筒（Column）：镜筒上端装目镜，下端接转换器。镜筒有单筒和双筒两种。单筒有直立式（长度为 160mm）和后倾斜式（倾斜 45°）。双筒全是倾斜式的，其中一个筒有屈光度调节装置，以备两眼视力不同者调节使用，两筒之间可调距离，以适应两眼宽度不同者调节使用。

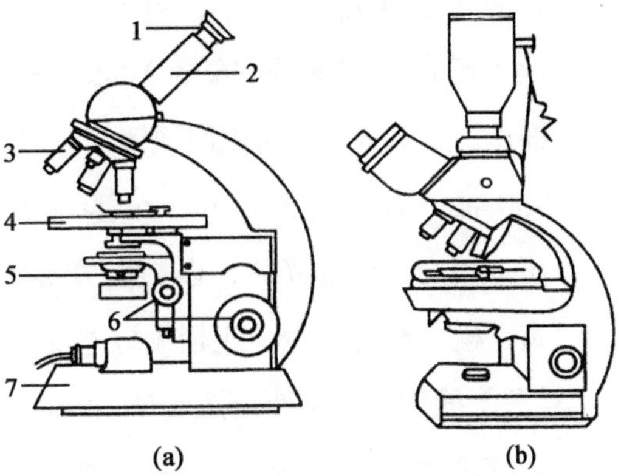

1- 目镜；2- 镜筒；3- 物镜；4- 载物台；5- 聚光器；6- 调焦轮；7- 镜座

图 5-73 显微镜的结构

（2）转换器（Transverter）：转换器装在镜筒的下方，其上有 3 个孔，有的有 4 个或 5 个孔。不同规格的物镜分别安装在各孔上。

（3）载物台（Working stage）：为方形（多数）和圆形的平台，中央有一光孔，孔的两侧各装 1 个夹片，载物台上还有移动器（其上有刻度标尺），可纵向和横向移动，移动器的作用是夹住和移动标本。

（4）镜臂（Arm）：镜臂支撑镜筒、载物台、聚光器和调节器。镜臂有固定式和活动式（可改变倾斜度）两种。

（5）镜座（Microscope base）：镜座为马蹄形，支撑整台显微镜，其上有反光镜。

（6）调节器（Regulator）：调节器包括大、小螺旋调节器（调焦距）各一个。可调节物镜和所需观察的物体之间的距离。调节器有装在镜臂上方或下方两种，装在镜臂上方的是通过升降镜臂来调焦距，装在镜臂下方的是通过升降载物台来调焦距，新式显微镜多半装在镜臂的下方。

2. **光学系统（Optical system）及其光学原理**

（1）目镜（Eyepiece）：每台显微镜有 3 个不同规格的目镜，例如，5 倍（5×）、10 倍（10×）和 15 倍（15×），高级显微镜除了上述三种外，还有 20 倍（20×）的。

（2）物镜（Objective）：物镜装在转换器的孔上，物镜有低倍（8×、10×、20× 三种）、高倍（40× 或 45×）及油镜（100×）。

显微镜的总放大倍数为物镜放大倍数与目镜放大倍数的乘积。

（3）聚光器（Condenser）：聚光器安装在载物台的下面，反光镜反射来的光线通过聚光器聚集成光锥照射到标本上，可增强照明度，提高物镜的分辨率。聚光器可上、下调节，中间装有光圈可调节光亮度，在看高倍镜和油镜时需调节聚光器，合理调节聚光器的高度和光圈的大小，可得到适当的光照和清晰的图像。

（4）反光镜（Retroreflector）：反光镜装在镜座上，有平、凹两面，光源为自然光时用平面镜，光源为灯光时用凹面镜。它可自由转动方向，还可反射光线到聚光器上。

（5）滤光片（Optical filter）：自然光由各种波长的光组成，如只需某一波长的光线，可选用合适的滤光片，以提高分辨率，增加反差和清晰度。滤光片有紫、青、蓝、绿、黄、橙、红等颜色。应根据标本颜色，在聚光器下加相应的滤光片。

（三）显微镜的操作方法（Method of operation）

1. 低倍镜（Low power lens）的操作方法

（1）置显微镜于固定的桌上。窗外不宜有阻碍视线之物。

（2）旋动转换器，将低倍镜移到镜筒正下方，和镜筒对直。

（3）转动反光镜向着光源处，同时用眼对准目镜（选用适当放大倍数的目镜）仔细观察，使视野高密度均匀。

（4）将标本片放在载物台上，使观察的目的物置于圆孔的正中央。

（5）将粗调节器向下（或载物台向上旋转），眼睛注视物镜，以防物镜和载玻片相碰。当物镜的尖端距载玻片约 0.5cm 处时停止旋转。

（6）左眼向目镜里观察，将粗调节器向上旋转，如果见到目的物，但不十分清楚，可用细调节器调节，至目的物清晰为止。

（7）如果粗调节器旋得太快，超过焦点，必须从第（5）步重调，不应正视目镜情况下调粗调节器，以防没把握的旋转使物镜与载玻片相碰撞坏。

（8）观察时两眼同时睁开（双眼不感疲劳）。单筒显微镜应习惯用左眼观察，以便于绘图。

2. 高倍镜（High power lens）的操作方法

（1）使用高倍镜前，先用低倍镜观察，发现目的物后将它移至视野正中处。

（2）旋动转换器换高倍镜，如果高倍镜触及载玻片立即停止旋动，说明原低倍镜没有调准焦距，目的物并没有找到，要用低倍镜重调。如果调对了，换高倍镜时基本可以看到目的物。若有点模糊，用细调节器调就清晰可见。

3. 油镜（Oil mirror）的操作方法

（1）如果用高倍镜目的物未能看清，可用油镜。先用低倍镜和高倍镜检查标本片，将目的物移到视野正中。

（2）在载玻片上滴一滴香柏油（或液体石蜡），将油镜移至正中使油镜头浸没在油中，刚好贴近载玻片。用细调节器微微向上调（切记不用粗调节器）即可。见图 5-74。

（3）油镜观察完毕，用擦镜纸将镜头上的油揩净，另用擦镜纸蘸少许二甲苯揩拭镜头，再用擦镜纸揩干。

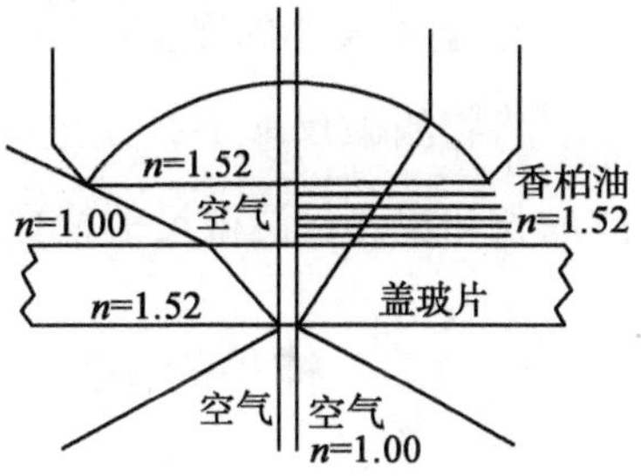

图 5-74　油浸的作用

（四）目测微尺（Visual micrometer）、物测微尺（Physical micrometer）及其使用方法

1. 目测微尺

目测微尺是一个圆形玻片，中央刻有 5mm 的标长。等分为 50 格（或 100 格），每格的长度随使用目镜和物镜的放大倍数及镜筒长度而定。使用前用物测微尺标定，用时放在目镜内。见图 5-75。

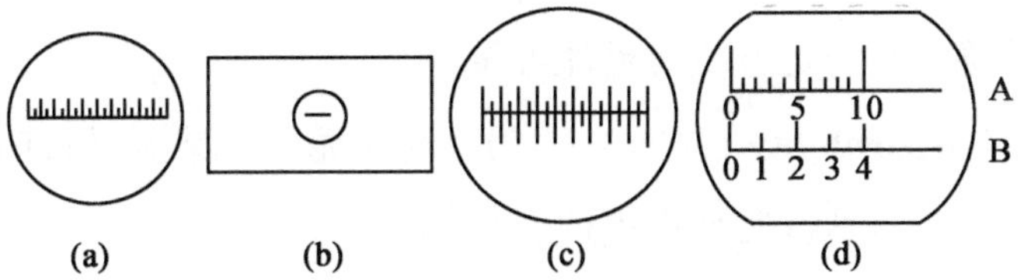

（a）目测微尺；（b）物测微尺；（c）物测微尺的中心部放大；
（d）物测微尺标定目测微尺时两者重叠情景
A—目测微尺；B—物测微尺
图 5-75　目测微尺和物测微尺

2. 物测微尺

物测微尺是一个厚玻片，中央有一个圆形盖玻片，刻有 1mm 的标长，等分为 100 格，每格为 10μm，用以标定目测微尺在不同放大倍数下每格的实际长度。

3. 目测微尺的标定

将目测微尺装入目镜的隔板上，使刻度朝下；把物测微尺放在载物台上使刻度朝上。用低倍镜找到物测微尺的刻度，移动物测微尺和目测微尺，使两者的第一条线重合，顺着刻度找出另一条重合线。如图 5-75（d）中 A（目测微尺）上 5 格对准 B（物测微尺）上的 2 格，B 的 1 格为 10μm，2 格的长度为 20μm，所以目测微尺上 1 小格的长度为 4μm，再分别求出高倍镜和油镜下目测微尺每格的长度。

4. **菌体大小的测量**（Measurement）

将物测微尺取下，换上标本片，选择适当的物镜测量目的物的大小，分别找出菌体的长和宽占目测微尺的格数，再按目测微尺 1 格的长度算出菌体的长度和宽度。

5.11.3　样品的采集

样品采集对显微镜观察效果的影响是比较明显的，采样错误，得出的观察结果会误导对活性污泥运行参数的调控。要避免这样的情况发生，除了学会规范的采样方式和采样注意点，自身经验的积累和通过综合分析方法来最终得出活性污泥系统工艺控制参数的调整也显得比较重要。

（一）样品采集具体地点及对象的确定

采集的活性污泥（Activated sludge）样本具体地点是曝气池末端，对象就是末端的曝气池中混合液，此位置的活性污泥混合液不论从活性污泥的稳定性、絮凝性、种群数量还是原生动物代表性来讲都是最佳的。

（1）稳定性（Stability）方面：依据活性污泥增长阶段的分析得出，在曝气池末端，活性污泥活性降低，稳定性变得更加可靠。

（2）絮凝性（Flocculability）方面：因为活性污泥处于减速增长期，表现出的活性污泥沉降性就更明显，自然絮凝性也更佳。

（3）微生物种群（Microbial population）方面：这里指的是原后生动物种群，微生物的主体细菌种群不在讨论之列。由于在曝气池首端原后生动物的种群常见的是非活性污泥类原生动物，在曝气池中段是中间性活性污泥类原生动物占优势，而曝气池末端的最终原生动物以何种类占优势决定了活性污泥生物相所处的功能性状。对据此位置采集的活性污泥混合液进行生物相显微镜观察，其结果最具代表性。

（二）样品的制作方法（Collection method）

用某一容器从曝气池末端采集一定体积的混合液，用胶头滴管取曝气池中的混合液（活性污泥）1 滴，置于干净的载玻片中央，盖上盖玻片。注意在压盖玻片时，要先使盖玻片的一边先接触水滴，然后轻轻放下，否则会形成气泡，影响观察。

需要注意：

（1）混合液从曝气池中采集后，应缓慢摇动，防止活性污泥在检测前发生絮凝沉淀，进而保证微生物镜检的准确性。

（2）胶头滴管深入混合液中时，伸入深度也要控制好，一般到混合液的中部为宜。

采集后，在将活性污泥混合液移动到载玻片前，宜将胶头滴管内的混合液挤掉几滴后将一滴活性污泥混合液置于载玻片上。一般，滴下的一滴中，大约有1/4是多余的，要被擦拭掉。

（三）采集样品的计数方法（Counting method）

可按以下方法计算被采集样品的实际体积（Actual volume）：

每1mL活性污泥混合液可以滴出24滴，而我们需要擦拭掉1/4，所以，最终这一滴待检测的样品实际取用体积约为0.03mL。据此，我们可由显微镜观察过程中所得的原后生动物数量推算出每毫升的含量，此时的数据更准确。

将微生物镜检的计数结果填入表5-16中。

表5-16 结果记录表

微生物名称	每滴混合液的个数	每毫升混合液的个数	状态描述

（四）镜检结果指示性意义

活性污泥中的微生物，主要有细菌（Bacteria）、原生动物（Protozoa）和藻类（Algae）三种，此外还有真菌、病菌等。微生物中细菌是分解有机物的主角，其次原生动物也有一定的作用。活性污泥中细菌主要以菌胶团和丝状菌存在，游离的细菌较少。活性污泥中原生动物较多，经常出现的原生动物主要有钟虫类、楯纤虫、漫游虫、吸管虫、变形虫等。此外还有一些后生动物，如轮虫和线虫。可以说，活性污泥是一个广阔的微生物世界。对工艺管理者来说，应该通过镜检识别微生物，并了解它对污水处理过程的指示作用（Indicative effect）。

下面是几种生物相对活性污泥的指示情况。

活性污泥良好时出现的微生物有钟虫类、楯纤虫、盖纤虫、累枝虫、聚缩虫、内管虫、独缩虫等吸附性原生动物。如果此类微生物占总数的80%以上，个体在1000个/mL以上，应该判断为具有高净化效率的活性污泥。

活性污泥处于恶劣状况时出现的微生物有波豆虫、豆形虫、草履虫、弹跳虫、屋滴虫（大多数为游泳型），可以判断为絮凝体细碎。严重恶化时原生动物和后生动物消失。

在活性污泥分散解体时出现的微生物有辐射变形虫、多核变形虫、扇形变形虫等肉足类。可判断为絮体变小出水混浊，SS 升高，而这类微生物急增时必须调整工艺状态，减少回流污泥量和通气量，则可以抑制污泥解体。

在活性污泥出现恢复时出现的微生物有漫游虫、斜管虫等（全毛类）。

在活性污泥膨胀时出现的微生物有浮游球衣藻和霉菌。丝状菌是造成污泥膨胀的诱导生物，丝状菌大量增殖时，吸附型的原生动物急剧减少，污泥性能恶化，形成所谓的漂泥现象。一旦出现丝状菌增殖的趋势，4~7d 后 SVI 会急剧上升甚至会超过 200。

进水负荷低时出现的微生物有游仆虫、狭甲虫等。判断为有机物较少，应增大曝气量。

溶解氧不足时出现的微生物有扭头虫、丝状菌等，此时污泥发黑并发出腐臭味，应增大曝气量。

曝气过量时出现的微生物有肉足类及轮虫类，包括阿米巴虫。

高负荷和毒物流入时出现的微生物有楯纤虫和钟虫。其锐减是负荷过高和毒物流入的征兆，大多数微生物灭绝时活性污泥已被破坏，必须进行恢复。

钟虫不活跃或呆滞，往往是曝气池供气不足。当发现没有钟虫，却有大量的游动纤毛虫如个种数量较多的草履、漫游虫、豆形虫、波豆虫等，而细菌则以游离细菌为主，此时表明水中的有机物还很多，处理效果很差。如果原水水质良好，突然出现固定纤毛虫减少、游动纤毛虫增加的现象，预示水质要变差，逐渐出现游动纤毛虫，水质将向好的方向发展，直至变为以固定纤毛虫为主，则水质变得良好。

镜检中发现积硫较多的丝硫细菌、游动细菌时，往往是因为曝气时间不足、空气量不够、流量过大或水温较低、处理效果较差。

在大量钟虫存在的情况下楯纤虫数量多而且越来越活跃，说明曝气池工作不利。要注意，可能污泥会变得松散。如果钟虫量递减，楯纤虫量递增，则潜伏着污泥膨胀的可能。

如果发现单个钟虫活跃，其体内的食物泡都能清晰地观察到，说明污水处理的程度高，溶解氧充足。二沉池的出水中有许多水蚤，其体内的血红素低，说明溶解氧高；水蚤的颜色很红时，说明出水几乎无溶解氧。

5.11.4 好氧活性污泥处理系统的异常故障及解决

活性污泥处理系统在运行过程中，一线技术人员应该竭尽全力保障其运行良好。但是，实际工程中，污水运行受限于水质、水量的波动、机器自身的运行、操作管理人员的技术水平、天气等因素，难免发生运行故障。

在运行中，有时会出现异常情况，使污泥随二沉池出水流失，处理效果降低。下面介绍运行中可能出现的几种主要异常现象及其预防措施。

（一）污泥膨胀（Sludge bulking）

正常的活性污泥沉降性能良好，含水率一般在99%左右。当污泥变质时，就不易沉降，含水率上升，体积膨胀，澄清液减少，这种现象叫污泥膨胀。污泥膨胀主要是大量丝状菌（特别是球衣菌）在污泥内繁殖，使污泥松散、密度降低所致。其次，真菌的繁殖也会引起污泥膨胀，污泥中结合水异常增多也会导致污泥膨胀。

活性污泥的主体是菌胶团。与菌胶团比较，丝状菌和真菌生长时需较多的碳素，对氮、磷的要求则较低。它们对氧的要求也和菌胶团不同，菌胶团要求较多的氧（至少0.5mg/L）才能很好地生长，而真菌和丝菌（如球衣球）在低于0.1mg/L的微氧环境中，才能较好地生长。所以在供氧不足时，菌胶团将减少，丝状菌、真菌则大量繁殖。对于毒物的抵抗力，丝状细菌和菌胶团也有差别，如对氯的抵抗力，丝状菌不及菌胶团。菌胶团生长适宜的pH值范围在6~8，而真菌则在pH值等于4.5~6.5生长良好，所以pH值稍低时，菌胶团生长受到抑制，而真菌的数量则可能大大增加。根据上海城市污水厂经验，水温也是影响污泥膨胀的重要因素。丝状菌在高温季节（水温在25℃以上）宜于生长繁殖，可引起污泥膨胀。因此，污水中如碳水化合物较多，溶解氧不足，缺乏氮、磷等养料，水温高或pH值较低情况下，均易引起污泥膨胀。此外，超负荷、污泥龄过长或有机物浓度梯度小等，也会引起污泥膨胀。排泥不畅则引起结合水性污泥膨胀。

由此可见，为防止污泥膨胀，可针对引起膨胀的原因采取措施。如缺氧、水温高等加大曝气量，或降低水温，减轻负荷，或适当降低MLSS值，使需氧量减少等；如污泥负荷率过高，可适当提高MLSS值，以调整负荷，必要时还要停止进水“闷曝”一段时间；如缺氮、磷等养料，可投加硝化污泥或氮、磷等成分；如pH值过低，可投加石灰等调节pH值；若污泥大量流失，可投加5 ~ 10mg/L氯化铁，促进凝聚，刺激菌胶团生长，也可投加漂白粉或液氯（按干污泥的0.3% ~ 0.6%投加），抑制丝状繁殖，控制结合水污泥膨胀。此外，投加石棉粉末、硅藻土、黏土等物质也有一定效果。

污泥膨胀是活性污泥法处理装置运行中的一个较难解决的问题，污泥膨胀的原因很多，甚至有些原因还未认知，尚待研究，以上介绍只是污泥膨胀的一般原因及其处理措施。

（二）污泥解体（Sludge disintegration）

处理水质混浊、污泥絮凝体微细化、处理效果变坏等则是污泥解体现象。导致这种异常现象的原因有运行中的问题，也可能由于污水中混入了有毒物质。运行不当（如曝气过量），会使活性污泥生物营养的平衡遭到破坏，使微生物量减少且失去活性，吸附能力降低，絮凝体缩小质密，一部分则成为不易沉淀的羽毛状污泥，处理水质混浊，SV 值降低等。当污水中存在有毒物质时，微生物会受到抑制伤害，净化能力下降或完全停止，从而使污泥失去活性。

一般可通过显微镜观察来判别产生的原因。当鉴别出是运行方面的问题时，应对污水量、回流污泥量、空气量和排泥状态以及 SV、MLSS、DO 等多项指标进行检查，加以调整。当确定是污水中混入有毒物质时，应考虑这是新的工业废水混入的结果。

（三）污泥脱氮（反硝化）（Denitrification）

污泥在二沉池呈块状上浮的现象，并不是由于腐败所造成的，而是由于在曝气池内污泥龄过长，硝化过程进行充分（$NO_3^- > 5mg/L$），在沉淀池内产生反硝化。硝酸盐的氧被利用，氮即呈气体脱出附于污泥上，从而比重降低，整块上浮。所谓反硝化是指硝酸盐被反硝化菌还原成氨或氮的作用。反硝化作用一般在溶解氧低于 0.5mg/L 时发生。试验表明，如果让硝酸盐含量高的混合液静止沉淀，在开始的 30~90min，污泥可以沉淀得很好，但不久就可以看到，反硝化作用所产生的氮气在泥中形成小气泡，使污泥整块地浮至水面。在做污泥沉降比试验时只检查污泥 30min 的沉降性能，因此，往往会忽视污泥的反硝化作用。这是在活性污泥法的运行中应当注意的现象，为防止这一异常现象的发生，应采取增加污泥回流量或及时排除剩余污泥，或降低混合液污泥浓度，缩短污泥龄和降低溶解氧浓度等措施，使之不进行到反硝化阶段。

（四）污泥腐化（Sludge putrefaction）

在二沉池有可能由于污泥长期滞留而进行厌气发酵，生成气体（H_2S、CH_4 等），从而发生大块污泥上浮的现象。它与污泥脱氮上浮所不同的是，污泥腐败变黑，产生恶臭。此时也不是全部污泥上浮，大部分污泥都是正常地排出或回流，只有沉积死角长期滞留的污泥才腐化上浮。防止的措施有：安设不使污泥外溢的浮渣设备；消除沉淀池的死角；加大池底坡度或改进池底刮泥设备，不使污泥滞留于池底。

此外，如曝气池内曝气过度，使污泥搅拌过于激烈，生成大量小气泡附聚于絮凝体上，也容易产生这种污泥上浮现象。防止措施是将供气控制在搅拌所需的限度内，而脂肪和油则应在进入曝气池之前加以去除。

（五）泡沫问题（The bubble problem）

曝气池中产生泡沫的主要原因是，污水中含有大量合成洗涤剂或其他起泡物质。泡沫会给生产操作带来一定困难，如影响操作环境、带走大量污泥。当采用机械曝气时，还会影响叶轮的充氧能力。消除泡沫的措施有：分段注水以提高混合液浓度；进行喷水或投加除沫剂等。据国外一些城市污水厂的报道，消泡剂（如机油、煤油等）用量为 0.5~1.5mg/L。过多的油类物质将污染水体，因此，为了节约油的用量和减少油类进入水体污染水质，应尽量少投加油类物质。

表 5–17 为部分污泥性状异常分析及应对措施，以供参考。

表 5–17　部分污泥性状异常分析及应对措施

异常现象症状	分析及诊断	解决对策
曝气池有臭味	曝气池供 O_2 不足，DO 值低，出水氨氮有时偏高	增加供氧，使曝气池出水 DO 高于 2mg/L
污泥发黑	曝气池 DO 过低，有机物厌氧分解析出 H_2S，其与 Fe 生成 FeS	增加供氧或加大污泥回流
污泥变白	丝状菌或固着型纤毛虫大量繁殖	如有污泥膨胀，参照污泥膨胀对策
	进水 pH 值过低，曝气池 pH ≤ 6，丝状型菌大量生成	提高进水 pH 值
沉淀池有大块黑色污泥上浮	沉淀池局部积泥厌氧，产生 CH_4、CO_2，气泡附于泥粒使之上浮，出水氨氮往往较高	防止沉淀池有死角，排泥后在死角处用压缩空气冲或高压水清洗
二沉池泥面升高，初期出水特别清澈，流量大时污泥成层外溢	SV>90%、SVI>20mg/L、污泥中丝状菌占优势，污泥膨胀	投加液氯，提高 pH 值，用化学法杀死丝状菌；投加颗粒碳黏土消化污泥等活性污泥“重量剂”；提高 DO；间歇进水
二沉池泥面过高	丝状菌未过量生长，MLSS 值过高	增加排液
二沉池表面积累一层解絮污泥	微型动物死亡，污泥絮解，出水水质恶化，COD、BOD 上升，进水中有毒物浓度过高或 pH 值异常	停止进水，排泥后投加营养物或引进生活污水，使污泥复壮，或引进新污泥菌种
二沉池有细小污泥不断外漂	污泥缺乏营养，使之瘦小；进水中氨氮浓度高，C/N 比不合适；池温超过 40℃；翼轮转速过高使絮粒破碎	投加营养物或引进高浓度 BOD 水，使 F/M>0.1，停开一个曝气池
二沉池上清液混浊，出水水质差	污泥负荷过高，有机物氧化不完全	减少进水流量，减少排泥
曝气池表面出现浮渣，似厚粥覆盖于表面	浮渣中见诺卡氏菌或纤发菌过量生长，或进水中洗涤剂过量	清除浮渣，避免浮渣继续留在系统内循环，增加排泥

续表

异常现象症状	分析及诊断	解决对策
污泥未成熟，絮粒瘦小；出水混浊，水质差；游动性小型鞭毛虫多	水质成分浓度变化过大；废水中营养不平衡或不足；废水中含毒物或pH值不足	使废水成分、浓度和营养物均衡化，并适当补充所缺营养
污泥过滤困难	污泥解絮	按不同原因分别处置
污泥脱水后泥饼松	有机物腐败	及时处置污泥
	凝聚剂加量不足	增加剂量
曝气池中泡沫过多，色白	进水洗涤剂过量	增加喷淋水或消泡剂
曝气池泡沫不易破碎，发黏	进水负荷过高，有机物分解不全	降低负荷
曝气池泡沫呈茶色或灰色	污泥老化，泥龄过长，解絮污泥附于泡沫上	增加排泥
进水pH值下降	厌氧处理负荷过高，有机酸积累	降低负荷
	好氧处理中负荷过低	增加负荷
出水色度上升	污泥解絮，进水色度高	改善污泥性状
出水BOD、COD升高	污泥中毒	污泥复壮
	进水过浓	提高MLSS
	进水中无机还原物（$S_2O_3^-$、H_2S）过高	增加曝气强度
	COD测定受Cl^-影响	排除干扰

5.12 生物膜处理系统的试运行管理

如同活性污泥法工艺系统调试完成后，需要进行必要的试运行摸索最佳的运行参数、进一步提高运行管理人员的实践技能一样，生物膜法工艺系统也是如此。

5.12.1 生物膜法运行控制

（一）布水与布气（Water distribution and gas distribution）运行控制

对于各种生物膜处理设施，为了保证生物膜的均匀增长，防止污泥堵塞填料，保证处理效果的均匀，应对处理设施均匀布水和布气。由于设计上不可能保证布水和布气的绝对均匀，运行时应利用布水、布气系统的调节装置，调节各池或池内各部分的配水或供气量，保证尽量均匀地布水、布气。

布水管及其喷孔或喷嘴（尤其是池底配水系统）堵塞使进水在填料上分配不均匀，结果会导致生物膜的不均匀生长，进一步造成布水、布气的不均匀，最后使处理效率（Processing efficiency）降低。

解决方法（Solution）为：提高初次沉淀对油脂和悬浮物的去除率；保证足够的水力负荷，定期对布水管道及孔嘴进行清洗。

布气管淹没于污水中，进水预处理效果、污泥、设计、实际运行等原因，都有可能使得某些孔嘴堵塞，使生物膜生长不均匀，降低处理效果。应针对以上原因采取相应的解决办法，如保证曝气孔或曝气头的光滑、均匀，避免池底污泥的沉积，提高原水预处理效果等。正常运行时，应对曝气头孔嘴定期进行清洗。

（二）填料（Packing material）的日常运行控制

1. 预处理（Pretreatment）

多孔颗粒类填料装入生物膜构筑物池体之前，须对其进行破碎、分选、浸洗等处理，以提高颗粒的均匀性，并去除尘土等杂质。对于塑料或玻璃钢类硬质填料，安装前应检查其形状、质量的均匀性，安装后应清除粘于填料上的残渣。对于束状的软性填料应检查安装后的均匀性。

2. 运行观察与维护（Observation and maintenance）

填料在生物膜处理设施中正常运行时，应定期观察生物膜生长和脱膜情况，观察其是否损坏。

实践运行表明，有很多原因可能造成生物膜生长不均匀，会表现在生物膜颜色、生物膜脱落的不均匀性上。一旦发现这些问题，应及时调整布水、布气的均匀性，并调整曝气强度进行纠正。

颗粒填料比较容易发生污泥堵塞，发现有堵塞后可加大水力负荷或曝气强度来冲洗，或换出池中填料进行晾晒、清洗操作。

玻璃钢类、硬塑料类填料在运行期间可能会发生填料老化、坍塌等情况，这就需要及时更换，并找出造成坍塌的原因（如污泥附着不均匀），及时纠正。

束状软性填料在运行过程中可能发生纤维束缠绕、成团、断裂等现象。缠绕、成团有可能是安装不当造成的，也有可能是污泥生长过快、纤维束中心污泥浓度过高形成的，通常可适当加大水力负荷或曝气强度来解决。此外，使用时间过长或生物膜过量，可能造成纤维束断裂，应及时更换。

3. 生物相观察（Observation）

生物膜如果是多级串联，由于负荷因素，前一级厚度为 2.0 ~ 3.0mm，后一级可能为 1.0 ~ 2.0mm，生物膜外观粗糙，具有黏性，颜色是泥土褐色。

生物膜法处理系统的生物相特征与活性污泥工艺有所区别，主要表现在微生物种类和分布方面。一般来说，在生物膜设施中，由于水质的逐级变化和微生物生长环境条件的改善，生物膜系统存在的微生物种类和数量均比活性污泥工艺大，尤其是丝状菌、原生动物、后生动物种类增加，厌氧菌和兼性菌占有一定比例。在分布方面的特点，主要是沿生物膜厚度和进水流向（采用多级处理时）呈现出不同的微生物种类和数量。例如，在多级处理的第一级或生物膜的表层，或接近进水断填料上，生物膜往往以菌胶团细菌为主，膜较厚；而随着级数的增加或向生物膜内层发展，或远离进水端的填料，由于水质的变化，生物膜中会逐渐出现丝状菌、原生动物及后生动物，生物的种类不断增多，但生物量即膜的厚度减少。依废水水质的不同，每一级都有其特定的生物类群。

实际运行时，进水水质的变化也会引起生物膜中微生物种类和数量的变化。在进水浓度增高时，可看到原有特征性层次的生物下移的现象，即原先在前级或上层的生物可在后级或下层出现。因此，可以通过这一现象来推断废水浓度和污泥负荷的变化情况。

5.12.2 生物滤池的运行管理

生物滤池在投入运行之前，先要检查各项机械设备（水泵、布水器等）和管道，然后用清水代替污水进行试运行，发现问题时需做必要的整修。

生物滤池的投产与活性污泥处理装置投产相类似，有一个生物膜的培养与驯化的阶段。这一阶段一方面是使微生物生长、繁殖直到滤料表面长满生物膜，微生物的数量满足污水处理的要求；另一方面则是使微生物能逐渐适应所处理的污水水质，即驯化微生物。可先将生活污水投配入滤池，待生物膜形成后（夏季时 2~3 周即达成熟）再逐渐加入工业废水或直接将生活污水与工业废水的混合液投入滤池或向滤池投配其他废水处理厂的生物膜或活性污泥等。当处理工业废水时，通常先投 20% 的工业废水量和 80% 生活污水量来培养生物膜。当观察到一定的处理效果后，逐渐加大工业废水量和生活污水量的比值，直到全部是工业废水时为止。生物膜的培养与驯化结束后，生物滤池便可按设计方案正常运行。

5.12.3 生物转盘的运行管理

生物转盘与生物滤池同属生物膜法处理设备，因此，在转盘正式投产、发挥净化污水功能前，首先需要使转盘面上生长出生物膜（挂膜）。

生物转盘挂膜的方法与生物滤池的方法相同。因转盘槽（氧化槽）内可以不让污水或废水排放，故开始时，可以按照培养活性污泥的方法，培养出适合于待处理污水的活性污泥，然后将活性污泥置于氧化槽中（如有条件，直接引入同类废水处理的活性污泥更佳），在不进水的情况下使盘片低速旋转 12 ~ 24h，盘片上便会黏附少量微生物，接着开始进水，进水量依生物膜逐渐生长而由小到大，直至满负荷运行。

生物转盘挂膜亦可按生物滤池驯化微生物的方法进行，这样可省去污泥驯化步骤，但整个周期稍长。

用于硝化的转盘，挂膜时间要增加 2 ~ 3 周，注意将进水生化需氧量浓度控制在 30mg/L 以下。因自养硝化细菌世代时间长，繁殖生长慢，若进水有机物浓度过高，会使膜中异常细菌占优势，从而抑制自养菌的生长。当水中出现亚硝酸盐时，表明硝化菌在生物膜上已占优势，挂膜工作宣告结束。

挂膜所需的环境条件与前述生物处理设备微生物驯化时相同，即要求进水具有合适的营养、温度、pH 值等，避免毒物的大量进入；因初期膜量少，盘片转速需低些，以免使氧化槽内溶解氧过高。

生物转盘上的生物膜的特点与生物滤池上的生物膜完全相同，生物呈分级分布，第一级生物往往以菌胶团细菌为主，膜最厚，随着有机物浓度的下降，以下数级依次出现丝状菌、原生动物及后生动物，生物的种类不断增多，但生物膜量即膜的厚度减少，依污水水质的不同，每一级都有其特征性的生物类群。当水质浓度或转盘负荷有所变化时，特征性生物层次也随之前推或后移。通过生物相的观察可了解生物转盘的工作状况，发现问题及时解决。

正常的生物膜较薄，厚度约 1.5mm，外观粗糙，带黏性，呈灰褐色。盘片上过剩生物膜会脱落，这是正常的更替，随之即被新膜覆盖。用于硝化的转盘，其生物膜较多，外观光滑，呈金黄色。

为了保持生物转盘的正常运行，应对生物转盘的所有机械设备定期维护。

5.13 生物脱氮除磷工艺的运行管理

5.13.1 生物脱氮除磷技术工艺控制

在江、河、湖、海中，氮、磷能够使植物大量繁殖，导致水体富营养化。而水体中大部分氮、磷来自污水，因此，从污水中去除氮、磷的要求日益迫切。生物脱氮除磷工艺能够完全或部分解决这个问题，有时需要与化学处理工艺相结合。

（一）无硝化 / 反硝化（Denitrification）的生物除磷系统

该处理系统不要求去除氨氮也不要求去除总氮，其主要目的在于除磷。系统中泥龄在 3 ~ 7d，水在用于释放磷的池子中停留时间一般为 8 ~ 12h，以保证在好氧处理段不发生硝化反应，最终使回流污泥中不含硝酸盐，从而提高整个处理系统的除磷效果。

（二）有硝化 / 反硝化工艺的生物除磷系统

该系统工艺一般都包含厌氧、缺氧和好氧三种基本状态的交替，该系统多种工艺间的主要差异是这三种状态的组合方式和数量分布的时间和空间变化。

如果仅要求硝化或部分反硝化（出水 TN 为 6 ~ 12mg/L），可采用污泥龄为 5 ~ 15d。

如果脱氮要求很高（出水 TN 为 3mg/L）宜采用长泥龄。泥龄为 15 ~ 25d。

在释磷池，尽量建成推流式构造，也可以是一系列完全混合池相串联的反应池，这样，可以保证释磷池中没有硝酸盐，从而提高整个系统的除磷效率。

（三）影响脱氮效果的主要因素（Major factor）

1. 对硝化细菌的影响因素

（1）溶解氧（DO）：溶解氧是硝化反应过程中的电子受体，反应器内溶解氧含量的高低，必将影响硝化反应的进程。据试验结果证实，在进行硝化反应的曝气池中，溶解氧的含量不能低于 1mg/L。当 F/M 低时，DO 较低，硝化良好；F/M 中等时，DO 必须保持在较高条件下，方能保证硝化良好。

（2）温度（T）：硝化反应适宜的温度是 20 ~ 30℃，15℃以下时，硝化反应速度下降，低于 5℃时完全停止。

（3）pH 值：硝化菌对 pH 值的变化非常敏感，最佳 pH 值是 7.0 ~ 8.0。在这一最佳值的条件下，硝化菌硝化速率基本不受影响。

（4）生物固体平均停留时间（污泥龄）（Sludge Age）：为了使硝化菌群能够在连续

流反应器中存活，微生物在反应器内的停留时间必须大于自养型硝化菌的最小世代时间，否则硝化菌的流失率将大于净增殖率，使硝化菌从系统中流失殆尽。一般对于泥龄的取值，至少应为硝化菌最小世代时间的 2 倍以上。

（5）重金属及有害物质（Hazardous substance）：除重金属外，对硝化反应产生抑制作用的物质还有高浓度的 NH_x^+–N、高浓度的 NO_2–N 等。

2. 对反硝化作用的影响因素

（1）碳源（Carbon source）：能为反硝化菌所利用的碳源是多种多样的，但从污水生物脱氮工艺来考虑，可分为以下几类：

① 污水中所含的碳源：这是比较理想和经济的碳源。一般认为，当废水中 BOD_5/TKN>4～6 时，即可认为碳源充足，无须外加碳源。

② 外加碳源：当源水中 C、N 比值过低，如 BOD_5/TKN<3～6 时，即须另外投加有机碳源。处理时多采用投加甲醇（CH_3OH），因为它被分解后的产物为 CO_2 和 H_2O，不留任何难于降解的中间产物，而且反硝化速率高。

（2）pH 值：这是反硝化反应的重要影响因素，对反硝化菌最适宜的 pH 值是 7.0～7.5，在这个 pH 值条件下，反硝化速率最高，当 pH 值高于 8 或低于 6 时，反硝化速率将大为下降。

（3）溶解氧（Dissolved Oxygen）：反硝化菌只有在无分子氧且同时存在硝酸和亚硝酸离子的条件下，才能够利用这些离子中的氧进行呼吸，使硝酸盐还原。如反应器内溶解氧较高，将使反硝化菌利用氧进行呼吸，抑制反硝化菌体内硝酸盐还原酶的合成，阻碍硝酸盐氮的还原。但是，另一方面，反硝化菌体内某些酶系统组分只能在有氧条件下才能合成，这样，反硝化菌以在厌氧、好氧交替的环境中生活为宜。溶解氧应控制在 0.5mg/L 以下。

（4）温度（Temperature）：反硝化反应的适宜温度是 20～40℃，低于 15℃时，反硝化菌的增殖速度降低，代谢速度也降低，从而降低了反硝化速率。

5.13.2 生物脱氮工艺

（一）生物脱氮过程的环境条件（Environmental conditions）

1. 硝化过程的主要环境条件

（1）好氧条件（Aerobic condition）：根据计算，1g 氮完成硝化需氧 4.57g，要求溶解氧不低于 1mg/L。

（2）有机物（Organic matter/substance）：混合液中的有机物含量不应过高，BOD应在 15 ~ 20mg/L 以下。

（3）温度（Temperature）：适宜温度为 20 ~ 30℃，15℃以下时，硝化速率下降，5℃时完全停止。

（4）pH 值：最佳范围是 8.0 ~ 8.4。

（5）碱度（Alkalinity）：1g 氨态氮（以 N 计）完全硝化，需碱度（以 $CaCO_3$ 计）7.1g。

（6）污泥龄（Sludge age）：至少为硝化细菌最小世代时间的 2 倍。

（7）有害物质（Hazardous substance）：有害物质有重金属，高浓度的氨态氮、硝态氮、有机底物以及络合阳离子等。

2. 反硝化过程的主要环境条件

（1）碳源（Carbon source）：反硝化菌碳源有废水中的碳源和外加碳源，要求 BOD5/TKN>3 ~ 5。

（2）pH 值：最适宜值是 6.5 ~ 7.5。

（3）溶解氧：反硝化菌是异养兼性厌氧菌，溶解氧应控制在 0.5mg/L 以下。

（4）温度：最适宜温度范围是 20 ~ 40℃。

（二）生物脱氮工艺（Nitrogen removal process）

1. 缺氧-好氧生物脱氮工艺（A/O 法）流程与特点

缺氧-好氧生物脱氮工艺又称 A/O 法脱氮工艺，主要特点是将反硝化反应器放置在系统之首，故又称为前置反硝化生物脱氮系统，这是目前采用比较广泛的一种脱氮工艺。

如图 5-76 所示为分建式缺氧-好氧活性污泥脱氧系统，即反硝化、硝化与 BOD 去除分别在两座不同的反应器内进行。

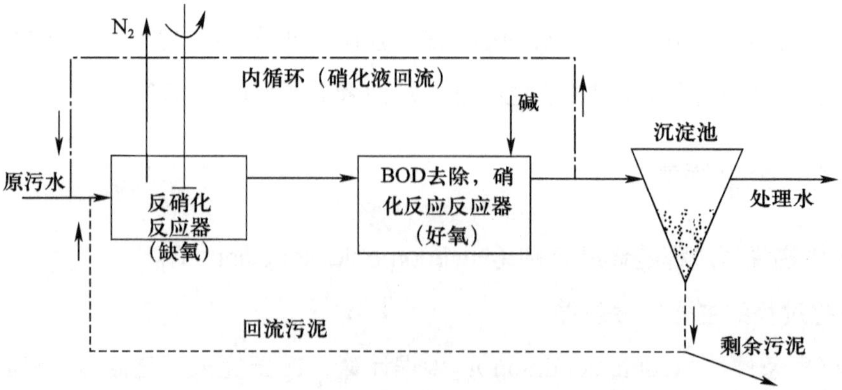

图 5-76　分建式缺氧-好氧活性污泥脱氮系统

硝化反应器内的已进行充分反应的硝化液的一部分回流进反硝化反应器，而反硝化反应器内的脱氮菌以原污水中的有机物作为碳源，将回流液中硝态氮还原为气态氮（N_2），不需外加碳源（如甲醇）。该工艺系统设内循环系统，向前置的反硝化池回流硝化液是本工艺系统的一项特征。

在缺氧池内的反硝化过程中，还原 1g 硝态氮产生 3.75g 碱度，大概能补偿好氧池内硝化所需碱度的一半，因此，对含氮浓度不高的废水（如生活污水、城市污水）可不必另行投加碱以调节 pH 值。该系统硝化曝气池在后，使反硝化残留的有机污染物得以进一步去除，提高了处理水水质，不需增建后曝气池。

该工艺还可以建成合建式装置，如图 5–77 所示。反硝化反应及硝化反应、BOD_5 去除都在一座反应器内实施，但中间隔以挡板。合建式可以用于对现有推流式工艺进行改造。

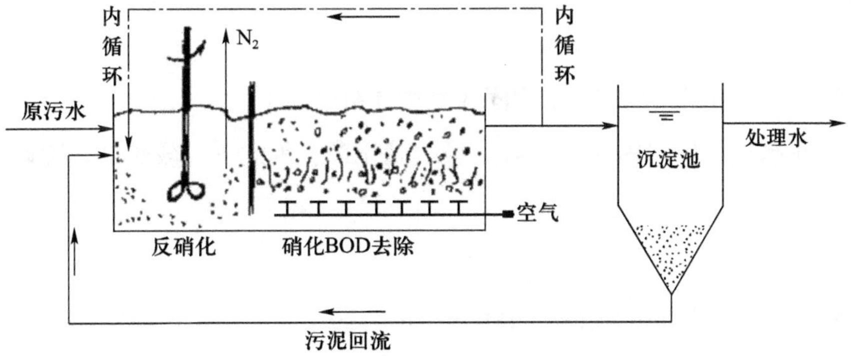

图 5–77　合建式缺氧–好氧活性污泥法脱氮系统

该工艺的主要不足是流程的处理出水是来自硝化反应器（Nitrification reactor），因此，处理水中含有一定浓度的硝酸盐，如果沉淀池运行不当，在沉淀池内也会发生反硝化反应，使污泥上浮，使处理水水质恶化。此外，如欲提高脱氮率，必须加大内循环比 R_N，势必使运行费用增加，此外，内循环液来自曝气池（硝化池），含有一定的溶解氧，使反硝化段难于保持理想的缺氧状态，影响反硝化进程，一般脱氮率很难达到 90%。

2. 影响因素（Influencing factor）与主要参数（Main parameter）

（1）水力停留时间（Hydraulic residence time）

硝化反应与反硝化反应进行的时间对脱氮效果有一定的影响。为了取得 70%～80% 的脱氮率，硝化反应需时较长，一般不应低于 6h，而反硝化反应所需时间则较短，在2h之内即可完成。硝化与反硝化的水力停留时间比以3 ∶ 1为宜。

（2）内循环比（R_N）

在该工艺系统中，内循环回流的作用是向反硝化反应器提供硝态氮，从而达到脱氮的目的。内循环回流比不仅影响脱氮效果，而且也影响系统的动力消耗，是一项非常重要的参数。

内循环比的取值与要求达到的处理效果以及反应器类型有关，应当说，适宜的循环比，应通过试验或对运行数据的分析确定。运行数据确证，循环比在50%以下，脱氮率很低，循环比在200%以下，脱氮率随循环比增高而显著上升。循环比高于200%以后，脱氮率提高就比较缓慢了，一般循环比取值不宜低于200%。对活性污泥系统最高取值可达600%。而对流化床处理系统，为了使载体流化，要求更高的循环比。

（3）MLSS值

反应器内的MLSS值，一般应在3000mg/L以上，低于此值，脱氮效果将显著降低。

（4）污泥龄（Sludge age）（生物固体平均停留时间）

应保证在硝化反应器内保持足够数量的硝化菌，因此采取较长的污泥龄，一般取值在30d以上。

（5）污泥氮负荷率（N/MLSS）

污泥氮负荷率应低于0.03gN/（gMLSS·d），高于此值脱氮效果将急剧下降。

（6）进水总氮浓度（Total nitrogen concentration）

应在30mg/L以下，否则脱氮率将下降到50%以下。

5.13.3 厌氧–好氧生物除磷工艺（A/O法）

1. 工艺流程（Process flow）

厌氧–好氧生物除磷工艺也称A/O法。如图5–78所示。

在该工艺中，污水在厌氧池内与回流的含磷污泥混合，释磷菌在厌氧池内释放磷。然后在好氧池内过量吸收磷，同时BOD也得到降解。吸收了磷的聚磷菌在二沉池内沉淀分离，通过剩余污泥排放，将磷从污水中去除。

该工艺流程简单，既不投药，也无须考虑内循环（Internal circulation），因此，建设费用及运行费用都较低，而且出于无内循环的影响，厌氧反应器能够保持良好的厌氧（或缺氧）状态。

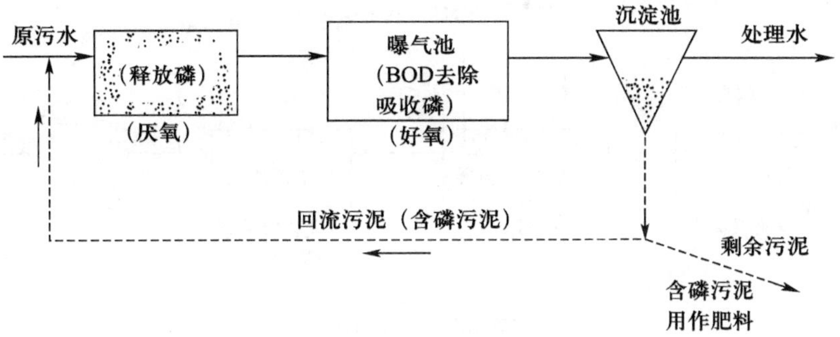

图 5-78　厌氧-好氧除磷工艺流程

2. **工艺特征**（Characteristics）

（1）在反应器内的停留时间一般从 3h 到 6h，是比较短的。

（2）反应器（曝气池）内污泥浓度一般在 2700 ~ 3000mg/L。

（3）BOD 的去除率大致与一般的活性污泥系统相同。磷的去除率较好，处理水中磷含量一般都低于 1.0mg/L，去除率大致在 76%。

（4）沉淀污泥含磷率约为 4%，肥效好。

（5）混合液的 SVI 值 $<$ 100，易沉淀，不膨胀。

同时，经试验与运行实际还发现本工艺具有以下问题：

（1）除磷率难以进一步提高，因为微生物对磷的吸收，即使是过量吸收，也是有一定限度的，特别是当进水 BOD 值不高或废水中含磷量高时，即 P/BOD 值高时，由于污泥的产量低，更是这样。

（2）在沉淀池内容易产生磷释放（Rclcase）的现象，特别是当污泥在沉淀池内停留时间较长时更是如此，应注意及时排泥和回流。

5.13.4　厌氧-缺氧-好氧生物同步脱氮除磷工艺（A^2/O 法）

1. **厌氧-缺氧-好氧生物同步脱氮除磷工艺流程**（Process flow）

厌氧-缺氧-好氧生物同步脱氮除磷工艺也称 A^2/O 法脱氮除磷工艺。它是在 A/O 法生物脱氮工艺基础上发展起来的。该工艺流程如图 5-79 所示。

2. **各反应器单元功能与工艺特征**（Process characteristics）

厌氧反应器中，原污水进入，同步进入的还有从沉淀池排出的含磷回流污泥，此反应器的主要功能是释放磷，同时部分有机物进行氮化。

污水经过第一厌氧反应器进入缺氧反应器，此反应器的首要功能是脱氮，硝态氮是

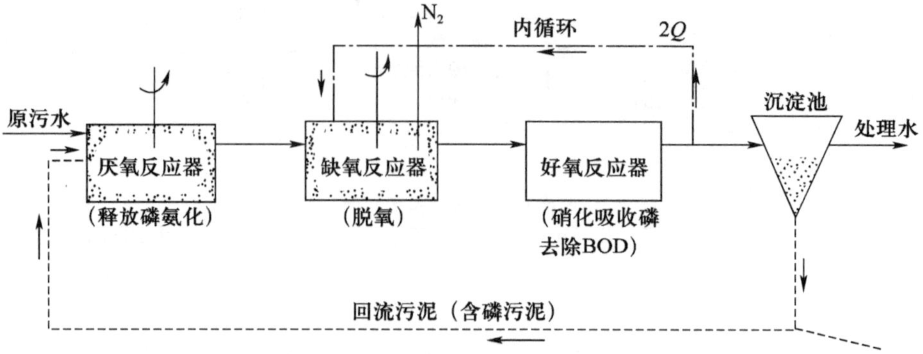

图 5-79　A-A-O 法同步脱氮除磷工艺流程

通过内循环由好氧反应器送来的，循环的混合液量较大，一般为 2*Q*（*Q* 为原污水流量）。

混合液从缺氧反应器进入好氧反应器——曝气池，这一反应器单元是多功能的，去除 BOD、硝化和吸收磷等反应都在此反应器内进行。这三个反应都是重要的，混合液中含有 NO_3-N，污泥中含有过剩的磷，而污水中的 BOD（或 COD）则得到去除。流量为 2*Q* 的混合液从这里回流至缺氧反应器。

沉淀池的功能是泥水分离。污泥的一部分回流至厌氧反应器，上清液作为处理水排放，含磷剩余污泥排出系统。

本工艺具有以下特点：

（1）本工艺在系统上可以称为最简单的同步脱氮除磷工艺，总的水力停留时间（Hydraulic residence time）少于其他同类工艺。

（2）在厌氧（缺氧）、好氧交替运行条件下，丝状菌不能大量增殖，无污泥膨胀（Sludge bulking），SVI 值一般均小于 100。

（3）污泥中含磷浓度高，具有很高的肥效。

（4）运行中无须投药，两个 A 段只用轻缓搅拌，以不增加溶解氧为度，运行费用低。

本法也存在以下各项待解决问题：

（1）除磷效果难以进一步提高，污泥增长有一定的限度，不易提高，特别是当 P/BOD 值高时更是如此。

（2）脱氮效果也难以进一步提高，内循环量一般以 2*Q* 为限，不宜太高。

（3）进入沉淀池的处理水要保持一定浓度的溶解氧，减少停留时间，防止产生厌氧状态和污泥释放磷的现象出现，但溶解氧浓度也不宜过高，以防内循环混合液对缺氧反应器造成干扰。

参考文献

[1] 王惠丰，王怀宇. 污水处理厂的运行与管理［M］. 北京：科学出版社，2010.
[2] 沈晓南，谢经良，王福浩. 污水处理厂运行和管理问答［M］. 北京：化学工业出版社，2007.
[3] 金必慧，黄南平. 城镇污水处理厂运行管理［M］. 北京：中国建筑工业出版社，2012.
[4] 美国水环境联合会. 城镇污水处理厂运行管理手册第Ⅱ卷［M］. 6版. 丁雷，徐宏勇，陈秀荣，译. 北京：中国建筑工业出版社，2012.
[5] 伊学农. 污水处理厂运行与设备维护管理［M］. 北京：化学工业出版社，2011.
[6] 李颖. 垃圾渗滤液处理技术及工程实例［M］. 北京：中国环境科学出版社，2008.
[7] 谷峡. 水污染控制技术［M］. 北京：中国劳动社会保障出版社，2010.
[8] 高廷耀，顾国维，周琪. 水污染控制工程［M］. 北京：高等教育出版社，2007.
[9] 成官文. 水污染控制工程设计［M］. 北京：化学工业出版社，2018.
[10] 柏景方. 污水处理技术［M］. 北京：哈尔滨工业大学出版社，2006.
[11] 洪觉民. 现代化净水厂技术手册［M］. 北京：中国建筑工业出版社，2013.
[12] 张建丰. 活性污泥法工艺控制［M］. 北京：中国电力出版社，2007.

第 6 章　污水厂主要运转设施的运行管理

6.1　污水提升泵房

1. 污水提升泵房（Sewage pumping station）

污水提升泵房主要由机器间（Machine room）、集水池（Water collection tank）、起重设备（Lifting equipment）、污水提升泵（Sewage lifting pump）、污水管路（Sewage pipeline）、值班室（Duty room）等组成。集水池往往和格栅渠连在一起。对于需要调节水量和水质的污水处理系统，常常用调节池（Regulation pool）。在格栅之前常设有事故溢流井。事故溢流井的主要功能是当泵站由于水泵或电源发生故障而停止工作时作为事故应急排水口，使上游污水通过溢流井经超越管排出，防止污水淹没集水池。事故排水应征得当地相关监督部门的同意。

污水进入集水池后流速放慢，一些泥沙会沉积下来，使有效池容减少，影响水泵的正常工作。因此集水井要根据具体情况定期清理。清池工作最重要的是人身安全问题。在干管内腐败的污水会带入有毒气体，在池内沉积的污泥也会厌氧分解产生有毒气体，甚至会产生甲烷等可燃气体。清池时，先停止进水，用泵排空池内存水，然后强制通风，方可下池工作。需要注意的是操作人员下池以后，通风强度可适当减小，但决不能停止通风，因为池内积泥的厌氧分解并没有停止，还有硫化氢等有毒气体不断产生并释放出来。每个操作人员在池下连续工作时间不可超过 1h。

泵组的运行操作应考虑以下几项原则：一是保证来水量与抽升量一致，如果来水量大于抽升量，上游没有及时采取溢流措施，则可能淹泡格栅间；反之，来水量小于抽升量，则可能使水泵处于干运转状态，会损坏设备。二是宜保持集水池的高水位运行，这样可降低泵的扬程，在保证抽升量的前提下降低能耗。三是控制水泵的开停次数不要过于频繁，否则易损坏电机并降低使用寿命。四是泵房内每台机组投运次数及时间保持基本均匀。因为每台泵的吸口都对应着集水池内的一部分容积，如果某台长时不投运，集水池内对应的部分将成为死区，会导致泥沙沉积。

2. 调节池的种类

无论是工业废水还是城市污水，其水量和水质随时都有变化。工业废水的波动比城市污水大，水量和水质的变化将严重影响水处理设施的正常工作。为解决这一矛盾，在水处理系统前一般都要设调节池，以调节水量或水质。此外，酸性废水和碱性废水还可以在调节池内中和；短期排出的高温废水也可利用调节池以平衡水温。城镇污水处理厂中，调节池主要起调节水量的作用，兼作集水池用。

调节池在结构上可分为砖石结构（Masonry structure）、混凝土结构（Concrete structure）、钢结构（Steel structure）。

如除了水量调节外，还需进行水质调节，则需对池内废水进行混合，同时也可防止泥沙沉积。混合的方法主要有水泵强制循环（Pump forced circulation）、空气搅拌（Air stirring）、机械搅拌（Mechanical stirring）、水力混合（Hydraulic mixing）。

目前常用的是利用调节池特殊的结构形式进行差时混合，即水力混合。主要设施有对角线出水调节池（Diagonal-outlet equalization chamber）和折流调节池（Baffling equalization chamber）。

图 6-1 为对角线出水调节池。其特点是出水槽沿对角线方向设置，同一时间流入池内的废水，由池的左、右两侧，经过不同时间流到出水槽，从而达到自动调节、均和的目的。为防止废水在池内短路，可以在池内设置若干纵向隔板。池内设置沉渣斗，废水中的悬浮物在池内沉淀，通过排渣管定期排出池外。当调节池容积很大，需要设置的沉渣斗过多时，可考虑将调节池设计成平底，用压缩空气搅拌废水，以防泥沙沉淀，空气用量为 1.5 ~ $3m^3/(m^2 \cdot h)$。

如果调节池利用堰顶溢流出水，则其只能调节水质的变化，而不能调节水量的波动。若后续处理构筑物要求处理水量也比较均匀，则需要使调节池内的工作水位能够

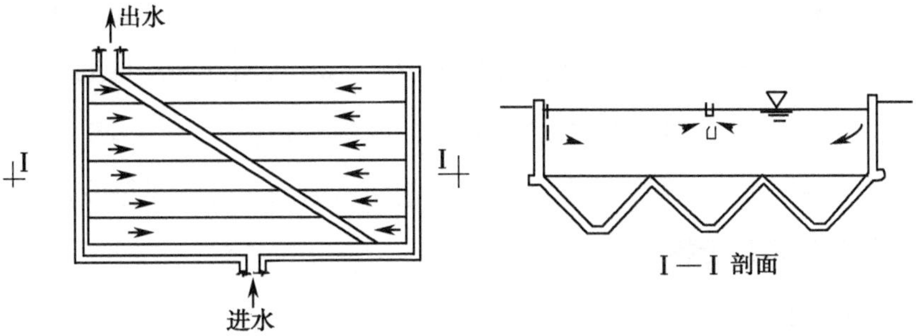

图 6-1 对角线出水调节池

上、下自由波动，以贮存盈余，补充短缺。若处理系统为重力自流，调节池出水口应超过后续处理构筑物的最高水位，可考虑采用浮子等定量设备，以保持出水量的恒定；若这种方法在高程布置上有困难，可考虑设吸水井，通过水泵抽送。

图 6–2 为折流调节池。池内设置许多折流隔墙，使废水在池内来回折流。配水槽设于调节池上，通过许多孔口溢流投配到调节池的各个折流槽内，使废水在池内混合、均衡。调节池的起端（入口）入流量可控制在总流量的 1/3 ~ 1/4，剩余流量可通过其他各投配口等量地投入池内。

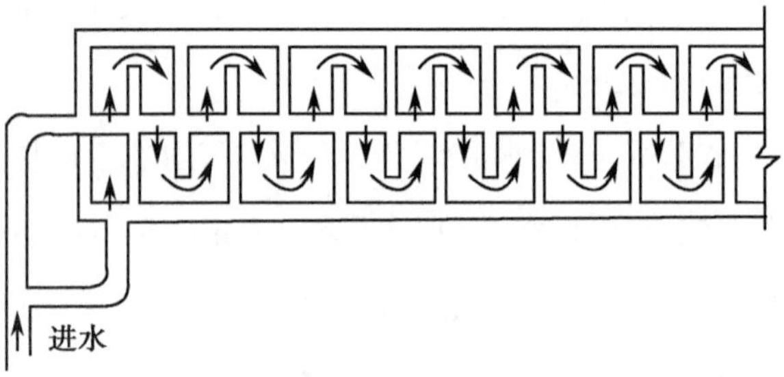

图 6–2　折流调节池

3. 调节池容积的确定

调节池的容积主要是根据废水浓度和流量的变化范围以及要求的均和程度来计算的。计算调节池的容积，首先要确定调节时间。当废水浓度无周期性地变化时，要按最不利情况即浓度和流量在高峰时的区间计算。采用的调节时间越长，废水越均匀。可假设一调节时间，计算不同时段拟定调节时间内的废水平均浓度，如高峰时段的平均浓度大于所求得的平均浓度，则应增大调节时间，直到满足要求为止。如计算出初拟调节时间的平均浓度过小，则可重新假设一个较小的调节时间计算。

当废水浓度呈周期性变化时，废水在调节池内的停留时间即为一个变化周期的时间。

一般水泵直接从调节池吸水时，调节池有四种水位，由高到低依次是高位报警水位（High alarm water level）、高位启泵水位（High pump start water level）、低位停泵水位（Low pump stop water level）、低位报警水位（Low alarm water level）。此时，调节池的有效容积为高位启泵水位和低位停泵水位之间的容积。

除此之外，污水提升泵站还应设有照明、消防、通风、防噪声等设备（施）。

2. 污水提升泵房运行操作

（1）启动前检查

启动前检查工作包括：进水泵房水位，是否在允许开机水位以上；水中有无可能影响水泵运行的杂物；检查泵机是否安装正确，紧固件无松动，电缆（Cable）、接线盒（Junction box）正常，出水闸门（Outlet gate）是否开启；检查控制台（柜）开关位置，切换成手动控制状态，检查三相电源电压应在规定幅度内，拟开电机传感器湿度（Humidity）、温度（Temperature）正常，后续工艺段是否允许进水。

（2）开机操作

启动前检查完毕后，启动格栅除污机和栅渣输送机，待运行正常后，可以启动水泵电机，监听泵机声音，监视电压（Voltmeter）、电流表（Ammeter），若声音正常，电流回跌后，缓慢开启出水闸阀，按工艺需要调节闸阀开启量，监视电压与电流是否处在合理幅度以内，若开机过程发现有任何不正常现象，不得开机或立即停机，检查原因，排除故障后才能重新开机，但重新开机必须在出水闸阀关死、电机完全停止 5min 后，才可重新启动。重复启动仍然不成功，则应按设备故障报告。

（3）巡检

检查进水泵房水位、有无杂物，逐台检查工作机泵的运转声音，三相电压、电流，传感器湿度、温度，水泵出口压力、流量，检查控制柜切换开关是否设定在规定的自控或手控位置，机泵管道附属设备及机房、门窗是否正常。巡检频率为接班、交班各一次（增加交接班内容），其余时间每 2h 巡检一次，交班巡检还包括设备、仪表、泵房及泵房周边责任区的卫生与维护工作。

巡检过程中发现问题应立即调整，并登记在记录表中，如水位低于设定值，应立即停机，检查水位继电器，使恢复正常，若水位高于设定值，应通知中控室增开水泵，在泵运转正常后检查水位继电器，使恢复正常；如吸水池有杂物应立即清理，若必须下池清理，则应按“有限空间内的安全操作要求”操作并通知中控室调人支援与监护，并应检查杂物来源，采取必要措施，防止再发生类似情况；如机泵运转声音不正常，要寻找原因，使其恢复正常；如机泵运行参数不正常，则应调整与维护使其正常。

当天气突变，如暴雨即将来临，应增加巡检，检查门、窗及采取必要的防水、防雷措施。设备初次使用，经过检查、改造或长期停用后投入系统运行要增加巡检次数，即增加 30min、75min 各一次，若一切正常即转入正常巡检每 120min 一次。

（4）停机操作

检查吸水池水位是否达到停机水位，检查电机的湿度、温度是否在安全范围内，记录停机时的各项参数，关闭出水闸门，将切换开关切换至手动位置，按停机按钮，告诉中控室停机时间，与中控室校核有关参数，当确认正确无误后，转入自动控制运行（如果水泵样本说明书对水泵操作规定与上述规程不同，应按样本说明书调整）。

（5）潜水泵的停用和起吊

将切换开关转入手动状态、断开潜水泵电源，移动电动葫芦至泵位并对准，放下吊钩，钩上潜水泵的吊环，检验吊钩位置，确保不会松脱，试起吊。潜水电机与固定管接口松开后起吊，当潜水泵底部高于操作地坪 20cm 以上时停止起吊，平移至存放位置，加垫块，放下、擦净加罩后存放，该机电源开关挂牌停止应用。

恢复使用时，吊装复位，由检修人员操作。

（6）维护保养任务和保养频率

泵房的维护保养任务分两部分：工艺设备、泵房及泵房周边的卫生责任区由操作人员负责；供电、控制设备及其线网由电工班负责。

由长白班工作人员负责检查阀杆密封情况，每月一次必要时更换填料、润滑点的润滑剂加注，若为电动闸阀则应检查限位开关、手动与电动的联锁装置；长期不动的闸阀应每月做启闭试验。缓闭止回阀，每月一次调试缓闭机构、加注润滑油。

桁车或电动葫芦等起重设备每月做移位和起吊试验，检查起吊用钢丝绳，防止锈蚀并检测其磨损量，若磨损大于原直径的 10% 或发现有断裂的股线，则应报告检修组更换。每班一次检查管道（Pipeline）、闸阀（Gate valve）、潜水泵吊装孔盖板（Cover plate for lifting hole of submersible pump）、护栏（Guardrail）、爬梯（Ladder）、支架（Bracket）等金属构件是否紧固、稳固，若不稳固采取稳固措施，若开始锈蚀则应采取除锈与防腐措施。及时更换损坏的照明灯具。交班前要对管道（Pipeline）、闸阀（Gate valve）及其附属设备（Ancillary equipment）、电器控制柜柜面（Electrical control cabinet face）、泵房门窗（Door and window in pump room）、墙面（Wall space）、地坪（Elevation）和周围卫生责任区做一次卫生工作，并对电器控制柜的禁用挂牌复核，并保持位置准确。

（7）集水池的清理和频率（Cistern cleaning and frequency）

每隔一年应对集水池进行清理和检查池体有无裂缝和腐蚀情况，若结构已经稳定，积泥和腐蚀并不严重可以适当延长清理周期。

宜选择污水量较小的时段组织清理，估算清理时间和溢流污水量，确定时间后报告排水公司，批准后组织实施。清理前必须做好充分的人力（Manpower）、物力（Material resources）、照明（Illumination）、通风（Ventilation）和安全措施（Safety measures）的准备，尽量缩短停水时间和确保安全，做好后续工艺生产变化的安排，才能开始工作。

当主机将集水池降至最低水位后，切断所有主机电源，逐一起吊潜水泵，放入小型移动式潜水泵继续抽水，同时用高压水枪冲淤和清洗池壁，需下池作业时必须进行临时强制通风，在通风最不利点检测有毒气体的浓度及亏氧量，达到要求后方可下人，同时必须继续通风，强度可以适当减小，但不能停止，因为池内污物仍将释放有毒气体，要有人监护，下池连续工作时间不应超过 1h。检查水池裂缝和腐蚀情况、检查管道、导轨和水泵接口腐蚀情况，若有必要则进行防腐处理，检查管道稳固情况和水位检测仪表，做出详细记录后恢复生产。清池的同时机电检修工人应对起吊的潜水电机清理、检查、维护，清池完成后吊装复位、放水运行。

（8）泵房操作安全管理提升

所有操作人员必须经过培训取得上岗资质证书和经过安全教育成绩合格，才能单独操作。没有取得资质证书的必须在有本岗位资质证书者指导下才可进行操作，指导者承担主要安全责任。上班前不准喝酒，上岗工作前必须按规定穿戴好劳动防护用具。严禁穿高跟鞋、裙子、留长发上岗，要保持泵房清洁、安全通道畅通。

外来人员未经同意不得入内，无关人员一律不准进入泵房。

应经常检查止回阀，确保其正常，以防止突然停电时水泵倒转损坏水泵机构，止回阀宜用缓闭止回阀。

缺相运行（三相电源损坏一相导致二相运行）会损坏电机，防止电流过高烧坏电机，特别要注意水泵叶轮被纤维性杂质缠绕造成超负荷运行，长时间超负荷运行容易损坏电机。潜水泵潜入水中无法直接观察和接触，只能依靠仪器（电流）和声音来监视其运转情况，如果发现不正常应立刻停机检修，防止泵机进一步损坏，并按事故预案处理，降低事故影响。

暂停使用的潜水泵起吊前必须断开电源，防止漏电伤人，检查起吊用钢丝绳，其磨损量不得大于原直径的 10%，且不准有断股，以免绳断伤人和损坏泵机。检查起吊泵机的导轨情况，确认无阻碍能引导水泵。开始起吊时采用试吊（点吊），待潜水泵与接口脱开后转入正常起吊。停用的设备在配电柜上必须悬挂停用牌以免误接。恢复使用安装时应严格按产品说明要求进行，需要强调的是测试潜水电机的绝缘必须合格，以保证设备安全。所有的保护装置及仪表必须有效，不得疏漏。

应保持泵房空气流通，防止积聚有害气体，影响操作环境。

清理吸水井等作业所排出的污水、污泥，应纳入污水处理和污泥处理系统，防止对环境造成影响。

要考虑污水溢流措施，当污水泵房事故停水后，污水应有合适的出路，减轻事故的影响，若污水溢入雨水管道，还应防止暴雨时，雨水进入污水泵站。

3. 潜水泵的操作

污水提升泵安装于粗格栅后的提升泵房中，用于提升污水进入后续处理设备。

（1）准备工作：检查提升泵水位是否在工作水位内；查看提升泵中悬浮物的数量，若数量较多，应及时进行清捞；确认设备正常供电，处于待机状态下。

（2）启动程序：开关置于手动，按下绿色启动按钮启动潜水泵；待变频器显示频率正常，确认排出管排出水后，水泵完全启动。

（3）运行过程：注意水泵的声音与电机温度是否正常；随时注意泵房水位变化；观察出水流量是否正常。

（4）停止过程：按下停止按钮键，停止提升泵；及时填写运行记录。

（5）维护保养：潜水泵若长期不用，应该从水中提出，检查各部件性能，放于干燥室内；重新投入使用，要进行地绝缘性的测量，确保绝缘度达到要求；运转 2 ~ 3 年以上的潜水泵，应拆卸泵与电机，清洗所有部件，清理叶轮中的泥沙与杂物；检查泵与电机的导轴承（Guide bearing）、叶轮口环（Impeller chomata）、止推轴承（Thrust shaft bearing）、推力盘（Thrust disc）等易损部件，磨损严重的要更换；检查泵的紧固件，有锈蚀的慢慢拧下，蘸一点机油上好，损坏的要更换；检查泵的密封部位，对损坏部件，重新更换；潜水泵在维修后组装时，各结合面与紧固体应涂上黄油（Butter），以防锈死，影响下次拆卸。

4. 电动单梁悬挂起重机操作

污水提升泵房、脱泥间和风机房常安装有电动单梁悬挂起重机，用于维修设备时起重和移动设备。

（1）准备工作：检查钢绳完好及润滑情况；检查起重机供电情况；严禁起重机正下方有人员及物件。

（2）启动程序：按下控制手柄电源开关；使用控制手柄操作起重机。

（3）运行过程：禁止电动单梁起重机超载运行；运行中观察钢绳的绕绳平滑；运行中严禁吊物下站人。

（4）停机程序：调整电机及挂钩位置，使其不至于妨碍工作人员的其他操作；关闭控制手柄电源开关。

（5）维护保养：每月定期检查限位器的灵敏度和安全可靠性；检查电机安装螺栓是否松动，电机运行有无异常响声或气味；定期检查钢丝绳的缠绕情况，检查其是否变形和镶嵌牢固；每 3 个月定期检查葫芦小车的运行状况和磨损程度，确认是否需更换；每 3 个月定期给减速器（Reducer）、钢绳（Steel rope）加润滑油；每 6 个月给电动小车减速器（Reducer）、吊钩（Hook）、轴承（Bearing）、齿轮（Gear）加润滑油；每年给走轮（Walking wheel）、卷筒（Reel）、电机（Motor）加油；每年对线路、设备运行状况进行检查，更换或保养相应配件。

5. 潜水推流搅拌机的运行操作

潜水推流搅拌机往往设置于调节池或生化反应池，起搅拌作用，防止污泥沉积于池内。

（1）准备工作：检查池内水位是否淹没搅拌机；搅拌器附近是否有漂浮物，若有应清理掉；电源是否接通。

（2）启动与运行检查：按下启动按钮启动搅拌机；观察搅拌机运转过程中是否有抖动或异常响声；当发现下列情况之一时，应立即停机检查，排除故障：① 机组剧烈振动或声音异常时；② 搅拌效果明显下降时；③ 三相电源有断相或三相电压不平衡；④ 电线破裂、电线缠绕于搅拌器。

（3）停机：按下停止按钮停机；潜水搅拌器开停不宜过于频繁，从关到重新启动时间间隔不少于 2min，以防电机温升过高。

（4）维护保养：每半年更换一次润滑油；每次大修需更换轴承润滑油；机械报故障后，应及时进行检查修理；设备连续运行 2000h 后，机封和轴承需进行维护和保养。

6.2 鼓风机房

污水处理厂中，鼓风机房是向生化池曝气系统鼓风通氧的设施，鼓风机是生化系统的关键设备，它将空气中氧通过曝气器传送到生化池中，为活性污泥进行代谢提供氧气，保持其良好生理代谢活性，使活性污泥发挥好处理污水的作用。

1. 鼓风机供气系统及鼓风机种类

鼓风机供气系统是由鼓风机、输气管道和曝气器等部件组成的。

鼓风机有两种：一种是罗茨鼓风机，另一种是离心鼓风机。

曝气器有多种类型，一是穿孔管曝气，二是散流式曝气器，三是微孔曝气器等。

鼓风机供气系统供气的作用：

（1）供氧，在生化池内产生并维持空气与水的接触，在生物氧化作用不断消耗氧气的情况下保持水有一定的溶解氧。

（2）混合作用，除供氧量满足生化池设计负荷时的生化需氧量外，促进水的循环流动，实现活性污泥与污水的充分混合。

（3）保持悬浮状态，维持混合液具有一定的运动速度，使混合液始终不产生沉淀，防止局部污泥沉积、堵塞曝气器现象的发生。曝气装置是活性污泥系统的主要设备，要求供氧能力强、搅拌均匀，结构简单，性能稳定，耐腐蚀，价格低廉。

表示鼓风曝气装置技术性能的主要指标有动力效率和氧利用率。

2. 离心式鼓风机操作

（1）开车前的检查

离心风机首次开车前应全面检查机组的气路、油路、电路和控制系统是否达到了设计和使用要求。

检查进气系统、消音器、伸缩节和空气过滤器的清洁度和安装是否正确。特别检查叶轮前面的部位、进气口和进气管。

检查油路系统。检查油箱是否清洁，油路是否畅通；检查油号是否符合规定，加油是否至油位；启动油泵，检查旋转方向是否正确。油泵不得无油空转或反转。油温低于10℃不得启动油泵，否则造成油泵电机超负荷，应启动加热系统使之达到运行温度。

若油路系统已拆过或改动过，必须拆下齿轮箱和鼓风机上的油路，使油通过干净的管路流回油箱。

外部油系统用温度超过10℃的油冲洗1h。

重新连接齿轮箱和鼓风机的管路，并确认管路畅通；小心用手盘动转子一周，然后再清洗0.5h。

检查滤油芯，若必要应予以清洗或更换。

检查放空阀、止回阀安装是否正确。

检查放空阀的功能和控制是否正确。

检查扩压器控制系统的功能和控制是否正确。

检查进口导叶控制系统的功能和控制是否正确。

检查冷却器的冷却效果。

采用水冷时，检查管路和阀门安装是否正确，水压是否正常，有无泄漏。采用风冷时，检查风扇电机的旋转方向。

（2）试运转

试运转的目的是检查开 / 停顺序和电缆连接是否正确。试运转时恒温器、恒压器和各种安全检测装置应已经通过试验。

启动风机前必须手动盘车检查，各部位不应有不正常的撞击声。

试运转期间应检查和调整下列项目：放空阀开、闭时间；止回阀的功能；压力管路中的升压功能；润滑油的压力和温度应稳定；调节冷却器情况；采用水冷时调节恒温阀，检查通水情况；采用风冷时，调节恒温阀，检查风扇电机的开停情况；检查油温；扩压器叶片手动调整试验情况；进口导叶手动调整试验情况；安全检测装置、恒温器、恒压器及紧急停车装置的试验情况；正常启动和停车顺序试验情况；电机过载保护（扩压器 / 进口导叶极限位置）试验情况；在工作温度时检查漏油情况；检查就地盘的接线。

（3）启动与停车

打开放空阀或旁通阀；使扩压器和进口导叶处于最小位置；给油冷却器供水（风冷时开启冷却扇）；启动辅助油泵；辅助油泵油压正常后，启动机组主电机；主油泵产生足够油压后，停辅助油泵；使导叶微开（15°）；机组达到额定转速确认各轴承温升，各部分振动都符合规定；进口导叶全开时，慢慢关闭放空阀或旁通阀；放空阀关闭后，扩压器或进口导叶进入正常动作，启动程序完成，机组投入负荷运行。

（4）正常停车程序

停车程序不像开车那样严格，大致与启动程序相反。

打开放空阀；进口导叶关至最小位置；开辅助油泵。机组主电机停车；机组停车后，油泵至少连续运行 20min；油泵停止工作后，停冷却器冷却水。

（5）运行检查

鼓风机运行时应检查下列项目：油位不得低于最低油位线；油温；油压；油冷却器供水压力和进水温度；鼓风机排气压力；鼓风机进气压力；鼓风机排气温度；鼓风机进气温度；进气过滤器压差；振动；功率消耗。

鼓风机运行时，应定期记录仪表读数，并进行分析对比。由于扩压器或进风导叶系统并不是全开到全关闭频繁地动作，因此就地盘应至少每周一次手动位置，扩压器或进口导叶从全开到关闭至少动作两次。这个方法适用于不同风机。应每月检查一次油质。如果鼓风机停机一个月，应采取下列措施：就地盘设定手动位置，启动油泵，当油泵运行 0.5h 后，鼓风机按正确方向至少盘车 5 周；油泵运行 1h，运行时间长更好。

机组运行中有下列情况之一应立即停车：机组发生强烈振动或机壳内有磨刮声；任意轴衬处冒出烟雾；油压降低；轴衬温度突然升高超过允许值，采取措施仍不能降低；油位降至最低油位线，加油后油位未上升；转子轴向窜动超过 0.5mm。

（6）机组运行中维护

首次开车后 200h 应换油，如果被更换的油未变质，经过滤后仍可重新使用；首次开车后 500h 应做油样分析，以后每月做一次油样分析，发现变质应立即换油，油号必须符合规定，严禁使用其他牌号的油；经常检查油箱的油位，不得低于最低油位线；经常检查油压是否保持正常值；经常检查轴承的油温，不应超过 60℃，并根据情况调节油冷却器冷却水量。使轴承温度保持在 30 ~ 40℃；定期检查油过滤器；经常检查空气过滤器的阻力变化，定期更换滤布；经常注意并定期测听机组运行和轴承的振动，如发现声音异常和振动加剧，应立即采取措施，必要时应紧急停车，找出原因，排除故障；严禁机组在喘振区运行；按电机说明要求，定期对电机进行检查和维护。

（7）机组的并联

必须注意单台鼓风机运行与几台鼓风机联运的工况是不同的，如果仅一台鼓风机运行，它将在单台鼓风机性能曲线与系统曲线交点处运行，输出的气量要比原设计流量稍大；如果两台同规格的鼓风机以同样的速度运行，它们的压力-流量曲线是相同的，如果两台并联到系统中，它们将叠加成一条新的曲线与系统曲线交点处运行，新曲线是任选的排气压力对应流量的 2 倍绘制而成。鼓风机并联运行时，总流量等于每台鼓风机的流量叠加，而排气压力则由总流量时的管道系统的特性曲线所决定。如果两台鼓风机的实际特性曲线相同，则分配给每台鼓风机的流量是总流量的一半。由于实际特性曲线总是有区别，因此鼓风机之间的负荷的分配就不可能相等，其中一台鼓风机可能在另一台之前发生喘振。多台机组运行时也是如此，每台鼓风机的流量是可以单独控制的。在实际应用中，鼓风机的规格或型号不必完全一致，但通常按相同规格配置。鼓风机具有平缓上升的压力曲线，最适合并联运行，轻微的压力变化对流量的影响很小。排气量相同的鼓风机并联运行时，问题可能发生在后启动的那台鼓风机。

一台鼓风机运行后，其流量是由排气总管的系统压力来决定的，如果启动一台没有运行的风机，它必须产生足够的压力才能顶开止回阀向总管供气，唯一的途径是提高鼓风机的排气量，产生比总管高的压力。提高排气量的方法是打开排气阀，使鼓风机向大气中排气，这样就能提高排气量，产生足够的压力顶开止回阀，在新启动鼓风机并网前，最好将正在运行的鼓风机的风量减小到最低后并网，然后关闭放气阀，两台鼓风机投入运行，调整鼓风机的流量，使其工况一致，防止喘振现象的发生。如果几台鼓风机运行，应按电流表的指示作为电机负荷平衡指示，也就是采用调节进气阀的方法使所有的电流表的读数几乎相等。如果负荷不平衡，低负荷的鼓风机就可能发生喘振。几台鼓风机并联运行时，运行人员应经常调换鼓风机的启动次序，其目的是使所有的鼓风机保持相同的运行时间。

（8）喘振及其防止的措施

离心风机当进风流量低于一定值时，由于鼓风机产生的压力突然低于出口背压致使后面管路中的空气倒流，弥补了流量的不足，恢复工作，把倒流的空气压出去，压力再度下降，后面管路中的空气又倒流回来，不断重复上述现象，机组及气体管路产生低频高振幅压力脉动，并发出很大声响，机组剧烈振动，这种现象就是喘振。严重时损坏机组部件。为使鼓风机不发生喘振，必须使进气流量大于安全的最低值，可调节进口导叶或进气节流装置，使鼓风机的工况不在喘振区。

引起喘振的原因有：总压力管压力过高；进气温度太高；鼓风机转速降低或机械故障。

手动操作的情况下发生喘振，应尽快打开排气阀，降低机组出口的背压，使鼓风机的工况点向大流量区移动，消除喘振现象。

消除喘振方法：开启放气或旁通阀；限制进口导叶的调整；限制进气流量；调速；降低气流的系统阻力。

（9）离心式鼓风机的节能措施

利用离心风机给曝气池供气时，其排气压力相对稳定，但需气量和环境温度是变化的，为适应不同运行工况，最大限度地节约电能，可以通过改变转速、进口导叶或节流装置进行流量调节和控制。在变工况运行时，改变转速具有较高效率，并有较宽的性能范围，但变速及控制设备的价格昂贵。调节时应避开转子的临界速度，多数离心机经常利用可调进口导叶以满足工艺需要，部分负荷运行时，可求得高效率和较宽的性能范围，因此进口导叶已成为污水处理厂单级鼓风机普遍采用的部件，进口导叶调节，可手动或自动，使流量在 50% ~ 100% 额定流量的范围内变化。

3. 罗茨鼓风机操作

新安装或经过检修的鼓风机，均应进行运转前的空载与负荷试车。一般空载运转 2～4h，然后按出厂技术要求，逐渐加压到满负荷试车 8h 以上。

（1）开机前的准备与检查

检查电源电压的波动值是否在额定电压 ±10% 范围内。

检查仪表和电气设备是否处于良好状态，检查接线情况，需接地的电气设备应可靠接地。

鼓风机和管道各接合面连接螺栓、机座螺栓、联轴器柱销螺栓均应紧固。

齿轮油箱内润滑油应按规定牌号加到油标线的中位。轴封装置应用压注油杯加入适量的润滑油。

按鼓风机旋向，用手盘动联轴器 2～3 圈，检查机内是否有摩擦碰撞现象。

鼓风机出风阀应关闭，旁通阀处于全开状态，对安全阀进行校验。

检查传动带松紧程度，必要时进行调整。

空气过滤器应清洁和畅通，必要时进行清堵或更换。

（2）空载运转

按电气操作顺序开启风机。

空载运转期间，应注意机组的振动状况和倾听转子有无碰撞声和摩擦声，有无转子与机壳局部摩擦发热现象。

滚动轴承支承处应无杂声和突然发热冒烟状况，轴承处温度不应超过规定值。

轴封装置应无噪声和漏气现象。

同步传动齿轮应无异常，无不均匀冲击噪声。

齿轮润滑方式一般为“飞溅式”，通过油箱上透明监视应看到雾状油珠聚集在孔盖下。

空载电流应呈稳定状态，记下仪表读数。

（3）负荷运转

开启出风阀，关闭旁通阀，掌握阀门的开关速度，升压不能超过额定范围，不能满载试车。

风机启动后，严禁完全关闭出风道，以免造成爆裂事故。

负荷运转中，应检查旁通阀有无发热、漏气现象。

大小风机要同时开时，应按上述程序先开小风机，后开大风机。要开多台风机时，应待一台开出正常后再开另一台。

其他要求同空载运转。

（4）停机操作

停机前先做好记录，记下电压、电流、风压、温度等数据。

逐步打开旁通阀，关闭出气阀，注意掌握阀门的开关速度。

按下停车按钮。

（5）巡视管理

鼓风机在运转时至少每隔 1h 巡视一次，每隔 2h 抄录仪表读数一次（电流、电压、风压、油温等）。

再次巡视，检查内容如下：

听鼓风机声音是否正常，运转声音不应有非正常的摩擦声和撞击声，如不正常应停车检查，排除故障。

检查风机各部分的温度，两端轴承处温度不高于 80℃，齿轮润滑油温度不超过 60℃；风机周围表面用手摸时不烫手，电动机应无焦味或其他气味。

检查油位。油面高度应在油标线范围内，从油窗盖上观察润滑油飞溅情况应符合技术要求，发现缺油应及时添加，油箱上透气孔不应堵塞。

检查风压是否正常，各处是否有漏气现象。检查各运转部件，振动不能太大，电器设备应无发热松动现象。

（6）紧急停车

发现以下情况时应立即停车，以避免设备事故：风叶碰撞或转子径向、轴向窜动与机壳相摩擦，发热冒烟时；轴承、齿轮箱油温超过规定值时；机体强烈振动时；轴封装置断裂，大量漏气时；电流、风压突然升高时；电动机及电气设备发热冒烟时等。

6.3 加氯间及消毒设施的运行管理

（一）污水消毒方法

城镇污水含有大量的细菌，其中一部分为病原菌，如伤寒杆菌、痢疾杆菌和霍乱杆菌等均为常见的在污水中传播的病菌。另外，蛔虫、血吸虫等寄生虫以及脊髓灰质类、肝炎病毒也在污水中传播。因此在污水处理工艺流程中，一般都设消毒工艺。

（1）消毒最常用的方法：化学药剂、物理介质、机械方法、照射。

①化学药剂。曾经用作消毒剂的化学药剂有：氯及其化合物、溴、碘、臭氧、酚及酚类化合物、醇类、重金属及其化合物、染料、肥皂及合成洗涤剂、季铵化合物、过氧化氢、过乙酸、各种碱类、各种酸类。其中，最常用的消毒剂是氧化剂，而氯则是最普遍应用的一种。溴和碘在废水消毒中也曾应用。臭氧是一种高效消毒剂，尽管它不能维持消毒的余量，其应用还是日益增加。高酸性和高碱性的水也能用以破坏致病菌，因为，pH 值大于 11 和小于 3 的水对大多数细菌都是相对有毒的。

②物理介质。物理消毒可采用热、光和声波。例如，将水加热至沸点，可破坏大多数致病的不产孢菌。饮料和奶品工业普遍用热消毒，但由于费用太高，不适于消毒大量的废水。但在欧洲，巴氏消毒法广泛用于污泥消毒。

日光也是一种很好的消毒介质，主要由于电磁光谱中的紫外线（UV）照射作用。发射紫外线的特制灯已经成功应用于水和废水的消毒。紫外线在水中的穿透性特别重要，因为除了微生物之外，还有悬浮物、溶解有机分子，以及水本身都吸收紫外线的照射。

③机械方法。当处理废水时，细菌和其他有机物也可用机械方法去除。自然沉淀可以达到 25% ~ 75% 的典型去除率，活性污泥法可以达到 90% ~ 98% 的典型去除率，超滤、纳滤可以达到 99.99% 及以上的去除率。

④照射。照射主要类型有电磁的、声波的和粒子的。紫外线应用较多，另有 γ 射线由于穿透力强已用于水和废水的消毒（灭菌）。同时用高能电子射线装置照射废水或污泥也有大量研究。

部分常用消毒剂的比较见表 6–1。

表 6–1　常用消毒剂的特性比较

特　性*	氯	次氯酸钠	次氯酸钙	二氧化氯	臭氧	UV 照射
可得性 / 价格	廉价	较廉	较廉	较廉	较贵	较贵
脱臭能力	强	中等	中等	强	强	na
均匀性	均匀	均匀	均匀	均匀	均匀	na
与异物的相互作用	氧化有机物	活性氧化剂	活性氧化剂	强氧化剂	氧化有机物	UV 照射的吸光度
不腐蚀及不污渍	强腐蚀性	腐蚀性	腐蚀性	强腐蚀性	强腐蚀性	na
对高等生物有无毒性	强毒性	有毒	有毒	有毒	有毒	有毒

续表

特　性*	氯	次氯酸钠	次氯酸钙	二氧化氯	臭氧	UV 照射
穿透性	强	强	强	强	强	中等
安全性	好	中等	中等	好	中等	低
溶解性	中等	高	高	高	高	na
稳定性	稳定	稍有不稳定	较稳定	不稳，必须用时发生	不稳，必须用时发生	na
对微生物的毒性	强	强	强	强	强	强
在环境温度下的毒性	强	强	强	强	强	强

注：na 表示不适用。

（2）消毒剂的机理

曾经被提出用以解释消毒剂作用的五项主要机理有：对细胞壁的破坏、改变细胞的渗透性、改变原生质的胶体性质、改变有机体的 DNA 或 RNA、抑制酶的活性。

细胞壁的破坏或损坏将导致细胞的溶解及死亡。有些药剂，如青霉素，抑制细菌细胞壁的合成作用。有些药剂，如酚类化合物及洗涤剂，改变原生质膜的渗透性。这些物质破坏膜的选择性渗透能力，并使营养素如氮和磷失去。热、照射及强酸或强碱药剂，改变原生质的胶体性质。热会使细胞蛋白质凝固，而酸或碱会使蛋白质变性，产生致死效应。

UV 照射能在微生物组织中形成双键，并破坏某些 DNA 的约束。当细菌和原生动物的 DNA 和病毒的 RNA 吸收了 UV 的光子时，可能由相邻的 DNA 的胸腺嘧啶或 RNA 的尿嘧啶形成共价的二聚物。双键的形成破坏复制过程，从而使生物体不再繁殖，以致灭活。

抑制酶的活性方面，主要是氧化剂，如氯，能改变酶的化学排列，使酶灭活。

氯、臭氧、紫外线照射消毒机理的比较见表 6-2。

表 6-2　氯、臭氧、紫外线照射消毒机理的比较

氯	臭氧	UV 照射
氧化	直接氧化 / 破坏细胞壁使细胞组分泄出细胞外	在生物体的细胞内，以光化学作用破坏 RNA 和 DNA（如形成双键）
与有效氯作用	与臭氧分解的自由基副产物作用	在波长 240~280nm 范围内微生物的核酸是光能最重要的吸收剂

续表

氯	臭氧	UV 照射
蛋白质沉淀	破坏核酸组分（嘌呤和嘧啶）	由于 DNA 和 RNA 带有再造的遗传信息，破坏这些物质能有效地灭活细胞
改变细胞壁的渗透能力	破坏碳氮键导致解聚	—
水解和机械破裂	—	—

（3）影响消毒剂作用的因素

在使用上述消毒剂时，应考虑的影响因素有：接触时间；消毒剂浓度；物理介质或装置的强度或性质；温度；有机体的类型；悬浮液的性质。对于一定的消毒剂浓度，接触时间越长，杀菌效率越高。在接触时间一定时，消毒剂浓度越高，杀菌效率越好。对于光或热这样的物理介质，强度高有利于提高消毒效果。提高温度，化学消毒剂可以更快杀灭细菌。

各种消毒剂的有效性受微生物类型、性质和条件的影响。举例来说，发育中的细菌细胞往往比覆盖有黏液的老细胞更容易被杀灭。形成对照的是，细菌芽孢抵抗力特强，很多常用的化学消毒剂都会无能为力。同样，很多为人们关注的病毒和原生动物对每种化学消毒剂反应都不一样。在某些情况下，其他消毒介质，如热或 UV 照射，可能必须采用。

在实践中，悬浮液的性质必须仔细判断。例如，水中的有机物会与大多数氧化剂作用，而降低其有效性。悬浮物的存在会吸附消毒剂，屏蔽所裹挟的细菌，从而降低消毒剂的有效性。水中的悬浮物会影响 UV 的穿透性，降低消毒效果。

（二）常用的污水消毒技术

目前应用较为广泛的为氯消毒、二氧化氯消毒、臭氧消毒和紫外消毒等。在所有化学消毒剂中，氯是全世界应用最普遍的一种。在污水处理厂中，采用的主要氯化物有：液氯（Cl_2）、次氯酸钠（NaClO）、次氯酸钙［$Ca(ClO)_2$］、二氧化氯（ClO_2）。

1. 液氯消毒

（1）液氯消毒概述

氯气呈黄绿色，约为空气质量的 2.48 倍。液氯为琥珀色，约为水的质量的 1.44 倍。在实际应用中，氯是以液氯的形式储存在各种压力容器中的。

加氯消毒系统包括加氯机、混合设备、氯瓶和接触池等。

由于消毒后污水中尚有一定的余氯存在，液氯消毒具有剩余消毒能力。液氯技术方法成熟，设备故障率低，运行费用低，是目前国内最普遍的城市污水消毒方法。加氯消毒最大的问题是消毒过程中产生有毒副产物（Disinfection byproducts，DBPs）。DBPs被认为有致癌作用且在较低的浓度（小于0.1mg/L）会对环境产生危害。北美地区要求氯消毒出水必须进行脱氯处理。

（2）液氯消毒机理

氯容易溶解于水（20℃和98kPa时，溶解度为7160mg/L），氯气通入水中即成为氯水，下列反应几乎同时发生：

$$Cl_2+H_2O \rightleftharpoons HClO+H^++Cl^-$$

$$HClO \rightleftharpoons H^++ClO^-$$

所产生的次氯酸，是极强的消毒剂，可以杀灭细菌和病原体。消毒的效果与水温、pH值、接触时间、混合程度、污水浊度及所含干扰物质、有效氯浓度有关。

2. 次氯酸钠消毒

（1）次氯酸钠消毒概述

次氯酸钠是一种高效、广泛、安全的强力灭菌、杀病毒药剂。它同水的亲和性很好，能与水以任意比互溶。它不存在液氯等的安全隐患，可作为小型污水处理厂的消毒方法。

（2）次氯酸钠消毒机理

次氯酸钠是一种强氧化剂，在溶液中生成次氯酸离子，通过水解反应生成次氯酸，具有与氯的其他衍生物相同的氧化和消毒作用，但其消毒效果不如液氯。

$$NaClO+H_2O \longrightarrow HClO+NaOH$$

（3）次氯酸钠的制备

因次氯酸钠所含的有效氯受日光、温度的影响而分解，故一般采用次氯酸钠发生器现场制取，就地投加。次氯酸钠以海水或食盐水的电解液电解产生。

3. 二氧化氯消毒

（1）二氧化氯消毒概述

二氧化氯作为强氧化剂，可将废水中的少量还原性酸根氧化除去，也可将一些金属离子及它们与酚类、CN^-形成的络合物除去。因此。二氧化氯可广泛应用于含氯、酚、硫、有机物、金属离子等的工业废水处理以及医院、生活污水杀菌消毒。二氧化氯是氯系列消毒最理想的更新替代产品，其杀菌能力是氯气的5倍，是次氯酸钠的50倍。二氧化氯具有极强的杀菌能力，且不会产生致癌、致突变、致畸物质，在pH值为6～9的范围内，二氧化氯均保持很强的杀菌能力。低浓度二氧化氯在水中扩散快，渗透能力强，消毒过程中用量少、作用快、杀菌率高，且有很强的持续消毒能力。

二氧化氯消毒主要问题是成本较高。我国目前主要用于小型城市污水处理厂，对于即时生产的二氧化氯来说，普遍存在成分不纯和成本过高的特点。

二氧化氯对细胞壁有较强的吸附穿透能力，可有效地氧化细胞内含巯基的酶，还可以通过快速地抑制微生物蛋白质的合成来破坏微生物。

（2）二氧化氯制备技术

二氧化氯具有易挥发、易爆炸的特点，故不宜贮存，以现场制取和使用为主。二氧化氯的制备方法主要有化学法和电解法两种，其中化学法制备二氧化氯的技术已趋于成熟，电解法正在发展中。用于水处理领域的小型化学法二氧化氯发生器主要有两种：以氯酸钠、盐酸为原料的复合型二氧化氯发生器和以亚氯酸钠、盐酸为原料的纯二氧化氯发生器。其中前者应用最为广泛，主要的反应是：

$$5NaClO_2+4HCl \longrightarrow 4ClO_2+5NaCl+2H_2O$$

4. 臭氧消毒

（1）臭氧消毒概述

臭氧起初主要应用于给水消毒，但近年来随着臭氧发生技术的进展，已用于污水消毒，并日益显示出经济性。

臭氧（O_3）是氧（O_2）的同素异形体，在常温常压下为淡蓝色气体，液态呈深蓝色。臭氧具有特殊的刺激性气味，在浓度很低时呈新鲜气味。O_3 具有很强的氧化能力（仅次于氟），能氧化大部分有机物。

臭氧消毒系统由以下部分组成：电源、空压机或纯氧、臭氧发生装置、接触反应装置、尾气消除装置。臭氧消毒的一般工艺流程如图 6–3 所示，由于臭氧是一种特别刺激而又有毒的气体，因此接触池排出的尾气必须处理，以消除残余臭氧。

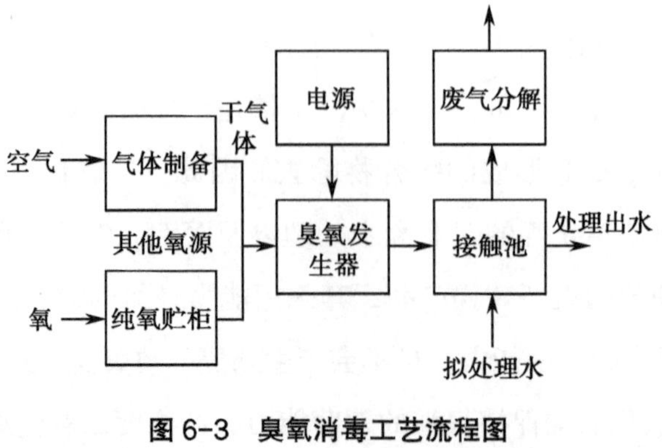

图 6–3　臭氧消毒工艺流程图

臭氧作为消毒剂或氧化剂时，若有溴化物存在，可能产生溴化的 DBPs。DBPs 的去除较复杂，如果溴化的 DBPs 带来的问题比较严重，则应考虑采用其他消毒方法。

（2）臭氧消毒机理

臭氧分解时产生新生态氧：

$$O_3 \longrightarrow O_2 + [O]$$

［O］具有极强的氧化能力，对具有顽强抵抗能力的微生物如病毒、芽孢等都有强大的杀伤力。［O］除具有很强的杀伤力外，还具有很强的渗入细胞壁的能力，从而破坏细菌有机体链状结构导致细菌的死亡。

（3）臭氧的制备技术。

臭氧可利用电解作用、光化学作用、放射化学作用和电荷放电产生。目前最有效的生产臭氧的方法是放电法，如图 6–4 所示。

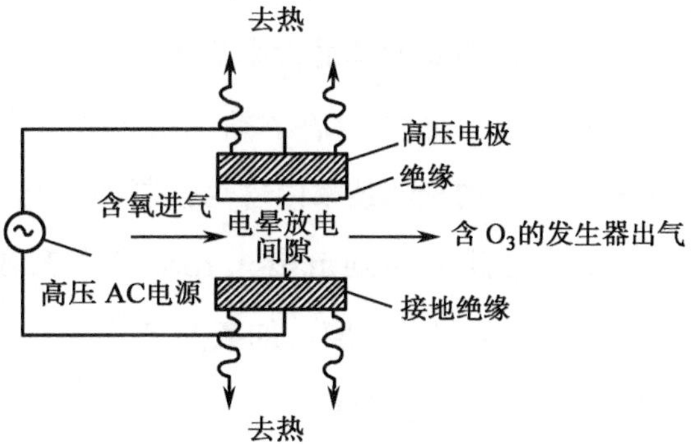

图 6–4 放电法制备臭氧

5. **紫外消毒**

（1）紫外消毒概述

紫外线是一种波长范围为 10 ~ 380nm 的不可见光线，在波长为 240 ~ 280nm 时具有杀菌作用，尤以波长 253.7nm 处杀菌能力最强。紫外线消毒技术始于 20 世纪 60 年代，该技术具有消毒速度快、效率高、设备操作简单、无有毒有害副产物、便于运行管理和实现自动化等优点，其在城市污水消毒处理的应用自 90 年代得到发展。剂量适当时，紫外线照射已被证明是废水的有效杀菌剂和杀病毒剂，而又不致形成有毒副产物。

紫外消毒系统的主要组成有：UV 灯、放置 UV 灯的石英套管、UV 灯和石英套管的支撑结构、为 UV 灯提供稳定电源的镇流器、为镇流器提供能量的电源。由于 UV 灯为电弧放电装置，电弧的电流越多，电阻就越低。没有镇流器限制电流，灯就会自行破坏。因此，在紫外消毒系统设计中，灯与镇流器的协调是极其重要的。除了所用灯型，废水消毒的 UV 系统也能按水流是明渠或暗管来分类。

紫外线消毒的照射剂量宜根据试验资料或类似运行经验确定，污水层深度应能淹没灯管。紫外线消毒光照时间为 10 ~ 100s，消毒水渠中的水流尽可能保持推流状态。

水位可由固定溢流堰或自动水位控制器控制。消毒器中水流流速最好不小于0.3m/s，以减小套管结垢，可采用串联运行，以保证所需的接触时间。

紫外消毒主要存在的问题是不具有剩余消毒能力，当处理水离开反应器之后，一些被紫外线杀伤的微生物在光复活机制下会复活再生，但大剂量的紫外线辐射可避免细菌光复活；紫外消毒效果受石英管紫外线穿透率（UVT）的影响较大，在管理上应特别注意石英套管外壁的清洗工作，以保证较高的紫外线透过率。

（2）紫外线消毒机理

紫外线消毒主要是通过对微生物（细菌、病毒、芽孢等病原体）的辐射损伤和破坏核酸（RNA或DNA）的功能使微生物致死，同时还可引起微生物其他结构的破坏，从而达到消毒目的。当细菌和原生动物的DNA和病毒的RNA吸收了UV光子时，相邻DNA的胸腺嘧啶或RNA的尿嘧啶可能会形成共价的双键，从而破坏DNA或RNA的复制过程，使生物体不再繁殖，以致灭活。

（三）加氯间及消毒设施的运行管理

为生产、使用、储存氯气的安全，国家制定了《氯气安全规程》(GB11984—2008)，标准的全部技术内容为强制性，其中一部分与水厂加药间管理有关。

1. 加氯间（Chlorination room）管理制度

（1）严格用人制度。加氯间工作人员必须持有特种行业操作证，方可从事本岗位工作，并定期进行培训。

（2）当班人员一律按照岗位要求着装上岗，非当班人员或与生产无关人员不得随意进入，若需进入，一定要有相关人员陪同。

（3）平时应将门上锁，窗户关好，以防意外发生。

（4）工作人员应严格遵守执行各项制度及操作规程。

（5）防护器材（Protective equipment）、消防器材（Fire fighting equipment）、抢修专用器具（Special equipment for emergency repair）等应放在指定地点。

（6）保持室内整洁卫生。

（7）工作人员应掌握防护器材、消防器材、抢险专用工具等使用方法，并按操作要求执行。

（8）工作人员应熟悉加氯间的工艺流程，熟悉相关的仪器仪表的位置、用途，掌握其操作规程和相关要求。

2 加氯间安全用氯制度

（1）投入（备用）使用的氯瓶（Chlorine bottle）（卧置式）两个出氯阀门的连线应与地面垂直。

（2）使用前应清除角阀处的脏物（可用带压通针进行疏通），使用时导管连接处应用10%氨水检查有无泄漏。

（3）使用中的氯瓶应挂上“使用”标志牌，备用的则挂上“备用”标志牌，已用完的氯瓶应摆放在空瓶区，验收入库的氯瓶应摆放在实瓶区。

（4）严禁使用蒸汽（Steam）、明火（Open flame）直接加热钢瓶，可以采用45℃以下的温水加热，一般采用自来水加温。加氯间室温不能超过40℃，否则应采取降温措施。

（5）严禁将油类（Oil）、棉纱（Cotton yarn）等易燃物和与氯气易发生反应的物品放在氯瓶附近。

（6）应有专用钢瓶开启扳手（Wrench），且不得另作他用。

（7）钢瓶出口端应设置针型阀调节氯气流量，不允许使用瓶阀直接调节。

（8）瓶内液氯不能用完时，必须留有一定的余压和余氯，余压不得小于0.05～0.1MPa，余量应保留5～10kg。

（9）当使用的氯瓶用完时，应及时更换氯瓶，并挂上相应的标志牌，向工艺工程师汇报，做好相关的记录。

（10）氯瓶自储存之日起，存放期不得超过三个月，应每隔20d开闭阀门一次，检查阀门是否正常。

（11）加氯间液氯存贮量不得超过六瓶，先入库的氯瓶必须先使用。

（12）加氯间必须配有漏氯吸控装置，安全池内要保持清洁，有足够的贮水和生石灰或碱。

3. 投氯操作

（1）电子磅秤操作：空瓶吊走后、新瓶吊装前磅秤标零，标零后不要再旋转表盘；新瓶吊装前，磅秤耳轴对准传感器中心；新瓶吊装后，秤盘红色指针调为报警切换值。

（2）更换氯瓶操作：关闭氯瓶出气阀，打开旁通管的手掣，保持出气干管角阀打开，保持本管路在抽空状态工作几分钟，再关闭角阀和旁通手掣；拆下与氯瓶连接的铜管，吊走空瓶；调整磅秤耳轴中心对准传感器中心；磅秤表盘标零，标零后表盘不能再旋转；小心吊运新瓶，缓慢、对称放新瓶于磅秤上，确保氯瓶两个出气阀的连线与地面垂直；确保处在氯瓶上端的出气口关紧后，使用铅垫圈把铜管与氯瓶的上出气口连接；铜管接好后，稍开出气阀，用氨水检验，确保接口无漏，再关闭出气阀，在氯瓶上标注换瓶日期并挂上“有气”示意牌。

（3）气路切换操作

① 自动切换

电动球阀左右和下面旁通手掣用于维修或故障应急切换时使用，平时不用操作。

通过氯瓶重量和氯瓶压力确定换瓶时间，提前 2h 左右开备用路的各阀门（包括氯瓶的出气阀）。

切换器设在自动状态“Auto”。

切换器复位：按“reset”键保持 10s，直至所有指示灯亮后释放，备用路新瓶（Stand-by）指示灯亮。当氯瓶压力降到设定值时即会自动切换。

发现切换完毕后，关闭空氯瓶出气阀。

打开气路手动旁通掣几分钟，等待排空管路氯气，关手动旁通掣。

② 手动切换：当触点压力表故障或自动切换失败，用切换器面板手动切换 。

通过氯瓶重量确定换瓶时间，开备用路各阀门。

切换器复位：按“reset”键保持 10s，直至面板所有指示灯亮后释放，备用路新瓶（Stand-by）指示灯亮。

切换器在手动状态“Manual”，关空瓶。

在切换器面板转备用路开关至“open”位置，相应指示灯亮。

等待排空空瓶管路氯气，在切换器面板转空瓶路开关至“close”位置，相应指示灯亮。

关空瓶出气阀，挂“空瓶”牌。

注意：所有氯瓶应严格挂牌，不要重复开、关瓶，以防滑牙等不良操作。

③ 旁通管路切换：当电动球阀、切换器故障时，需用旁通管进行切换。

通过氯瓶重量确定换瓶时间，开备用路各阀门。

切换器复位：按“reset”键保持 10s，直至面板所有指示灯亮后释放，备用路新瓶（Stand-by）指示灯亮；（如切换器故障，此步略）。

打开备用路旁通管手掣。

关空瓶，并等待排空空瓶管路氯气，关闭气路旁通管手掣。

在空瓶上挂“空瓶”示意牌。

4. 加氯设备维护保养

（1）日常保养项目、内容，应符合下列规定：

应每日检查加氯机、氯瓶针形阀和连接管道是否泄漏，检查调整密封垫片，检查弹簧膜阀、压力水、压力表等部件是否完好，并保持氯瓶等部件的清洁。

应每日检查台秤是否准确，并保持干净。

应每日检查蒸发器电源装置或加热装置是否正常并保持整洁。

起重葫芦应定期或在使用前检查钢丝绳（Wire rope）、吊钩（Hook）、传动装置（Transmission device）是否正常并保养。

（2）大修理项目、内容、质量应符合下列规定：

加氯氯气收集气管和加注管道每12个月检查修理一次。台秤应每年校验、检测，并根据检查结果安排测试、维修。

氯瓶应每年由氯气生产厂家进行彻底的检查和维修一次，并油漆。

加氯机应每年检查更新安全阀、弹簧膜阀、针形阀、压力表，清洗一次真空加氯机的流量管，并进行标定（进口自动加氯机应根据产品说明书要求维护），水射器每季度清洗一次（参见设备说明书）。

漏氯检测（报警）仪，每周检测一次。如失效或损坏及时更换。探头的化学膜片12个月更换一次。

漏氯吸控装置系统，每天要求早班当班职工手动运行一次，运行时间为2~3s，发现问题及时汇报，防止吸收液长期不用形成晶体。吸收液的浓度每年检测一次，如失效或不达标，应更换或添加吸收液。

加氯间和氯库的墙面应三年清刷一次，铁件应每年进行油漆防腐处理。

5. 正压式空气呼吸器配载和使用

检查背架及面罩的索带是否已完全放松，呼吸器两侧与面罩连接情况，检查面罩上的“正压供气阀”（Barotropic air supply valve）是否上紧。

手臂穿过肩带，将呼吸器垂直平放背上，“气瓶总阀”向下。

将面罩的颈带挂于颈部。

将肩带调至舒适位置，令背架紧贴背部。

将腰带扣好，并做适当调整。

检查红色“增补供气阀”（Supplemental air supply valve）是否已经关闭。同时按下圆形的“重新设定阀”（Reset button）。

慢慢开启气瓶，观察气压表，查看气瓶容量不低于80%或FULL（200巴气瓶读数应为160巴，300巴气瓶读数应为240巴）。

戴上面罩，先从下颌穿起，然后将头部索带拉过脑后。

依照下列顺序将头部索带拉好：最下两条带、中间两条带、最顶一条带。

用力吸气，使“正压供气阀”正压开启。

正常呼吸，此时面罩内已经是正压。

将两指插入面罩两侧，检查气流是否稳定地向外流。

吸气，然后暂停呼气，小心细听有无漏气声。

关闭气瓶，继续呼吸直至将面罩内的余气全部用尽。证明面罩无漏气现象，同时留意警笛是否在55巴时发声（±5巴）。

当气压表指示为零时，面罩应会紧贴面部，暂停呼吸10s，若面罩在面部有移动时，表示有漏气。

若出现漏气，应立刻调节面罩的位置及头部索带的松紧。

将气瓶开启，观察气压表气压，维持正常呼吸及工作。

（四）UV消毒系统的启动与关闭

UV消毒系统启动之前，操作人员应检查以下项目：

（1）供电单元：电机控制中心；现场切断设施；现场控制面板。

（2）备用动力系统（为了保证消毒系统处于预备状态，在备用动力下测试UV系统，周期性检查备用动力供应系统）。

（3）接触池上下游阀门的适合操作位置。

（4）紫外光单元构件的测试，包括指示灯、监测器和计量仪。

（5）出水排水口（必须打开）。

（6）出水流量控制阀门或可调出水堰（可自动化操作）。

一旦完成预启动检查，操作者将现场开关移到“开”的位置。

当停止运行UV单元，运行操作人员应：

（1）将开关选择器调到“关”的位置。

（2）在不影响其他运行系统的情况下，执行防护警告标示安全过程，隔离各自的灯管支架。

（3）关闭接触室上下游合适的阀门。

（4）如果因机械故障或日常预防性维护而不得关闭，需在打开、锁定时在所有电子断路器处贴上标签。

（5）合理贮存 UV 设备与控制装置。

（6）清洗水渠，去除藻类及其他积累的物质。

操作员应建立预防维修程序，并且每年至少实施两次，一次是在消毒季节结束后立即实行，另一次是在消毒季节开始前的一个月内。应清洗所有 UV 灯泡，检查系统的电子元件特性（如灯泡、镇流器、UV 强度测量仪、接地故障断路器与连接线）。

（五）臭氧消毒系统的启动与关闭

当启动臭氧系统时，需采取以下步骤：

（1）将电力供应断路器（转换开关）置于“关”的位置。

（2）开启流经臭氧发生器的冷却水。

（3）确认打开臭氧接触池的空气路径，尾气分解单元处于运行状态。

（4）开启臭氧发生器的空气或氧气进气。

（5）通过控制压力调节阀调节进入反应器的空气压力。如果空气压力超过放气阀设定值（通常约为 90kPa），将会打开放气阀。

（6）臭氧发生器每次的清洗时间至少为 30min，当电极充电前使用干燥空气。

（7）开始产生臭氧时，将断路器置于“开”的位置。

（8）调节电压计的电压值预期输出，与伏特计上显示的数值相同。

当关闭臭氧系统时，应按照以下步骤：

（1）使用伏特电压计，关闭电极的电源。

（2）将动力开关置于“关”的位置。

（3）使用清洁、干燥的空气清洗所有区域至少 30min。

（4）清洗后，关闭通向反应室的所有空气阀门。

（5）关闭冷却水。

6.4 污水计量

用于污水处理装置中的流量检测设备可分为两种基本类型：明渠流量计与全管流量计。表 6-3 总结了污水处理系统中五种常用流量计的优缺点。

表 6-3 污水处理系统中常用流量检测设备

类型	准确度	优点	缺点
明渠槽式	5% ~ 7%	水头损失低，自动清洗	谨慎使用，易受溢流影响
明渠堰式	5% ~ 7%	费用低，易于安装	水头损失高，需完整的水流曲线，需清洗
全管电磁型	1% ~ 3%	无水头损失，双向性	要求电导率低，昂贵，需完整的速率曲线
全管多普勒型	2% ~ 5%	无水头损失，费用低，不受空气泡影响	某些管材不适用，需完整的速率曲线
全管文丘里型	1% ~ 3%	水头损失低，准确度高	昂贵，需完整的速率曲线

1. 明渠流量计

明渠是指非满流状态的自然水流所流经的具有一定形状的开口渠道。污水处理厂中常用的明渠有巴歇尔槽（Parshall flume）、三角堰（Triangular weir）、梯形槽（Trapezoidal groove）、矩形槽（Rectangular groove）等。在一定形状的明渠中，流量系数（Discharge correction factor）、槽宽（Groove width）、边坡（Side slope）都是一定的，因此只要测量液位 h 就可以计算出通过该水槽的流量。常利用超声波探头测出该液位，从而换算出流量。

明渠流量计通常由以下两部分组成：设置在待测流量进水处的主体水力组件和其上游某确定位置的附属水位检测组件。主体水力组件的运行原理是利用水位与流量之间的关系，通常称为速率曲线，将附属组件测得的水位转化为流量数据。主体与附属组件同时决定明渠流量计的总精确度。

主体组件可分为两个类别，即堰式与槽式。流量计主体组件的性能绝大部分是由待测流量的装置性质决定的。水渠上游设置溢流堰时，须保持渠内截面流速均匀，溢流流量可在堰顶泄出，进而产生的掺气水舌可保证流量检测的准确性。

水渠上游需保持截面流速均匀，并可保证水流在槽喉管及槽型流量计附属组件测定水位处可自由排出。

附属组件在特定位置或主体组件上游测定水面标高。一般的附属组件包括超声液位检测组件、扩散器系统、机械浮选组件、液下压力传感器、电子传感器——电容型或电抗型。

由于超声与扩散器测定系统安装简便、维护费用低、准确度较好，故在污水处理系统中应用较普遍。

超声波测量液位计的工作原理：首先传感器（FDU）在电能的激励下向池中液面

方向发射超声波，当超声波穿过空气介质、遇到液面时沿原路径反射回来，并被传感器（FDU）接收。测量出超声脉冲从发射到接收所需要的时间，根据超声波在空气介质中的传播速度（声速），就能算出从传感探头（换能器）到液面之间的距离，从而确定液位。

使用超声波测量液位应注意：

（1）探头的型号应满足测量范围最大化的需要（空罐或空池高度）。

（2）安装时应确保被测液位最大高度不得进入探头的盲区。

（3）安装环境应满足仪表技术要求，即液面是否平稳，有无泡沫或大量漂浮物堆积形成的凹凸不平的虚假液面。

（4）安装环境温度是否有较大急骤变化，如有或安装在室外，应考虑购买带温度补偿的超声探头。

（5）安装时探头至池壁距离应满足不产生干扰波的要求。

2. 全管流量计

全管是指满管流。通常用于污水处理装置中的全管流量计包括电磁流量计、超声流量计（多普勒）、文丘里流量计、流量测定管。

电磁流量计基于法拉第电磁感应法则，在垂直于水流方向上可产生磁场，流经磁场的水流通过感应作用形成了电压，电压与流量成比例，进而将电压换算为流量可得到流量数据。电磁流量计的感应电压大小与磁场强度、电极间距、流体流速成正比。电磁流量计的准确度可达到 1% ~ 3%。

超声波多普勒测量仪用于污水测定。超声波束被流体中的颗粒物质干扰，并反射回接收器。传播与反射频率之差与流体颗粒物质的流速成正比，因此即可测定流速。为了获得可信的运行数据，多普勒测定仪要求存在最低浓度的固体或气泡。也有流经仪器的最低流速，保证颗粒处于悬浮状态。多普勒测量仪的准确度可达到 2% ~ 5%。

文丘里流量计即为压差计。流量计喉管处横截面积变化可改变流速，引起压力变化，而流量是压差的函数。文丘里流量计使用上游与下游的喉管结构直径渐变，降低了通过流量计的水头损失。文丘里流量计的准确度可达到 2% ~ 5%。

流量测定管是改进型文丘里流量计，主要是对局部几何形状及截面的改进。流量测定管通常比一般文丘里流量计的长度短；然而对上游的干扰更加敏感。

为了确保电磁流量计安装后正常使用，安装时必须考虑以下条件：

（1）被测流体必须是可导电的介质。

（2）被测流体必须是满管流。

（3）电磁流量计的防护等级必须符合所使用的环境。

（4）从日常维护管理方面考虑，电磁流量计安装位置必须方便维护。

（5）电磁流量计安装在管道上，前后直管段长度应满足其最小要求。

（6）电磁流量计应根据被测对象的腐蚀情况，合理地选择衬里材料和相应的电极材料。

3. 流量计的准确度

（1）明渠流量计的准确度

准确度与检测范围是选择和安装明渠流量计时的首要问题。虽然利用基于具体位置（远离喉管）测定的经验数据，可以建立槽或堰的标准流量换算公式，但由于许多明渠流量计都不具备标准构型，故无法使用标准流量换算公式将水位检测值直接转化为流量数据。

必须对非标准的堰槽结构进行现场校准。附属组件是用于测定水面标高的，需要定期维护校准，以保证准确的水位检测。

堰槽流量测定装置的上游须为均匀流，下游为自由流动。每种流量测定设备上游都有规定的直渠长度。为了准确测量流量，水流由薄壁堰排放时需要形成掺气水舌的自由降落。水舌定义为在堰口下游水流突然由水平变为垂直或水流收缩的部位。在矩形堰口下游的低流量区段，两边的通风口可促进掺气水舌形成。

（2）全管流量计的准确度

全管流量计的安装位置及其上下游管道断面水流速度可显著影响流量测定的准确性。全管流量计的安装准则一般包括上下游最小限定的管段长度、水流方向、最小与最大流速限定。电磁流量计始终要求待测管内处于满流状态，且上下游的管长至少为 5 倍管径。多普勒流量计则要求超声信号可穿透管材（混凝土非常微弱），须水平安装，上游管长为 10 倍管径，下游管长为 5 倍管径。文丘里流量计也始终要求管内处于满流状态，上游管长为喉管直径的 20 倍，下游管长为喉管直径的 10 倍。

评估全管流量计性能与故障排除时，建议按照以下步骤：检查记录，保证仪表设计说明书适于应用；对流量计进行物理性检查，确定流量计是否满足设计说明书与建议流量测定标准；现场校正，验证流量计准确度。

记录检查是对流量计的最初审查。通过这项评估，需解决以下问题：这种类型的流量计是否适用；预计流量计的精确度是否合适；流量计的量度是否在预计流量范围内。

记录检查后，需要对流量计进行物理性检查，确定其安装是否符合应用标准。

堰槽流量计的检查包括：水力构筑物的物理性检测，包括接近渠、喉部及堰部，喉管与堰的标高，检测位置；流量计附属设备的校正（调零与量程）。

全管流量计的检查包括流量计安装位置、流量计上下游的管长。

4. 流量计日常维护与管理

对污水处理流量计的日常维护、保养、定期检查、标定调整，是保证其正常运行的重要条件。首先应详细认真阅读流量计使用维护操作手册，并按各自说明要求进行操作。下面仅就一般维护、管理方法及内容加以介绍。

（1）流量计档案、资料管理

流量计的资料、档案是否齐全，对于日常维护、故障等判断及处理都有重要意义。对于每一台流量计，可以参照下列内容建立档案：流量计位号；名称、规格型号；精度等级；生产厂家；安装位置，用途；测量范围；投入运营日期；校验、标定记录（标定日期、方法、精度校验记录）；维修记录（包括维修日期、故障现象及处理方法、更换部件记录）；日常维护记录（零点检查、量程调整、检查，外观检查，定期清洗等）；原始资料 [应包括设计、安装等资料，线缆的走向，信号的传递，以及厂家提供的合格证（Certificate）、检验记录（Inspection records）、设计参数（Design parameters）、使用、维护说明书（Use and maintenance instructions）]。

（2）日常维护、保养及检修

对于每台流量计，日常维护（Maintenance）、保养（Conservation）、检修（Repair）应遵循生产厂家提供的相关资料。一般来说，日常维护工作分为四个部分：每日巡视检查、定期的清扫与清洗、校验与标定、有故障时对故障现象的分析与部件更换以及检修后校验情况等。

巡视检查（Perambulation inspection）：检查内容主要是看管道或水槽有无泄漏。用肥皂水检查仪表接头有无泄漏，就地显示值是否异常。怀疑某台仪表指示异常时，可用便携式仪表测量与其对照或根据实际工艺情况判断。冬季检查时，应检查仪表保温拌热情况是否良好，冷凝水是否应该排放，接线是否松动，供电电源是否稳定等。

清洗与清扫（Cleaning）：对于需要定期清洗的仪表，应列出清洗计划，定期按照要求进行清洗。清扫应包括对仪表本体部分进行的清扫、擦除尘土、清扫仪表保温箱内的杂物。

校验与标定（Calibration and calibration）：测量仪表都应该定期对其零点、量程进行检查、校验。根据检查情况，对仪表进行零点量程的调整。调整时，应严格按照产品说明书的要求进行接线，所使用的标准仪表的精度应高于被测仪表 2~3 个等级。如对于 1.5 级的被测仪表，应选择至少精度为 3.5 级的标准仪表来对它进行检验。校准、校验周期随仪表厂家、类型的不同而不同。在每次校验调整后，应填写校验记录，并存档。

故障维修及部件更换：故障维修工作是一项技术性较强的工作，应由专业人员来进行。进行故障分析时，首先应弄懂其工作原理，看懂仪表电路图，分析故障原因，确定故障部位后再做处理。切忌没搞清问题所在，又没看或没看懂图纸，盲目调整及更换部件，从而造成故障扩大，以致报废整台仪表。应该指出的是，由于污水厂内条件限制、技术等原因，某些仪表应请生产厂家专业人员进行修理或返回生产厂修理。

习　题

6–1　污水提升泵房一般由哪些部分组成？

6–2　调节池的作用是什么？调节池的混合方法有哪些？调节容积如何确定？

6–3　污水提升泵房巡检主要有哪些内容？当天气突变时，如何加强巡检？

6–4　什么是离心风机的喘振现象？如何防止？

6–5　污水处理常用消毒剂有哪些？消毒机理是什么？

6–6　如何做好加氯间安全用氯？

参考文献

[1] Metcalf，I Eddy. Wastewater engineering treatment and reuse（fourth edition）[M]. 北京：清华大学出版社，2003.

[2] 美国水环境联合会 . 城镇污水处理厂运行管理手册第Ⅱ卷 [M] . 6 版 . 丁雷，徐宏勇，陈秀荣，译 . 北京：中国建筑工业出版社，2012.

[3] 张自杰 . 排水工程（下册）[M] . 5 版 . 北京：中国建筑工业出版社，2015.

[4] 孙世兵. 小城镇污水处理厂设计与运行管理指南[M]. 天津：天津大学出版社，2014.
[5] 李亚峰，马学文，刘强. 小城镇污水处理厂的运行管理[M]. 北京：化学工业出版社，2011.
[6] 室外排水设计标准：GB 50014—2021[S]. 北京：中国计划出版社，2021.
[7] 城镇污水处理厂运行、维护及安全技术规程：CJJ60—2011[S]. 北京：光明日报出版社，2011.

第 7 章　污水处理厂污泥处理构筑物的运行管理

污水处理厂的污泥在最终处置前应得到合理处理，达到减量化、稳定化、无害化以及资源化的目的。

减量化：因污泥的含水率高、体积大，须先减量，便于后续处置。基本方法是浓缩、脱水、干化与焚烧。

稳定化：因污泥的有机物含量极高，易于腐败发臭，须做稳定处理，分解部分有机物。基本方法是化学稳定、厌氧消化与好氧消化、堆肥等。

无害化：因污泥含有大量细菌、寄生虫卵、病原微生物，易引发传染病，必须无害化处理，提高卫生学指标。基本方法是厌氧消化、好氧消化、堆肥、消毒等。

资源化：因污泥含有大量植物营养元素、水分及有机物质、无机物质等，可作为肥料与土壤改良剂、生物能源及建筑材料等领域的利用。基本方法是堆肥、厌氧消化制取沼气、裂解制取富氢燃气、混合烧制建筑材料、土地利用等。

污水处理厂污泥处理构筑物主要包括污泥浓缩池、污泥消化池、污泥脱水机房、污泥干化、污泥焚烧、堆肥等。

7.1　污泥浓缩池的运行管理

7.1.1　进泥量的控制

对于某一确定的浓缩池和污泥种类来说，进泥量存在一个最佳控制范围。进泥量太大，超过了浓缩能力时，会导致上清液浓度太高，排泥浓度太低，起不到应有的浓缩效果；进泥量太低时，不但降低处理量，浪费池容，还可导致污泥上浮，从而使浓缩不能顺利进行下去。污泥在浓缩池发生厌气分解，降低浓缩效果表现为两个不同的阶段：当污泥在池中停留时间较长时，首先发生水解酸化，使污泥颗粒粒径变小，相对密度变小，导致浓缩困难；如果停留时间继续延长，则可厌氧分解或反硝化，产生 CO_2 和 H_2S 或 N_2，直接导致污泥上浮。

浓缩池进泥量可根据固体表面负荷确定。固体表面负荷的大小与污泥种类及浓缩池构造和温度有关系，是综合反映浓缩池对某种污泥的浓缩能力的一个指标。当温度在 15 ~ 20℃时，浓缩效果最佳。初沉污泥的固体表面负荷一般可控制在 90 ~ 150kg/（m^2 · d）的范围内。活性污泥的浓缩性能很差，一般不宜单独进行重力浓缩。如果进行重力浓缩，则固体表面负荷应控制在低负荷水平，一般在 10 ~ 30kg/（m^2 · d）。初沉污泥与活性污泥混合后进行重力浓缩的固体表面负荷取决于两种污泥的比例。如果活性污泥量与初沉污泥量在 1/2 ~ 2/1，固体表面负荷可控制在 25 ~ 80kg/（m^2 · d），常在 60 ~ 70kg/（m^2 · d）。即使同一种类型的污泥，固体表面负荷值的选择也因厂而异，运行人员在运行实践中，应摸索出本厂的固体表面负荷最佳控制范围。

7.1.2　浓缩效果的评价

在浓缩池的运行管理中，应经常对浓缩效果进行评价，并随时予以调节。浓缩效果通常用浓缩比、分离率和固体回收率三个指标进行综合评价。浓缩比系浓缩池排泥浓度与入流污泥浓度比，用 f 表示，计算如下：

$$f=\frac{C_\mu}{C_i} \tag{7-1}$$

式中，C_i——入流污泥浓度，kg/m^3；

　　C_μ——排泥浓度，kg/m^3。

固体回收率系被浓缩到排泥中的固体占入流总固体的百分比，用 η 表示，计算如下：

$$\eta=\frac{Q_\mu \cdot C_\mu}{Q_i \cdot C_i}\times 100\% \tag{7-2}$$

式中，Q_μ——浓缩池排泥量，m^3/d；

　　Q_i——入流污泥量，m^3/d。

这两个指标可以衡量实际浓缩效果。一般来说，浓缩初沉池污泥时，f 应大于 2.0，η 应大于 90%。如果某一指标低于以上数值，应分析原因，检查进泥量是否合适，控制的固体表面负荷是否合理，浓缩效果是否受到了温度等因素的影响。浓缩活性污泥与初沉污泥组成的混合污泥，f 应大于 2.0，η 应大于 85%。

7.1.3 排泥控制

浓缩池有连续和间歇排泥两种运行方式。连续运行是指连续进泥、连续排泥，这在规模较大的处理厂比较容易实现。小型处理厂一般只能间歇进泥、间歇排泥，因为初沉池只能是间歇排泥。连续运行可使污泥层保持稳定，对浓缩效果比较有利。无法连续运行的处理厂应勤进勤排，使运行尽量趋于连续，当然这在很大程度上取决于初沉池的排泥操作。不能做到勤进勤排时，至少应保证及时排泥。一般不要把浓缩池作为储泥池使用，虽然在特殊情况下它的确能发挥这样的作用。每次排泥一定不能过量，否则排泥速度会超过浓缩速度，使排泥变稀，并破坏污泥层。

7.1.4 污泥浓缩池（Sludge thickener）日常运行管理

浓缩池的日常运行管理，包括以下内容：

（1）经常观察污泥浓缩池的进泥量、进泥含固率，排泥量及排泥含固率，以保证浓缩池按合适的固体负荷和排泥浓度运行。否则应对进泥量、排泥量予以调整。

进泥量太大时，使浓缩池表面固体负荷太大，超过了浓缩池的浓缩能力，将导致出水悬浮物增多，污泥流失。

进泥量太小时，污泥在池内停留时间太长，导致污泥厌氧上浮。此时应调整进泥量或浓缩池投运数目，缩短停留时间。

排泥量太大或一次性排泥太多时，排泥速率会超过浓缩速率，导致排泥中含有一些未完成浓缩的污泥。

排泥量太小或一次性排泥历时太短，会导致污泥因停留时间太长发生厌氧，最终导致污泥上浮。此时应增大排泥量或排泥时间。

（2）经常观测活性污泥沉降状况，若活性污泥发生污泥膨胀现象应及时采取措施解决，否则污泥进入浓缩池，继续处于膨胀状态，将会导致浓缩无法进行。采取措施包括向污泥中投入 Cl_2 等灭菌剂，抑制丝状菌的活动，保证浓缩效果。

（3）注意观察初沉污泥与活性污泥的混合状况，应使两种污泥混合均匀，否则进入浓缩池会由于密度流扰动污泥层，降低浓缩效果。

（4）注意观察浓缩池的溢流堰板是否有不平整堵塞情况，有则会导致池内出现短流问题；观察入流挡板或导流筒是否有变形或脱落情况，若有应予以清理或修复。

（5）注意浮渣挡板的状况、浮渣刮板的运行情况，确保浮渣顺利刮至浮渣槽内，避免浮渣长期不排除会随水流失，并应及时清除浮渣槽内的浮渣。

（6）浓缩池是恶臭很严重的一个处理单元，因而应对池壁、浮渣槽、出水堰等部位定期清刷，尽量使恶臭降低。

（7）在浓缩池入流污泥中加入部分二沉池出水，可以防止污泥厌氧上浮，提高浓缩效果，同时还能适当降低恶臭程度。

（8）定期（每隔半年）排空、彻底检查是否有积泥或积砂，并对水下部件予以防腐处理。

（9）浓缩池较长时间没有排泥时，应先排空清池，严禁直接开启污泥浓缩机。

（10）由于污泥浓缩池容积小，热容量小，在寒冷地区的冬季浓缩池液面会出现结冰现象。此时应先破冰并使之融化后，再开启污泥浓缩机。

（11）做好分析测量与记录。

每班应分析测定的项目：浓缩池进泥和排泥的含水率（或含固率），浓缩池溢流上清液的 SS。

每天应分析测定的项目：进泥量与排泥量，浓缩池溢流上清液的 COD 或 BOD_5、TP 等，进泥及池内污泥的温度。

应定期计算的项目：污泥浓缩池表面固体负荷、水力停留时间等。

7.1.5　污泥浓缩池异常问题分析与排除

污泥浓缩池异常问题分析与排除如表 7-1 所示。

表 7-1　异常问题分析与排除

异常问题	现象	问题分析与排除
污泥上浮	液面有小气泡逸出，且浮渣量增多	1. 集泥不及时。可适当提高浓缩机的转速，从而加大污泥收集速度。 2. 排泥不及时。排泥量太小或排泥历时太短。应加强运行调度，做到及时排泥。 3. 进泥量太小，污泥在池内停留时间太长，导致污泥厌氧上浮。解决措施之一是加 Cl_2 等氧化剂，抑制微生物活动，措施之二是尽量减少投运池数，增加每池的进泥量，缩短停留时间。 4. 由于初沉池排泥不及时，污泥在初沉池内已经腐败。此时应加强初沉池的排泥操作

续表

异常问题	现象	问题分析与排除
污泥浓缩效果差	排泥浓度太低，浓缩比太小	1. 进泥量太大，使固体表面负荷增大，超过了浓缩池的浓缩能力。应降低入流污泥量。 2. 排泥太快。当排泥量太大或一次性排泥太多时，排泥速率会超过浓缩速率，导致排泥中含有一些未完成浓缩的污泥。应降低排泥速率。 3. 浓缩池内发生短流。能造成短流的原因有很多，溢流堰板不平整使污泥从堰板较低处短路流失，未经过浓缩，此时应对堰板予以调节。进泥口深度不合适，入流挡板或导流筒脱落，也可导致短流，此时可予以改造或修复。另外，温度的突变、入流污泥含固量的突变或冲击式进泥，均可导致短流，应根据不同的原因，予以分析处理

7.2 污泥厌氧消化的运行管理

污泥厌氧消化是指在无氧的条件下，由兼性菌和专性厌氧细菌，降解污泥中的有机物，最终产物是二氧化碳和甲烷气（或称污泥气、生物气、消化气），使污泥得到稳定。

7.2.1 系统运行

1. 进出料控制

连续稳定进出料是厌氧消化运行负荷控制的重要环节，产甲烷菌（Methanogens）对基质水平的变化很敏感，进料浓度、体积及污泥组分均会影响消化性能。通常挥发性固体负荷控制着厌氧消化过程，挥发性固体负荷超出日常限值的 10%，即为负荷过高。连续或规则的间歇进料有助于保持消化池内的稳定条件。

进泥可采用容积法计量投泥，排泥可采用溢流方式或者液位计控制排泥量，底部排泥时不宜搅拌。控制进泥量（Mud inflow）和排泥量（Mud discharge），一是为了满足污泥浓度要求，二是为了保持进、排泥的泥量平衡。当排泥量大于进泥量时，消化池液位下降，池内出现负压状态，当负压达到一定程度时，会损坏负压安全阀，空气进入池内降低甲烷浓度，甚至存在爆炸的危险；当排泥量小于进泥量时，消化池液位上升，会导致污泥溢出或压力安全阀破坏。

同时，需要控制投加污泥的组分，如碳氮比、pH 值以及有机物含量等。由于污水处理排泥量和污泥性质存在一定季节性变化，作为后端的厌氧消化系统也需要总结规律，确定不同季节的进泥方案，以减少冲击负荷，提高处理效率。

2. 温度控制

温度是影响污泥厌氧消化的关键参数，产甲烷菌对温度的波动非常敏感，因此，操作过程中需要控制稳定的运行温度，变化范围宜控制在 ±1℃内。若运行温度偏低或偏高（尤其是温度急剧变化时），均会降低产甲烷菌的生物活性，若产甲烷菌的活性不能尽快恢复，而不受温度变化影响的产酸菌又继续产生挥发酸，最终会消耗大量碱度，导致系统 pH 值下降。可从以下方面寻找原因并调整运行。

（1）进泥次数或一次进泥量发生变化，致使加热系统负荷发生变化，最终导致消化液温度发生波动。此时应调整进泥周期和每次进泥量。

（2）搅拌不均匀，导致污泥局部温度偏高或偏低。此时应调整搅拌方式，保证均匀的搅拌混合。

3. pH 值和碱度控制

pH 值对厌氧消化中微生物的生长有着重要影响，不同微生物有着自己生长的最适 pH 范围，当厌氧消化系统的 pH 值超出微生物的适宜生长范围时，微生物的活性会发生显著下降。产甲烷菌对 pH 值的变化非常敏感，其适宜的 pH 值范围较窄，通常在 6.5 ~ 7.5；水解发酵菌和产酸菌的适宜 pH 值范围较宽，在 5.0 ~ 8.5。消化系统的 pH 值应在 6.0 ~ 8.0 运行，最佳 pH 值范围为 6.8 ~ 7.2。当 pH 值低于 6.0 或者高于 8.0 时，产甲烷菌会受到抑制，影响消化系统的稳定运行。

pH 值受到有机酸（Organic acids）、游离氨（Free ammonia）以及碱度（Alkalinity）等因素的综合影响。厌氧消化过程中，水解酸化产生的有机酸会引起 pH 值下降，当酸发生大量积累时，产甲烷菌受到抑制，可能导致整个厌氧消化（Anaerobic digestion）的失败；然而，产甲烷菌利用有机酸时产生的 CO_2，以及氨代谢和硫酸盐还原产生的碳酸盐或碳酸氢盐碱度能使 pH 值升高，起到缓冲作用，阻止厌氧消化系统的酸化现象。因此，维持厌氧消化系统的 pH 值平衡，是反应稳定进行的保证。

挥发性有机酸（VFA）是消化过程的中间副产物；总碱度（ALK）反映消化池的缓冲能力，即抵抗 pH 值变化的能力，常见的缓冲物质有碳酸氢钙、碳酸氢镁和碳酸氢铵。VFA 与 ALK 反映了产酸菌和产甲烷菌的平衡状态，是消化系统能否稳定的重要指标。对于常规浓度厌氧消化工艺，ALK 应维持在 2000 ~ 5000 mg/L，VFA 浓度一般小于 500mg/L，VFA/ALK 比值为 0.1 ~ 0.2。对于高含固厌氧消化工艺和基于高温热水解预处理的高含固厌氧消化工艺，VFA 和 ALK 一般远高于常规工艺，但 VFA/ALK 比值应保持在 0.1 ~ 0.2，以保证系统的缓冲能力。若 VFA/ALK 比值大于 0.3 ~ 0.4，表明消化池内条件出现波动，需采取调整措施；若 VFA/ALK 比值大于 0.8，表明消化池 pH 值下降，产甲烷过程受抑制。

4. 消化池压力控制

污泥厌氧消化池运行时应监测消化池气压的变化，防止出现负压或超压。

当发生以下情况时，会导致消化池内产生负压：排泥量大于进泥量，此时应加强进、排泥量控制；排气量大于产气量，应加强运行调度，减少排气量；沼气搅拌设施漏气，应对沼气搅拌设施进行检查维修。

当发生以下情况时，会导致消化池内气压升高：进泥量大于排泥量，导致消化池液位升高，进而致使气相压力增大，应加强进、排泥量控制，保持消化池液位稳定；产气量大于用气量，而大量的、持续的剩余沼气又无去向，会导致消化池的气相压力增大，应加强运行调度，增大用气量；由于某种原因导致沼气管路阻力增大时，会使消化池气压增大，需分析原因，并及时予以排除。当消化池内压力超过设计值时，应停止搅拌。

5. 浮渣（Scum）和泡沫（Foam）控制

进泥中含有油脂和漂浮物，可能在消化池内形成浮渣层，不仅使热效率降低，同时严重影响污泥搅拌混合和沼气收集。加强污水处理阶段对油脂和漂浮物的分离处理，可以从源头上消除消化池内形成浮渣的因素。此外，由于悬浮物在静止状态容易互相聚集并黏附在一起，适当的搅拌也可以防止浮渣的形成，或者将进泥或循环污泥喷到浮渣层，以打碎浮渣，并且使污泥保持浸润状态防止形成浮渣。

当厌氧消化池泡沫严重时，泡沫会充满整个气室并进入沼气管道，导致沼气利用设备运行困难。可停止投配带大量生物泡沫的污泥或者采取消泡措施，减少泡沫的产生。

6. 毒性物质控制

厌氧消化过程中，“有毒”是相对的，事实上任何一种物质对厌氧消化都有两方面的作用，即有促进产甲烷菌生长的作用和抑制产甲烷菌生长的作用，关键在于它们的毒阈浓度。低于毒阈浓度，对产甲烷菌生长有促进作用；在毒阈浓度范围内，有中等抑制作用，随浓度逐渐增加，产甲烷菌可被驯化；超过毒阈上限，则对微生物生长具有强烈的抑制作用。毒性环境的出现可能是源于消化池操作条件的突变，如过量投加化学药剂、负荷过高或污水厂进水冲击负荷等。厌氧消化系统的运行要充分考虑毒性物质的影响，如通过投加铁盐控制硫化物等。

表 7–2 列出了不同浓度氨氮对厌氧消化过程的影响，表 7–3 列出了常见无机物对厌氧消化的抑制浓度，表 7–4 列出了使厌氧消化活性下降 50% 的一些有毒有机物浓度。

表 7–2 氨氮对厌氧消化过程的影响

氨氮浓度，以 N 计 /（mg/L）	影响
50 ~ 200	有利
200 ~ 1000	无不利影响
1500 ~ 3000	pH 值为 7.4 ~ 7.6 时受抑制
>3000	有毒性

表 7–3 部分无机物毒性及抑制浓度 mg/L

基质	中等抑制浓度	强烈抑制浓度
Na^{+}	3500 ~ 5500	8000
K^{+}	2500 ~ 4500	12000
Ca^{2+}	2500 ~ 4500	8000
Mg^{2+}	1000 ~ 1500	3000
氨氮	1500 ~ 3000	3000
硫化物	200	200
Cu	—	0.5（可溶），50 ~ 70（总量）
Cr^{6+}	—	3.0（可溶），200 ~ 250（总量）
Cr^{3+}	—	180 ~ 420（总量）
Ni	—	2.0（可溶），30.0（总量）
Zn	—	1.0（可溶）

表 7–4 部分有机物的毒性及抑制浓度 mmol/L

化合物	50% 活性浓度	化合物	50% 活性浓度
1– 氯丙烯	0.1	2– 氯丙酸	8
硝基苯	0.1	乙烯基醋酸纤维	8
丙烯醛	0.2	乙醛	10
1– 氯丙烷	1.9	乙烷基醋酸纤维	11
甲醛	2.4	丙烯酸	12
月桂酸	2.6	儿茶酚	24
乙基苯	3.2	酚	26
丙烯腈	4	苯胺	26
3– 氯 –1，2 丙二醇	6	间苯二酚	29
亚巴豆醛	6.5	丙酮	90

铵根离子（NH_4^+）和游离氨（NH_3）是无机氮的两种最主要的存在形式，游离氨可以穿过细胞膜进入细胞使钾离子缺失从而打破细胞膜内外离子平衡，故在二者中毒性较强。游离氨的浓度主要取决于三个参数：总氮浓度、温度和pH值。升高温度会导致较高氨浓度的积累，因此高温厌氧消化系统更容易被氨浓度抑制。pH值的升高会使游离氨与铵根离子浓度的比值升高，使氨的毒性进一步增强，随之带来的系统不稳定运行往往导致VFA浓度的增加，又会降低pH值，从而降低游离氨浓度，如此循环，系统尚可勉强维持运行，但产气量会降低。由于氮是微生物生长所必需的营养元素，氨浓度在低于200mg/L时有利于系统的稳定运行。

重金属离子对消化的抑制作用：一是与酶结合，产生变性物质，使酶的作用消失；二是由于重金属离子及氢氧化物的絮凝作用，使酶沉淀。多种金属离子共存时，毒性有互相拮抗作用，允许浓度可提高。

7.2.2 系统维护

1. 厌氧消化池

污泥厌氧消化池应定期停用、排空，进行检修、清砂和清渣。若池底积砂太多，会缩小有效池容，影响消化效果；若池顶液面积累浮渣太多，则会阻碍沼气自液面向气室转移。如果运行时间不长，积渣、积砂就很多，则应检查污水处理中格栅和沉砂池的除污效果，加强对污水预处理环节的工艺控制和维护管理。

厌氧消化池的排空清理应严格执行相应的安全操作防护守则。排空周期由运行方式、污泥种类等条件决定，一般运行5～10年应排空一次。如果消化池主要管道、阀门堵塞，或者浮渣太厚且不能采用一般方法解决，或者消化池内部设备发生严重故障，也应排空消化池进行清理和检修。

消化池排空时进行气体置换，避免池内甲烷含量经过5%～14%的爆炸区域。检修应进行全面的防腐、防渗检查与处理。厌氧消化池内既有电化学腐蚀，也有生物腐蚀，电化学腐蚀主要是消化过程中产生的硫化氢在液相形成氢硫酸导致的腐蚀；用于提高装置气密性和水密性的一些防水涂料，经一段时间后，被微生物分解掉而失去防渗效果。检修时，应对金属部件进行防腐处理，对内壁进行防渗处理，检查池体结构等。

2. 搅拌设备

应定期巡视搅拌设备的运转状况，记录设备运行参数。对于机械搅拌方式，应监控搅拌器电机的电流变化。在运行中如发现搅拌设备有异常的噪声（Noise）、升温（Heating）、振动（Vibration）、漏油（Oil leakage）、漏气（Air leakage）等情况，应立即停机检修。定期的维护检修具体包括以下方面：反转机械搅拌器以甩掉缠绕的杂物；检查搅拌轴穿顶板处的气密性；对消化池内搅拌设施进行防腐处理；及时紧固搅拌设备各连接部位的螺栓；检查清扫搅拌设施的配电装置；按产品使用说明书规定对搅拌设施的附属设备进行维护保养。

3. **加热设备**

定期对加热设备进行维护及检修，具体包括以下内容：定期清洗除垢（泥垢和水垢），套管式热交换器宜每年清洗1次，螺旋板式热交换器宜每6个月清洗1次；若泥水热交换器发生堵塞，应利用高压水冲洗或拆开清洗；清洗或更换加热系统的各种测温装置，校验和检定温度计、巡检仪等；检修各种闸阀和热交换器密封材料；检查消化池和加热管道的保温效果，如保温效果不佳，应更换保温材料。

热交换器检修时，应关闭通往消化池的闸阀，防止消化池内污泥从热交换器的清扫孔倒流和沼气的泄漏，并放空热交换器中的污泥和循环水。

4. **沼气锅炉**

沼气锅炉的温度和压力均应保持在设计范围内。压力下降时应适当补水，每小时的正常补水量不应小于整个系统水容量的1%。出现以下问题应立即停炉：锅炉水位低于最低水位或高于最高水位；给水泵全部失效或给水系统故障，不能向锅炉进水；水位表或安全阀全部失效；锅炉元件损坏且危及运行人员安全；当锅炉运行中发现受压元件泄漏、炉膛严重结焦、受热面金属超温又无法恢复正常以及其他重大问题时。

定期对锅炉进行维护及检修，具体包括以下内容：检查锅炉外观是否完好，附属零件装置是否齐全；检查锅炉的给水设备、循环水泵等附属设备是否运转正常；检查锅炉的出水管路、循环管路、排污管道是否正常，各阀门是否可靠；检查气路是否有泄漏现象，查出可疑漏气部位，进行补漏处理；每班至少进行一次排污，排污应在低负荷下进行，并严格监视水位；定期校验压力表，压力表存水弯管每月至少进行一次冲洗检查；定期校验安全阀，每周应对安全阀进行一次手动或自动排放试验，发现安全阀失灵或异常，应立即上报，经检查检修后，重新封印；每年对锅炉全套设备进行一次维护保养，对相关部件的气密性进行复查，并测量每次保养及故障处理后的燃烧烟气值。

5. **沼气柜**（Biogas cabinet）

沼气柜的每日维护工作包括：记录储气量和压力；巡视沼气柜和周围防爆区域；

排除沼气管道和沼气柜内的冷凝水，减少管道腐蚀，降低管道阻力。

沼气柜的每周维护工作包括：检查防爆区域是否有沼气的气味；目检沼气柜及其基础结构是否有损坏或变化的迹象；目检沼气柜外部的安全系统是否有损坏或变化的迹象；目检密封液容器中的液面；目检沼气管道中的阀门系统和其他装置；目检排水系统；检查是否有异常噪声。

沼气柜的每月维护工作包括：校验气体流量仪表和压力仪表；检查容积或液位指示器是否正常；操作所有截止阀。

沼气柜的每年维护工作包括：将膜填充到最大容量，检查沼气柜功能；检查容积指示器和相关组件是否正常；目检空气室内的所有组件；目检沼气室内膜的情况；检查安全系统是否正常；检查排水系统是否正常；目检沼气柜外表面、空气室和沼气室内的防腐层；使用发泡剂目检气密性；测量接地电阻。

对于湿式气柜，应每日检查导轨和导轮，以防出现偏轨现象。定期检查水封高度和水的 pH 值。夏季气温高，水分蒸发快，应及时补充水封内的水量。沼气中的 H_2S 等溶于水，会降低水封槽内水的 pH 值，腐蚀气柜内、外壁，当 pH 值小于 6 时应换水。气柜换水时，由于气柜进水和出水的速度存在一定的差异，气柜可能出现负压，应通过调节气柜泄水阀门的开度，使气柜的进水量略大于气柜的出水量，多余的水，从气柜的溢流管排出，来保持气柜的压力平衡。寒冷地区采用蒸汽或热水对气柜进行加热，以防水封槽内的水结冰，影响气柜浮盖的正常升降或造成沼气的泄漏，入冬前应对水封加热和保温设施进行检修。

沼气柜每 3 ~ 5 年应全面检修一次，检修时必须采取安全保护措施并制订维修方案，内容包括检修的方法、步骤、安全技术要求等，并请具有专业资质的单位按照有关标准、规范和更具体的规定进行维修。

6. 脱硫装置

（1）湿式脱硫（Wet desulfurization）

对于湿式脱硫，应每日监测碱液的 pH 值，及时补充碱液；每日检查碱液投加泵、碱液循环泵的运行状况和脱硫装置的气密性；定期冲洗并清理碱液管线，避免堵塞。当操作间内出现碱液泄漏时，应使用清水及时冲洗。

（2）干式脱硫（Dry desulfurization）

干式脱硫应定期检查脱硫塔前后硫化氢浓度、沼气压力变化，当脱硫效果达不到设计要求或沼气压力明显下降时，应更换脱硫剂或进行脱硫剂再生。

脱硫剂氧化反应和再生反应均为放热反应，脱硫剂再生时，在密闭空间内，氧气的流量比较大，极易温升过快，出现脱硫塔着火现象，因此，无论采用塔内再生还是在线再生，都应控制塔内温度低于 70℃。在线再生时，沼气继续通过管路，脱硫剂反应与再生反应同时进行，应根据沼气中硫化氢含量确定空气掺混量及空气流速，脱硫塔出口处沼气中氧含量应小于 1%。

脱硫剂进行 2 ~ 3 次再生后应及时更换，更换脱硫剂时操作人员应戴防毒面具，室内应进行通风。更换后的废脱硫剂堆放在室外空地上应适当浇水，以防其自燃，其处置应符合环境保护的要求。

当填料再生或更换后、恢复通入沼气前，考虑到沼气与残存的空气混合比例达到爆炸极限，可能会导致爆炸，因此宜进行氮气置换。

（3）生物脱硫（Biodesulfurization）

应定期检查脱硫前后硫化氢浓度变化，当发现脱硫效率明显下降时，应及时补充循环营养液。应定期检查脱硫系统的布气管道，并进行防腐处理；塔内填料应 6 ~ 12 个月清洗一次；采用外加生物催化剂或菌种的生物脱硫工艺，应定期补充催化剂或菌种。操作人员应避免人身接触硫污泥、硫气泡、碱液，并应配备防护用品。

7. 沼气燃烧器

定期对沼气燃烧器进行维护及检修，具体包括以下内容：检查自动式沼气燃烧器的自动点燃程序及母火管路的压力；长期使用后，火焰喷嘴上会有尘土、碎屑等，沼气管线中的硫化氢等也会腐蚀管壁、堵塞管路，影响点火，应定期清理火焰喷嘴；校核沼气燃烧器上的压力表；保养和维修沼气燃烧器管路上的电动闸阀；采用电子点火装置的，应按相关规定检查接地母线；沼气燃烧器运行期间，应每班监控火焰燃烧情况。

8. 沼液管线

沼液中含有高浓度的氮磷，应定期对沼液管线进行高压反冲洗，目的是防止形成结晶堵塞管道。

7.2.3 常见故障原因分析与对策

定期取样分析检测，并根据情况随时进行工艺控制，与活性污泥系统相比，消化系统对工艺条件及环境因素的变化，反应更敏感。因此对消化系统的运行控制就需要更多细心。

1. 积砂和浮渣太多

运行一段时间后，一般应将消化池停用并泄空，进行清砂和清渣。池底积砂太多，一方面会造成排泥困难；另一方面还会缩小有效池容，影响消化效果。池顶部液面如积累浮渣太多，则会阻碍沼气自液相向气相的转移。一般来说，连续运行 5 年以后应进行清砂。如果运行时间不长，积砂积渣就很多，则应检查沉砂池格栅除污的效果，加强对预处理的工艺控制和维护管理。日本一些处理厂在消化池底部设有专门的排砂管，用泵定期强制排砂，一般每周排砂一次，从而避免了消化池积砂。实际上，用消化池的放空管定期排砂，也能有效防止砂在消化池的积累。

2. 搅拌系统常见故障

沼气搅拌立管常有被污泥及污物堵塞现象，可以将其他立管关闭，大气量冲洗被堵塞的立管。机械搅拌桨有污物缠绕时，一些处理厂的机械搅拌可以反转，定期反转可甩掉缠绕的污物。另外，应定期检查搅拌轴穿顶板处的气密性。

3. 加热系统常见故障

蒸汽加热立管常有被污泥和污物堵塞现象，可大气量冲吹。当采用池外热水循环加热时，泥水换热器常发生堵塞现象，可用大水量冲洗或拆开清洗。套管式和管壳式换热器易堵塞，螺旋板式一般不发生堵塞，可在换热器前后设置压力表，观测堵塞程度。如压差增大，则说明被堵塞，如果堵塞特别频繁，则应从污水的预处理寻找原因，加强预处理系统的运行控制与维护管理。

4. 消化系统结垢

管道内结垢后将增大管道阻力，如果换热器结垢，则降低热交换效率。在管路上设置活动清洗口，经常用高压水清洗管道，可有效防止垢的增厚。当结垢严重时，最基本的方法是用酸清洗。

5. 消化池的腐蚀

消化池使用一段时间后，应停止运行，进行全面的防腐防渗检查与处理。消化池内的腐蚀现象很严重，既有电化学腐蚀，也有生物腐蚀。电化学腐蚀主要是消化过程产生的 H_2S 在液相内形成氢硫酸导致的腐蚀。生物腐蚀往往不被重视，而实际腐蚀程度很严重，用于提高气密性和水密性的一些有机防渗防水涂料，经一段时间会被生物分解掉，而失去防水防渗效果。消化池停运放空之后，应根据腐蚀程度，对所有金属部件进行重新防腐处理，对池壁应进行防渗处理。另外，放空消化池以后，应检查池体结构变化，是否有裂缝，是否为通缝，并进行专门处理。重新投运时宜进行满水试验和气密性试验。

6. 消化池的泡沫现象

一些消化池有时会产生大量泡沫，呈半液半固状，严重时可充满气相空间并带入系统，导致沼气利用系统的运行困难。当产生泡沫时，一般说明消化系统运行不稳定，因为泡沫主要是由于 CO_2 产量太大形成的，当温度波动太大或进泥量发生突变等，均可导致消化系统运行不稳定，CO_2 产量增加，导致泡沫的产生。如果将运行不稳定因素排除，则泡沫一般会随之消失。在培养消化污泥过程中的某个阶段，由于 CO_2 产量大，甲烷产量少，因此也会存在大量泡沫。随着产甲烷菌的培养成熟，CO_2 产量降低，泡沫也会逐渐消失。消化池的泡沫有时是由于污水处理系统产生的诺卡菌引起的，此时曝气池也必然存在大量生物泡沫，对于这种泡沫，控制措施之一是暂不向消化池投放剩余活性污泥，但根本性的措施是控制污水处理系统内的生物泡沫。

7. 消化系统的保温

消化系统内的许多管路和阀门为间隙运行，因而冬季应注意防冻，并定期检查消化池及加热管路系统的保温效果；如果不佳，应更换保温材料。因为如果不能有效保温，冬季加热的耗热量会增至很大。很多处理厂由于保温效果不好，热损失很大，导致需热量超过了加热系统的负荷，不能保证要求的消化温度，最终造成消化效果的大大降低。

8. 消化系统的安全措施

安全运行尤为重要。沼气中的甲烷系易燃易爆气体，因而在消化系统运行中，应注意防爆问题。所有电气设备均应采用防爆型，严禁人为制造明火，如吸烟，钉鞋与混凝土地面的摩擦，铁器工具相互撞击，电、气焊均可产生明火，导致爆炸危险。经常对系统进行有效的维护，使沼气不泄漏是防止爆炸的根本措施。另外，沼气中含有的 H_2S 还会导致中毒。

7.3 污泥脱水的运行管理

7.3.1 污泥脱水机（Sludge dehydrator/Sludge dewatering machine）

污泥脱水机有污泥板框压滤机、污泥滚压带式压滤机、污泥离心机、污泥浓缩一体机。

（1）污泥板框压滤机（Plate and frame filter press）

压滤脱水采用板框压滤机。它的构造较简单，过滤推动力大，适用于各种污泥，但不能连续运行。板框压滤机由板与框相间排列而成，在滤板的两侧覆有滤布，用压紧装置把板与框压紧，即在板与框之间构成压滤室，在板与框的上端中间相同部位开有小孔，压紧后成为一条通道，加压到 0.2 ~ 0.4MPa（2 ~ 4kg/cm^2）的污泥，由该通道进入压滤室，滤板的表面刻有沟槽，下端钻有供滤液排出的孔道，滤液在压力下，通过滤布，沿沟槽与孔道排出滤机，完成污泥脱水。

板框压滤机可分为人工板框压滤机和自动板框压滤机两种。人工板框压滤机需一块一块地卸下，剥离泥饼并清洗滤布后，再逐块装上，劳动强度大，效率低。自动板框压滤机，上述过程都是自动的，效率较高，劳动强度低。自动板框压滤机有垂直式与水平式两种，如图 7-1 所示。

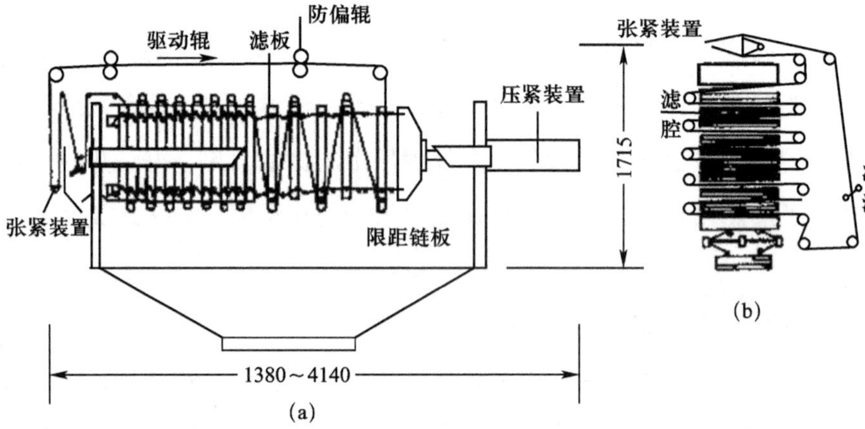

图 7-1　自动板框压滤机（单位：mm）

（2）污泥滚压带式压滤机（Rolling belt filter press）

用于污泥滚压脱水的设备是带式压滤机。其主要特点是把压力施加在滤布上，用滤布的压力和张力使污泥脱水，而不需要真空或加压设备，动力消耗少、可以连续生产。这种脱水方法，目前应用广泛。带式压滤机基本构造如图 7-2 所示。

带式压滤机（Belt press filter）由滚压轴及滤布带组成。污泥先经过浓缩段（主要依靠重力过滤），失去流动性，以免在压榨段被挤出滤饼，浓缩段的停留时间为 10 ~ 20s。然后进入压榨段，压榨时间为 1 ~ 5min。污泥的含水率可降至 80%以下。

（3）污泥离心机（Centrifugal dehydration）

污泥浓缩脱水是依靠污泥颗粒的重力，作为脱水的推动力，推动的对象是污泥的

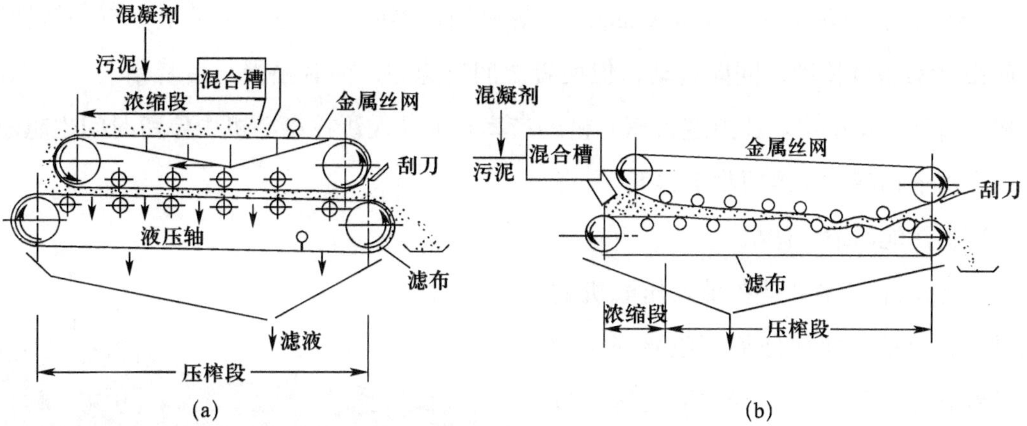

图 7-2 带式压滤机

固相。真空过滤或压滤脱水，脱水的推动力是外加的真空度或压力，推动的对象是液相。外加力（真空度或压力）对液相的推动力，远较重力对固相的推动力为大，因此脱水的效果也好。离心脱水，脱水的推动力是离心力，推动的对象是固相，离心力的大小可控制，比重力大几百倍甚至几万倍，因此脱水的效果也比浓缩好。离心脱水由于是全封闭式工作，臭气少，工作环境卫生条件好，现在在发达地区应用较多。

离心机的分类：离心力与重力的比值称为分离因数，按分离因数 a 的大小，可分为高速离心机（a>3000）、中速离心机（a=1500 ~ 3000）、低速离心机（a=1000 ~ 1500）；按几何形状不同可分为转筒式离心机（包括圆锥形、圆筒形、锥筒形 3 种）、盘式离心机、板式离心机等。

污泥脱水常用的是低速锥筒式离心机，构造示意图如图 7-3 所示。

低速锥筒式离心机主要组成部分为螺旋输送器 1（Screw conveyor）、锥筒

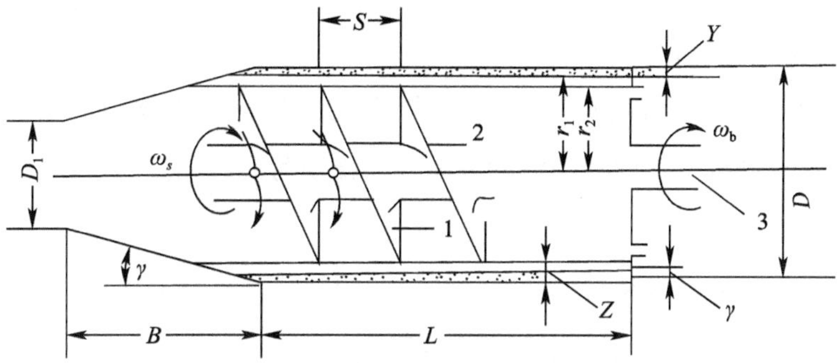

L- 转筒长度；B- 锥长；Z- 水池深度；S- 螺距；γ- 锥角；ω_b- 转筒旋转角速度；ω_s- 螺旋输送器旋转角速度；Y- 泥饼厚度；D- 转筒直径；r_1- 转筒半径；r_2- 水池表面半径；D_1- 锥口直径

图 7-3 锥筒式离心机构造示意图

2（Cone）、空心转轴 3（Hollow shaft）。螺旋输送器固定在空心转轴上。空心转轴与锥筒由驱动装置传动，同向转动，但两者之间有速差，前者稍慢、后者稍快，依靠速差将泥饼从锥口推出。速差越大离心机的产率越大，泥饼在离心机中停留时间也越短、泥饼含水率越高，固体回收率越低。

（4）污泥浓缩一体机

污泥浓缩一体机是在带式压滤机的基础上，汲取了机械浓缩、压滤脱水的原理和技术，开发出的带式浓缩压榨过滤一体机，具有浓缩、压滤脱水的功能，可以将进入的含水率 99% 以上的污泥降至含水率 80% 以下。如图 7-4 所示。

图 7-4　污泥浓缩一体机

污泥经投加凝聚剂后进行充分混合流入浓缩段的进料分配器，将污泥均布到倾斜式的浓缩段上，并在泥耙的双向导疏和重力作用下，随着滤布的移动，迅速脱去污泥的游离水。重力脱水后浓缩污泥反转机构将污泥输送至带式压滤机的重力脱水段进一步脱水。然后喂入“S”形压榨段，在“S”形压榨段中，污泥被夹在上、下两层滤布中间，经若干个不同直径辊筒反复压榨，促使泥饼再一次脱水，最后通过刮刀将泥饼刮落，而上下网带在运行过程中不断地被自动清洗。

7.3.2　污泥脱水相关设备运行操作

1. 全自动加药装置操作

全自动加药装置用于 PAM（聚丙烯酰胺）的投加，实现投料、溶解、加药一体化，安装于污泥脱水机房，增加污泥的絮凝性，帮助污泥浓缩。

（1）开机准备

加药泵开机前，先检查系统管路是否正确，进水压力保证 0.3 ~ 0.4MPa。

进水采用自来水，不能用回用水或带杂质的水。

加药装置开机前，将电气控制上的按钮拨在“自动”上，此时设备将按照预先设定的程序进行。打开电磁阀进水，调节进入旋流器的水量，以免水花飞溅出来。干粉投加通过变频调节其投加量，从而控制药剂的浓度。

当电磁阀损坏后，可以通过阀门的切换，继续进水使用。

保证干粉投加器不受潮。

（2）启动程序

开启自来水进水，调整进水流量，使进水压力处于 0.3 ~ 0.4MPa。

将加药装置调制自动挡，设备会依据预先设定的程序一次开启干粉加料机、搅拌机、加药泵。

（3）运行过程

观察旋流器中的水位和水量，通过电磁阀调节进水量。

通过变频调节控制投粉量。

观察泵机和设备的运行是否异常。

（4）停机程序

将电气控制上的按钮调制停止档，停加药机。

关闭自来水进水阀门。

填写运行记录。

（5）维护保养

检查干粉供给装置和湿锥体，注意检查螺旋弹簧锁片能否正确开合，定期清理在上面的干粉块，以保证干粉顺利通过；检查驱动轴的密封环是否需要更换。

定期清理减压阀的过滤芯。

打开和清理电磁叶轮计数器。

定期清埋箱体。

定期给轴承、电机等润滑加油。

2. 污泥浓缩一体机操作

污泥浓缩一体机集污泥浓缩装置和污泥脱水装置于一体，直接进行浓缩和脱水。自动控制，连续运行，浓缩脱水效率高，泥饼含固率高。

（1）准备工作

检查管路是否正确，相应闸阀开关状态是否正确。

检查电源指示灯是否亮，机械处于待机状态。

开启空压机，要求气压达到 0.4MPa，使脱水机滤带张紧。

（2）启动程序

开空压机 3min，确保空气压力达到 0.4MPa。

开启浓缩机。

开启主机。

开 PAM 加药泵。

开启污泥泵，运转 2min 后开清洗泵。

（3）运行过程

观察设备运转方向。

观察压力表压力，工作温度。

检查履带是否跑偏。

（4）停机过程

关闭污泥泵；

关闭 PAM 加药泵，浓缩机及主机继续运行 5min，清洗泵同样运行 5min。

5min 后，关闭浓缩机、主机、清洗泵、空压机。

将脱水机表面及滤袋表面清洗干净（脱水机反冲洗水压 0.5 ~ 0.6MPa）。

（5）维护保养

每月定期检查减速机、变频器牵引油油位。

3 个月左右更换一次润滑油。

传动齿轮（Transmission gear）、链轮（Sprocket）、张紧调偏滑块（Adjustment slider）定期上润滑脂。

定期清洗装置喷嘴，防止阻塞。

如出现其他异常声响和严重损坏等应及时通知维修。

3. 皮带输送机操作

皮带输送机不仅用于栅渣的输送，同时还与污泥浓缩一体机配套使用，对脱水后的污泥进行输送。

（1）准备工作

检查驱动滚筒（Driven rollers）、槽形托辊（Grooved rollers）和回程托辊（Returned rollers）有无泥块附着或脱落松动。

观察输送带是否跑偏。

检查设备是否正常供电，处于待机状态。

（2）启动程序。

待输送带上承载一定的污泥时，按下启动按钮启动输送机。

（3）运行过程

运行中全程监控，保证输送带不跑偏。

输送带跑偏或松弛，及时调整螺杆式调节装置，保证输送带的正常运行。

（4）停机程序

待输送带上的污泥全部输送到污泥车上时，方可停输送机。

按下停机按钮，停输送机。

定期拖运处理后的污泥。

（5）维护与保养

定期给螺杆式张紧装置加油。

定期调整输送带的松弛度。

定期清除驱动滚筒、槽型托辊和回程托辊上附着的泥块。

每6个月更换油冷式电动滚筒内的机油。

4. 单螺杆泵操作

单螺杆泵（Single screw pump）是一种内啮合回转式容积泵，适合于高黏度介质、含固体颗粒或纤维的介质的输送。在污水处理厂中，单螺杆泵常用作投药泵和污泥泵。

（1）准备工作

检查皮带罩壳、管道是否通畅，及相应阀门的开启情况。

开机前必先确定运转方向，不得反转。

确认输送介质液位，禁止空转。

（2）启动程序

打开进、出口阀门。

一切正常后启动开机按键。

（3）运行情况

每日巡查螺栓是否松动，机泵与管线的振动是否超标，填料部位滴水是否在正常范围内，轴承温度及减速机温度是否过高，管道有无堵塞现象，如有及时停泵疏通后再启动。

注意设备各转动部位有无异常响声。

注意泵体机组的温度。

不允许泵空转。

（4）停机程序

按“关闭”按钮，运行指示灯灭，泵停止运行。

关闭进、出口阀门。

（5）维护保养

严禁空转；

新安装或停机数天后的泵，不能立即启动，应先向泵体内注入适量润滑剂或所输送的介质，再用管子钳扳动几转才可启动。

输送高黏度或含颗粒及腐蚀性介质后，应用水或溶剂进行冲洗，防止堵塞，以免下次启动困难。

使用过程中轴承箱内应定量加润滑油，发现轴端有渗流时，要及时处理或调换油封。

在运行过程中发生异常情况，应立即停车检查原因，排除故障。

5. 污泥带式压滤机操作

（1）准备工作

检查混凝剂投加系统（包括计量泵、混凝剂配制情况、液位控制系统、管道系统和溶药罐等）具备工作条件。

检查带式压滤机（包括滤带、滤带纠偏装置、驱动装置、反冲洗系统、污泥投加装置、皮带运输机运泥车辆及排水系统等）具备工作条件，启动带式压滤机空转数分钟确定无故障。

检查污泥配料泵具备工作条件。

检查动力和自动控制系统具备运行条件。

（2）启动程序

根据储泥池泥量或根据剩余污泥排放量进行污泥脱水操作。

混凝剂投加。

启动带式压滤机（包括反冲洗系统、皮带输送机和调配污泥运输车辆）。

启动污泥投配泵，观察脱水机运行情况和调整投配污泥量，相应调节混凝剂投加量，直到出口污泥达到含水率标准。

（3）运行情况

日常巡检工作包括：检测出水污泥含水率；根据污泥含水率调整加药量和带机运行参数；计量泵振动和噪声；投加管线泄漏情况；混凝剂溶液液位，并根据需要配制混凝剂溶液；带式压滤机振动和噪声；反冲洗装置运行状况，反冲洗水若需要加压，则应检查加压泵的工作状况；滤带纠偏装置工作状况，若用压缩空气进行纠偏，则应检查空压机的工作状况；污泥投加泵出口压力、振动和噪声；污泥投加情况（是否有污泥投加等情况）；皮带运输机工作状况；脱水后污泥装车情况；机械设备润滑油及润滑油油位；其他巡检工作。

污泥脱水系统日常巡检路线应根据实际情况确定。巡检频率为每 2h 进行一次，出口污泥含水率不稳定或设备不太正常以及设备检修后应增加巡检频率直到正常为止。

（4）停机操作

污泥脱水装置停机操作顺序为：停止污泥投配泵运行；停止混凝剂投加；停止带式压滤机运行（包括反冲洗系统和皮带运输机）；用清水将压滤机、皮带运输机和滤布等冲洗干净；若停机时间较长，则应将计量泵和加药管线、污泥泵和污泥管线用清水冲洗干净。

（5）维护保养

日常维护内容：每日班对计量泵、加药间、药室、机械设备和污泥脱水间及污泥堆积场进行清洁工作；药剂溶解搅拌机维护工作；计量泵维护和校准工作；皮带输送机维护工作；压滤机机械设备润滑油投加；压滤机机械设备和管道支撑等的紧固；系统防腐和油漆。

6. 污泥切割机

为防止大块的杂物进入螺杆泵而引发故障，一般在螺杆泵前安装污泥切割机，用以切碎进入系统内的卫生用品、纤维物等。

污泥切割机由三相异步电动机、减速机、主动轴、从动轴、合金刀片、轴承及密封件等组成。

污泥切割机运行操作如下所述：

（1）初次运行前应检查系统、减速机内的润滑油及刀片的旋转方向，从进料口观测，刀片向中心旋转。

（2）启动。运行机体的振动不大于 1mm 峰值，减速箱及轴承温升不超过 35℃。

（3）初次运行后，200h 换减速机润滑油，以后每 100h 检查油质、油量，每 1500h 取样测定一次，每 3000h 更换一次润滑油。

（4）每次换油应检查密封是否漏水，检查时打开油堵，放出减速机内油液，并观察是否有水。如果发现漏水应及时更换密封。

7. 离心脱水机

（1）开车前检查要点

一般情况下离心机可以遥控启动，但如果该设备是因为过载而停车的，在设备重新启动前必须进行以下检查：上、下罩壳中是否有固体沉积物；排料口是否打开；用手转动转鼓是否容易；所有保护是否正确就位。

如果离心机已经放置数月，轴承的油脂有可能变硬，使设备难以达到全速运转，可手动慢慢转动转鼓，同时注入新的油脂。

（2）离心机启动

松开“紧急停车”按钮；启动离心机的电机，在转换角形连接之前，等待2 ~ 4min，使离心机在星形连接下达到全速运行；启动污泥输送机或其他污泥输送设备；启动絮凝剂投加系统；开启进泥泵。

（3）离心脱水机的停车：关闭絮凝剂投加泵；关闭进泥泵，关闭进料阀（如果已安装）。

（4）设备清洗

①直接清洗

脱水机停机前以不同的速度将残存物甩出；关闭电机继续清洗，转速降到300r/min以下时停止冲洗直到清洗水变得清洁；检查冲洗是否达到了预期的效果，例如使中心齿轮轴保持不动，用手转动转鼓是否灵活，否则使转鼓转速高于300r/min旋转并彻底用水冲洗干净。每次停车应立即进行冲洗，因为清除潮湿和松软的沉淀物比清除长时间的硬化的沉淀物要容易。如果离心机在启动时的振动比正常振动要大，则冲洗时间应延长，如果没有异常振动，可按正常清洗。如果按上述方法清洗不成功，则转鼓必须拆卸清洗。

②分步清洗

脱水机的分步清洗分两步进行：一是高速清洗，首先以最高转鼓转速进行高速清洗，将管道系统、入口部分、转鼓的外侧和脱水机清洗干净；二是低速清洗，高速清洗后转鼓中遗留的污泥，在低速清洗过程中被清洗掉，相应的转速在50 ~ 150r/min。

③辅助清洗

在特殊情况下，仅仅用水是不能清除掉污垢和沉淀物的，水的清除能力有限，为了达到清洗的目的，必须加入氢氧化钠溶液（5%）作补充措施。碱洗后，还可进行酸洗，用0.5%硝酸溶液比较合适；当转鼓得到彻底清洗后停运离心脱水机的主电机。

（5）离心脱水机日常维护管理

①离心机的腐蚀、锈蚀及点蚀

卧螺离心机在易产生腐蚀及锈蚀的环境中，运行一段时间后，可能会被损坏。由于离心机高速运行时会产生很大的应力，所以离心机的任何腐蚀、锈蚀、化学点蚀及小裂缝等都可成为导致高应力削弱的因素，必须要有效地防止。

至少每两个月检查一次转鼓的外壁是否有腐蚀、锈蚀产生。

注意检查转鼓上的排渣孔的磨损程度，转鼓内的凹槽磨损程度，转鼓上是否有裂纹及转鼓上的化学点蚀程度。

注意检查安装在转鼓上的螺栓，至少每三年更换一次。

②定期清洗

首先以最高转鼓转速进行高速清洗，在高速清洗过程中，对管路系统、脱水机机壳、转鼓的外侧和脱水机的进料口部分进行清洗，然后进入低速清洗过程，将转鼓中和输送螺杆上的剩余污泥冲洗掉。

③润滑

润滑剂必须保存在干燥、阴凉的地方，容器必须保持密闭，以防止润滑剂被灰尘和潮气污染。

a. 主轴承的润滑。脱水机正在运行时，应经常润滑主轴承，最好在脱水机正好要停机前持续润滑一段时间，这样能保证润滑脂均匀分布，使脱水机在转动时具有良好的润滑状态，并最大限度地防止弄脏轴承。

如果脱水机每周停用一定时间，在脱水机停机前应润滑主轴承。如果脱水机停用时间超过两周以上，在停用期间必须每两周对主轴承润滑一次。

b. 输送螺杆轴承的润滑。当脱水机停机，并有效断开主电机的电源后方可润滑输送螺杆轴承。输送轴承在每次静态清洗之后、当机组停车有大量的水引入或者旋转速度小于 300r/min 时都需要清洗。首次启动脱水机前要进行润滑，然后至少每月进行一次润滑。

c. 齿轮箱的润滑。首次启动脱水机前要检查齿轮箱中的油位，看在运输过程中有无泄漏，齿轮箱上的箭头和油位标记表示正确的油位，如果有必要加油，首次运行 150h 后进行润滑。

一季度更换一次齿轮箱油，并且至少每个月检查一下齿轮箱油位等情况。

d. 对主电机的润滑应一季度进行一次。

④其他各项检查：对皮带的检查应一季度进行一次；每半年对地脚螺栓紧固程度进行检查，并检查减震垫，如果有必要更换新的；每个月检查一次转鼓的磨损及腐蚀情况，最大允许磨损小于2mm；每个月检查一次排料口衬套的磨损情况；每个季度检查一次报警装置、自动切断装置及监测系统等安全设备，如振动开关，保护开关和紧急停机按钮是否起作用；至少每年一次检查离心机和电机的基座及所有支承机架、外壳盖及连接管件；每个季度检查一次铭牌和警示标记是否完好。

（6）异常问题的分析与排除。

① 分离液浑浊，固体回收率降低。解决对策如下：液环层厚度太薄应增大液环层厚度，必要时，提高出水堰口的高度；进泥量太大，应减少进泥量；速差太大，应降低速差；进泥固体负荷超负荷，核算后调整至额定负荷以下；螺旋输送器磨损严重，应更换；转鼓转速太低，应增大转速。

② 泥饼含固率降低。解决对策如下：速差太大，应减少转速差；液环层厚度太大，应降低其厚度；转鼓转速太低，应增大转速；进泥量过大，应减少进泥量；调质过程中加药量过大，应降低干污泥的投药量。

③ 转轴扭矩过大。解决对策如下：进泥量太大，应降低进泥量；进泥含固率太高，应核对进泥负荷；转速差太小，应增大转速差；浮渣或砂进入离心机，造成缠绕或堵塞，应停车检修予与清除；齿轮箱出现故障，应加油保养。

④ 离心机震动过大。解决对策如下：润滑系出现故障，应检修并排除；有浮渣进入机内缠绕在螺旋上，造成转动失衡，应停车清理；机座松动，应及时检修。

⑤ 能耗增大，电流增大。如果能耗突然增加，则离心机出泥口被堵，由于转速差太小，导致固体在机内大量积累，可增大转速差，如仍增加，则停车清理并清除；如果电耗逐渐增加，则螺旋输送器已严重磨损，应予以更换。

7.3.3 污泥脱水机房（Sludge dewatering house）运行管理

（1）经常检测脱水机的脱水效果，若发现分离液（或滤液）混浊，固体回收率下降，应及时分析原因，采取针对措施予以解决。

对于带式压榨脱水机，可能会由于滤带张力太大或带速太大，导致挤压区跑料，此时应减小滤带的张力或带速；也可能由滤带接缝不合理或损坏、滤带老化等原因造成，此时应及时修补或更换滤带。

对于离心脱水机，则有可能是进泥量太大、入流固体负荷超标、转速差太大、转鼓转速太低、液环层厚度太薄和螺旋输送器磨损严重等原因造成的，应针对具体情况予以调整解决。

（2）经常观测污泥脱水效果，若泥饼含固量下降，应分析情况采取针对措施解决。

对于带式脱水机，解决对策如下：带速太大，污泥挤压时间不够，泥饼变薄，导致含固量下降，应及时降低带速；由于污泥性质或污泥量发生变化，使投药量种类或投药量不适合，导致污泥脱水性能下降，此时应重新试验，确定出合适的干污泥投存量；滤带张力太小，不能保证足够的压榨力和剪切力，使含固量降低，此时应适当增大滤带张力；滤带堵塞，水分无法滤出，使含固量降低，应停止运行，冲洗滤带。

对于离心脱水机，泥饼含固量下降的原因一般与固体收回率下降的原因相似，主要是投药调质效果不好、进泥量太大、转速差太大、转鼓转速太低、液环层厚度太大等原因造成分离效果不好所致，应针对以上情况，予以调整解决。

（3）经常观察污泥脱水装置的运行状况，针对不正常现象，采取纠偏措施，保证正常运行。

例如，带式脱水机可能由于进泥超负荷、滤带张力太小、辊压筒损坏等原因造成滤带打滑，此时应分别采取降低进泥量、增大滤带张力、修复或更换辊压筒等措施予以解决；又可能是冲洗不彻底、滤带张力太大、进泥中细砂含量太大、加药过量污泥黏度大增等原因造成滤带发生严重堵塞，可采取增强冲洗、调整带速、加强污泥预处理、降低投药量的办法予以解决；滤带也会因为进泥不均匀、辊压筒位置不对、辊压筒局部磨损、纠偏装置不灵敏而发生跑偏，其解决办法分别是调控进泥口或进泥装置、检查调整辊压筒位置、检查更换辊压筒、检查修复纠偏装置。

而对于离心脱水机，也会发生离心机转轴扭矩太大、离心机过度震动等故障。前者发生的原因可能是进泥量太大、入流固体量太大、浮渣或砂进入离心机、转速差太小、齿轮箱出故障。后者的原因可能是有浮渣进入机内且缠绕在螺旋输送器上而造成转动失衡、润滑系统出故障、机座松动。故障出现，应及时分析原因，采取针对措施予以解决。

（4）每天应保证脱水机的足够冲洗时间，当脱水机停机时，将机器内部及周身彻底冲洗干净，保证清洁，降低恶臭。否则积泥干后冲洗非常困难。

（5）按照脱水机的要求，经常做好观测和机器的检查维护。例如，离心脱水机的油箱油位、冷却水及油的温度、设备的震动情况、电流表读数等；带式压榨脱水机的水压表、泥压表、油表、张力表等运行控制仪表情况。

（6）经常注意检查脱水机易磨损件的磨损情况，必要时予以更换。例如，带式压榨脱水机的转辊、滤布；离心脱水机的螺旋输送器。

（7）及时发现脱水机进泥中砂粒对滤带、转鼓或螺旋输送器的影响或破坏情况，损坏严重时应及时更换。

（8）由于污泥脱水机的泥水分离效果受污泥温度影响，尤其是离心机冬季泥饼含固量一般可比夏季低 2%~3%，因此在冬季应加强保温或增加污泥投药量。

（9）做好分析测量与记录。

污泥脱水岗位每班应检测的项目：进泥的流量及含固量，泥饼的产量及含固量、滤液的 SS、絮凝剂的投加量、冲洗介质或水的使用量、冲洗次数和冲洗历时。

污泥脱水机房每天应测试的项目：滤液的产量、滤液的水质（BOD_5 或 COD_{Cr}、TN、TP）、电能消耗。

污泥脱水机房应定期测试或计算的项目：转速或转速差、滤带张力、固体回收率、干污泥投药量、进泥固体负荷或最大入流固体流量。

7.3.4 污泥的石灰稳定运行管理

污泥经机械脱水后，在泥饼中投加干燥的生石灰（CaO），进一步降低泥饼含水率，同时使其 pH 值和温度升高，以抑制病原菌和其他微生物生长的过程，称为污泥石灰稳定。

石灰稳定工艺中宜采用生石灰（CaO）。石灰稳定设施的车间、除尘设备、混料设备、石灰储存库等均宜密闭。

石灰稳定污泥应主要用于酸性土壤的改良剂、路基基材，以及填埋场的覆盖土等。当采用后续水泥窑注入法生产水泥时，可替代水泥烧制的原材料。

石灰稳定要维持较高的 pH 值水平并达到足够长的时间以控制微生物的活性，从而阻止或充分抑制微生物反应而产生的臭气和生物传播媒介，并保证污泥在发生腐败和恶臭之前能够储存 3d 以上，进而进行再利用和最终处置。石灰稳定过程中的 pH 值应维持在 11.5 以上，并持续 24h 以上。石灰污泥体积增加量宜控制在 5%~12%。

石灰稳定设施运行管理应符合下列要求：当污泥含固率大于 30% 时，应增加停留时间来完成反应和提高温度；宜选用氧化钙活性和百分比含量高的生石灰。应监测 pH 值变化，防止石灰投加量不足引起 pH 值降低；当需加速石灰稳定过程时，可采用补充加热或投加过量生石灰的方法；当只需要控制异味时，可减少石灰投加量。生石灰在输送和储存过程中应注意防潮，储存时间不宜超过2个月；污泥储存3d以上不应产生腐败和恶臭；应保持石灰稳定场所的清洁，防止产生粉尘。

7.3.5 污泥堆肥运行管理

污泥经机械脱水后，在微生物活动产生的较高温度条件下，使有机物进行生物降解，最终生成性质稳定的熟化污泥的过程，称为污泥堆肥。

堆肥可采用条垛堆肥和仓内堆肥。条垛堆肥可采用静堆式或翻堆式。仓内堆肥可采用垂直流动式、水平流动式或单箱静堆式。堆肥宜分成快速堆肥和熟化堆肥两个阶段。仓内堆肥和条垛堆肥宜作为快速堆肥阶段，条垛堆肥宜作为仓内堆肥的后续工艺用于污泥熟化。

堆肥的湿度：混合污泥初始含水率宜为55%～65%，可通过添加膨松剂和返混干污泥调节含水率；快速堆肥阶段，含水率应保持在50%～65%。

堆肥过程中，堆内温度应为55～65℃，持续时间应在3d以上。

堆肥初始碳氮比应为20∶1～40∶1，可通过添加调理剂调节营养平衡。调理剂宜采用锯木屑、稻草、麦秆、玉米秆、泥炭、稻壳、棉籽饼、厩肥、园林修剪物等。

堆肥宜添加膨松剂增加料堆的孔隙率。膨松剂宜采用长2～5cm的木屑、专用膨松材料、花生壳、树枝等。

堆肥过程中，堆体中空气含氧量宜控制在5%～15%（按体积计算）。

堆肥的污泥接收区、快速反应区、熟化区、储存区的地面周边及车行道必须进行防渗处理。

污泥堆肥设施运行管理应符合下列要求：

（1）应通过选择高热容、高比表面积的调理剂，尽量减少热量的损失，使温度尽快提高，并应控制温度和维持时间在设计范围之内。

（2）当温度超过60℃时，应对堆体搅拌或通气。

（3）调理剂和膨松剂应尽量干燥，并保存在专门的储存间。

（4）为控制水分，堆肥过程中含固率不应超过55%。

（5）应使蒸发的水分及时排出。

（6）应定时分析测定进料各组分的碳氮比，混合后物料的碳氮比应控制在设计范围之内；当堆肥过程中氨味较明显时，应调整碳氮比。

（7）堆肥过程中的通风应进行控制：当污泥所含的挥发性成分高时，应增加通风量；通风和翻堆宜结合进行，减小局部过热区域的产生；采用自动控制的堆肥设施可用温度和溶解氧传感器控制鼓风量和通风频率；较大的堆肥系统宜使用鼓风机强制通风；应定期监测堆肥产品堆场的温度。

（8）除臭的生物滤池中，空气相对湿度应控制在 80% ~ 96%。

7.3.6　污泥热干化运行管理

利用热能，将脱水污泥加温干化，使之成为干化产品，称为污泥热干化。

热干化可采用直接加热、间接加热、直接和间接联合加热三种。热干化的热源应充分利用污泥自身的热量和其他设施的余热，不宜采用优质一次能源作为主要干化热源。热干化系统产泥的含固率宜在 60% 以上。污泥干化气体温度应在 75℃以上。

直接加热干化设备宜采用转鼓式。污泥与温度为 700℃的热气流在转鼓内接触混合时间宜为 10 ~ 25min。

间接加热干化宜采用转鼓式、多段圆盘式。间接加热干化的热交换介质宜为蒸汽或热油，对于介质温度要求在 200℃以上的干化系统，其加热介质宜为热油。

直接和间接联合加热干化宜采用流化床式。流化床宜采用湿泥直接进料，氧含量应小于 6%。床内干化气体温度应为（85±3）℃。干化出泥温度不应大于 50℃。热交换介质温度应为 180 ~ 250℃。

热干化系统启动应符合下列规定：应在程序控制下启动，不宜手动操作启动；在启动时应补充惰性热气；为防止启动时发生堵塞，对于流化床污泥干化，可投加干料充填筛板和布风板之间的导热管间隙，干料可采用干化后的污泥；应根据污泥干化机内的工况确定启动时的运行参数。

热干化过程操作应符合下列规定：在输送过程中应防止反应器堵塞，应使污泥保持一定的温度；应严格控制流化床内温度均匀：流化床内氧含量应维持在 5% 以下；当流化床上下层的温差小于 3℃时，可通过调节风机风量，疏通流化床；流化床加热蒸汽温度宜控制在 180 ~ 220℃；流化床的入口和出口的流体温度应低于 100℃；干化污泥应冷却至 50℃以下。

热干化系统停运应符合下列规定：干化系统停运时应补惰性热气；系统停运时应防止堵塞；维护、维修停运时，必须采取措施防止其启动。

7.3.7 污泥焚烧运行管理

利用焚烧炉将污泥加温，并高温氧化污泥中的有机物，使之成为少量灰烬，这个过程称为污泥焚烧。

焚烧炉宜采用多膛炉、流化床等形式。

焚烧前宜将污泥粉碎。焚烧炉内温度宜大于 700℃。焚烧时间宜为 0.5 ~ 1.0h。焚烧时过剩空气系数宜为 50% ~ 150%。污泥焚烧必须设置烟气净化处理设施，且烟气处理后的排放值应符合现行国家标准《生活垃圾焚烧污染控制标准》（GB 18485—2014）的相关规定。污泥焚烧的炉渣与除尘设备收集的飞灰应分别收集、储存和运输。

焚烧炉启动应符合下列规定：应在程序控制下启动，不宜手动操作启动；应根据焚烧炉内的工况确定启动时的参数；启动时应防止堵塞。

焚烧过程操作应符合下列规定：应保持进料的均匀和稳定；应根据所用燃料确定相应风量；导热油循环系统必须有可靠的冷却保护系统；可采用石灰和污泥混合的方法在炉内脱硫。

焚烧炉停运时应防止堵塞。

习 题

7-1 污水处理厂污泥处理的目的是什么？

7-2 污泥浓缩池的进泥量如何控制？排泥量如何控制？

7-3 污泥消化池的运行控制参数主要有哪些？参数控制值怎么确定？

7-4 污泥消化池常见故障有哪些？分析消化池泡沫现象的原因，并提出解决措施。

7-5 污泥脱水机房运行管理主要有哪几方面的内容？

参考文献

［1］Metcalf，Inc. Eddy. Wastewater engineering treatment and reuse（fourth edition）［M］. 北京：清华大学出版社，2003.

［2］张自杰 . 排水工程（下册）［M］. 5 版 . 北京：中国建筑工业出版社，2015.

[3] 孙世兵.小城镇污水处理厂设计与运行管理指南[M].天津：天津大学出版社，2014.
[4] 李亚峰，马学文，刘强.小城镇污水处理厂的运行管理[M].北京：化学工业出版社，2011.
[5] 唐受印，戴友芝.水处理工程师手册[M].北京：化学工业出版社，2010.
[6] 室外排水设计标准：GB50014—2021[S].北京：中国计划出版社，2021.
[7] 城镇污水处理厂运行、维护及安全技术规程：CJJ60—2011[S].北京：光明日报出版社，2011.

第 8 章　安全教育与安全职责

城市污水处理厂在运行过程中，会不时发生人身伤亡事故。例如，1994 年北京某污水处理厂和 1999 年天津某污水处理厂，均因硫化氢中毒造成了重大人员伤亡，给国家财产和人民生命造成了巨大损失。实践证明，不论污水处理厂规模大小，现代化程度如何，如果安全管理不到位，随时都有可能发生事故，造成不必要的损失。

一般来说，污水处理厂具有下述突出的特点。

（1）污水、污泥遍布整个工艺流程。在处理过程中，伴随着大量废气的产生，特别在污泥处理工艺中，以及地下管道等密闭缺氧环境会产生大量沼气，并伴随有一氧化碳、硫化氢等有害气体。沼气罐、污泥消化池等是重大危险源，如管理不善，极易导致沼气泄漏，造成硫化氢、一氧化碳中毒或沼气爆炸的事故。

（2）各类池、罐多，一般深达 3 ~ 5m，且多采用开放式结构。人员上池工作，极易发生落水（泥）事故，尤其是恶劣天气条件下更是如此。

（3）各类露天设备多，设备常年在污水、烈日、严寒等恶劣条件下工作，极易损坏，导致机械故障或绝缘损坏，值班人员操作和维修时易发生机械伤害及触电事故。

（4）生产过程中须使用氯气进行消毒，用甲酸清洗曝气头，化验室也会使用大量的酸、碱等有毒、有害物质，这些物质具有极强的腐蚀性，如操作不当，极易造成人身伤害。

（5）污水处理厂工作中涉及驾驶、电工、焊割、高空作业、起重作业、司炉等特殊工种，且这类人员的操作点多面广，管理难度大。

8.1　安全生产教育

城镇净水厂设备设施运行维护过程中涉及火（Hot fire）、有限空间（Limited space）、登高（Truck work）、吊装（Hoisting）、危险化学品（Hazardous chemicals）、高压带电（High voltage live）等有潜在安全风险的作业。

城镇污水处理厂安全运行管理应坚持“安全第一、预防为主、综合治理”的方针。

（一）应制定安全生产教育培训制度，包括安全生产和职业健康的内容，并按照有关规定进行培训

城镇污水处理厂应按相关要求对全员进行安全生产教育培训，并符合下列要求：

（1）新入厂人员在上岗前应经过厂、职能部门和岗位三级安全教育培训。

（2）新工艺、新技术、新材料和新设备设施投入使用前，应对相关操作岗位人员进行专门的安全教育和培训。

（3）操作岗位人员转岗或离岗一年以上重新上岗者，应进行职能部门、岗位安全教育培训。

（4）对相关方的作业人员进入城镇污水处理厂作业现场前，应对其进行安全教育培训。

（5）应对外来参观和学习等人员进行有关安全生产教育。

（6）主要负责人、安全生产管理人员和从事特种作业的人员应进行专业培训，并持证上岗。

（二）安全教育范围

（1）新入厂工人 [徒工（Apprentices）、合同工（Contract workers）、外厂调入的工人（Workers transferred from other factories）] 必须进行三级安全教育。

（2）代培人员必须进行三级安全教育，实习人员（指外来单位的实习人员）必须进行一、二级安全教育。

（3）厂内工作调动或工种变更由车间、班组进行二级教育，到变更的新岗位由所在岗位进行三级教育。

（4）外单位以及外协单位人员，施工作业前必须进行安全教育及交底工作，并需缴纳安全保证金。

（三）安全教育内容

（1）厂级由人事行政部门组织，安全部门负责进行教育，内容为：国家有关安全生产法、禁令和规定，本公司生产特点和性质及一般安全常识，本公司内特殊危险地点及注意事项，一般安全技术知识及防火防爆知识。

（2）车间级教育由安全生产主任负责，由安全员进行教育，内容为：本车间规章制度和劳动纪律，车间危险地区划分，各车间的生产特点、工艺流程、原材料、半成品、成品的物化特性，车间安全技术操作规程和安全技术规章制度及事故案例。

（3）班组教育由班组长负责，由班组安全员进行教育，内容为：本班的工作性质和职责范围内安全技术操作规程（Safety technical operation regulations）、岗位操作法（Post operation method）、交接班制度（Handover system）、本岗位易发生的事故、有毒有害和安全注意事项以及预防、处理事故的措施、安全装置及个人防护用品的管理和使用方法等。岗位教育结束后应考试合格方可上岗操作。

（四）特殊工种教育

（1）按照《特殊作业人员安全技术培训考核管理规定》中的规定，特种作业人员在独立上岗前，必须进行安全技术培训，重点是提高其安全操作技能和预防事故的实际能力。

（2）特殊工种的电工、起重机、金属焊接（切割）等登高作业，化学分析和公司内的机动车辆等作业人员，由县、市以上安全生产监督管理部门或指定的单位培训考核、发证。

（3）特种作业人员的操作证每两年复审一次，未按期复审或复审考核不合格者，其操作证自行失效。

（4）特种作业人员变动工作由所到单位凭原操作和档案到发证部门办理变更手续。

（5）特种作业人员违章作业，应视情节轻重给予批评教育、吊扣、吊销操作证等处分，造成严重后果的，应按有关法规进行处罚。

（6）实施新工艺、新技术、新设备、新产品投产前，要按新工艺、新标准制定新的安全技术操作规程，同时对岗位人员进行专门的教育，经考核合格后，办理操作证，方可独立操作。

（五）日常安全教育

（1）以安全生产和安全方面有关规定，部门各级领导应对职工进行经常性的安全思想意识、安全技术、消防安全知识的教育，增强法制观念，使职工自觉遵章守纪，履行安全职责，确保安全生产。

（2）安全部门要根据生产情况和季节特点与车间密切配合，利用多种形式，采取不同方法生动形象地进行安全宣传教育。

（3）部门每月组织开展1~2次教育活动，并指导班组每周开展一次安全日活动，活动内容要有计划、有重点、有记录、讲求实效。

（4）在大、中修或重点项目检修，以及重大危险性作业时，安全部门应督促指导各检修（施工）单位进行检修（施工）前的安全教育。

（5）职工违章及重大事故责任者和工伤人员复工，应由所属部门领导或安全部门进行安全教育，并有教育记录。

（6）对违章指挥、违章作业者，一经发现，立即进行离岗教育。

8.2 安全职责

污水处理厂安全管理人员的安全职责主要包括：

（1）贯彻国家、上级部门关于设备设计、制造、检修维护保养及施工方面的安全标准，做好主管业务内的安全工作，负责修订各类机械设备的操作规程和管理制度。负责对设备动力装置及工业建筑物、构筑物的安全管理。

（2）负责组织对工业建筑物（Buildings）、构筑物（Structures）、起重机械（Lifting appliances/Hoisting machinery）、压力容器（Pressure vessels）、高压管件（High-pressure pipe fittings）、气瓶（Gas cylinders）、热力管网（Thermal pipe networks）和安全装置（Safety device）的定期检测、检验、校验工作。

（3）制订或审定有关设备制造、改造方案和组织编制大、中修项目的安全措施计划，并确保实施。

（4）在计划和布置检修任务时，同时计划和布置安全措施。

（5）组织按时实现安全技术措施计划和隐患整改措施。

（6）负责设备事故调查、统计、上报，参加有关重大事故的处理。

（7）定期组织设备安全大检查，对存在重大问题的设备要及时组织维修。

8.3 安全生产的一般要求

一、污水厂生产区要做到“十四个不准”

（1）加强明火管理，厂区内不准吸烟。

（2）生产区内，不准未成年人进入。

（3）上班时间，不准睡觉、干私活、离岗和做与生产无关的事。

（4）在班前、班上不准喝酒。

（5）不准使用汽油等易燃液体擦洗设备、用具和衣物。

（6）不按规定穿戴劳动保护用品，不准进入生产岗位。

（7）安全装置不齐全的设备不准使用。

（8）不是自己分管的设备、工具不准动用。

（9）检修设备时安全措施不落实，不准开始检修。

（10）停机检修后的设备，未经彻底检查，不准启用。

（11）未办高处作业证、不系安全带，脚手架、跳板不牢，不准登高作业。

（12）石棉瓦上不固定好跳板，不准作业。

（13）未安装触电保护器的移动式电动工具，不准使用。

（14）未取得安全作业证的职工，不准独立作业；特殊工种职工，未经取证，不准作业。

二、污水厂操作工要做到“六严格”

（1）严格执行交接班制。

（2）严格进行巡回检查。

（3）严格控制工艺指标。

（4）严格执行工作票。

（5）严格遵守劳动纪律。

（6）严格执行安全规定。

三、污水厂动火作业要遵守“六大禁令”

（1）动火证未经批准，禁止动火。

（2）不与生产系统可靠隔绝，禁止动火。

（3）不清洗，置换不合格，禁止动火。

（4）不消除周围易燃物，禁止动火。

（5）不按时作动火分析，禁止动火。

（6）没有消防措施，禁止动火。

四、污水厂进入受限空间作业要做到“八个必须”

（1）必须申请、办证，并得到批准。

（2）必须进行安全隔绝。

（3）必须切断动力电，并使用安全灯具。

（4）必须进行置换、通风。

（5）必须按时间要求进行安全分析。

（6）必须佩戴规定的防护用具。

（7）必须有人在器外监护，并坚守岗位。

（8）必须有抢救后备措施。

五、污水厂机动车辆使用要遵守“七大禁令”

（1）严禁无证、无令开车。

（2）严禁酒后开车。

（3）严禁超速行车和空挡溜车。

（4）严禁带病行车。

（5）严禁人货混载行车。

（6）严禁超标装载行车。

（7）严禁无阻火器车辆进入禁火区。

8.4 防毒气

在污水处理的不同阶段，会产生甲烷（Methane）、硫化氢（Hydrogen sulfide）、氨气（Ammonia）等各种可燃气体（Combustible gas）和有毒有害气体（Toxic and harmful gas）。这些气体将极大危害工作人员的健康安全，如何选择适合污水处理工艺的气体检测仪极为重要。

一、有毒气体的类型及危害

在污水、污泥处理阶段，腐化污水、污泥及处理过程中主要会产生氨（Ammonia）、硫化氢（Hydrogen sulfide）、氯化氢（Hydrogen chloride）（次氯酸钠分解）等有毒气体。污水处理厂正常生产状态下，工作人员主要是巡检作业。当工作人员进入格栅间、除砂间、二沉池等工艺段时，可能会发生中毒危险。

另外，在对设备维修、检修，对处理池、设备、管道等清淤的过程中，由于空间受限或密闭，作业人员可能会遇到窒息、硫化氢中毒等危险。

常见有毒气体及其危害如表 8–1 所示。

表 8–1　有毒气体及其危害

序号	气体	危害
1	甲烷	易燃，与空气混合能形成爆炸性混合物，遇热源和明火有燃烧爆炸的危险。与五氧化溴、氯气、次氯酸、三氟化氮、液氧、二氟化氧及其他强氧化剂接触剧烈反应
2	氧气	常压下，当氧气浓度低于 19.5%VOL 时会发生窒息，浓度超过 40%VOL 时有可能发生氧中毒

续表

序号	气体	危害
3	硫化氢	强烈的神经毒物，对黏膜有强烈刺激作用。急性中毒：短期内吸入高浓度硫化氢后出现流泪、眼痛、眼内异物感、畏光、视物模糊、流涕、咽喉部灼热感、咳嗽、胸闷、头痛、头晕、乏力、意识模糊等症状。部分患者可有心肌损害。重者可出现脑水肿、肺水肿
4	氨	低浓度氨对黏膜有刺激作用，高浓度可造成组织溶解坏死。急性中毒：轻度者出现流泪、咽痛、声音嘶哑、咳嗽、咳痰等；眼结膜、鼻黏膜、咽部充血、水肿；高浓度氨可引起反射性呼吸停止
5	氯化氢	对眼和呼吸道黏膜有强烈的刺激作用。急性中毒：出现头痛、头昏、恶心、眼痛、咳嗽、痰中带血、声音嘶哑、呼吸困难、胸闷、胸痛等。重者发生肺炎、肺水肿、肺不张。眼角膜可见溃疡或混浊。皮肤直接接触可出现大量粟粒样红色小丘疹而呈潮红痛热

二、防中毒的一般规定

（1）加强对施工人员的预防宣传教育，提高全员思想意识和相关的预防知识。

（2）从思想上必须重视污泥构筑物、污水井、管道中可能含有硫化氢，有机物或无机物的分解与腐败过程中产生的大量硫化氢气体。

（3）利用监测设备，控制浓度，每隔 0.5h 测试浓度，当有毒气体浓度达到 15ppm 不得进入作业，作业浓度一般控制在 0 ~ 4ppm 之内。加强通风，现场配有专人监护。

（4）对作业人员进行个人卫生指导，不在作业场所吃饭、饮水、吸烟等。

（5）遵守安全操作规程，不断改善劳动条件。加强个人防护，正确使用防护防毒用具。

（6）利用作业现场水资源进行高压机械清洗污水、污泥在构筑物上的产毒源，稀释、中和介质的种类和化学性质，使作业人员脱离或减少直接接触有毒物质。

（7）对有条件的有害物质污染源进行密闭、隔离、控制有毒物质逸散。

（8）在污水、污泥（井道、管道、构筑物）场所作业须有专业潜水资质的人员进行破管开头、封堵或其他抢险处理。

（9）对高浓度场所进行作业的同时做好急救响应准备。

（10）对含有有毒物（气体）场所作业前，必须填写《下井作业工作票》，井下连续作业时间不应超过 1h，未经领导批准，严禁下井作业。

（11）了解作业场所污染的程度、范围及动态变化，以了解毒害的程度及评价劳动条件，采取有效的防毒措施。

（12）经医生确诊不能从事有毒、有害物质作业的人员须调离岗位。

三、综合防毒措施

作业现场开展防毒工作是从预防与治理着手的，特别是以预防为主。实践表明，只有搞好预防，采取综合防毒措施，才能从根本上解决生产性毒物对人体造成的危害。综合性防毒措施应从技术、管理、教育三方面同时入手。

1. 防毒技术措施

对生产系统中各个系统采取各种防护措施，仍不能把全部危害消除和减少到国家规定的限值内时，需要采取独立的防护措施，以避免和减少危害对人的影响。根据《生产过程安全卫生要求总则》（GB12801—2008）对安全卫生技术措施的基本要求如下：能预防生产过程中产生的危险和有害因素；能处置危险和有害物，并降低到国家规定的限值内；能从作业区排除危险和有害因素；能防止生产装置失灵或操作失误时产生危险和有害因素；发生意外事故时，能为遇险人员提供自救条件。

首先应改革工艺设备和工艺操作方法，从根本上杜绝和减少毒物的产生，在此基础上再采取合理的通风净化、建立严格的管理制度，这样才能有效地防治毒物的危害。防毒技术措施主要分为以下几方面：

（1）消除毒物。从操作工艺流程中消灭毒物质，用高压水枪清洗、稀释、中和污泥构筑物的产毒源，使作业人员脱离或减少直接接触有毒物质。

（2）密闭、隔离有害物质污染源，控制有害物质逸散。对逸散到作业场所的有害物质要采取通风措施，控制有害物质的飞扬、扩散。

（3）加强个人防护。在存在有害物质的作业场所作业，应穿戴防护服（Protective clothing）、防护面具（Protective mask）、防毒面罩（Gas mask）、防尘口罩（Dust mask）等个人防护用具。

（4）提高机体抗御力。对于在有害物质作业场所的作业人员，应享受必要的保健待遇，加强营养和锻炼。

（5）提高对有害物质的监测，控制有害物质的最高浓度低于国家有关标准。

（6）对接触有害物质人员定期进行健康检查。必要时实行转岗、换岗作业。

（7）加强有害物质及预防措施的宣传教育。建立健全安全生产责任制、卫生责任制和岗位责任制。

2. 防毒管理措施

要加强对防毒工作的领导和管理。组织管理是防毒技术得以落实的保证。领导首先要提高劳动保护意识，认识生产与劳动安全卫生的辩证统一关系，在生产过程中自觉贯彻“管生产必须管安全”的原则，有计划地改善劳动条件、建立健全有关防毒管理制度，教育职工自觉保护自己，只有职工全体上下一致，才能真正控制毒物，保护工作人员健康，促进生产。

现场空气中有毒物质的检测工作是搞好防毒工作的重要环节。可以通过测定了解作业场所污染的程度、污染的范围及动态变化，以了解毒害的程度及评价劳动条件，采取防毒措施。通过测定有毒物质浓度的变化，还可以判明防毒措施的效果。

3. 防毒教育措施

对工作人员进行防毒宣传教育，让其既明白有毒物质对人体的危害性，又了解这些危害是可以预防的，从而使其主动遵守安全操作规程，加强个人防护，积极学习和总结防毒先进经验，不断地改善劳动条件。要对工作人员进行个人卫生指导，如指导其不在作业场所吃饭、饮水、吸烟等，坚持饭前漱口、班后洗浴、工作服清洗制度等。这对于防止有毒物质侵染人体，特别是防止有毒物质从口腔（Oral cavity）、消化道（Digestive tract）进入人体，有重要意义。

四、防毒面具使用前的简易检查方法

防毒面具使用前按规定应检查其气密性、操作性、老化程度等，是否适合于使用环境和正确使用。简易检查方法如下：

（1）检查气密性方法：可戴好防毒面具，滤毒罐塞头盖上，看是否能呼吸，如不能呼吸为好。

（2）检查滤毒器是否完好、变形、有响声，如发现变形，摇头时有响声即为失效。

（3）检查橡胶制品是否有破损。自给式呼吸需要保证使用氧气和空气的质量。如佩戴一个不好的防毒面具比不佩戴更危险。

五、自吸式长管防毒面具使用注意事项

自吸式长管防毒面具使用注意事项，主要有以下几点；

（1）为确保安全使用，使用前应对导气管进行查漏。简易查漏方法，就是将导气管一端堵塞，另一端吹入压缩空气，将导气管侵入水中，以不鼓气泡为气密性合格。

（2）导气管的进气端，必须放置在远离有毒场所的上风侧，以保证使用时吸入新鲜空气。

（3）使用时，一定要系好腰带。当移动作业地点时，特别应注意不要猛拉猛拖导气管。现场应设专人监护，并使导气管畅通无阻，严防被压、被拆、被戳。

六、对一氧化碳（Carbon monoxide）、二氧化硫（Sulfur dioxide）、硫化氢（Hydrogen sulfide）中毒的预防

1. 一氧化碳中毒症状及预防

一氧化碳是人们接触机会最多的窒息性有害气体。它是由碳或含碳物不完全燃烧产生的。一氧化碳中毒途径为吸入，以急性中毒最为常见。急性中毒有三种不同程度的表现：

（1）轻度中毒。头痛、头昏、恶心、呕吐、全身乏力等。

（2）中度中毒。除上述症状加重外，还可以出现面颊、前胸及大腿内呈现樱桃红色，烦躁，呼吸困难，心率加快，意识蒙胧，甚至大小便失禁，以致昏迷。

（3）重度中毒。常出现昏迷、肌肉痉挛和抽搐。可出现各种后果严重的并发症，如肺水肿、中毒性脑病、心力衰竭、酸中毒等。

长期接触低浓度一氧化碳或反复发生轻度中毒，可引起神经机能的降低，表现为判断力障碍、手指感觉障碍、记忆力减退等。

慢性中毒有头昏、头痛、失眠、四肢乏力等症状，还可以引发心血管系统疾病。

一氧化碳中毒的预防措施：

（1）对有可能产生一氧化碳的生产过程或可能接触一氧化碳的场所，要加强通风。经检测作业场所空气中一氧化碳浓度超标，要立即采取措施，强制通风。

（2）进入一氧化碳浓度较高的场所作业，应佩戴防毒面具，同时应设有专人监护。

（3）对接触一氧化碳的作业人员，要加强自救、互救和防护器材使用知识的教育和训练。

（4）完善卫生保健措施，接触一氧化碳的人员要定期体检。高血压、冠心病、肺气肿、严重贫血的病人不得从事接触一氧化碳的作业。

（5）检修、改造或拆除一氧化碳管道和设备时，必须经过确认无一氧化碳时才能进行。如果检修、改造或拆除需要动火，必须经过动火分析合格后方可作业。

2. 二氧化硫中毒症状及预防

二氧化硫进入人体的主要途径是吸入，经皮肤接触也可进入人体。二氧化硫对上呼吸道及眼结膜有刺激作用，浓度较高时，对深呼吸道也有刺激作用，可引起支气管炎、肺部病变。

急性二氧化硫中毒有三种不同程度的表现：

（1）轻度中毒。出现眼灼痛、流泪、流涕、喉痒、咽干、喷嚏、声音嘶哑、胸部

压迫、胸痛等症状。

（2）中度中毒。除上述症状加重外，出现恶心、呕吐、咽吞食物困难、眼结膜炎等症状。

（3）重度中毒。可引发急性气管炎、肺水肿、呼吸困难、知觉障碍等，重者可因窒息而死亡。

慢性中毒可引起食欲减退、鼻炎、咽喉炎、眼结膜炎、支气管炎等疾病。

二氧化硫中毒的预防措施：

（1）作业过程中有二氧化硫产生时，作业场所加强通风。

（2）进入高浓度二氧化硫场所作业，要佩戴好供氧式或空气式的防毒面具并由专人监护，并做好急救响应准备。

（3）患有支气管炎、哮喘、肺气肿等病症人员不要从事接触二氧化硫的作业。

（4）进入有二氧化硫的场所（包括设备、容器管道、阴沟等）应先进行分析测定，场所必须进行通风。

（5）经常监测现场内空气中二氧化硫的浓度，将其控制在容许浓度下。

3. 硫化氢症状及预防

硫化氢是一种既具刺激性又具窒息性的有毒气体。硫化氢中毒主要是由吸入或皮肤接触引起的。污泥构筑物、污水井、管道中可能含有硫化氢，有机物或无机物的分解与腐败过程中产生大量硫化氢气体。

硫化氢急性中毒有三种不同程度的表现：

（1）轻度中毒。接触低浓度硫化氢气体后，立即感到眼刺痛、流泪。咳嗽、胸部紧迫，还可有头痛、眩晕、乏力等症状。

（2）中度中毒。接触较高浓度的硫化氢，可感到眼部的强烈刺痛，有头痛、头晕、恶心、呕吐、呼吸困难、胸闷等症状。可产生四肢抽搐、心悸、昏迷。

（3）重度中毒。接触高浓度硫化氢，可发生“电击样”中毒。立即出现剧烈头痛，神志模糊、昏迷、全身肌肉痉挛、大小便失禁、呼吸及心跳停止等严重症状，抢救不及时极易造成死亡。

长期接触低浓度硫化氢，可出现眼痒、流泪、畏光、头晕、无力、失眠、记忆力减退、恶心、消化不良、体重下降、皮肤瘙痒等症状。

硫化氢中毒的预防：

（1）产生硫化氢有毒源的作业场所要加强通风。

（2）进入有硫化氢的场所（包括设备、池体容器管道、阴沟井道等）应先测定该场所空气中硫化氢浓度，采取强制通风措施。要佩戴有效防毒面具以及在有人监护的条件下作业，并做好急救措施准备。

（3）患有肝病、肾病、气管炎的人员不得从事接触二硫化氢的作业。

（4）在污水、污泥场所作业须有专业潜水资质的单位或人员进行破管开头、封堵或其他抢险处理。

（5）经常监测现场内空气中硫化氢的浓度，将其控制在容许范围下。

七、职业中毒的类型

在劳动生产过程中，由于接触生产性毒物引起的中毒，称为职业中毒。

接触毒物时间的长短、剂量大小和发病缓急，职业中毒表现为急性、亚急性和慢性三种类型。短时间内大量毒物侵入人体引起的中毒称为急性中毒；长期吸收小剂量毒物引起的中毒称为慢性中毒；介于急性中毒和慢性中毒之间的，在较短时间内吸收大剂量毒物引起的中毒称为亚急性中毒。

八、急性中毒的表现和抢救

急性中毒发病突然，病情变化快，侵入人体的中毒物可选择性地作用于某系统或器官，出现典型的系统症状。毒物作用于呼吸系统，表现为出现窒息、呼吸抑制、呼吸系统炎症、肺水肿、肺气肿等。毒物作用于神经系统，表现为出现神经衰弱综合征、中毒性脑病、植物神经失调、多发性神经炎等。毒物作用于血液系统，表现为对红细胞、白细胞、血红蛋白产生影响。毒物作用于心血管系统，表现为引起心肌损坏、心律失常等。毒物作用于消化系统，表现为引起急性肠胃炎、中毒性肝病等。毒物作用于泌尿系统，表现为引起肾脏损坏。

发生急性中毒，必须立即抢救。在救护中应做到：

（1）尽可能迅速、准确地判断出引起中毒的途径，阻止毒物继续侵入人体。如果毒物经呼吸道进入人体，应立即将患者抬离现场，移到空气新鲜处，并保持患者呼吸道畅通；如果毒物经皮肤侵入人体，应立即除去受污染的衣物，用清水或解毒剂彻底清洗受污染的皮肤表面；如果毒物经口腔侵入人体，应立即采取催吐和保护胃黏膜的措施。对于已出现昏迷、呼吸衰竭的患者要特别加以注意。

（2）维持主要器官功能。抢救时要特别注意呼吸衰竭、循环衰竭、心功能衰竭、肾功能衰竭等严重危及生命的紧急情况，及时采取积极有效的治疗措施。

（3）解毒治疗。促使毒物尽快从体内排出，消除毒物在体内的毒作用。

（4）加强护理。密切观察患者病情的发展和变化，对出现的各种病变采取及时有效的处理措施。

8.5 安全用电

污水处理厂经常要操作机械设备，如刮砂机、刮泥机及其他有关机械，而这些机械几乎都是用电驱动的，因此用电安全知识是污水处理厂职工必须掌握的。

一、安全用电的技术资料内容

安全用电的技术资料主要包括以下内容：

（1）完整的高压系统图、低压分布图、架空线和电缆布置图、接地网络图。

（2）各电气设备的定期检查和日常维修保养制度。

（3）各电气设备的安全技术状况良好，设备技术资料。

（4）电气设备事故和人身事故登记资料。

（5）电气工作人员必须经过培训考核，有操作证。

（6）工作票，操作票制，工作许可制，出入制，巡回检查制，岗位责任制，停、送电制，运行日记和安全操作检修规程等规章制度。

二、一般电气设备的安全要求

（1）启动和主令机构容量匹配合程。

（2）启动和主令机构的触头、灭弧电磁保护动作灵活，接触良好，冷却系统正常。

（3）保护机构的短路保护装置齐全，可靠进载保护装置动作可靠，限位保护装置灵敏可靠。

（4）电动机容量合理、风叶、风套齐全。

（5）各种继电器等控制、放大、信号、测量机构性能可靠良好。

（6）接地与绝缘良好，电阻值符合规定。

（7）管线安装必须符合下列要求：

设备内部采用金属软管或塑料管外部采用金属保护或塑料槽板；

导线无破损、脱皮、老化现象，套管内无接头；

电器设备内外整洁无杂物，开关罩支架，皮带罩壳完好无损。

三、变电所、配电房的安全管理要求

（1）变电所、配电房各项规章制度和各种记录资料齐全。

（2）模拟图与运行状况必须相符。

（3）建筑物符合电气安全规定，内部结构和设施能防雷雨、防汛、防火、防小动物窜入，通风照明良好，门窗外开。

（4）配电装置间距和遮栏符合规定，标志和标示醒目，硬裸母线应涂黄、绿、红对应电相色。

（5）配电盘单列通道宽度不小于1.5m，双列宽度不小于2m，柜内外整洁，各元件、机构装置完整、灵敏、可靠。

（6）安全绝缘用具齐全，安放合适，定期检查。

（7）多路电源开关必须有联锁装置。

四、变压器的安全管理要求

（1）变压器接地良好，电阻值不超过7Ω，各附件完好无损，油质、油量、油色正常，周围整洁无杂物。

（2）户外变压器周围应有大于1.7m的固定栅栏，变压器底部与地面应不小于0.3m，两只变压器净距不得小于1.5m。

（3）变压器室应通风良好，门应上锁，并挂“高压危险”的警告牌和安全色标。

五、油开关和隔离开关的安全管理要求

（1）油开关的油位应在上下限之间，油色正常，无渗漏，排气管完好无损。

（2）油开关操作灵活，准确可靠，合闸机械指示正确。

（3）油开关和隔离开关的操作机构应有可靠的联锁装置。

（4）负荷开关消弧装置完好，操作机构灵活可靠，触头动作一致，各极极差不得超过3mm。

（5）铁落式熔断器倾斜度与垂直线保持15°~30°夹角，熔断器断开后带电部分跟地面垂直距离不得小于4.5m，室内不得小于3m。

（6）所有开关的部件完整无损，操作机构安全可靠，并有额定电压、电流值和分合位置的标志。

六、电容器的安全管理要求

（1）放置位置恰当，外壳不变形，无漏油现象，接零可靠。

（2）运行中的电容器组，三极电流应平衡，相间流差异低于5%。

（3）电容器应有可靠的欠压、短路保护装置和超负荷装置。

七、互感器的安全管理要求

（1）电压互感器一、二次侧均应有熔电器保护（二次侧可用自动开关），二次电路应有防止电压反馈的措施。

（2）电流互感器二次回路导线截面为 $2.5mm^2$，无中间接头，且不得装设开关和熔断器。

八、电力线路安全管理要求

（1）接户线应用绝缘导线，档距不大于 25m，沿墙敷设档距不小于 6m，第一支持点离地高度不低于 3m。

（2）进户线应为不小于 $1.5mm^2$ 的铜芯线，支持物安全牢固，中心线有标志。

（3）电杆与横担无损坏腐蚀，架空线距和对地符合规定，接地良好。

（4）电缆头绝缘良好，不漏油，电缆沟无积水，沟面盖板牢固。

（5）登高安全用具定期检查，有记录，梯子有防滑措施。

九、车间内部电气使用安全管理要求

（1）室内低压明线应为绝缘导线，截面和间距符合电气规定。

（2）电气设备开关的保护控制装置完好齐全，非带电金属外壳有良好的保护接地（零）。

（3）开关插座安装正确，火线孔、地线（零）孔接线准确，便于操作，保险丝选用合适。

（4）易燃易爆区电气设备采用防爆型，接地牢靠，无临时线和插座，腐蚀场所有防腐措施，绝缘层不损坏，不漏电。

（5）行灯的电压不能超过 36V，在金属容器内或潮湿处不能超过 12V。

十、移动电气使用安全管理要求

（1）电源开关主线应装设漏电保安器或 1 ： 1 隔离变压器。

（2）引线插头、外壳接地良好，操作者必须戴绝缘手套。

十一、防雷与接地

（1）防雷设施良好，接地电阻有检测记录。

（2）三相三线制系统有良好的保护接地，三相四线制系统有良好的保护接零，接地（零）线接地电阻值不大于 4 Ω，重复接地不大于 10Ω。

（3）高频设备操作室有屏蔽装置和良好的接地。

（4）防静电、防火花的金属容器和导体有良好的接地。

十二、电气运行安全管理措施

（1）电气人员必须严格执行《电力安全工作规程》。

（2）根据企业实际情况和季节特点，做好预防和安全检查工作，发现问题及时处理。

（3）现场要备有安全用具、防护用具和消防器材，并定期检查和试验。

（4）易燃易爆场所的电气设备和线路的运行与检修必须按《爆炸性环境用防爆用电气设备通用要求》和《国家爆炸危险场所电气安全规程》执行。

（5）电气设备必须要有可靠的接地（零）装置，防雷电、防静电设施完好，每年定期检测。

（6）电气作业必须由经过专门的机构培训，考核合格后，持有电工作业操作证的人员担任。

（7）电气作业人员应按规定穿戴好劳动保护用品和使用符合要求的电气工具。

（8）电气人员必须严格执行操作制度，对拉、合电闸开关要有明显的挂牌制。

（9）高压设备无论带电与否，值班人员不准单人进入，若需要进入必须有监护人在场，并保持安全距离。

（10）平时巡视各配电室设备时，需两人并严格穿戴劳动保护用品。

（11）在高压设备和大容量低压总盘上倒闸操作及带电设备附近工作时，由两人执行。

（12）与供电单位联系进行有半电气倒闸操作时（指停电），值班人员必须核对无误，并将联系内容时间和联系人姓名记录清楚。

十三、电气安全检修作业措施

（1）电气检修必须严格执行有关规定，不准在电气设备、供电线路上带电作业，停电后应在电源开关处上锁和拆下熔断器，同时挂“禁止合闸，有人工作”等警示牌。

（2）必须带电检修时，应经主管电气负责人批准，并采取可靠的安全措施，作业人员和监护人员要由有作业实践经验人员担任。

（3）在停电线路和设备上装设接地线前，必须放电、验电、确认无电后，方可作业。

（4）停电、放电、验电和检修作业，必须由负责人指派有实践经验的人员担任监护，否则不准进行。

（5）外线、杆、电缆检修前必须进行全面检查，确认符合规定后，方可进行作业。

（6）更换熔断器，要严格按规定使用熔丝，不得任意用其他金属丝代替。

8.6 防溺水和防高空坠落

污水处理厂职工常在污水池上工作，防溺水事故极其重要。凡在2m以上（含2m）有可能坠落的高处进行作业均称高处作业。防溺水和防高空坠落，应做好以下措施：

（1）池上必须设栏杆，栏杆高度1.2m，并经常检查栏杆是否稳固，以防发生事故。

（2）不准随意越栏工作，经批准后，越栏工作必须穿好救生衣或系好安全带并有人监护。

（3）池上救生圈不得挪用，以备不测之需。

（4）池上走道板必须保持平整和无积雪、无结冰。

（5）全厂井盖如有腐蚀损坏，要及时调换。

（6）高处作业人员必须系好安全带，戴好安全帽，随身携带的工具、零件、材料等必须装入工具袋。登高不准穿厚底皮鞋或携带笨重工具。

（7）迷雾、大雪、大雨、六级以上大风或其他恶劣天气时不得登高作业。

（8）高处作业人员必须体检合格，饮酒、精神不振、患有心脏病、高血压、深度近视人员或医院证明不宜登高者不得进行高空作业。

（9）高处作业前，必须办理“登高作业许可证”并采取可靠的安全措施，指定专人负责，专人监护，严格执行登高作业规定。

（10）高处作业用的脚手架（Scaffolding）、吊篮（Hanging basket）、手拉葫芦（Chain hoist）等，必须按有关规定架设，吊装升降机严禁载人。登高必须检查脚手架、脚手板（Scaffold board）的牢固情况。

（11）夜间不摸黑登高。

（12）高处作业一般不应交叉进行，因工序原因必须在同一垂直空间工作时，必须采取安全防范措施，否则不准作业。

（13）在易散发有毒气体的厂房上部及塔罐顶部作业时，应进行现场环境监测，并设专人监护。

8.7 防火、防爆

存放污水、污泥等通风不畅的空间（如管道、地沟、堆场等）内易产生甲烷的聚集，遇火源可导致火灾、爆炸。另外，污水处理厂内化学药剂的使用也应有防火、防爆的要求。污水处理厂工作人员需要了解有关防火、防爆知识。

一、建筑物、构筑物、生产装置的防火防爆要求

（1）厂房建筑、易燃、易爆仓库、生产工艺装置的区域规划、平面布置、防火间距及新建、改建、扩建工程、电气设备选用，安装及有关安全设施，必须符合《建筑设计防火规范》《中华人民共和国爆炸危险场所电气安全规程》《石油化工企业设计防火规范》等规范、规程的有关要求。

（2）总平面布置应根据厂内各组成部位的火灾危险性类别、生产特点及生产流程和防火防爆的要求，做到安全合理，有利于防火灭火。

（3）有爆炸危险的甲、乙类生产厂房，宜采取钢筋混凝土柱、钢柱或框架承重结构，并宜采用敞开式或半敞开式厂房。

（4）厂房安全出口一般不能少于 2 个，厂房的门向外开。

（5）厂房防火、防爆等级规定：第一类是气体或蒸汽爆炸性混合物的爆炸危险场所；第二类是粉尘或纤维爆炸性混合物的爆炸危险场所；第三类是火灾危险场所。

（6）在工艺装置上有可能引起火灾爆炸的部位，应充分设置超温、超压等检测、报警（声、光）和安全联锁装置，其报警仪号值应定在气体爆炸下限的 20% 以下。

（7）所有自动控制系统，应同时考虑设置手动控制系统。

（8）有突然超压或瞬间分解爆炸物料的设备，应装爆破电板。

（9）有易燃、易爆物料的设备及管道系统应有惰性气体置换。

（10）甲、乙类生产的设备、管线的绝热层应采用非燃烧或难燃烧材料。

（11）生产、贮存、装卸可燃气体、易燃液体的设备管道，应采取接地等防静电措施，接电线的截面积不小于 $10mm^2$，防静电接地电阻值在 100Ω 以下。

（12）用于易燃、易爆气体的安全阀及放空管，必须将其导出管置于室外，并立于建筑物 2m 以上。

（13）凡含有可燃气体及易燃、可燃液体的污水在排入下水道前，应采取回收措施，严禁将几种能互相发生化学反应而引起火灾爆炸的污水直接混合排放。

（14）甲、乙类生产场所的物料管线、电缆线铺设如需设管沟、电缆沟时，要有防止可燃气体积沉和易燃液体、污水流渗沟内的措施。

（15）可燃气体、易燃液体取样管线，不宜直接引入化验室。

（16）生产装置设备及厂房的防雷和电气设备的防爆应符合国家有关规定。

（17）对易燃、可燃液体、贮罐之间的防火间距，贮罐组成布置要求，防风堤、分隔堤的设置，都应执行有关规定。

二、工艺操作防火、防爆基本措施

（1）在工艺设计时应采用先进的安全工艺方法，工艺装置和工艺指标要安全可靠，安全装置、信号联锁必须满足防火、防爆的要求。

（2）每一个操作岗位要有完善的操作规程、工艺指标、安全技术规程以及防止突然停电、停水、停气等造成事故的紧急停车措施。

（3）所有操作工必须通过技术培训和安全教育，达到“三懂四会”即懂生产原理、懂工艺流程、懂设备结构，会操作，会维护保养，会排除故障和事故处理，会正确使用防护器材、消防器材，并经操作技术、安全技术考试合格，取得安全作业证后，方能独立上岗操作。

（4）操作人员应坚守岗位，精心操作，严格控制温度、压力、流速，严禁超温、超压、超负荷。

（5）认真执行岗位职责，坚持定时、定点、定项目的巡回检查，发现异常情况或事故，应及时处理和报告，并做好记录，交接清楚。

（6）在操作中，要经常检查安全联锁、指示仪表、报警仪器、防静电设备和一切防火、防爆的设施使其运行正常，灵敏可靠。

（7）各项工艺指标不得擅自更改，确需改变工艺指标必须得到技术中心批准。

（8）严格执行动火证，严禁无证动火、违章动火作业。

（9）生产中遇有危及人身或设备安全或可能发生火灾爆炸事故等紧急情况时，操作人员有权先停车后报告。

（10）工人有权拒绝违章指挥，遇有违章作业，任何人都有权制止。

三、动火、用火安全管理措施

（1）根据火灾危险程度及生产、维修工作的需要，在厂区内划分固定动火区、禁火区、重点防火区。

（2）在禁火区内动火，必须严格按程序办理动火证。

（3）设备内贮罐或危险场所动火，必须进行动火检查分析，待合格方可签字。

（4）动火时必须坚持动火工作安全规则，动火时必须有现场监护人，监护人由申请动火单位指派，并在动火证上签字，特殊危险动火，应由安全部门增派现场监护人，监护人员必须由责任心强、熟悉生产安全的人担任，并配备灭火器材。监护人员在动火期间不得离开动火现场，密切注意动火及周围情况，发现异常情况，立即通知动火执行人停止动火，动火完毕，应待余火熄灭、清理现场后，方可离开动火现场。

（5）动火前必须详细检查确认安全措施可靠，分析合格并签字后，方可动火。

四、消防组织与设施

（1）消防工作必须贯彻“预防为主、防消结合”的消防方针，积极采取先进的防火、防爆和救灾技术，实行目标管理。

（2）进行经常性的消防教育、培训和演习。

（3）对所有易燃、易爆物品和可能产生火灾、爆炸危险的生产、储运、销售，使用过程及其相关的设备进行严格管理。

（4）根据实际情况及规模、火灾的危险性等因素，按国家有关规定配备相适应的消防器材：

①除设置综合性的消防设施外，在各车间岗位、露天生产装置、建筑物内、生活区，罐区、行政办公楼场所设置小型灭火器。

②消防用水要有消防专用管路供给，确保消防水量和压力要求，保证消防管道畅通。

③寒冷季节应对消防栓、灭火器等做好防冻保护工作。

④消防器材统一管理，并制定相应的管理制度。

⑤各类消防器材应放置于明显、取用方便又较安全的地方，经常检查，不准挪作他用。

（5）严禁在防火间距、消防通道内搭设建构筑物或堆放各类物资。

（6）易燃、易爆场所禁止使用撞击易产生火花的工具。

（7）易燃、易爆场所禁止穿戴能产生静电火花的化纤织物工作服和带钉的鞋。

（8）在扑救有毒、有害物质的火灾时，应站在上风向，必要时佩戴防护用具。

（9）仓库各种物资的管理，应遵守有关仓库物资管理的规定。

8.8　化验室安全管理

污水处理厂多配备有一定的化验设施，化验操作涉及药品的使用与管理、玻璃器皿的操作、加热设备、化验仪器的使用。这里仅对化验室基本安全要求进行探讨。

一、化验室安全管理一般要求

（1）从事独立化学分析的人员必须经过考核合格持有操作证，严格遵守操作规程。

（2）分析人员必须对本岗位的水阀、气阀、电源位置和防护用品、消防器材等做到心中有数，一旦发生事故，及时关闭阀门，采取措施，避免事故扩大。

（3）要严格遵守用电规程，不准用湿手、湿物接触电器开关，有故障应及时通知电工。

（4）拿取加热设备（加热板、烘箱或者马弗炉）的样品时，应使用钳子或者隔热手套。需要提醒的是：加热后的陶瓷物品，其高温会持续很长一段时间。

（5）确保电源插座接地良好，所有的设备正确插入插座。插头应配置良好的接地线。如果接地线损坏，应及时维修，保证良好接地。

（6）在加热蒸馏及有关用火或电热工作中，至少要有一人负责管理。高温电热炉操作时要戴好防护手套。

（7）剧毒品要严格按“双人双锁”领用，使用时严格按有关规定执行。

（8）有挥发性、刺激性、易燃易爆和有毒气体的分析或使用，应在通风柜内操作。

（9）使用剧毒品、腐蚀性、刺激性物品时，必须戴橡胶手套、口罩、眼镜等保护用品。

（10）丢弃所有破裂或者破碎的玻璃器皿时。所有待处置的破损玻璃器皿应该放置在适宜的容器内。

（11）化验室应提供紧急冲淋洗眼站和喷淋站。如果无法配置，至少应该配置 1~2 个紧急洗眼瓶。

（12）作业人员接触化学品时，应戴上专用的面罩或者化学护目镜。酸碱进入眼睛可能会导致完全失明，在化验室内应坚持佩戴护目镜。

（13）操作离心机时，必须在完全停止转动后才能开盖。

（14）压力容器如氢气钢瓶等必须远离热源并停放稳定。

（15）接触污水和药品后，应注意洗手，手上有伤口时不可接触污水和药品。

（16）可燃物质如汽油、酒精、煤油等物，不可放在煤气灯、电炉或其他火源附近。

（17）应保持安静、清洁、整齐的良好环境习惯，禁止用分析器皿作食具。

（18）离开化验室要仔细检查电源、水、气阀门是否关严，必须严格执行交接班制度。

二、分析试剂的贮存和使用的安全管理

（1）分析试剂、溶剂均要字迹清楚，要有醒目的标签，注明名称、浓度、配制时间、有效期等。

（2）禁止用手直接接触化学品，取药品必须用干净的取药勺。

（3）在分析溶解浓试剂溶液时必须在优质耐热的玻璃器皿中缓慢进行，严防沸腾溅出伤人。

（4）加热易燃试剂，必须用水浴（Water bath）、油浴（Oil bath），以防爆沸。

（5）使用易爆试剂，禁止振动、碰撞和摩擦。

（6）禁止氧化剂与可燃物接触。

（7）化学试剂要分类存放，不得混放。

（8）用移液管吸液时应用洗耳球，严禁口吸。

（9）倒、用硝酸、氨水和氢氟酸等必须戴好橡皮手套。开启乙醚和氨水等易挥发的试剂瓶时，绝不可使瓶口对着自己或他人，尤其在夏季开启时气体极易大量冲出，如不小心，会引起严重伤害事故。

三、取样分析的安全管理

（1）采集有毒（Toxic）、有腐蚀性（Corrosive）、有刺激性（Irritating）样品时，必须戴防毒面具，置换气体应注意排出室外，防止中毒。

（2）取样时，人应站在上风向侧面，取样后，应将阀门关严。

（3）在分析各种产品或原材料时，应认真做好分析工作，并对分析结果负责。

（4）玻璃仪器应在使用前详细检查，有裂缝或损坏的不得使用。

（5）采取玻璃管（棒）取样时，应戴手套，在取样时不得用嘴取，必须用吸耳球操作。

（6）易发生爆炸危险的操作应积极采取安全措施，气瓶不得放在化验室内，室外存放高压气瓶应有遮阳措施，禁止对气瓶敲击、碰撞、火烤。瓶内气体不可用尽，应留有余压。

习 题

8-1 污水处理厂在安全管理上有何明显特点?

8-2 污水处理厂安全生产教育包括哪些人员?

8-3 污水处理厂防中毒的技术措施有哪几个方面?如何预防硫化氢中毒?

8-4 电气运行安全管理有哪些措施?

8-5 污水处理厂防溺水有哪些措施?

8-6 污水处理厂工艺操作时防火防爆措施有哪些?

8-7 化验室对剧毒药品的管理有哪些要求?

参考文献

[1] Metcalf, I Eddy. Wastewater engineering treatment and reuse (fourth edition) [M]. 北京:清华大学出版社,2003.

[2] 美国水环境联合会 . 城镇污水处理厂运行管理手册第Ⅱ卷 [M]. 6版 . 丁雷,徐宏勇,陈秀荣,译 . 北京:中国建筑工业出版社,2012.

[3] 张自杰 . 排水工程(下册)[M]. 5版 . 北京:中国建筑工业出版社,2015.

[4] 孙世兵 . 小城镇污水处理厂设计与运行管理指南 [M]. 天津:天津大学出版社,2014.

[5] 李亚峰,马学文,刘强 . 小城镇污水处理厂的运行管理 [M]. 北京:化学工业出版社,2011.

[6] 唐受印,戴友芝 . 水处理工程师手册 [M]. 北京:化学工业出版社,2010.

[7] 室外排水设计标准:GB 50014—2021 [S]. 北京:中国计划出版社,2021.

[8] 城镇污水处理厂运行、维护及安全技术规程:CJJ60—2011 [S]. 北京:光明日报出版社,2011.

[9] 化学品生产单位特殊作业安全规范:GB30871—2014[S]. 北京:化学工业出版社,2014.

附录　中英文术语对照表

英文术语	中文术语
acid-base titration	中和法
acidic	酸性
acidic wastewater	酸性废水
acidity	酸度
activated carbon process	活性炭法
activated sludge process	活性污泥法
actual volume	实际体积
adipose	脂肪
adjustment slider	调偏滑块
adsorption bridging	吸附架桥
adsorption neutralization	吸附电中和
adsorption-biodegration	吸附 - 生物降解工艺
aerated grit chamber	曝气沉砂池
aeration head	曝气头
aeration pond	曝气塘
aeration tank	曝气池
aerial oxidation process	空气氧化法
aerial oxidation sweetening tower	空气氧化脱硫塔
aerobic bacteria	好氧菌
aerobic biological treatment	好氧生物处理
aerobic condition	好氧条件
aerobic digestion	好氧消化
affinity	树脂亲和力
aged sludge	老化污泥
agricultural greening	农用绿化

续表

英文术语	中文术语
air blower	鼓风机
air chamber	气室
air floatation concentration	气浮浓缩
air floatation separation system	气浮分离系统
air floatation tank	气浮池
air leakage	漏气
air oxidation	空气氧化法
air stirring	空气搅拌
air tube	空气管
air water backwash	气水反冲洗
air-tight commissioning	气密性试验
algae	藻类
alkali wastewater	碱性废水
alkaline	碱性
alkaline chlorination	氯化法
alkalinity	碱度
alum floc	矾花
ammeter	电流表
ammonia nitrogen	氨氮
ammoniation	氨化作用
ammonium ions	铵离子
anaerobic activated sludge	厌氧活性污泥
anaerobic biological treatment	厌氧生物处理
anaerobic biological treatment technology	厌氧生物处理技术
anaerobic contact technology	厌氧接触工艺
anaerobic digestion	厌氧消化
anaerobic digestion system	厌氧消化系统
anaerobic fermentation microorganisms	厌氧发酵微生物
anaerobic microorganisms	厌氧微生物
anaerobic pond	厌氧塘
anaerobic-anoxic-oxic	厌氧-缺氧-好氧

续表

英文术语	中文术语
anodic reaction	阳极反应
anoxia	缺氧
anoxic/aerobic digestion	缺氧 / 好氧消化工艺
anoxic-oxic	缺氧–好氧
apprentices	徒工
arm	镜臂
assimilation	同化作用
auger-type grille	螺旋格栅机
auto control instrument	自控仪表
autoheated thermophilic aerobic digestion	自热高温好氧消化工艺
autonomous system	自控系统
average water recovery	平均水回收率
bacillus anthracis	炭疽杆菌
backwash/ backflush	反洗
bacteria	细菌
bacteria filter	生物滤池
bacterial pollutant	细菌污染物
baffle reaction tank	隔板反应池
baffle regulating tank	折流调节池
baffled mixing	隔板混合
baffling equalization chamber	折流调节池
barotropic air supply valve	正压供气阀
basket	筐式
batch	间歇式
bearing	轴承
belt press filter	带式压滤机
benzene	苯
biochemical oxygen demand	生化需氧量
biochemical pool	生化池
bio-contact oxidation	生物接触氧化
biodegradable organics	可生物降解有机物

续表

英文术语	中文术语
biodesulfurization	生物脱硫
biofacies	生物相
biofilm culturing	挂膜
biofilm method	生物膜法
biogas cabinet	沼气柜
biological aerated filter	曝气生物滤池
biological filter	生物滤池
biological inhibitor	生物抑制剂
biological nitrogen and phosphorus removal	生物脱氮除磷
biological pharmaceutical wastewater	生物制药废水
biological property index	污水的生物性质指标
biological rotating disc	生物转盘
biological treatment method	生物处理法
biological turntable	生物转盘
bleaching powder	漂白粉
blower room	鼓风机房
bracket	支架
breed	繁殖
brewing wastewater	酿造废水
buildings	建筑物
bushing	轴衬
butterfly valve	蝶阀
cable	电缆
cadmium containing	含镉
cadmium	镉
calcium bleach/calcium bleach	漂白粉
calcium ions	钙离子
carbohydrate	糖类
carbon monoxide	一氧化碳
carbon source	碳源
carbonate precipitation	碳酸盐沉淀法

续表

英文术语	中文术语
carrousel	卡鲁赛尔
cathodic reaction	阴极反应
cellulose acetate	醋酸纤维素
centrifugal concentration	离心浓缩
centrifugal dewatering	离心脱水
centrifugal pump	离心泵
centrifugal separation	离心分离
ceramic membrane	陶瓷膜
certificate	合格证
cesspool/cesspit	污水池
chain bar screen	回转式机械格栅
chain hoist	手拉葫芦
chain plane bar screen waste remover	链条式平面格栅除污机
channel type	渠道式
chemical cleaning	化学清洗
chemical index	化学性指标
chemical oxygen demand	化学需氧量
chemical precipitation	化学沉淀法
chemical reduction-oxidation	化学氧化还原
chemical treatment method	化学处理法
chemical wastewater	化工废水
chemisorption	化学吸附
chlorinating room	加氯间
chlorination machine	加氯机
chlorine bottle/cylinder	氯瓶
chlorine oxidation plant	氯系氧化设备
chlorine oxidation	氯氧化法
chlorophenol	氯酚
chomata of the impeller	叶轮口环
chrominance	色度
chromium containing	含铬

续表

英文术语	中文术语
chromium	铬
cinder	煤渣
circulating cooling water	循环冷却水
clarification tank	澄清池
closed type	封闭式
closed-circuit system	闭路系统
coagulant	混凝剂
coagulant aid	助凝剂
coagulation	凝聚
coagulation sedimentation	絮凝沉淀
coarse grille/ coarse screen	粗格栅
coexisting impurity	共存杂质
collect	收集
collision	碰撞
colloidal matter/substance	胶态物质
column	镜筒
combined sewage overflows	合流溢出的污水
combined system	合流制
combustible gas	可燃气
combustion process	燃烧法
commissioning/debugging	试运行，调试
commissioning/debugging purposes	调试目的
complete separate system	完全分流制
composition of raw water	原水成分
composting	堆肥处理
compression of electric double layer	压缩双电层
compression settling	压缩沉淀
concrete structure	混凝土结构
condensed phosphate	缩合磷酸盐
condenser	聚光器
cone	锥筒

续表

英文术语	中文术语
confined spaces	有限空间
conservation	保养
constant weight	恒重
contact reactor	接触反应器
continuous	连续式
contract workers	合同工
convention/daily inspection items	日常检测项目
conventional aerobic digestion	传统好氧消化工艺
conveyance	输送
copper	铜
corrosion	锈蚀
corrosive	有腐蚀性
cotton yarn	棉纱
counting method	计数方法
cover plate	盖板
creamy oil	乳状油
cyanide	氰
cyclic activated sludge technology,CAST	循环式活性污泥法
debugging	调试
decoloration	除色
denitrification	反硝化
deodorization	脱臭
depth filtration	深层过滤
desalination	海水淡化
design load	设计负荷
design parameters	设计参数
detritor/grit chamber	沉砂池
diagonal-outlet equalization chamber	对角线出水调节池
diffusion plate	扩散板
diffusive dialysis	扩散渗析
digestible degree	可消化程度

续表

英文术语	中文术语
digestive tract	消化道
diphosphate	焦磷酸盐
diphosphate	焦磷酸
direct discharge system	直排式
discharge correction factor	流量系数
discharge destination of treatment sewage	处理后污水排放去向
disinfection byproducts	有毒副产物
disposal	处置
dissolved air vessel	压力溶气罐
dissociated ammonia/free ammonia	游离氨
dissolved air flotation	溶解空气气浮法
dissolved air vacuum air floatation	溶气真空气浮法
dissolved gas release system	溶气释放系统
dissolved organic compound	溶解性有机碳
dissolved oxygen	溶解氧
dissolved solid	溶解性固体
domestic sewage	生活污水
double-layer filter	双层滤料滤池
downward flow	下向流
driven rollers	驱动滚筒
drum	转鼓式
dry desulfurization	干式脱硫
dust mask	防尘口罩
duty room	值班室
dyeing wastewater	印染废水
dynamic adsorption	动态吸附
ecological landscape	生态景观
eddy current type	涡流式
electric control cabinet	电气控制柜
electric air floatation	电解气浮
electrochemical oxidation	电化学氧化

续表

英文术语	中文术语
electrodialysis，ED	电渗析法
electrolytic air flotation	电解气浮法
electromagnetic flowmeter	电磁流量计
electromechanical	机电
electroplate	电镀
electroplating wastewater	电镀废水
elevator	提升机
elevation	地坪
emergency valve	安全阀
emery cloth	砂布
emission standard	排放标准
empty out	放空
emulsified oil	乳化油
endothermal reaction	吸热反应
equipment commissioning	设备试车
equipment file	设备档案
eutrophication of water bodies	水体富营养化
evaporation residue	蒸发残余物
eyepiece	目镜
facultative pond	兼性塘
ferrous sulfate lime	硫酸亚铁–石灰
filler	填料
filterable solids	可过滤固体
filtering layer	滤料层
filtering method	过滤法
filtration neutralization	过滤中和
financial data	财务数据
fine grille/ fine screen	细格栅
fine particles	细微颗粒物
fire extinguisher	消防器材
fixed bed	固定床

续表

英文术语	中文术语
fixed filterable solids	非挥发性可过滤固体
fixed suspended solids	非挥发性悬浮固体
floatation agent	浮选剂
flocculability	絮凝性
flocculation	絮凝
fluorinated	含氟，氟化
foam	泡沫
forward thrust	正冲
free sedimentation	自由沉淀
full water commissioning	满水试验
full-load continuous culture	满负荷连续培养法
gas cylinders	气瓶
distribution air floating	布气气浮
gas mask	防毒面罩
gas-liquid separation	气液分离
gate valve	闸阀
gear	齿轮
gear case	齿轮箱
gold	金
gravel	碎石
gravity concentration	重力浓缩
gravity filter	重力式滤池
gravity separation	重力分离
grinding sound	研磨声
grooved rollers	槽型托辊
guardrail	护栏
guide bearing	导轴承
hanging basket	吊篮
hardness	硬度
harmlessness	无害化
hazardous chemicals	危险化学品

续表

英文术语	中文术语
hazardous substance	有害物质
heating	加热
heating rate	升温速率
heavy metal	重金属
heavy metal ion	重金属离子
hepatitis virus	肝炎病毒
high alarm water level	高位报警水位
high power lens	高倍镜
high pressure pump	高压泵
high pump start water level	高位启泵水位
high voltage live	高压带电
high-pressure pipe fittings	高压管件
hindered precipitation	拥挤沉淀
hoist	启闭机
hoisting work	吊装
hollow shaft	空心转轴
hook	吊钩
horizontal flow grit chamber	平流式沉砂池
horizontal flow sedimentation chamber/tank	平流沉淀池
horizontal type	卧式
humidity	湿度
hydrargyrum	汞
hydraulic agitation	水力搅拌
hydraulic mixing	水力混合
hydraulic residence time	水力停留时间
hydrogen chloride	氯化氢
hydrogen peroxide	过氧化氢氧化法
hydrogen sulfide	硫化氢
hypophosphorous acid	次磷酸
illumination	照明
impeller	叶轮

续表

英文术语	中文术语
impeller air flotation	叶轮气浮法
incineration	焚烧处理
inclusion	杂物
incomplete separate system	不完全分流制
indicative effect	指示作用
industrial cooling	工业冷却
industrial wastewater	工业废水
inflow	工艺进水
inhibiting effect	抑制作用
inoculation culture method	接种培养法
inoculation sludge	接种污泥
inorganic flocculant	无机絮凝剂
inorganic matter/substance	无机物
inorganic membrane	无机膜
inorganic salt	无机盐
inorganic wastewater	无机废水
Inorganic pollutant	无机污染物
inorganic-nitrogen	无机氮
insoluble substances	不溶解物质
installed capacity	装机容量
instantaneous sampling	瞬时取样
intercepting system	截流式
intermittent aeration	间歇曝气
intermittent culture method	间歇培养法
intestinal bacteria	肠道细菌
intestinal infectious disease	肠道传染病
ion exchange adsorption	离子交换吸附
ion exchange resin	离子交换树脂
iron filings	铁屑
irrigated farmland	灌溉农田
irritating	刺激性

续表

英文术语	中文术语
jet air flotation	射流气浮法
jet flow	射流
jet-flow contact tank/pool	射流接触池
junction box	接线盒
laboratory analysis	化验分析
ladder	爬梯
land treatment system	土地处理系统
landscaping	园林绿化
lead	铅
leakage	泄漏
leakage testing of structures	构筑物试漏
leptospira	钩端螺旋体
level of the sludge	泥面
lifting appliances/hoisting machinery	起重机械
lifting equipment	起重设备
lime	石灰
lime method hydroxide precipitation	氢氧化物沉淀法
limestone	石灰石
linkage commissioning/interconnected debugging	联动调试
liquid chlorine	液氯
low alarm water level	低位报警水位
low power lens	低倍镜
low pump stop water level	低位停泵水位
lower-load continuous culture	低负荷连续培养
machine room	机器间
magnesium ions	镁离子
main parameter	主要参数
maintenance	维护
maintenance crew	维修人员
maintenance instructions	维护说明书
maintenance record	维修记录

续表

英文术语	中文术语
main-wheel	主轮
manpower	人力
marine dumping	海洋倾倒
masonry structure	砖石结构
material resources	物力
matrix	基质
mechanical agitation	机械搅拌
mechanical bar screen	机械格栅
mechanical dehydration	机械脱水
mechanical device	机械装置
mechanical filtration	机械过滤
mechanical mixing	机械混合
medicament neutralization	药剂中和法
membrane	滤膜
membrane bioreactor	膜生物反应器
membrane separation	膜分离
membrane separation technique	膜分离技术
membrane shell	膜壳
mercury	汞
metabolism	新陈代谢
metallic membrance	金属膜
metallurgy	冶金
metaphosphate	偏磷酸盐
meteoric water	降水
methane	甲烷
methanogen	产甲烷菌
micro crack in concrete	混凝土微裂缝
microbial population	微生物群体
microfiltration	微滤
micro-filtration membrane	微滤膜
microfiltration membrane filtration	微滤膜过滤

续表

英文术语	中文术语
micron order	微米级别
microporous tub	微孔管
microscope base	镜座
microscopic index	镜检指标
microwave disinfection	微波消毒
microzyme	酵母菌
miscellaneous use of life	生活杂用
mixed liquid	混合液
mixed liquor suspended solids	混合液悬浮固体浓度
mixed liquor volatile suspended solids	混合液挥发性悬浮固体浓度
mobile bed	流动床
moisture content	污泥含水率
motor	电机
moving bed	移动床
mud discharge	排泥量
mud inflow	进泥量
mud scraper	刮泥机
municipal miscellaneous use	市政杂用
municipal sewage	城市污水
nanofiltration	纳滤
nanofiltration membrane	纳滤膜
natural drying	自然干化
natural drying bed	自然干化床
natural water body	自然水体
neutralization	中和法
nickel	镍
nitrate ions	硝酸根离子
nitrate nitrogen	硝酸盐氮
nitrification	硝化作用
nitrification reactor	硝化反应器
nitrite ions	亚硝酸根离子

续表

英文术语	中文术语
nitrite nitrogen	亚硝酸盐氮
nitrogen compounds	含氮化合物
nitrogen removal process	生物脱氮工艺
noise	噪声
nutriment	营养剂
nutrition and carbon-to-nitrogen ratio	营养与碳氮比
objective	物镜
odor and taste	嗅与味
off-gas handling system	尾气处理系统
oil	油类
oil bath	油浴
oil drops	油珠
oil film	油膜
oil leakage	漏油
oil mirror	油镜
on-load commissioning	带负荷试车
open fire	明火
open type	开放式
operating index	运行指标
operating record and report	运行记录与报表
optical filter	滤光片
optical microscope	光学显微镜
optical system	光学系统
oral cavity	口腔
organic acids	有机酸
organic industrial wastewater	有机工业废水
organic load	有机负荷
organic matter/substance	有机物
organic membrane	有机膜
organic nitrogen	有机氮
organic phosphorus	有机磷

续表

英文术语	中文术语
organic pollutant	有机污染物
organic pollutant index	有机污染物指标
organic sludge	有机污泥
organic wastewater	有机废水
organic-nitrogen	有机氮
original record	原始记录
orthophosphate	正磷酸盐
orthophosphate	正磷酸
outlet	出水
outlet weir	出水堰
overflow	地表漫流
oxidation ditch	氧化沟
oxidizing agent	氧化剂
oxygen tube	空气管
ozone	臭氧
ozone generator	臭氧发生器
ozone oxidation	臭氧氧化法
ozone oxidation furnaces	臭氧氧化设备
packing tower	填料塔
painting wastewater	油漆废水
papermaking	造纸
papermaking wastewater	造纸废水
parasite eggs	寄生卵
parshall flume	巴歇尔槽
pathogen	病原体
pathogenic microorganism	病原微生物
perambulation inspection	巡视检查
pesticide wastewater	农药废水
potential of hydrogen	pH 值
phenol	酚
phenol-containing	含酚

续表

英文术语	中文术语
phosphate	磷酸盐
phosphoric acid	磷酸
phosphorous acid	亚磷酸
physical adsorption	物理吸附
physical micrometer	物测微尺
physical treatment method	物理处理法
plant nutrition	植物性营养元素
plastic packing	塑料填料
Plate and frame filter press	污泥板框压滤机
plate(tube) sedimentation chamber	斜板（斜管）式沉淀池
platinum	铂
poisonous substance	毒性物质
polishing/advanced processing	深度处理
pollution control	污染控制
pore diffusion mixer	微孔扩散板式混合器
post operation method	岗位操作法
potassium ions	钾离子
potassium permanganate	高锰酸钾
potassium permanganate oxidation	高锰酸钾氧化法
power plant boiler make-up water	发电厂锅炉补给水
precipitation	沉淀
pressure filter	压力式滤池
pressure tube	压力管
pressure vessels	压力容器
pressurized dissolved air flotation	加压溶气气浮法
pressurized dissolved gas system	加压溶气系统
pretreatment	预处理
primary processing	一级处理
primary sedimentation chamber	初次沉淀池
primary settling sludge	初次沉淀污泥
principle	原理

续表

英文术语	中文术语
printing and dyeing	印染
process control	工艺控制
process technology	工艺技术
processing efficiency	处理效率
production sewage	生产污水
production wastewater	生产废水
protective clothing	防护服
protective equipment	防护器材
protective mask	防护面具
protein	蛋白质
protozoa	原生动物
pump forced circulation	水泵强制循环
pump mixing	水泵混合
purge system	冲洗系统
radial flow settling chamber/sedimentation tank	辐流沉淀池
radioactive	含放射性
rain water	雨水
rake type	耙斗式
rapid filter infiltration	快滤池
rapid percolation	快速渗滤
reaction zone	反应区
reagent process	药剂法
rebooting	重新启动
receiving water	受纳水体
reciprocating rake bar screen	耙斗式机械格栅
reciprocating type	往复式
rectangular groove	矩形槽
recycle	回收
redox	氧化还原法
redox potential	氧化还原电位
reducer	减速器

续表

英文术语	中文术语
reducing agent	还原剂
reduction process	还原法
reel	卷筒
refinery wastewater	炼油废水
refractory organic matter	难生物降解有机物
refractory substances	难降解物质
regular visit	定期巡视
regulating tank	废水均和池
regulator	调节器
reinjection of groundwater	回注地下水
release of phosphorus	磷释放
removal rate	去除率
repair	检修
repair cycle	修理周期
reset button	重新设定阀按钮
residual chlorine	余氯
resistivity	电阻率
resource utilization	资源化
restoration and restoration of water ecology	水生态的修复和恢复
retainer layer	承托层
retroreflector	反光镜
return sludge	回流污泥
returned rollers	回程托辊
reuse	回用
reverse osmosis noumenon	反渗透本体
reverse osmosis	反渗透
reverse osmosis membrance	反渗透膜
reverse osmosis module	反渗透膜组件
road washing	道路冲洗
rolling belt filter press	污泥滚压带式压滤机
rotary type	回转式

续表

英文术语	中文术语
rotating shift system	交接班制度
routine testing	常规检测
rubber-head dropper	胶头滴管
running gear	行车轮装置
running record	运行记录
safety device	安全装置
safety technical operation regulations	安全技术操作规程
salt	盐类
sampling	采集
sanitary landfill	卫生填埋
scaffold board	脚手板
scaffolding	脚手架
scraper suction dredge	刮吸泥机
screen	筛网
screw conveyor	螺旋输送器
screw pump	螺杆泵
scrubbing water of coal gas	煤气洗水
snow-ice-melting water	融化的冰雪水
scum	浮渣
secondary processing	二级处理
secondary sedimentation chamber	二次沉淀池
secondary sedimentation tank	二沉池
security filter	保安过滤器
security measures	安全措施
sediment/silt	泥沙
sediment	沉渣
sediment trapping	沉淀物网捕
sedimentation chamber	沉淀池
self-cleaning ability	自净能力
sensor	传感器
sensory index	感官性状指标

续表

英文术语	中文术语
separate system	分流制
separation	分离
separation equipment	分离设备
sequencing batch reactor	序批式活性污泥法
settleable solids	可沉降固体
settling velocity ratio	污泥沉降比
settling velocity	沉淀速度
sewage	污水
sewage lifting pump	污水提升泵
sewage pipeline	污水管路
sewage pumping station	污水提升泵房
sewage treatment plant	污水处理厂
sewage treatment, compliance discharge	污水处理、达标排放
sewerage system	排水体制系统
side slope	边坡
sieve interception/retention	筛滤截留
silver	银
single-layer filter	单层滤料滤池
single-screw pump	单螺杆泵
single-stage anaerobic digestion	单级厌氧消化法
siphon	虹吸
slag hopper	积渣斗
slag scraper	刮渣机
slide glass	载玻片
slow filter	慢滤池
slow infiltration	慢速渗滤
sludge	污泥
sludge acclimation	驯化
sludge age	污泥龄
sludge alkali stabilization	加碱稳定
sludge bulking	污泥膨胀

续表

英文术语	中文术语
sludge compost	污泥堆肥
sludge concentration	污泥浓度
sludge dewatering	脱水
sludge dehydrator/sludge dewatering machine	污泥脱水机
sludge dewatering house	污泥脱水机房
sludge digestion	污泥消化
sludge disintegration	污泥解体
sludge dosing rate	污泥投配率
sludge drying	污泥干化
sludge incineration	污泥焚烧
sludge load	污泥负荷
sludge putrefaction	污泥腐化
sludge thickening	污泥浓缩
sludge thickener	污泥浓缩池
sludge volume index	污泥容积指数
sludge-tank	污泥池
smelting	冶炼
sodium hydroxide	氢氧化钠
sodium hypochlorite	次氯酸钠
sodium ions	金属钠离子
solid concentration	固体浓度
solid content	固体含量
solid filler	固体填料
solid particles	细分散固体颗粒
soluble matter/substance	溶解物质
source of sewage	污水的来源
special equipment for emergency repair	抢修专用器具
spray tower	喷雾塔
sprocket	链轮
stability	稳定性
stabilization	稳定化

续表

英文术语	中文术语
stabilization pond	稳定塘
staff training	人员培训
stand-alone debugging	单机调试
standby	待机
static	静态
static adsorption	静态吸附
steam	蒸气
steel bar	钢条
steel rope	钢绳
steel structure	钢结构
stir and mix	搅拌和混合
stirring speed	搅拌速度
structure	构筑物
submersible pump	潜污泵
suction bridge	吸泥桥
sulfate ions	硫酸根离子
sulfide method	硫化物法
sulfonated polyphenylene ether	磺化聚苯醚
sulfur dioxide	二氧化硫
supercritical water oxidation	超临界水氧化
supplemental air supply valve	增补供气阀
surface filtration	表面过滤
surface flush	表面冲洗
surfactant	表面活性剂
suspended matter	悬浮物质
suspended solid	悬浮性固体
inspection record	检验记录
tannery wastewater	制革废水
tawny	黄褐色
technical data	技术资料
technical -economic index	技术经济指标

续表

英文术语	中文术语
temperature	温度
tertiary processing	三级处理
the bubble problem	泡沫问题
theoretical oxygen demand,ThOD	理论需氧量
thermal pipe networks	热力管网
three-phase separator	三相分离器
thrust disc	推力盘
thrust shaft bearing	止推轴承
toilet water	厕所用水
total kjeldahl nitrogen,TKN	总凯氏氮
total nitrogen	总氮
total organic carbon,TOC	总有机碳
total oxygen demand,TOD	总需氧量
total phosphorus	总磷
total solids content	总固体含量
toxic	有毒
toxic and harmful gas	有毒有害气体
toxic chemicals	有毒物质
walking/traveling wheel	走轮
trainling wheel	从轮
transmission device	传动装置
transmission gear	传动齿轮
transverter	转换器
trapezoidal groove	梯形槽
treatment process	处理工艺
triangular weir	三角堰
triplex layer filter	三层滤料滤池
truck work	登高
tubular type	管道式
turbidness	浑浊度，浊度
turbidity	浊度

续表

英文术语	中文术语
turntable	转盘式
two-phase anaerobic digestion	两相厌氧消化
two-stage anaerobic digestion method	两级厌氧消化法
two-way flow	双向流
ultra filtration	超过滤法
ultrafiltration device	超滤装置
ultrafiltration membrane	超滤膜
ultrafiltration membrane flux	超滤膜通量
ultrafiltration membrane module	超滤膜组件
ultrasonic flowmeter	超声波流量计
ultraviolet rays disinfection	紫外线
underground water	地下水
upflow anaerobic sludge bed	升流式厌氧污泥床
upward flow	上向流
vacuum filtration	真空过滤
valve	阀门
ventilate	通风
verification and calibration	校验与标定
vertical flow sedimentation tank	竖流沉淀池
vertical type	立式
vibration	振动
visual micrometer	目测微尺
volatile fatty acids	挥发性脂肪酸
volatile filterable solids	挥发性可过滤固体
volatile solid	挥发性固体
volatile suspended solids	挥发性悬浮固体
voltmeter	电压
volume loading	容积负荷
vortex-type grit chamber/bell-type grit chamber	旋流式沉砂池
wall pipe	穿墙管道
wall space	墙面

续表

英文术语	中文术语
wallboard	墙板
wash and cleaning	清洗与清扫
waste water recycling plant	污水再生厂
water bath	水浴
water collection tank	集水池
water distribution and gas distribution	布水与布气
water distribution system	配水系统
water injection	注水
water level	水位
water quality examination	水质化验
water quality index	水质指标
water recycling	水的循环再用
water filling commissioning	试水
water-dropper	水滴式
weir plate	堰板
welding and cutting	动火
wet air oxidation	湿式氧化
wet desulfurization	湿式脱硫
whirley type	回转式
width of the groove	槽宽
wire rope	钢丝绳
wool spinning wastewater	毛纺废水
workers transferred from outplant	外厂调入的工人
working stage	载物台
wrench	扳手
zero load	无负荷
zero-load commissioning	空载试车
zinc	锌